南昌航空大学学术文库

多孔碳基电磁波吸收材料

刘崇波　著

北　京
冶　金　工　业　出　版　社
2025

内 容 提 要

随着5G通信技术的迅猛发展，电磁辐射造成的污染已成为继水、大气和噪声污染的第四大污染；电磁波吸收材料，指能吸收或者大幅减弱投射到它表面的电磁波能量，从而减少电磁波干扰的一类材料。吸波材料不仅可有效地减轻电磁波的危害，且在军事方面还可降低雷达的探测能力，从而提高武器作战能力。本书共5章。第1章绪论，讲述电磁波吸收材料的应用、分类、多孔碳基电磁波吸收材料的机理；第2章讲述基于金属有机框架的多孔碳复合材料的制备和电磁波吸收性能研究；第3章讲述基于生物质材料的多孔碳复合材料的制备和电磁波吸收性能研究；第4章讲述基于聚合物的多孔碳复合材料的制备和电磁波吸收性能研究；第5章对多孔碳基电磁波吸收材料的研究方向进行了展望。

本书可供材料专业、化学专业，以及其他相关专业的大学生和研究生参考阅读，也可供从事电磁波吸收材料研究的工作人员使用。

图书在版编目（CIP）数据

多孔碳基电磁波吸收材料 / 刘崇波著. -- 北京 : 冶金工业出版社, 2025. 5. -- ISBN 978-7-5240-0151-5

Ⅰ. TB34

中国国家版本馆 CIP 数据核字第 2025V7H722 号

多孔碳基电磁波吸收材料

出版发行	冶金工业出版社	**电　　话**	(010)64027926
地　　址	北京市东城区嵩祝院北巷39号	**邮　　编**	100009
网　　址	www. mip1953. com	**电子信箱**	service@ mip1953. com

责任编辑　夏小雪　美术编辑　吕欣童　版式设计　郑小利

责任校对　王永欣　责任印制　禹　蕊

北京印刷集团有限责任公司印刷

2025年5月第1版，2025年5月第1次印刷

710mm×1000mm　1/16；16印张；310千字；245页

定价98.00元

投稿电话　(010)64027932　投稿信箱　tougao@cnmip. com. cn

营销中心电话　(010)64044283

冶金工业出版社天猫旗舰店　yjgycbs. tmall. com

（本书如有印装质量问题，本社营销中心负责退换）

前　言

无线通信技术5G、6G的飞速发展极大地促进了人类社会的进步，各种无线终端和信号发射装置在人们的日常工作和生活中起到了重要的作用，但是随之而来的电磁波污染问题也日益突出。电子设备在工作中会产生电磁波辐射污染，电磁辐射通过累积效应、热效应、非热效应等作用于人体，导致细胞增殖异常、诱发癌变，造成胎儿畸形，严重危害人体健康。此外，高能电磁辐射对自然环境也会产生不利影响，使植物生长异常、停滞以至于凋零枯萎。另外在军事领域，雷达探测、跟踪技术、精确制导武器的迅速发展，武器装备的生存能力和突防能力都受到了严重制约。因此，为减少日常生活中电磁污染造成的伤害和增强军事装备的作战能力，电磁波吸收技术，即电磁波能源的有效吸收和转化，引起了人们的广泛关注。

在工程应用上，不但需要电磁波吸收材料在较宽频带内能有效地吸收电磁波，并将电磁波能量转化为热能等形式耗散掉，还要求它具有质量轻、耐温、耐湿、抗腐蚀等性能。因此制备“薄、轻、宽、强”的吸波材料，不仅是电磁污染公益性防护的重要基础，对提高我国电子产品在世界市场竞争力也有重要意义，且日益成为提升我国国防实力、航空兵器作战能力的关键技术之一。

在过去六年中，我们课题组先后对金属有机框架、聚合物及生物质材料进行外部热驱动获得一系列新型多孔碳材料，并对其电磁及隐身性能进行了深入研究，降低了使用密度、匹配厚度，提高了电磁波吸收强度，并拓宽了电磁波吸收带宽。进一步得到了国家自然科学基金项目“基于螺旋的多级异质吸波材料的设计合成及其阻抗优化机制研究”（22265021）和航空科学基金项目“轻质宽频核壳结构吸波剂的设计合成及宽频吸波机理研究”（2020Z056056003）的资助。在彭玉辉老师、熊志强老师，彭华龙、杨慧丽、沈仲景、马兴瑾、贺雪、冯钊波和胡瑞哲等研究生的共同努力和勤奋钻研下，取得了不错的成绩，新型多孔碳基复合吸波材料在低填充比和薄的厚度下，2～18 GHz的最大反射损耗值达到了 -70 dB 以下，单一厚度下对电磁波的吸收带宽达到 8 GHz 以上，超过测试频段的一半。在多孔碳基电磁波吸收材料方面发表 SCI 论文近 30 篇（本书重点列举 13 篇），获得国家发明专利授权 10 余项。

本书在此基础上撰写而成。全书共 5 章。第 1 章绪论，讲述电磁波吸收材料的应用、分类、多孔碳基电磁波吸收材料的机理；第 2 章讲述基于金属有机框架的多孔碳复合材料的制备和电磁波吸收性能研究；第 3 章讲述基于生物质材料的多孔碳复合材料的制备和电磁波吸收性能研究；第 4 章讲述基于聚合物的多孔碳复合材料的制备和电磁波吸收性能研究；第 5 章对多孔碳基电磁波吸收材料的研究方向进行了展望。

本书在出版过程中有幸得到了南昌航空大学学术专著出版资助基金的资助，在此表示感谢。期望已久的《多孔碳基电磁波吸收材料》一书就要正式出版了，这是我们课题组第二次出版有关隐身材料的专著，希望它的出版能进一步帮助到工作在相关领域的科研工作者和研究生，这是我们最大的愿望。

由于作者水平有限，书中不当之处，希望广大读者提出宝贵意见。

刘崇波

2024 年冬于南昌航空大学至善园

目　录

1 绪　　论

1.1 概　　述

随着科学技术的发展，电磁波已广泛应用于各个领域。在生活中，电子、电器的广泛使用提高了人们的生产效率和生活质量，但发射出大量电磁波，造成极大电磁污染。

在军事方面，电磁波探测设备可在黑夜探测远距离的目标，且不受天气影响。故雷达隐身技术在提高现代兵器的突防能力与生存能力方面发挥着重要的作用[1-2]，实现雷达隐身技术的途径主要有两条：一是通过目标的外形设计尽量降低雷达散射截面（Radar Cross Section，RCS），简称为外形隐身技术[3]；二是在雷达探测目标上应用雷达吸波材料（Radar Absorbing Materials，RAM），简称为RAM 技术[4]。外形隐身技术难度大，成本高，容易使目标的结构性能劣化，而雷达吸波材料技术相对简单，设计难度低，因此成为隐身技术中的研究热点[5]。对于雷达吸波涂层，要求具有厚度薄、质量轻、吸收频带宽、对雷达的吸收性和适应性强等特点[6-7]。在武器结构材料或是表面涂料上，使用 RAM 技术是一种较早获得应用的做法，是目前最成熟最主要的隐身手段。隐身技术与隐身材料的研究始于德国，并在美国、中国、俄罗斯等军事先进国家中进一步发展。由于各种新型探测系统和精确制导武器的相继问世，隐身兵器的重要性与日俱增，以美国为首的各军事强国都在积极进行研究并取得了突破性进展。

隐身材料技术及隐身武器装备的发展历程大概分为三个阶段[8-9]。起步阶段(20 世纪 70 年代以前)：第一次世界大战时期，德国、法国均开始在飞机的蒙皮上喷涂伪装色。在第二次世界大战中，为了对付光学探测威胁和刚刚发展起来的雷达威胁，通过降低武器的目标特征信号进行隐蔽进攻的概念已经逐渐形成，并在飞机、潜艇等武器中开始应用。第二次世界大战后，各国越来越重视隐身装备的研究和发展。发展阶段（20 世纪 70 年代至 80 年代）：从 20 世纪 70 年代初开始，美国的隐身技术进入了正规的发展时期。美国组织和领导了一系列的隐身技术预研计划和演示验证计划，并研制出 F-117A 隐身战斗机和 B-2 隐形战略轰炸机。其中 F-117A 战斗机在机身下表面采用了陶瓷纤维吸波材料，而机翼则采用了环氧树脂吸波材料；B-2 轰炸机也大量使用了雷达吸波涂料和蜂窝夹芯吸波结构材料。同期的隐身技术成果被迅速应用到各种巡航导弹的设计中，如 BGM-109

“战斧”巡航导弹弹体表面大量使用了雷达吸波材料，采用了低红外辐射的涡轮风扇发动机，20 世纪 90 年代以来该导弹在多次战争中发挥了巨大的作用；AGM-129 隐身巡航导弹也同样采用了雷达吸波材料和低红外辐射的涡轮风扇发动机技术。成熟阶段（20 世纪 90 年代至今）：从 20 世纪 90 年代开始，国际上的隐身技术发展迅猛，高隐身性能逐渐成为现代武器装备最引人注目的亮点之一。在这一阶段，比较有代表性的隐身武器包括新一代隐身战斗机、新一代隐身巡航导弹、隐身潜艇、隐身坦克、隐身直升机和隐身无人机等。如美国的 F-22 猛禽战斗机和 B-21 轰炸机，俄罗斯的 T-50 战斗机以及中国的歼-20S 隐形战机均采用了不同类型的雷达波吸收材料。B-21 轰炸机采用了先进的多功能隐身材料，即可兼容雷达/红外/可见光隐身性能。而中国人民解放军新一代“神器”歼-20S 由于优异的隐身材料，预测将以 95% 胜率碾压美军。

在民用方面，随着科学技术迅猛发展，高频与微波技术已经广泛应用于国民经济各个领域，例如高频淬火、冶炼、热合、微波通信、气象观测、环境监测、医疗卫生，以及其他家用电器等[10]。在众多高频电子设备被广泛应用的同时，也难免使生产和生活环境受到电磁辐射的污染，直接接触和受其影响的人员日益增多，特别是在这些设备的功率逐步加大、频率日益增高的状况下，电磁辐射已经成为直接接触人员和附近居民健康的一种物理性有害因素。在射频电磁场下，生物机体会因吸收辐射能量，而产生热效应、非热效应以及累积效应，当射频电磁场的辐射强度被控制在一定范围时，可对人体产生良好的作用，如理疗仪可被利用治疗疾病。但当它超过一定范围时，电磁辐射对人的视觉系统、机体免疫功能、心血管系统、内分泌系统、生殖系统和遗传、中枢神经系统等都产生不同程度的影响，严重时还会激活原癌基因，诱发癌症，是造成儿童白血病的原因之一。多种频率电磁波特别是高频波和较强的电磁场作用于人体的直接后果是在不知不觉中导致人的精力和体力减退，使人的生物钟发生紊乱，记忆、思考和判断能力下降，容易产生白内障、脑肿瘤、心血管疾病以及妇女流产和不孕等，甚至引起癌症等病变。电磁辐射对人体健康的影响问题，最早是在 1952 年，Hirsh 首先报道了 1 名雷达工作人员发生双眼白内障以后逐渐引起重视的。这位雷达工作者是在 1.5～3.0 GHz、功率密度 100 mW/cm^2 条件下，无防护地工作 1 年以后发生双眼白内障的。从此，电磁波辐射对人体健康影响问题得到了重视，人们也逐步开展了广泛而深入的研究；对于其他生物，例如依靠地球磁场导航的鸟类等动物的迁徙路线可能会被干扰，破坏生态平衡；同时，电磁波污染会干扰正常的通信信号，对于雷达、战斗机导航系统等高精度电子仪器和设备的使用产生危害。在此背景下，吸波材料应运而生，目前可用于电磁屏蔽、射频识别技术（RFID）、电子标签、近场通信（NFC）、智能手机、无线充电、中央处理器（CPU）、图形处理器（GPU）以及显示屏幕中。因此，电磁屏蔽/吸波材料是目前广泛采用的解决方案，而吸波材料的优势在于不产生二次辐射，不加剧外界电磁污染。随着近年来5G通信技术的开发及其应用，在可预见的未来，吸波材料的应用前景值得期待。

总之，电磁波的危害主要包括对人类健康存在负面影响；对电子设备运行存在干扰，会导致信号丢失或中断，不仅限制了新兴电子产品的性能，还可能导致严重的经济损失；此外，电磁波探测技术对军事领域的武器装备发展存在严重的制约。因此，迫切需要找出可行的方法去解决电磁波污染问题，既能防止电子设备对人体健康和信息安全的危害，又能增强军事装备的作战能力。有两种可能的方法来解决电磁波污染。首先是探索新的无线通信技术，使电磁波的定向传输成为可能。有了这种技术，电磁信号交换将仅限于在发射器和接收器之间，这样设备就不会向周围环境辐射电磁波[11]。不幸的是，允许电磁波进行定向传输的无线通信技术的发展仍然是一个重大的挑战，特别是在长距离定向传输的情况下。其次是探索能够处理外部电磁波的材料。这种材料通常可分为两类，即电磁波吸收材料和电磁波屏蔽材料，两者区别在于其对电磁波吸收和反射的比值不同。电磁波屏蔽材料的原理是通过反射大多数电磁波来阻挡电磁辐射，容易造成二次污染。与电磁波屏蔽材料相比，电磁波吸收材料是通过吸收入射的电磁波，然后将电磁能量转化为焦耳热进而耗散掉，而不是直接反射回去。因此，电磁波吸收材料的开发更具有实际应用价值。理想的电磁波吸收剂，需要满足强吸收和宽频带吸收这两个基本要求。此外，低密度和薄厚度对于电磁波吸收剂的应用也很重要，特别是对于军用航空设备[12]。随着现代科学技术，即电子技术和雷达探测系统的迅猛发展，隐身技术在军事及民用上的重要性越来越显著。因此，雷达吸波材料成为最重要的隐身材料，是当前重点发展的隐身技术。

1.2 电磁波吸收材料的吸波机理

电磁波也称作电磁辐射，是由于时变磁场与时变电场的互相激发而产生的[9,13]。雷达波吸收材料是指能够有效吸收入射电磁波并使其衰减无反射的一类材料，它通过材料的多种损耗机制将入射电磁波转化成热能或者是其他能量形式而达到吸收电磁波的目的。

电磁波在空气中沿直线传播。当电磁波与其他媒介接触时，其他媒介与空气媒介两者的传输阻抗不匹配，因而电磁波不能继续传播下去，而是在新的媒介中发生反射和衍射，反射部分会继续回到空气中，衍射部分可以与媒介相互作用并将电磁波转化为热能或其他形式的能量，从而消耗电磁波的能量。当电磁波入射到材料表面时，首先要考虑材料的阻抗匹配特性，如果材料的阻抗匹配良好，则电磁波更易进入材料内部，否则入射电磁波将被反射；当电磁波进入材料内部后，需要考虑材料的衰减特性，如果材料的损耗机制多，衰减能力强，则电磁波更容易转换成热能，否则电磁波将不被损耗和吸收[14-15]。

1.2.1 阻抗特性

在吸波材料研究过程中发现，性能优异的吸波材料必须具备阻抗匹配条件的要点：能使入射电磁波最大限度地进入材料内部而不被反射掉，即反射系数 R 为 0，具有阻抗匹配特性[16]。当在空气中传播的电磁波与吸波材料的界面垂直相遇时，反射系数 R 可用式（1-1）表示：

$$R = \frac{Z - Z_0}{Z + Z_0} = \frac{Z_{in} - 1}{Z_{in} + 1} \tag{1-1}$$

根据电磁波传输理论，其中 Z 和 Z_0 分别为电磁波在吸波材料和空气中的传输阻抗，$Z_{in} = Z/Z_0$ 为吸波材料界面的传输阻抗。当 $Z = Z_0$ 时，空气与吸波材料的传输阻抗相等，反射系数 R 为 0。我们在设计吸波材料时，应该从材料的传输阻抗出发，以减少电磁波在材料与空气的界面反射。其中 Z_0 为常数 1，为自由空间波阻抗，$Z = (\mu/\varepsilon)^{1/2}$，$\varepsilon$ 和 μ 分别是材料的复介电常数和复磁导率。理想的匹配是电磁波由自由空间进入材料介质时，反射系数 $R = 0$ 需在 $Z = Z_0$，即 $\varepsilon = \mu$ 前提下，也就是说需选择复介电常数和复磁导率基本相等的材料，然而这样的理想材料目前还找不到，而且复介电常数和复磁导率通常是随频率变化而变化，因此只能尽可能地使之相匹配。

当电磁波从自由空间辐射到电磁波吸收材料时，会被反射和传输。根据传输线理论，通常用阻抗匹配系数 Z 来衡量电磁波进入吸波剂内部的难易程度，计算公式如下[17]：

$$\left\{ Z_0 = \sqrt{\frac{\mu_0}{\varepsilon_0}} \quad Z_{in} = Z_0 \sqrt{\frac{\mu_r}{\varepsilon_r}} \tanh\left(j\frac{2\pi f d}{c} \sqrt{\mu_r \varepsilon_r} \right) \right\} \tag{1-2}$$

式中，Z_{in} 为吸波材料的归一化输入阻抗；Z_0 为自由空间阻抗，一般等于 1；ε_r 和 μ_r 分别为复介电常数和复磁导率；d 为吸波材料的厚度；f 为电磁波的频率。

反射损耗值（RL）达到 −10 dB 时，入射波电磁波能量的 90% 可被吸收。RL 值小于 −10 dB 覆盖的频段区域称为有效吸收带宽（EAB）[18]。综上所述，从增强材料的吸波性能考虑，电磁参数的调控要综合考虑衰减特性和阻抗匹配的影响。反射损耗值作为电磁波吸收和衰减的重要评价指标，吸波材料的反射损耗值可以利用以下公式进行计算：

$$RL = 20\lg \left| (Z_{in} - 1)/(Z_{in} + 1) \right| \tag{1-3}$$

由以上公式可以看出，吸波性能主要由吸波材料的电磁参数、厚度及电磁波的频率决定。其中起决定性作用的是电磁参数，其反映材料自身的内部特性。通过测定材料的电磁参数，可以研究材料的吸波性能及吸波机理[19-20]。

1.2.2 衰减特性

电磁波吸收和衰减主要包括两个过程，电磁波进入吸波剂内部和入射的电磁能量通过一系列物理作用机制转为其他形式的能量。当电磁波进入材料内部后，需要考虑材料的衰减特性，如果材料的损耗机制多，衰减能力强，则电磁波更容易转换成热能及其他形式的能量而耗散掉。所以吸波剂的设计要考虑的两个最重要的因素是：电磁波要能全部或大部分进入吸波剂内部，即良好的阻抗匹配；进入的电磁波能立即被耗散掉，即拥有很强的衰减能力[21]。入射的电磁波通过多种衰减机制被耗散，而衰减机制主要包括传导损耗、介电损耗和磁损耗机制。因此按照衰减机制可将吸波剂分为传导损耗类吸波剂、介电损耗类吸波剂、磁损耗类吸波剂[22]。

衰减特性是表征吸波剂对入射电磁波能量耗散能力强弱的参数，通常用衰减常数 α 量化，衰减常数 α 可以用式（1-4）表示[23]：

$$\alpha=\frac{\sqrt{2}\pi f}{c}\sqrt{(\mu''\varepsilon''-\mu'\varepsilon')+\sqrt{(\mu'\varepsilon''+\mu''\varepsilon')^2+(\mu''\varepsilon''-\mu'\varepsilon')^2}} \tag{1-4}$$

式中，ε'、ε'' 和 μ'、μ'' 分别为吸波剂的介电常数的实部和虚部以及磁导率的实部与虚部。介电常数的实部和磁导率的实部分别代表着材料对电磁波能量的存储能力，而虚部则代表着吸波剂对电磁波能量的损耗能力，因此 ε'' 和 μ'' 值越大说明吸波剂的损耗能力越强，进入材料内部的电磁波主要通过共振吸收与极化弛豫损耗来衰减能量。可以用介电损耗角正切与磁损耗角正切表示吸波材料对电磁波的损耗能力，公式分别为：

$$\tan\delta_\varepsilon=\frac{\varepsilon''}{\varepsilon'} \tag{1-5}$$

$$\tan\delta_\mu=\frac{\mu''}{\mu'} \tag{1-6}$$

式中，$\tan\delta_\varepsilon$ 为介电损耗角正切；$\tan\delta_\mu$ 为磁损耗角正切。因此在尽量满足材料与空气传输阻抗匹配的前提下，介电损耗角正切和磁损耗角正切越大，越有利于对电磁波的衰减。

1.2.3 损耗特性

1.2.3.1 磁损耗机制

磁损耗机制是磁性吸波剂的主要损耗机制，主要包括了铁磁共振、自然共振、交换共振和磁滞损耗、涡流损耗等过程。涡流损耗计算公式如下：

$$C_0=\mu''(\mu')^{-2}f^{-1}=2\pi\mu_0 d^2\sigma \tag{1-7}$$

物质的磁性来源于原子外层未配对的电子的自旋磁矩，无数电子的自旋磁矩按照一定方向平行地排列就产生了宏观的磁化现象，磁化后的物质内部的微磁矩和磁畴的排列取向也不是完全一致的，只有外置一定强度的磁场，所有的微磁矩才趋于同向排列，并围绕外磁场方向做进动[24]。由于磁性物质的自旋磁矩与邻近晶格的磁矩之间存在着磁耦合作用，即与周围环境之间存在着能量交换，如果要维持其持续进动，必须要由外加磁场提供能量，即通过磁耦合可消耗外加交换电磁场的能量。在特定的外加磁场频率下，铁磁共振效应可以将磁能量消耗掉。交换共振和自然共振也具有类似的过程，但是三者共振过程中对应的频率不一样，这三种共振机制都容易实现强的吸收峰，在电磁参数上表现为磁导率虚部的共振峰[25]。磁滞损耗是由物质磁化过程中内部的微磁畴或磁矩的转动所导致的，磁性材料的感应磁场强度变化速度滞后于外加磁场的变化速度，磁滞损耗与频率和材料的矫顽力相关。矫顽力越大，所形成的磁滞闭环面积就越大，磁滞损耗也随之增强。

此外，在低频时磁滞损耗比较显著，随着外加磁场频率的升高，感应磁场变化速度越来越滞后于外场变化速度，材料将逐渐不再对外场变化做出响应，磁滞损耗随之减弱。涡流损耗是指当外加交变磁场作用于磁性材料时，材料内的磁通量及磁感应强度所发生的变化会在电磁导体内产生垂直于磁通量的环形感应涡电流，涡流损耗与材料的粒径尺寸、形貌和导电性有关[26]。过强的涡电流会产生一个较强的激发磁场来阻止外磁场所引起的截面磁通量变化，降低磁感应强度，使磁导率降低，不利于电磁波吸收，因此大量的研究都致力于构筑不同形貌、结构、尺寸的磁性材料，期望提高磁导率和吸波性能。常见的磁损耗机制的吸波剂有铁氧体、磁性金属微粉、磁性合金等，磁性一般来源于 Fe、Co、Ni 等磁性金属及其氧化物，还有少量具有磁性的高分子聚合物。

1.2.3.2 介电损耗机制

介电损耗机制吸波剂主要包括铁酸锌、钛酸钡、碳化硅陶瓷、二氧化硅、半导体金属氧化物、硫化物等。介电损耗主要通过介电极化弛豫过程吸收电磁波，在千兆赫兹频段，偶极子极化和界面极化是最主要的介电损耗机制[27]。物质中的极性分子或基团的偶极矩不为零，由于热运动的不规律性，各偶极矩的取向是无序的，但所有的偶极矩总矢量和为零，物质表现为宏观无极化强度。有外加电场时，偶极矩受电场力的作用沿电场线方向定向排列，偶极矩总矢量和不为零，此时产生的宏观极化现象即为偶极子极化[28]。极化过程需要消耗一定电场的能量来克服分子间的作用力实现偶极矩转向，偶极子极化的强度与外加电磁场的频率有关。在千赫兹到千兆赫兹频段，极化强度随着外场频率的增加而增强，在千兆赫兹频段，偶极矩的转向速度逐渐滞后于外场频率的变化，极化响应将逐步减弱，极化强度也随之降低，表现为介电常数的实部随频率的增加而下降。当物质中含有异质界面时，由于不同的物质间的电负性差异，在界面处可形成大量的类微电容结构的电荷分布。在交变电场的作用下，微电容器不断充电放电，这个过程将损耗外加电磁场的能量，与之相关的极化称之为界面极化[29]。因此大量研究和工作都致力于构筑含有丰富异质界面的吸波剂。Cole-Cole 环和德拜弛豫公式是研究极化效应的一种重要方法：

$$\left(\varepsilon' - \frac{\varepsilon_s + \varepsilon_\infty}{2}\right)^2 + (\varepsilon'')^2 = \left(\frac{\varepsilon_s - \varepsilon_\infty}{2}\right)^2 \tag{1-8}$$

$$\varepsilon' = \varepsilon_\infty + \frac{\varepsilon_s - \varepsilon_\infty}{1 + \omega^2 \tau^2} \tag{1-9}$$

$$\varepsilon'' = \varepsilon''_p + \varepsilon''_c = \frac{\varepsilon_s - \varepsilon_\infty}{1 + \omega^2 \tau^2}\omega\tau + \frac{\sigma}{\omega\varepsilon_0} \tag{1-10}$$

式中，ε_∞为无限频率下的相对介电常数；ε_s为静态介电常数；ω 为角频率，rad/s；τ为弛豫时间，s；σ 为电导率，S/m。一个 Cole-Cole 代表一个极化过程，异质界面越多，偶极子和缺陷极化越强，Cole-Cole 环越多，说明极化越强，有利于促进电磁波衰减。

1.2.3.3　传导损耗机制

常见的传导损耗类吸波剂主要有碳材料、部分导电高分子聚合物、金属单质等，一般具有大量一维结构的材料易获得强的传导损耗。传导损耗机制是高电导率吸波剂的主要衰减机制，物质的电导率与可流动的电荷数量、电荷流动的速度有关[30]。外加电磁场的情况下，物质内部的电子在场的作用下定向移动形成微电流，材料具有一定的电阻，因而可通过焦耳热的形式将电磁能损耗掉。场感应电流趋向于在物质的表面流通，称为电流的趋肤效应。趋肤效应可加强传导损耗；但同时也形成电屏蔽层，阻碍电磁波进入吸波剂内部，因此并非电导率越高越易得到理想的吸波性能。传导损耗对频率变化的敏感程度比较低，强传导损耗有利于得到宽频吸收[31]。Cole-Cole 环的尾巴越长，表明传导损耗越强。

1.3　多孔碳基电磁波吸收材料的分类

按照吸波材料制备工艺的不同和承受能力的差异，将其分成涂覆型与结构型。涂覆型指的是吸收剂与黏合剂混合后，制作成涂层覆盖在材料的表面；结构型是将材料制成夹心结构或者直接将吸收剂均匀分散到层状结构的材料中。

吸波材料大体可以分为涂层型、板材型和结构型；从吸波机理上可以分为电吸收型和磁吸收型；从结构上可以分为吸收型、干涉型和谐振型等吸波结构。按研究时期的不同，可以将材料分为传统型和新型吸波材料。金属微粉、铁氧体等属于传统型材料，它们存在质量较大与有效吸波带宽较窄的缺点。新型吸波材料则弥补了传统吸波材料的一些缺陷，具有质量轻、稳定性好、吸波效果好等优点，例如碳基复合材料、导电高聚物和手性材料等。手性材料因其具有独特的螺旋结构，以及对频率的低敏感性，在制备轻质、强吸收、宽频带的吸波材料方面具有广阔应用前景。目前常用的雷达波吸波材料可以应对的电磁波频段范围从 2 GHz 到 18 GHz，也就是一般雷达波频率，当然应用在更高和更低频段上的吸波材料也是有的。吸波材料的吸波效果是由介质内部各种电磁机制来决定，如电介质的德拜弛豫、共振吸收、界面弛豫和导电损耗等，磁介质畴壁的共振弛豫和微涡流等。吸波材料的损耗机制大致可以分为以下几类：其一，电阻型损耗，此类是吸收机制与材料的电导率有关的电阻性损耗，即电导率越大，载流子引起的宏观电流（包括电场变化引起的电流及磁场变化引起的涡流）越大，从而有利于电磁能转化成为热能。其二，电介质损耗，它是一类和电极有关的介质损耗吸收机制，即通过介质反复极化产生的“摩擦”作用将电磁能转化成热能耗散掉。电介质极化过程包括：电子云位移极化、极性介质电矩转向极化、电铁体电畴转向极化及壁位移等。其三，磁损耗，此类吸收机制和铁磁性介质的动态磁化过程有关，此类损耗可以细化为：磁滞损耗，旋磁涡流及阻尼损耗等，其主要来源是和磁滞机制相似的磁畴转向、磁畴壁位移及磁畴自然共振等。

作为新型吸波材料的碳基复合吸波材料，降低了涂装难度，增强了吸波效果，易于满足飞行器隐身材料“薄、轻、宽、强”的迫切需求。多孔碳等因其优异的介电性能、特殊的微观结构和极低的密度被越来越多地应用于吸波材料，与无孔材料相比，多孔结构可以使电磁波在孔道内发生多次反射，增加电磁波与吸波剂的接触几率，从而加快电磁波的衰减，因而具有强的衰减能力；且多孔材料密度较轻，满足未来对轻质吸波材料的要求。另外，多孔碳材料具有优异的电磁波阻抗匹配特性，多孔碳材料适当的孔隙率为电磁波进入吸波材料提供通道，有利于电磁波与吸波剂之间的阻抗匹配；具有相似石墨化程度下，多孔碳中的孔隙导致其介电常数比无孔碳更小，这改善了与自由空间的阻抗匹配。可以分别用介电损耗因子和磁损耗因子来表示电损耗和磁损耗的大小。当介电损耗因子（$\tan\delta_\varepsilon$）和磁损耗因子（$\tan\delta_\mu$）相等时，材料获得完美的阻抗匹配。碳是非磁性材料，其 μ_r（复磁导率）变化很小，但其 ε_r（复介电常数）可以在很宽的范围内进行调节，这主要与石墨化程度有关。故为了获得更好的阻抗匹配，可以通过在固体碳中引入孔隙来优化 ε_r，从而获得更好的吸波效果。例如，可在多孔结构中掺入各种纳米颗粒，增强电阻损耗、磁损耗和介电损耗以获得更好的阻抗匹配及微波吸收性能。总之，多孔结构可以使电磁波在孔道内发生多次反射，能够大大地增加电磁波与吸波剂的接触几率，从而加快电磁波的衰减；适当的孔隙率也会为电磁波进入吸波材料提供通道，有利于电磁波与吸波剂之间的阻抗匹配。

以下主要介绍目前研究较多的三种多孔碳基电磁波吸收材料。

1.3.1 MOFs 衍生的多孔碳

金属有机框架（Metal-Organic Frameworks，简称 MOFs）是由金属离子/团簇

和有机连接物自组装而成的新型多孔材料，具有周期性结构。MOFs 材料因具有大的比表面积，高的孔隙率，且结构多样，逐渐成为重要的前沿研究热点，且涵盖多个交叉学科和领域，并逐步展现出极大的商业应用潜能。通过调整金属离子和有机配体的种类，可以调节 MOFs 衍生物的电磁性能、比表面积和孔隙率。近年来，MOFs 衍生的纳米多孔碳材料吸引了许多研究者的兴趣。而基于 MOFs 的多孔碳材料还具有轻质优良的物理和化学性质，良好的介电性能，结构和组分可调[32]，易获得更好的阻抗匹配，因此 MOFs 材料由于其可调结构、高孔隙率和大比表面积，并可以有效地降低纳米金属和金属氧化物粒子的团聚，获得良好的阻抗匹配特性和电磁波衰减能力，被认为是吸波材料最理想的前驱体之一。

MOFs 直接煅烧制备多孔碳材料，即直接将 MOFs 材料在一定的气氛下（氮气或者氩气等）高温煅烧可以制备纳米多孔碳材料[33]。该方法具有简单、快捷等优点；但同时有功能化单一等缺点。除此之外，部分研究者将 MOFs 与其他材料复合再一起煅烧；或者选择将一次煅烧获得的多孔碳基复合材料，再与不同材料进行复合，复合后，有必要的话还需进行二次煅烧，以调控阻抗匹配和增强吸波性能。碳基材料较高的介电常数是导致基于 MOFs 多孔碳复合材料阻抗不匹配的主要原因，用介电常数相对较低的氧化物来包覆 MOFs，从而降低介电常数，改善阻抗匹配，在微波吸收方面获得更优异的性能；但其操作较为繁琐，有可能需要进行二次烧结。

Xie 等人采用简便的水热法合成了一种具有宽电磁波吸收带的双金属 NiZn-MOF 前驱体，所得到的衍生复合材料在 2.40 mm 时的最佳反射损耗值为 -56.8 dB，在 2.34 mm 时的有效吸收带宽为 5.9 GHz[34]。Wang 等人采用 Ni-MOF 作为前驱体，在氧化石墨烯（GO）纳米片存在下诱导其拓扑变形，最终收获由 GO 纳米片和 Ni-MOF 纤维组成的复合气凝胶。结果表明，氧化石墨烯纳米片能够抵抗复合气凝胶在高温热解过程中的热收缩，使所得到的 Ni/C@rGO 复合气凝胶最强反射损耗值为 -22.7 dB，在 1.50 mm 时的有效吸收带宽为 5.2 GHz[35]。GO 纳米颗粒的加入对 MOFs 的金属中心能起到更好的分散隔离作用，得到金属粒子更加均匀地分散在纳米多孔碳复合材料，而且通过调控 GO 纳米粒子的加入量可以调控阻抗匹配，从而获得优良吸波性能。

1.3.2 聚合物基多孔碳

导电高聚物是一种具有高分子量和高电导率的材料[36]。而通过热解导电聚合物可以制备得到多孔碳，具有来源广、制备工艺简单、稳定性好、可大批量生产等优点。此外，还可以改变工艺参数如碳化温度来调控材料的物相组成和电磁参数，从而可以有效改善材料的吸波性能。在诸多可以作为多孔碳源的高分子聚合物中，聚乙炔、聚吡咯、聚噻吩、聚苯胺等具有绿色、可生物降解、价格低廉、理化性能稳定等优点。另外，由于聚合物的构筑基团及链接键（如 C—N，C—B 及 C—S 等化学键）的种类不同，通过热处理工艺可以获得杂原子掺杂的多孔碳材料，可以有效提高偶极子极化及其缺陷极化，从而提高材料对电磁波的衰减性能，即吸波性能。但这类高分子聚合物衍生的多孔碳材料损耗机制单一，阻抗匹配特性差，造成有效吸收带宽较窄。根据电磁波吸收原理，吸波材料增加磁损耗是拓宽吸波频带和提高吸收效率的关键，因此改善导电高聚物的磁损耗是解决导电高聚物吸波材料实用化的关键问题。与 MOFs 基多孔碳复合材料相比，聚合物基多孔碳复合材料更易于与磁性粒子相结合，且比例及其结构更易于调控。基于上述优点，选用导电高聚物经过煅烧作为多孔碳复合材料的前驱体，引起广大研究者的关注。

Qu 等人提出了一种通过将碳涂层的 FeNi 合金纳米颗粒分散到聚二甲基硅氧烷（PDMS）基体中来开发柔性微波吸收材料的新方法。通过调整(FeNi)@C 填料的含量，改变煅烧温度，制备出的(FeNi)@C/PDMS 纳米多孔碳复合材料表现出优异的微波吸收能力，在厚度为 2.3 mm 时，最小反射损耗值为 -33.51 dB，有效吸收带宽为 4.96 GHz[37]。Wang 等人采用冷冻干燥法和加热处理工艺，制备了一种由多维纳米材料构建的三维混合气凝胶，其中聚合物聚酰亚胺纳米纤维和聚二甲基硅氧烷分别作为内部支撑材料和外部交联剂，进一步复合磁性粒子，再通过煅烧后构建出的气凝胶在宏观上相互连通且表现出多孔结构，此结构有利于形成完美的阻抗匹配和优越的介电/磁协同损耗效应，所得到的聚合物气凝胶最小反射损耗达到了 -64.87 dB，有效吸收带宽为 6.24 GHz[38]。本课题组目前正在对长链共轭聚席夫碱复合磁性粒子的气凝胶材料进行吸波研究。席夫碱是分子中含有—C ═N—基团的一类具有代表性的含氮有机配体，它由醛或酮的羰基（ >C ═O）和伯胺、肼及其衍生物的胺基（$—NH_2$）缩合而成，最初由 H. Schiff 于 1864 年首先发现而得名，在美国化学文摘中将其归于 Schiff base 和 Imines 类。席夫碱—C ═N—基团杂化轨道上的 N 原子具有孤对电子，赋予它重要的化学和生物学上的意义。1987 年美国成功将视黄基席夫碱盐应用于吸波涂料，席夫碱的特殊的电、磁和光学性能使得国内外学者对此类新型吸波材料开始了一些探索性研究。本课题组采用乙二醇聚合法将 Ni_3Fe 颗粒组装成微螺旋链，再用 MXene 包裹，然后通过羰基-胺缩合反应包裹在聚席夫碱气凝胶中。最后通过煅烧处理合成了超轻的 TiO_2/Ni_3Fe/MXene/NC 气凝胶。受益于氮掺杂碳提高了极化损耗，多维和多组分材料的电磁协同效应，NFMC-7 气凝胶具有优异的吸波性能，在 3.0 mm 厚度下的最低反射损耗值为 -61.6 dB，在 2.77 mm 厚度下的有效吸收带宽为 8.16 GHz。

1.3.3　生物质衍生的多孔碳

碳基纳米材料，如碳纳米管和石墨烯，由于其高电导率和低渗流阈值而得到了广泛的研究[40-41]。不幸的是，它们的合成需要复杂和苛刻的条件（例如，化学气相沉积法、悍马法），制备成本相对较高，难以在工业上大规模生产。相比之下，使用低成本的生物质是制备多孔碳基吸波材料的一种简单而理想的方法。生物质资源是地球上最丰富和可再生的资源之一，这些发现为开发高性能和可持续的微波吸收材料提供了新的途径。生物质材料是多孔碳基材料制造的宝贵前驱体，生物质衍生多孔碳材料由于成本低、生态友好、比表面积大、孔隙率高和制备技术简单等优点，是很有前途的吸波材料。

此外，大量的研究表明，以生物质为前驱体可以制备多孔碳材料，保持其独特的结构特性，如管状、层状和网络结构，有利于增强电磁波的衰减和损耗。单纯的生物质基多孔碳吸波剂的缺陷在于磁损耗较差，阻抗匹配不佳，因此一般要对其进行改性修饰，才可能获得理想的吸波性能。Tao 等人利用富含壳聚糖的蟹壳作为原料，去除杂质后进行碳化处理，而后分别通过酸处理和氢氧化钾活化构建多孔结构，有效地提高了电磁波吸收性能。材料在填充比为 10% 的情况下，获得了 9.03 GHz 的有效吸收带宽，最小反射损耗可达到 -64.05 dB[42]。Li 等人采用蟹壳衍生的甲壳素纳米纤维制备了蜂窝状各向异性多孔通道气凝胶，通过对甲壳素纳米纤维/水悬浮液的单向冷冻干燥，然后利用温度控制的碳化来定制有缺陷的碳结构，该气凝胶在 11.6 GHz 时最小反射损耗可达到 -92.8 dB[43]。生物质衍生的多孔碳材料不仅具有低密度、大的比表面积和优异的介电损耗，同时其多孔结构有利于优化材料的阻抗匹配，增加电磁波的多重反射和散射，有利于提高电磁波的衰减能力。单一的碳基材料的高载流子迁移率为其提供了强大的介电损耗。然而，过高的导电性和几乎没有的磁性会导致阻抗失配，不利于入射电磁波进入吸收剂。提高此类碳基材料性能的策略可概括为成分优化和微结构调节。在成分优化方面，生物质衍生的碳材料中引入缺陷和杂原子，与低介电常数材料（如金属氧化物、硫化物等）和磁性材料相结合以改善阻抗匹配并完善损耗机制[44]。在成分优化的基础上，调节微观结构可以进一步提高碳基材料的吸波性能[45]。将碳基材料组装成宏观结构材料，如气凝胶和泡沫材料，富含微观孔隙，可以改善此类碳基材料的分散和阻抗匹配，增强界面极化和多重反射，从而增强吸波能力[46]。这一策略也为生物质衍生多孔碳材料的多功能设计提供了一个很好的机会。

1.4 表征手段及其模拟计算

通常，利用扫描电子显微镜（SEM）和透射电子显微镜（TEM）对材料的形貌进行表征；用 X 射线衍射相分析材料的物相；采用 X 射线光电子能谱技术（XPS）对材料表面元素的化学组成、元素化学状态和化学键态进行分析；采用拉曼光谱推断碳材料的石墨化程度，分析碳化温度对材料中碳组分石墨化程度的影响；用矢量网络分析仪测定材料的电磁参数，进一步通过式（1-3）计算反射损耗值，进而评估材料的电磁波吸收性能。对于材料的实际应用的可实现性，通常，先进行模拟计算。一般来说，从雷达散射截面（RCS）与超材料设计模拟两个方面出发，其中 RCS 是分析材料在远场中的雷达隐身性能，超材料模拟通过调整材料厚度和结构，模拟计算以实现超宽吸收带宽，获得更好的应用前景。

1.4.1　X 射线衍射（XRD）

X 射线衍射相分析是利用 X 射线在晶体物质中的衍射效应进行物质结构分析的技术。每一种结晶物质，都有其特定的晶体结构，包括点阵类型、晶面间距等参数，用具有足够能量的 X 射线照射试样，试样中的物质受激发，会产生二次荧光 X 射线（标识 X 射线），晶体的晶面反射遵循布拉格定律。通过测定衍射角位置（峰位）可以进行化合物的定性分析，测定谱线的积分强度（峰强度）可以进行定量分析，而测定谱线强度随角度的变化关系可进行晶粒的大小和形状的检测。

1.4.2　拉曼光谱（Raman）

拉曼光谱，是一种散射光谱。拉曼光谱分析法是基于印度科学家 C. V. 拉曼所发现的拉曼散射效应，对与入射光频率不同的散射光谱进行分析以得到分子振动、转动方面信息，并应用于分子结构研究的一种分析方法。拉曼光谱多用于论证碳材料的存在，以及推断碳复合材料的石墨化程度，使用拉曼光谱可分析碳化温度对材料中碳组分石墨化程度的影响。

1.4.3　X 射线光电子能谱（XPS）

XPS 是电子材料与元器件显微分析中的一种先进分析技术，而且是和俄歇电子能谱技术（AES）常常配合使用的分析技术。由于它可以比俄歇电子能谱技术更准确地测量原子的内层电子束缚能及其化学位移，所以它不但为化学研究提供分子结构和原子价态方面的信息，还能为电子材料研究提供各种化合物的元素组成和含量、化学状态、分子结构、化学键方面的信息。它在分析电子材料时，不但可提供总体方面的化学信息，还能给出表面、微小区域和深度分布方面的信息。另外，因为入射到样品表面的 X 射线束是一种光子束，所以对样品的破坏性非常小，这一点对分析有机材料和高分子材料非常有利。总的来说，XPS 多用来分析材料的表面元素的化学组成，协同 XRD 图谱来判断材料的组分，对表面元素的化学组成进行分析，主要探测碳元素、氧元素以及金属元素，通过分析样品的总谱图以及各元素的分谱图来判断各元素的存在形式和化学价态。

1.4.4　扫描电子显微镜（SEM）

SEM是一种介于透射电子显微镜和光学显微镜之间的观察手段。其利用聚焦很窄的高能电子束来扫描样品，通过光束与物质间的相互作用，来激发各种物理信息，对这些信息收集、放大、再成像以达到对物质微观形貌表征的目的。新式的扫描电子显微镜的分辨率可以达到1 nm；放大倍数可以达到30万倍及以上，连续可调；并且景深大，视野大，成像立体效果好。此外，扫描电子显微镜和其他分析仪器相结合，可以做到观察微观形貌的同时进行物质微区成分分析。扫描电子显微镜在石墨、陶瓷及纳米碳材料等的研究上有广泛应用。

1.4.5　透射电子显微镜（TEM）

TEM可以看到在光学显微镜下无法看清的小于0.2 μm的细微结构，这些结构称为亚显微结构或超微结构。要想看清这些结构，就必须选择波长更短的光源，以提高显微镜的分辨率。1932年Ruska发明了以电子束为光源的透射电子显微镜，电子束的波长要比可见光和紫外光短得多，并且电子束的波长与发射电子束的电压平方根成反比，也就是说电压越高波长越短。TEM的分辨力可达0.2 nm。TEM是一种比SEM分辨率更高的技术仪器，常用于研究材料的粒径、形貌、分散情况及晶格条纹，并通过晶格条纹和微束分析与能谱仪（EDS）分析测试样品的组分与含量。

1.4.6　矢量网络分析仪

矢量网络分析仪器是一种电磁波能量的测试设备。它既能测量单端口网络或两端口网络的各种参数幅值，又能测相位，矢量网络分析仪能用史密斯圆图显示测试数据。矢量网络分析仪多用于测试样品的电磁参数，测试范围为2～18 GHz，随后将获得的电磁参数进行模拟计算得到材料的反射损耗值，进而评估材料的电磁波吸收性能。将样品以一定的比例均匀浸入石蜡或聚偏二氟乙烯及聚氨酯等介质中，得到一个空心同轴环（Φ_{in}：3.04 mm，Φ_{out}：7.0 mm），采用同轴线法分析了2～18 GHz范围内样品的电磁特性。通过电磁参数的测量可模拟计算得到电磁波吸收性能：*RL*值和有效吸波带宽。

1.4.7　雷达散射截面（RCS）模拟计算

RCS是分析材料在实际应用中的雷达隐身性能的重要指标[47]。RCS值的计算公式如下：

$$\sigma(\mathrm{dB}\cdot\mathrm{m}^2)^2 = 10\lg\left[\frac{4\pi S}{\lambda^2}\left|\frac{E_s}{E_i}\right|^2\right] \tag{1-11}$$

式中，S 和 λ 分别为模拟模型的面积和电磁波波长；E_s 和 E_i 分别为散射和入射电磁波的电场强度。

为了分析样品的雷达隐身性能，利用计算机模拟技术（CST）[48-50] 在真实远场条件下对涂有完美导体（PEC）和所有样品的雷达散射截面（RCS）进行了模拟计算。样品被涂覆在一个正方形（200 mm × 200 mm）的完美电导体（PEC）板上。这些板位于 X-O-Y 平面上，电磁波相对于 X-O-Y 平面的角度用 θ 表示，角度为 0°表示电磁波垂直入射到平板上。样品与 PEC 板的 RCS 差值越大，说明材料的雷达隐身性能越好，以及该类吸波材料非常适合电磁波能量采集。这可以进一步表明此类吸波材料具有广阔的应用前景。

1.4.8 超材料模拟计算

单层涂层材料，也被称为全结构材料，需要工作频率来匹配四分之一波长（$\lambda/4$）[51]。RL 峰值的模拟匹配厚度（t_m）用式（1-12）进行估算：

$$t_m = nc/(4f_m \sqrt{|\mu_r||\varepsilon_r|}) \tag{1-12}$$

式中，ε_r 和 μ_r 分别为复介电常数和复磁导率；f_m 为 RL 峰值处的频率；c 为真空的光速。

为了在不同的频率下工作，必须调整单层涂层材料的厚度，这限制了其实际应用。在梯度多层结构中调整每层的厚度有利于 $\lambda/4$ 波相互之间的多次干扰，导致产生多个电磁波吸收峰。这些峰叠加在整体梯度结构中，实现了超宽带电磁波吸收。具有多层拓扑梯度结构的超材料设计提供了更丰富的电磁响应，为吸波材料的实际应用奠定了坚实的理论基础。

参 考 文 献

[1] 张卫东，冯小云，孟秀兰. 国外隐身材料研究进展［J］. 宇航材料工艺，2000（3）：1-4，10.

[2] 孟新强. 隐身技术的研究和应用现状［J］. 雷达与对抗，1999（3）：1-5，44.

[3] 黄云霞. 微波吸收剂的制备及性能研究［D］. 西安：西安电子科技大学，2009.

[4] Eerbert L K. Biolgic effect of environmental electromagnetism [M]. New York: Springer-Verlag, Inc, 1981.

[5] 杜尚丰. 导电氧化锌粉体的制备和性能研究［D］. 北京：中国科学院过程工程研究所，2005.

[6] 解仑，李一玫，王先梅. 电磁场与电磁兼容［M］. 北京：电子工业出版社，2012.

[7] Vinoy K J, Jha R M. Radar absorbing materials from theory to design and characterization [M]. Boston: Kluwer Academic Publishers, 1996.

[8] Michielssen E, Sajer J, Ranjithan S, et al. Design of lightweight broad-band microwave absorbers using genetic algorithms [J]. IEEE Trans Microw Theory, 1993.

[9] 邢丽英. 隐身材料 [M]. 北京：化学工业出版社，2004.

[10] 张晓林. 石墨烯基复合材料的制备及其吸波性能 [D]. 哈尔滨：哈尔滨工业大学，2011.

[11] 李高峰，吴茜. 各种减小雷达截面的方法与机理 [J]. 电讯工程，1999 (1)：4.

[12] 邵蔚，赵乃勤，师春生，等. 吸波材料用吸收剂的研究及应用现状 [J]. 兵器材料科学与工程，2003，26：65-68.

[13] 周克省，黄可龙，孔德明，等. 纳米无机物/聚合物复合吸波功能材料 [J]. 高分子材料科学与工程，2002，18：15-19.

[14] Liang X, Man Z, Quan B, et al. Environment-stable Co_xNi_y encapsulation in stacked porous carbon nanosheets for enhanced microwave absorption [J]. Nano-Micro Letters, 2020, 12: 102.

[15] Naaman R, Paltiel Y, Waldeck D H. Chiral molecules and the electron spin [J]. Nature Reviews Chemistry, 2019, 3: 250-260.

[16] Zhao G, Lv H, Zhou Y, et al. Self-assembled sandwich-like MXene-derived nanocomposites for enhanced electromagnetic wave absorption [J]. ACS Applied Materials & Interfaces, 2018, 10: 42925-42932.

[17] Liang H, Xing H, Qin M, et al. Bamboo-like short carbon fibers@Fe_3O_4@phenolic resin and honeycomb-like short carbon fibers@Fe_3O_4@FeO composites as high-performance electromagnetic wave absorbing materials [J]. Composites Part A: Applied Science and Manufacturing, 2020, 135: 105959.

[18] Wang X, Pan F, Xiang Z, et al. Magnetic vortex core-shell Fe_3O_4@C nanorings with enhanced microwave absorption performance [J]. Carbon, 2020, 157: 130-139.

[19] Wu L, Lu Y, Shao W, et al. Simple salt-template assembly for layered heterostructures of C/ferrite and EG/C/MFe_2O_4 (M = Fe, Co, Ni, Zn) nanoparticle arrays toward superior microwave absorption capabilities [J]. Advanced Materials Interfaces, 2020, 7: 2000736.

[20] Song Q, Ye F, Kong L, et al. Graphene and MXene nanomaterials: Toward high-performance electromagnetic wave absorption in gigahertz band range [J]. Advanced Functional Materials, 2020, 30: 2000475.

[21] Cao M S, Wang X X, Zhang M, et al. Variable-temperature electron transport and dipole polarization turning flexible multifunctional microsensor beyond electrical and optical energy [J]. Advanced Materials, 2020, 32: 1907156.

[22] Wang L, Yu X, Li X, et al. MOF-derived yolk-shell Ni@C@ZnO Schottky contact structure for enhanced microwave absorption [J]. Chemical Engineering Journal, 2020, 383: 123099.

[23] Wilcox D A, Boudouris B W. Modifying field-effect transistor response in a conjugated polymer upon the addition of radical dopants [J]. Thin Solid Films, 2020, 714: 138391.

[24] Gao X, Zhou X, Wang C, et al. Skin depth and detection ability of magneto-optical imaging for weld defects in alternating magnetic field [J]. Journal of Manufacturing Systems, 2020, 55: 44-55.

[25] Liu W, Liu L, Yang Z, et al. A versatile route toward the electromagnetic functionalization of metal-organic framework-derived three-dimensional nanoporous carbon composites [J]. ACS

Applied Materials & Interfaces, 2018, 10: 8965-8975.

[26] 周克省, 刘利强, 邓联文, 等. W 型 $Ba_{0.8}La_{0.2}Co_2Fe_{16}O_{27}$ 微波吸收材料的制备与表征 [J]. 功能材料, 2008 (8): 1276-1278, 1282.

[27] 阮圣平, 王兢, 刘永刚, 等. $BaFe_{12}O_{19}$ 纳米复合材料微波吸收性能的研究 [J]. 吉林大学学报 (理学版), 2003 (1): 70-72.

[28] 阮圣平, 吴凤清, 王永为, 等. 钡铁氧体纳米复合材料的制备及其微波吸收性能 [J]. 物理化学学报, 2003 (3): 275-277.

[29] Sugimoto S, Haga K, Kagotani T, et al. Microwave absorption properties of Ba M-type ferrite prepared by a modified coprecipitation method [J]. J Magn Magn Mater, 2005.

[30] 王璟. W 型钡铁氧体吸波材料的制备及其性能研究 [D]. 长沙: 国防科学技术大学, 2005.

[31] Li L, Tu X, Peng L, et al. Structure and static magnetic properties of Zr-substituted NiZn ferrite thin films synthesized by sol-gel process [J]. Journal of Alloys and Compounds, 2012, 545: 67-69.

[32] Liu G, Zhu P, Teng J, et al. Optimizing MOF-derived electromagnetic wave absorbers through gradient pore regulation for pareto improvement [J]. Advanced Functional Materials, 2023: 2413048.

[33] Yu G, Shao G, Xu R, et al. Metal-organic framework-manipulated dielectric genes inside silicon carbonitride toward tunable electromagnetic wave absorption [J]. Small, 2023, 19: 2304694.

[34] Xie T, Li S, Ma L, et al. Bimetallic MOF-derived composites with broad electromagnetic wave absorption and strong corrosion resistance [J]. Carbon, 2023, 208: 33-42.

[35] Wang P, Fan D, Gai L, et al. Synthesis of graphene oxide-mediated high-porosity Ni/C aerogels through topological MOF deformation for enhanced electromagnetic absorption and thermal management [J]. Journal of Materials Chemistry A, 2024, 12 (14): 8571-8582.

[36] Tang P, Li M, Du J, et al. Construction of Fe_3O_4/PANI composites with hollow 0D/1D structures for efficient microwave absorption [J]. Applied Surface Science, 2024, 649: 159183.

[37] Qu X, Li X, Wei G, et al. Flexible carbon-coated FeNi alloy/PDMS nanocomposites toward a multifunctional high-performance electromagnetic absorber [J]. Journal of Alloys and Compounds, 2024, 983: 173855.

[38] Wang Y, Qu Z, Wang W, et al. Multidimensional nanomaterials synergistic polyimide nanofiber/MXene/$NiFe_2O_4$ hybrid aerogel for high-performance microwave absorption [J]. Chemical Engineering Journal, 2023, 470: 144435.

[39] Peng H, Zhang X, Yang H, et al. Fabrication of core-shell nanoporous carbon@chiral polyschiff base iron (Ⅱ) composites for high-performance electromagnetic wave attenuation in the low-frequency [J]. Journal of Alloys and Compounds, 2021, 850: 156816.

[40] Yang Y, Xiu Z, Pan F, et al. Tuning the multilevel hierarchical microarchitecture of MXene/rGO-Based aerogels through a magnetic field-guided strategy toward stepwise enhanced

electromagnetic wave dissipation [J]. Advanced Functional Materials, 2024: 2406133.

[41] 朱长纯, 邓宁. 碳纳米管薄膜对电磁波吸收特性的研究 [J]. 西安交通大学学报, 2000, 34 (12): 3.

[42] Tao J, Xu L, Pei C, et al. Catfish effect induced by anion sequential doping for microwave absorption [J]. Advanced Functional Materials, 2023, 33 (8): 2211996.

[43] Li X, Zhu L, Kasuga T, et al. Chitin-derived-carbon nanofibrous aerogel with anisotropic porous channels and defective carbon structures for strong microwave absorption [J]. Chemical Engineering Journal, 2022, 450: 137943.

[44] Sansone N D, Aguiar R, Embabi M, et al. Butterfly-inspired hierarchical hybrid composites for lightweight structural thermal management applications [J]. Advanced Functional Materials, 2025: 2420744.

[45] Liu X, Zhou J, Xue Y, et al. Structural engineering of hierarchical magnetic/carbon nanocomposites via in situ growth for high-efficient electromagnetic wave absorption [J]. Nano-Micro Letters, 2024, 16 (1): 174.

[46] Tan R, Zhou F, Chen P, et al. PANI/FeCo@C composite microspheres with broadband microwave absorption performance [J]. Composites Science and Technology, 2022, 218: 109143.

[47] Yang C, He E, Yang P, et al. 3D-printed stepped structure based on graphene-FeSiAl composites for broadband and wide-angle electromagnetic wave absorption [J]. Composites Part B: Engineering, 2024, 270: 111135.

[48] Wu L, Shi S, Liu J, et al. Multicolored microwave absorbers with dynamic frequency modulation [J]. Nano Energy, 2023, 118: 108938.

[49] Yu G, Shao G, Xu R, et al. Metal-organic framework-manipulated dielectric genes inside silicon carbonitride toward tunable electromagnetic wave absorption [J]. Small, 2023, 19 (46): 2304694.

[50] Li X, Hu R, Xiong Z, et al. Metal-organic gel leading to customized magnetic-coupling engineering in carbon aerogels for excellent radar stealth and thermal insulation performances [J]. Nano-Micro Letters, 2024, 16 (1): 42.

[51] Pan F, Ning M, Li Z, et al. Sequential architecture induced strange dielectric-magnetic behaviors in ferromagnetic microwave absorber [J]. Advanced Functional Materials, 2023, 33 (27): 2300374.

2 基于 MOFs 的多孔碳复合材料的制备及其电磁波吸收性能研究

2.1 概述

多孔碳是一类新颖的碳材料，因其轻质多孔的特性，具有很高的比表面积和孔隙率。多孔特性不仅可以优化吸波剂与空气之间的阻抗匹配，还可以为入射电磁波在吸波剂内部的多重散射和散射提供通道，三维的碳骨架为电流传导提供了网络。多孔碳一般通过模板法制备，常用的模板包括金属有机骨架（Metal-Organic Frameworks，简称 MOFs）、生物质材料等。MOFs 是由金属离子/团簇和有机连接物自组装而成的新型多孔材料，一类具有周期性单元的晶态物质。通过调整金属离子和有机配体的种类，可以调节 MOFs 的比表面积和孔隙率。MOFs 材料因具有大的比表面积，高的孔隙率，多样的结构，在药物传递、气体存储、吸附、催化、分离、传感、离子导电等方面具有十分优异的性能和广阔的应用前景，吸引了全球材料、化学、化工等领域研究者们极大的兴趣，并逐步展现出极大的商业应用潜能。

MOFs 近年来已被认为是制造多孔碳（NPC）、金属基化合物及其复合材料的独特前驱体，且在微波吸收、电容器等领域也表现出巨大的潜能。常见的 MOFs 包括 ZIF 系列、MOF-74 系列、MIL 系列、UIO 系列等。近年来，以 MOFs 为前驱体衍生的纳米复合材料作为一种轻质、高效的电磁波吸收材料已被大量报道。Wang 等人[1]通过制备 ZIF-67，再将 ZIF-67 加入到制备 RGO 的过程中，最后得到 ZIF-67@RGO，然后将 ZIF-67@RGO 作为前驱体在氮气气氛下煅烧得到 Co@C@NRGO。Co@C@NRGO 表现出优秀的电磁波吸收性能，在厚度为 2.00 mm 时最强反射损耗值 RL_{min} 可以达到 −73.4 dB，吸收带宽达到 5.3 GHz。Ma 等人[2]以 MIL-125(Ti) 为模板分别在 600 ℃、700 ℃、800 ℃、900 ℃下热解，制备得到了不同石墨化程度的 TiO_2/C 复合材料，所有样品的比表面积均大于 300 m^2/g。其中 800 ℃制备的 TiO_2/C 性能最佳，在 1.6 mm 厚度下得到了 −49.6 dB 的反射损耗值，同时有效带宽为 4.6 GHz。Zhang 等人[3]以 UIO-66(Zr) 为模板，热解得到八面体状的 ZrO_2/C 复合吸波剂，超细的 ZrO_2 纳米颗粒（粒径为 4 ~ 6 nm）均匀地分布在多孔碳骨架的内部。在 1.5 mm 时 RL_{min} 值为 −58.7 dB，在 1 ~ 5 mm 调整吸波剂的厚度，RL < −10 dB 的区域覆盖了 3.4 ~ 18 GHz 频段。南京航空航

天大学的姬广斌教授团队[4]制备了不同金属比例的多层状 CoNi-MOF，继而在不同温度下热解得到了不同比例的 CoNi 合金/多孔碳（Co_xNi_y@C）复合材料，在多孔碳骨架诱导产生的导电损耗、磁性合金产生的磁损耗、碳缺陷产生的偶极极化等机制共同作用下，Co_xNi_y@C 的吸波性能出色，在 1.7 mm 下得到了 −43.7 dB 的 RL_{min}，在 1.8 mm 下得到了 5.7 GHz 的有效吸收带宽（EAB）。

简而言之，MOFs 材料具有较大的比表面积和较高的孔隙率，有利于电磁波的多重反射和散射，但其导电性较差，又不利于电磁波的损耗。将 MOFs 材料高温热解可以制备得到多孔碳复合材料，其中，金属离子原位生成金属单质或者金属氧化物，根据 MOFs 中金属离子的特性，提供良好的介电和（或）磁损耗；有机配体原位生成多孔碳，提供导电网络，提高导电损耗。另外，MOFs 衍生的多孔碳复合材料保留了 MOFs 的大比表面积，有利于增强电磁波的多重散射和反射，最终提高电磁波吸收效果。

2.2 仪器表征

采用粉末 X 射线衍射（XRD，Bruker D8 ADVANCE，Bruker Smart APEX IICCD）分析复合材料的晶体结构和晶相结构。采用拉曼光谱（Lab RAM HR800）对碳基复合材料的结构和石墨化程度进行了分析，X 射线光电子能谱（XPS，Thermo Fischer ESCALAB Xi +、Kratos）研究了材料表面元素的种类、含量及化学键合状态。用场发射扫描电子显微镜（FE-SEM，Nova Nano SEM450）、元素映射图谱（EDS）、透射电子显微镜（TEM，Talos F200X）检测其形貌和晶格结构。用物理性质测量系统（Quantum Design DynaCOOL，PPMS）检测了样品的磁性能。采用振动样品磁力测量仪（VSM，Quantum Design DynaCOOL）测量材料的饱和磁化强度。使用比表面积分析仪（BET，BELSORP-mini Ⅱ、MicrotracBEL Japan BELSORP-MAX）测定样品的比表面积和孔结构，并在液氮温度（77 K）下测试样品的 N_2 吸附-解吸等温曲线和 BJH 孔径分布曲线。在室温下，使用四探针技术（RTS-8）测量被压制样品的电阻率。使用霍尔效应测量系统（Ecopia，HMS-7000）在室温下测量了试样的电导率、载流子浓度和霍尔迁移率。用元素分析仪（Elemental，Vario EL Ⅲ）对样品进行了表征。用矢量网络分析仪（Agilent，PNA N5224A，同轴法，VNA）检测样品在 2～18 GHz 范围内的电磁参数。

2.3 MnO@NPC、Mn_3O_4@NPC 和 MnO_2@NPC 复合材料

影响材料性能的主要因素是材料的组成和结构，许多文献对它们之间的关系进行了深入的分析。对于能够在不同价态之间切换的金属元素，如 Fe、Co、Mn 等，

组分对电磁波吸收性能的影响尤为重要。Peng等人[5]通过控制MIL-101(Fe)的不同热解温度，制备了Fe_3C/C复合材料，在14 GHz下，RL_{min}达到了-39.43 dB。Xiang等人[6]将MIL-101(Fe)在不同气氛下热解合成了Fe_3O_4@NPC复合材料，在9.8 GHz下，RL_{min}为-65.5 dB。因此，Fe价态对MIL-101(Fe)衍生物的电磁波吸收性能有显著影响。ZIF-67衍生物的电磁波吸收性能也取决于最终材料的组成，在惰性气体气氛下热解产物一般为C/Co复合材料。Sun等人[7]通过调节ZIF-67热解产物的冷却气氛，合成了$C/Co/Co_3O_4$复合材料，在6.61 GHz下，RL_{min}为-84.75 dB。锰元素具有不同的价态和不同的氧化物，其中MnO、Mn_3O_4和MnO_2都被用作电磁波吸收材料。因此，了解锰价态如何影响相应材料的电磁波吸收性能是至关重要的。

目前，MnO、Mn_3O_4和MnO_2多与碳材料复合制备电磁波吸收材料。Yan等人[8]通过化学气相沉积方法与碳化工艺相结合，成功制备了具有良好电磁波吸收性能的MnO@C/CNTs复合材料，在6.2 GHz和3.8 mm的厚度下，该复合材料的RL_{min}可达-60.5 dB。Wang等人[9]通过一步水热法成功制备了多壁碳纳米管包裹的Mn_3O_4空心多面体（Mn_3O_4/MWCNTs），该复合材料在11 GHz时的RL_{min}达到-53.8 dB，EAB为4.1 GHz，厚度为2.5 mm。Zhang等人[10]通过简单的水热还原法合成了MnO_2@碳纳米纤维（CNFs）复合材料。通过控制$KMnO_4$的加入量，可以有效地调节材料的电磁参数和微波吸收性能。当CNFs与$KMnO_4$的质量比为4∶1时，复合材料在4.32 GHz处的RL_{min}为-42.77 dB，吸波剂厚度为4.5 mm。但上述复合材料均存在锰的氧化物与碳材料复合不均匀的问题，MOFs的原位热解是解决金属/金属氧化物与碳材料复合均匀的有效方法。

本节展示了MnO@NPC、Mn_3O_4@NPC和MnO_2@NPC复合材料用作高效电磁波吸收剂的简单合成过程。首先，通过将二价的锰离子与2,5-二羟基对苯二甲酸（H_4DOBDC）配位，合成了棒状锰基MOFs（Mn-MOF-74）。其次，将Mn-MOF-74分别在700 ℃和800 ℃下热解得到了MnO@NPC复合材料，热解后的样品呈现出纳米片堆积的棒状结构，类似毛毛虫状结构。其中，MnO@NPC-800拥有合适的石墨化程度，在低频具有一定的吸波效果。然后，在制备MnO@NPC的冷却过程中通入空气，两段煅烧合成了Mn_3O_4@NPC复合材料，通过改变第二段煅烧时间，探究了不同碳含量对材料电磁参数和吸波性能的影响。结果表明，随着二次煅烧时间的增加，复合材料的碳含量在减少，相应的介电常数也在减小，其中Mn_3O_4@NPC-1由于拥有合适的碳含量，吸波效果略佳。最后，以MnO@NPC为前驱体通过原位氧化还原反应，得到MnO_2@NPC

复合材料，氧化后的样品在原来棒状结构的表面生成了一层 MnO_2 纳米针状颗粒，类似刺猬状结构。相较于 MnO@NPC、MnO_2@NPC 复合材料的介电常数有所增加，可归因于 MnO_2 的带隙更小，更利于导电。结果表明，MnO_2@NPC-800 因其合适的石墨化程度，在全频段拥有极强的电磁波吸收响应，达到了 −50 dB 以下。

2.3.1 实验部分

（1）Mn-MOF-74 的制备。将 $MnCl_2 \cdot 4H_2O$（0.659 g，3.32 mmol）溶于体积比为 1∶1 的去离子水和乙醇的混合溶液（6 mL）中，制成 A 溶液；将 2,5-二羟基对苯二甲酸（H_4DOBDC，200 mg，1.01 mmol）溶于 45 mL N,N-二甲基甲酰胺（DMF）的溶液中，制成 B 溶液。待两种溶液溶解完全，将 B 溶液倒至 A 溶液中，搅拌 30 min。随后将混合溶液移至 100 mL 高压反应釜，135 ℃下加热 24 h，最终冷却过滤产物。

（2）MnO@NPC 复合材料的制备。将 Mn-MOF-74 在 700 ℃和 800 ℃下煅烧 2 h。具体方法是将初始样品置于管式炉中，在氮气气氛中以 2 ℃/min 的速率加热至目标温度。根据煅烧温度，将所得复合材料分别命名为 MnO@NPC-700 和 MnO@NPC-800。

（3）Mn_3O_4@NPC 复合材料的制备。将 Mn-MOF-74 置于管式炉中，先在氮气气氛中 800 ℃加热 2 h，再在其降温至 300 ℃时，将氮气更换为空气，分别加热 1 h、2 h 和 4 h。根据煅烧时间将合成的复合材料命名为 Mn_3O_4@NPC-1、Mn_3O_4@NPC-2 和 Mn_3O_4@NPC-4。

（4）MnO_2@NPC 复合材料的制备。将 0.158 g $KMnO_4$、0.1 g MnO@NPC 和 5 mL 1.0 mol/L HCl 在室温下与 10 mL 去离子水混合，持续搅拌 30 min，之后将溶液转移到 25 mL 不锈钢特氟龙内衬高压反应釜中。在 180 ℃下水热反应 3 h，得到产物 MnO_2@NPC-700 和 MnO_2@NPC-800，然后进行冷却，再用乙醇和去离子水冲洗。

这些合成反应可以描述如下：

$$Mn^{2+} + H_4DOBDC \longrightarrow \text{Mn-MOF-74} \tag{2-1}$$

$$\text{Mn-MOF-74} \longrightarrow MnO + C \tag{2-2}$$

$$3C + 4MnO^{4-} + H_2O \longrightarrow 4MnO_2 + 2HCO_3^- + CO_3^{2-} \tag{2-3}$$

$$3MnO + 2MnO_4^- + 2H^+ \longrightarrow 5MnO_2 + H_2O \tag{2-4}$$

MnO@NPC 和 MnO_2@NPC 的制备过程如图 2-1 所示。

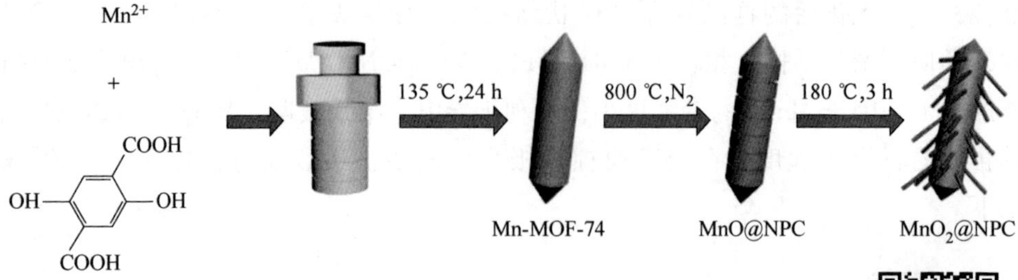

图 2-1　MnO@NPC 和 MnO_2@NPC 的制备过程

图 2-1 彩图

2.3.2　组成分析

2.3.2.1　X 射线衍射分析

通过 X 射线粉末衍射（PXRD）测试样品的组成和相结构，如图 2-2 所示，证实晶形良好的 Mn-MOF-74 的成功形成。如图 2-3(a)所示，MnO@NPC-700 和 MnO@NPC-800 的 XRD 谱图非常相似，位于 34.9°、40.5°、58.7°、70.2°和 73.8°的 5 个峰，根据 JCPDS card number 07-0230 分别属于 MnO 晶体的(111)、(200)、(220)、(311)和(222)晶面。如图 2-3(b)所示，MnO_2@NPC-700 和 MnO_2@NPC-800 的 XRD 谱图也相似，分别在 28.7°、37.3°、41.0°、42.8°、56.7°、59.4°、64.8°、67.2°和 68.5°处有 9 个衍射峰，根据 JCPDSS card number 24-0735，这 9 个衍射峰分别对应 β-MnO_2 的(110)、(101)、(200)、(111)、(211)、(220)、(002)、(310)和(221)晶面。此外，800 ℃煅烧的样品在大约 26.1°处有一个弱峰，属于石墨碳的(002)晶面，700 ℃煅烧的样品在 20°～25°处有一个宽峰，属于无定形碳。由此可见，煅烧温度的升高有利于提高碳组分的结晶度。

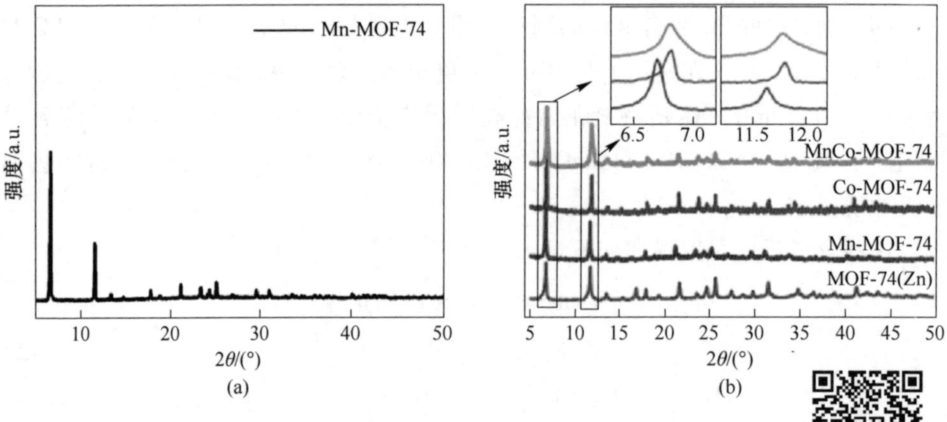

图 2-2　本实验合成的 Mn-MOF-74(a)及文献报告的 Mn-MOF-74(b)的 XRD 图谱

图 2-2 彩图

图 2-3(c)为 Mn_3O_4@NPC 复合材料在不同二次煅烧时间下的 XRD 图谱，由该图可知，Mn_3O_4@NPC-1、Mn_3O_4@NPC-2 和 Mn_3O_4@NPC-4 具有相似的衍射峰。根据 JCPDS 卡号 18-0803，9 个特征峰的 2θ 角分别等于 18.0°、29.0°、32.4°、36.0°、44.4°、53.9°、58.8°、60.0°、64.7°，来源于 Mn_3O_4 的(101)、(112)、(103)、(211)、(220)、(312)、(105)、(224)、(314)晶面。此外，三个样品在 10°～30°都有一个宽峰，说明 Mn_3O_4@NPC-1、Mn_3O_4@NPC-2 和 Mn_3O_4@NPC-4 都含有无定形碳。XRD 分析表明在空气气氛下，MnO@NPC 复合材料已经成功地被氧化为 Mn_3O_4@NPC 复合材料。

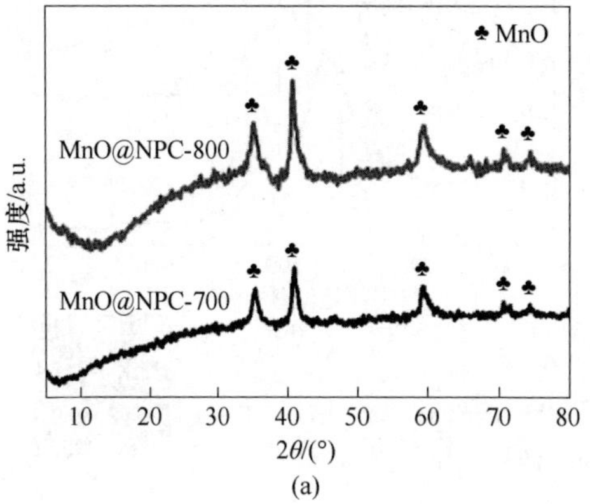

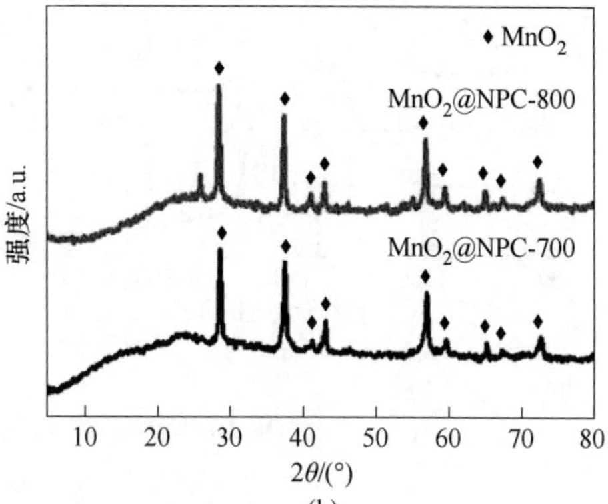

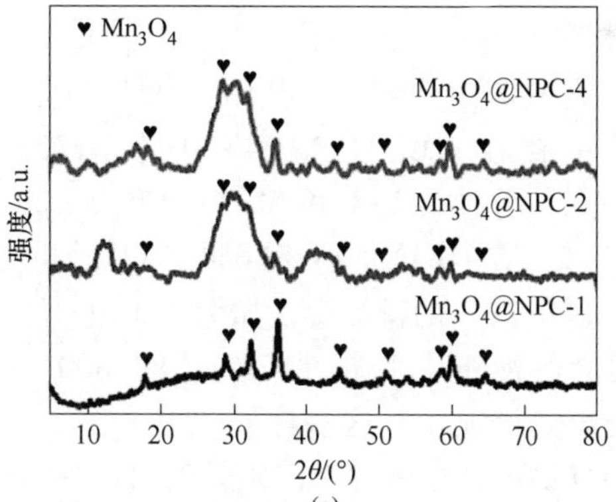

图 2-3 彩图

图 2-3 MnO@NPC-700 和 MnO@NPC-800 的 XRD 图谱(a)，MnO_2@NPC-700 和 MnO_2@NPC-800 的 XRD 图谱(b)，以及 Mn_3O_4@NPC-1、Mn_3O_4@NPC-2 和 Mn_3O_4@NPC-4 的 XRD 图谱(c)

2.3.2.2 拉曼光谱分析

MnO@NPC 和 MnO_2@NPC 样品的拉曼光谱如图 2-4 所示，所有样品的拉曼光谱均显示在 1340 cm^{-1}和 1580 cm^{-1}处存在 D 和 G 波段，分别为无序碳和石墨碳。

拉曼峰强度比（I_D/I_G）反映了复合材料石墨化的整体程度。MnO@NPC-700、MnO_2@NPC-700、MnO@NPC-800 和 MnO_2@NPC-800 的 I_D/I_G 比值分别为 1.17、1.13、1.12 和 1.08。随着热解温度的升高，MnO@NPC 和 MnO_2@NPC 复合材料的 I_D/I_G 比减小，这与 XRD 结果一致。所有样品的石墨化程度都较低，说明其中很可能含有大量的缺陷或无序碳。

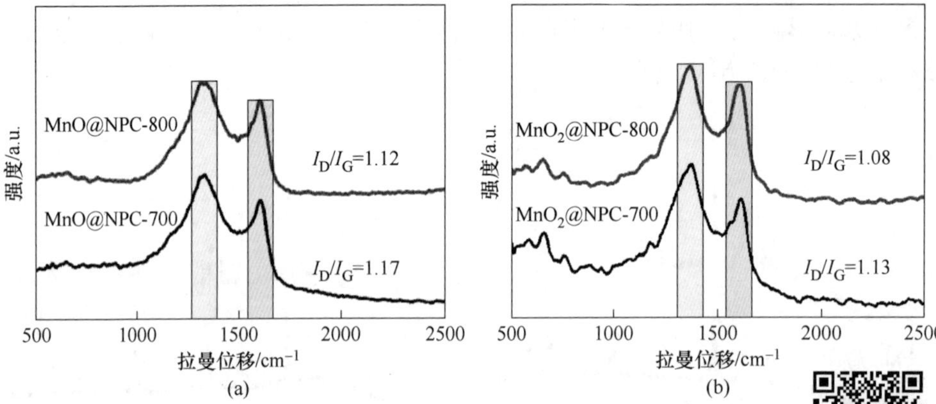

图 2-4　MnO@NPC-700、MnO@NPC-800 样品的拉曼光谱(a)和 MnO_2@NPC-700、MnO_2@NPC-800 样品的拉曼光谱(b)

图 2-4 彩图

2.3.2.3　XPS 分析

如图 2-5(a)(b)所示，MnO@NPC-800 和 MnO_2@NPC-800 的 XPS 全谱仅显示 Mn、C 和 O 元素的存在。MnO@NPC-800 的 Mn 2p 谱图在 641.2 eV 和 653.0 eV 处有两个强峰，分别为 MnO 的 Mn $2p_{3/2}$ 和 Mn $2p_{1/2}$，如图 2-5(c)所示。MnO_2@NPC-800 的 Mn 2p 谱在 642.1 eV 和 654.5 eV 处也有两个强峰，分别归属于 MnO_2 的 Mn $2p_{3/2}$ 和 Mn $2p_{1/2}$ 的特征峰，如图 2-5(d)所示。因此，XPS 证实了复合材料中存在不同价态的 Mn。此外，MnO@NPC-800 和 MnO_2@NPC-800 样品的 C 1s 和 O 1s 高分辨光谱显示，这些峰属于 C—C/C ═ C，C—O，C ═ O 和 Mn—O，C—O，C ═ O 键的特征衍射峰，如图 2-5(e) ~ (h)所示。

2.3.3　结构分析

对 Mn-MOF-74 前驱体的扫描电镜分析显示，棒状结构直径为 20 ~ 30 μm，如图 2-6(a) ~ (c)所示。MnO@NPC-800 的形貌在一定程度上继承了 Mn-MOF-74 的特征，但有一些间隙，使得 MnO@NPC-800 样品的形貌看起来像有刻痕的石柱，如图 2-6(d) ~ (f)所示。然而，这些毛毛虫状的棒不是单个晶体的，而是由堆叠、垂直排列和高度有序的纳米片组成的。因此，MnO@NPC-800 是一种多层材料。如图 2-6(g)和(h)所示，在 MnO@NPC-800 的透射电镜分析中，间隔为

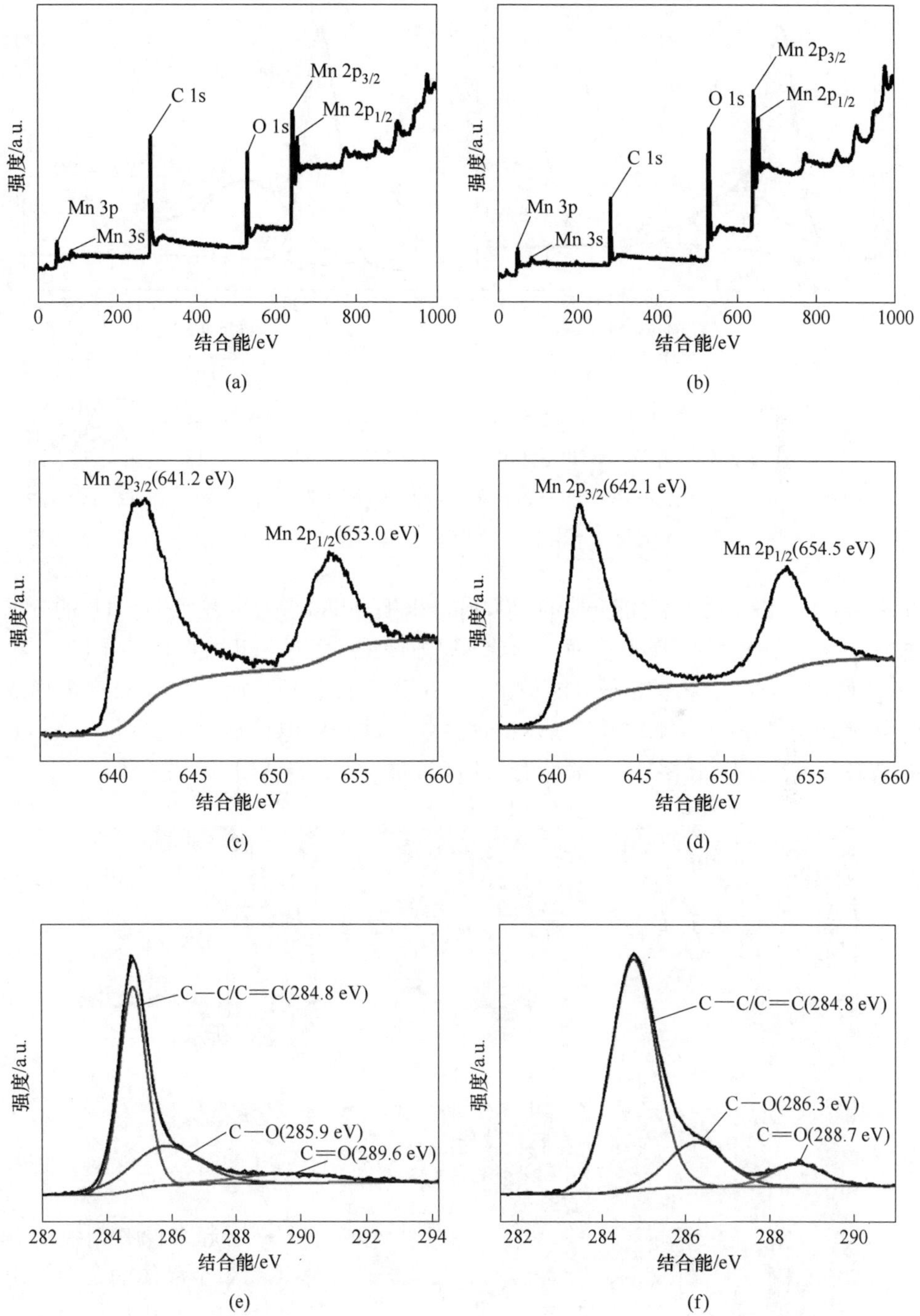

(a)
强度/a.u.
结合能/eV
Mn 3p
Mn 3s
C 1s
O 1s
Mn 2p3/2
Mn 2p1/2
(b)
强度/a.u.
结合能/eV
Mn 3p
Mn 3s
C 1s
O 1s
Mn 2p3/2
Mn 2p1/2
(c)
强度/a.u.
结合能/eV
Mn 2p3/2(641.2 eV)
Mn 2p1/2(653.0 eV)
(d)
强度/a.u.
结合能/eV
Mn 2p3/2(642.1 eV)
Mn 2p1/2(654.5 eV)
(e)
强度/a.u.
结合能/eV
C—C/C═C(284.8 eV)
C—O(285.9 eV)
C═O(289.6 eV)
(f)
强度/a.u.
结合能/eV
C—C/C═C(284.8 eV)
C—O(286.3 eV)
C═O(288.7 eV)

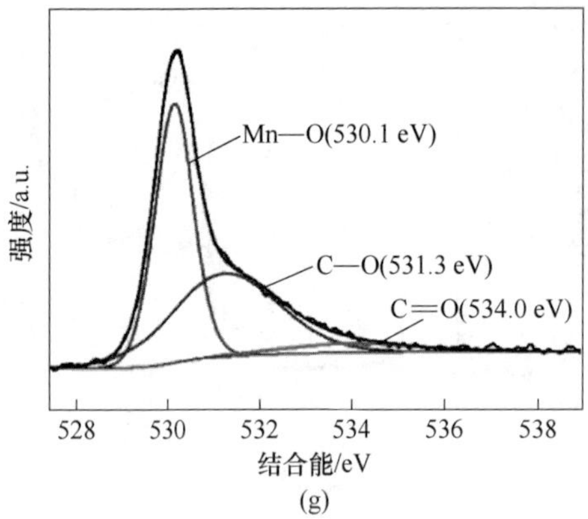

(g)

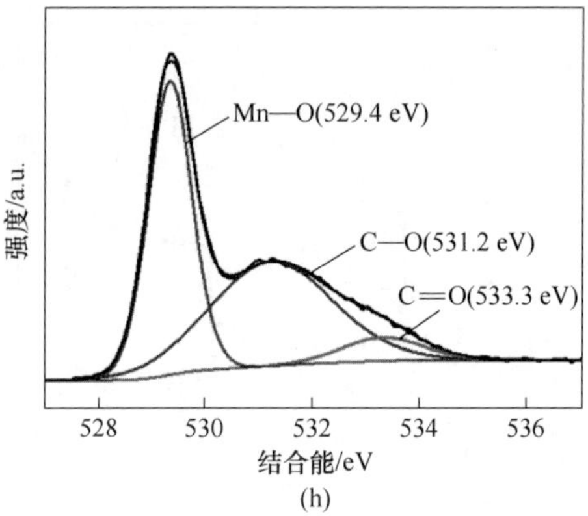

(h)

图 2-5　全谱 MnO@NPC-800(a)、MnO_2@NPC-800(b)，Mn 2p 高分辨率光谱 MnO@NPC-800(c)、MnO_2@NPC-800(d)，C 1s 高分辨光谱 MnO@NPC-800(e)、MnO_2@NPC-800(f)，以及 O 1s 高分辨光谱 MnO@NPC-800(g)、MnO_2@NPC-800(h)

图 2-5 彩图

0.22 nm 的晶格条纹与晶体 MnO 的(200)晶面间距相匹配。MnO_2@NPC-800 的扫描电镜显示，MnO_2@NPC-800 表面有大量不规则颗粒（大小为几微米），如图 2-6(i)和(j)所示。这些针状颗粒很可能是 MnO/NPC 与 $KMnO_4$ 反应时在 NPC 表面形成的 β-MnO_2。如图 2-6(k)和(l)所示，这些粒子的透射电镜显示出间隔 0.306 nm 的晶格条纹，对应于 β-MnO_2 晶体的(110)晶面间距，与 XRD 结果一致。

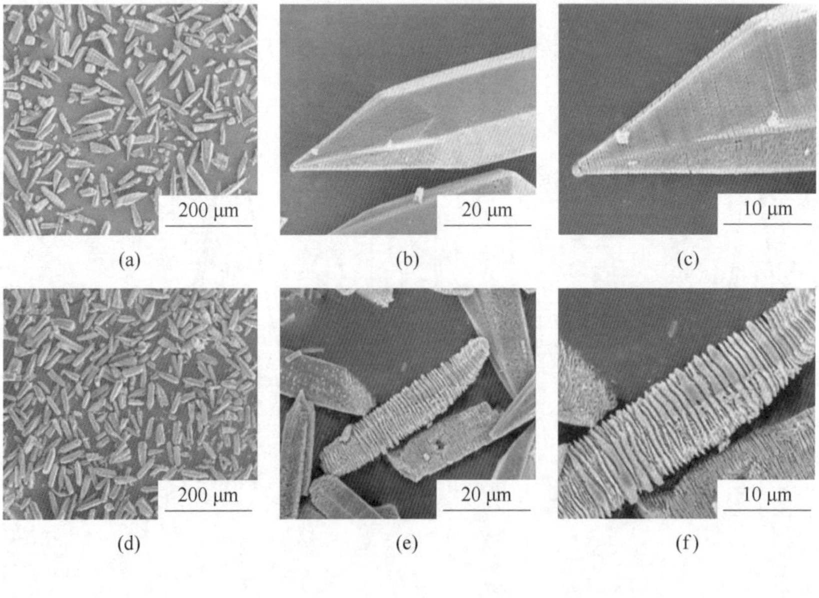

(a)　(b)　(c)
(d)　(e)　(f)

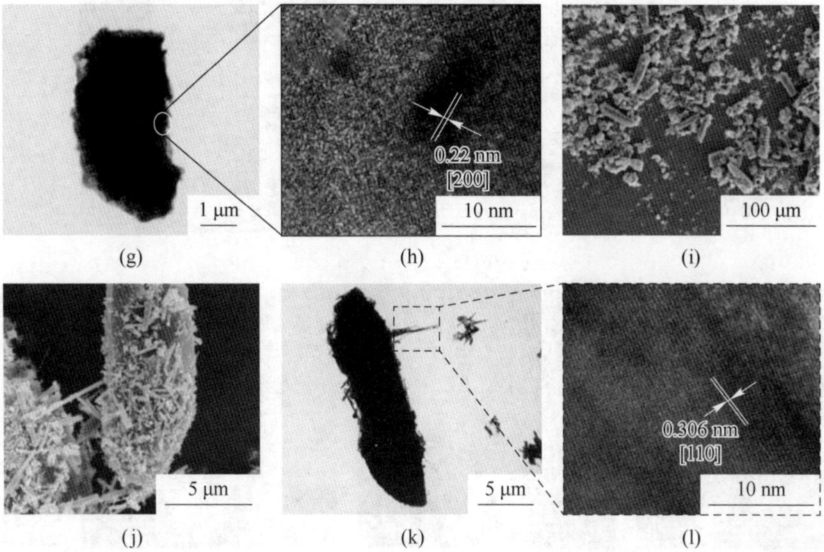

图 2-6 Mn-MOF-74［(a)～(c)］和 MnO@NPC-800［(d)～(f)］样品的 SEM 图，MnO@NPC-800 材料的 TEM 图(g)和 HR-TEM 图(h)，以及 MnO_2@NPC-800 样品的 SEM［(i)(j)］、TEM(k)和 HR-TEM(l)的图像

图 2-6 彩图

图 2-7 是 MnO@NPC-800 的透射电镜分析图谱。由图 2-7(a)和(b)可知，在 MnO@NPC-800 的 TEM 图上选取一块区域进行高分辨率 HRTEM 分析，结果表明，非晶态碳上黑色颗粒的晶格条纹为 0.22 nm，与 MnO(200)晶面的面间距离相匹配。由图 2-7(c)～(f)可知，MnO@NPC-800 的元素映射数据显示出 C、O 和 Mn 元素的均匀分布。结合 XRD、拉曼光谱和 XPS 分析，可以确定，Mn-MOF-74 热解后已经成功转化为碳和 MnO 的复合材料。

图 2-8 是 MnO_2@NPC-800 的透射电镜分析图。由图 2-8(a)可知，MnO_2@NPC-800 的 TEM 图谱显示，MnO_2@NPC-800 的表面有一层针状颗粒，与 SEM 一致。由图 2-8(b)可知，对 MnO_2@NPC-800 表面的颗粒进行高分辨率 HRTEM 分析，结果表明，这些颗粒的晶格条纹相距 0.306 nm，与 β-MnO_2 的(110)晶面的面间距离相对应，这与 XRD 结果一致。由图 2-8(c)～(f)可知，MnO_2@NPC-800 的元素映射数据显示出 Mn、O 和 C 元素的均匀分布。MnO_2@NPC-800 表面颗粒（用虚线标记）的元素映射仅显示 Mn 和 O 元素。因此，这些不规则的粒子确实是一维纳米结构的 β-MnO_2。在酸性环境中，MnO 颗粒很可能被 MnO_4^- 离子氧化，从而在 NPC 表面形成一层不规则的 β-MnO_2 微晶。最后，得到了具有 1D～3D 混合维刺猬状结构的 MnO_2@NPC-800 复合材料。我们认为 MnO 向一维 β-MnO_2 的

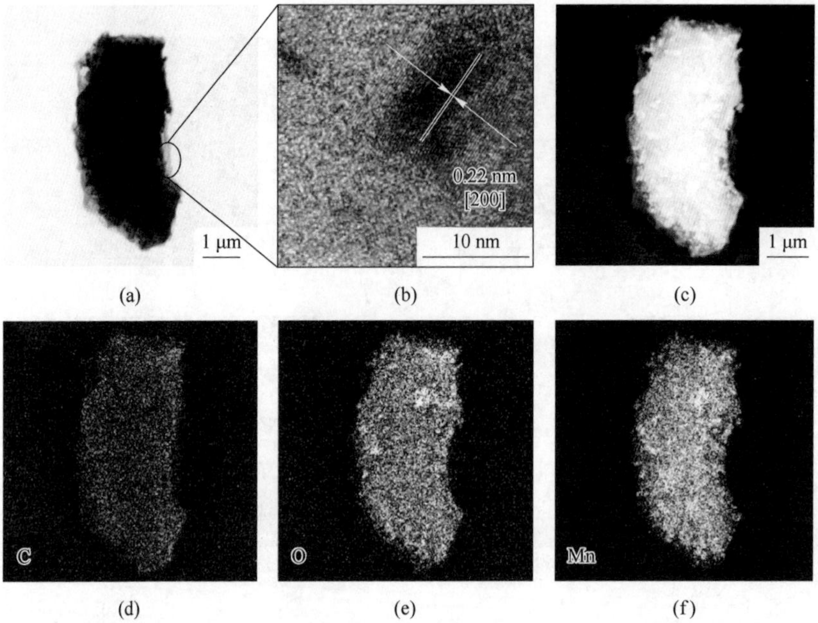

图 2-7 彩图

图 2-7　MnO@NPC-800 的 TEM(a)、HRTEM(b)、高角环形暗场像（HAADF）(c)和相应的元素分布图［(d)～(f)］

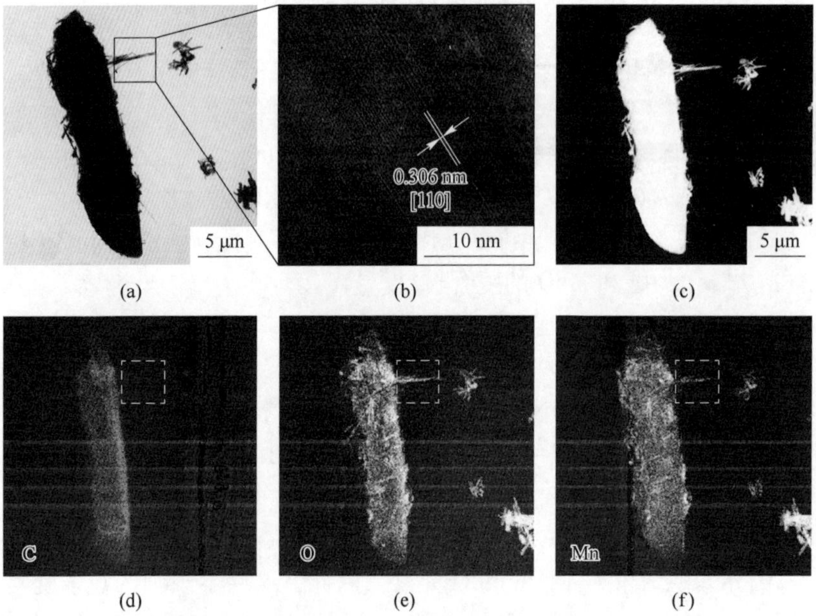

图 2-8 彩图

图 2-8　MnO_2@NPC-800 的 TEM(a)、HRTEM(b)、HAADF(c)和相应的元素分布图［(d)～(f)］

转变可以诱导 MnO_2@NPC 的额外极化和弛豫过程，并有助于提高 MnO_2@NPC 的电磁波吸收性能。

利用 N_2 吸附-解吸等温线获得 MnO@NPC-800 和 MnO_2@NPC-800 的 BET 表面积和孔隙率，如图 2-9 所示。MnO@NPC-800 和 MnO_2@NPC-800 的 BET 表面积分别为 243.8 m^2/g 和 193.9 m^2/g。我们预想到由于保留了 MOF 孔隙特征，这些样品中会存在大量的互连孔隙和开放通道。事实上，使用非局部密度泛函理论（NLDFT）计算的孔径分布表明，MnO@NPC-800 样品中含有大量 0.5 ~ 10.0 nm 的孔隙，如图 2-9(a)所示。MnO_2@NPC-800 显示大量 0.5 ~ 13.0 nm 宽的孔隙，

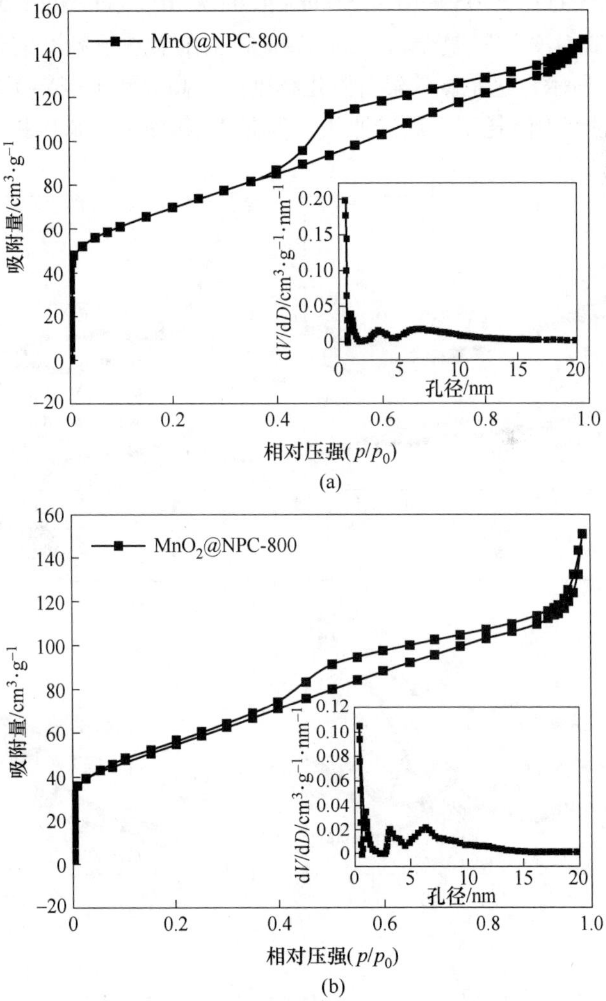

图 2-9 MnO@NPC-800(a)和 MnO_2@NPC-800(b)样品的 N_2 吸附-解吸等温线和孔径分布

如图 2-9(b)所示。因此，MnO@NPC-800 和 MnO_2@NPC-800 都含有微孔和中孔。MnO_2 的加入使复合材料的孔径分布变宽。多孔性不仅有助于改善阻抗匹配，加速电磁波的吸收和衰减，而且可以保证材料的轻量化。

2.3.4　性能分析

在 2 ~ 18 GHz 范围内，用相对复介电常数（$\varepsilon_r = \varepsilon' - j\varepsilon''$）和磁导率（$\mu_r = \mu - j\mu$）对微波吸收机理进行了评价。一般情况下，电导率与介电常数呈正相关。MnO@NPC-700、MnO_2@NPC-700、MnO@NPC-800 和 MnO_2@NPC-800 样品的电导率分别为 1.12×10^{-2} S/cm、2.03×10^{-2} S/cm、4.05×10^{2} S/cm 和 5.51×10^{-2} S/cm。MnO@NPC 和 MnO_2@NPC 复合材料的 ε' 和 ε'' 值随着热解温度的升高而增加，如图 2-10(a)(b)所示，这是碳骨架石墨化程度的提高导致了电导率的增加。虽然在氧化还原反应过程中消耗了一些碳原子，但是 MnO_2@NPC-800 和 MnO_2@NPC-700

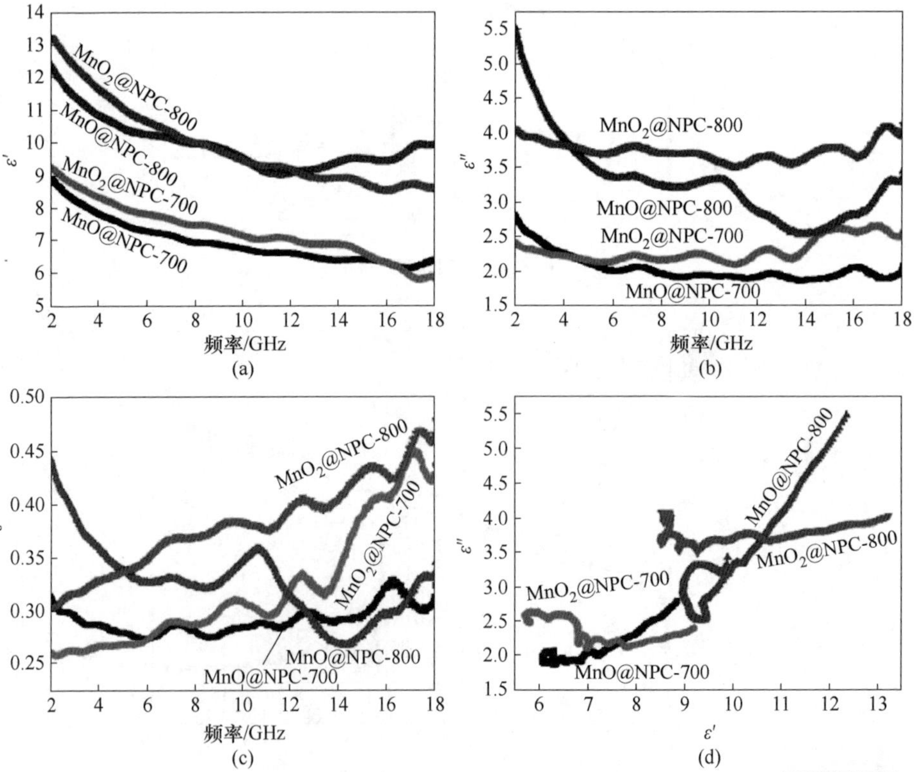

图 2-10　MnO@NPC-700、MnO_2@NPC-700、MnO@NPC-800 和 MnO_2@NPC-800 样品的实部 ε'(a)和虚部 ε''(b)介电常数部分，介电损耗角正切 $\tan\delta_\varepsilon$(c)和典型的 Cole-Cole 半圆(d)

图 2-10 彩图

样品的介电参数分别高于 MnO@NPC-800 和 MnO@NPC-700 样品的介电参数，这很可能是由于较窄的 MnO_2 带隙使材料具有较高的电导率和较大的介电常数。所有这些样品的 $\tan\delta_\varepsilon$ 曲线在 6 ~ 18 GHz 范围内都显示出几个共振峰，如图 2-10(c) 所示，这意味着除了导电损耗外，偶极子和界面极化也促进了介电损耗。

MnO_2@NPC 复合材料的 Cole-Cole 曲线比 MnO@NPC 复合材料显示出更多的半圆，如图 2-10(d) 所示，很可能是因为 MnO_2@NPC 经历了更高的极化损耗。800 ℃下合成样品的德拜半圆尾比 700 ℃下制备的样品的德拜半圆尾长，因此 MnO@NPC-800 和 MnO_2@NPC-800 的导电损耗更大。因此，MnO_2@NPC-800 样品表现出强的极化和导电损耗，这导致了该样品在本工作中合成的样品中具有最强的介电损耗能力。

MnO@NPC-700、MnO_2@NPC-700、MnO@NPC-800 和 MnO_2@NPC-800 的 μ' 和 μ'' 值非常相似，如图 2-11(a)(b) 所示，说明四种样品具有相似的磁损耗特性。通常，在 2 ~ 18 GHz 范围内，磁损耗包括自然共振、交换共振和涡流损耗。$C_0 = \mu''(\mu')^{-2}f^{-1}$ 描述了涡流系数（C_0）和频率（f）之间的关系。如果随着频率的增加，C_0 值略有变化或保持不变，则磁损耗主要来自涡流损耗。所有样品的 C_0 值都随着频率的增加而变化（见图 2-11），说明涡流损耗被抑制。因此，自然共振和交换共振成为磁损耗的主要来源。所有样品的 $\tan\delta_\varepsilon$ 值均高于其 $\tan\delta_\mu$ 值，如图 2-10(c) 和图 2-11(c) 所示。因此，在整个频率范围内，介电损耗对电磁波的衰减起主导作用。

图 2-12 为 Mn_3O_4@NPC-1，Mn_3O_4@NPC-2 和 Mn_3O_4@NPC-4 的电磁参数。从图 2-12(a) 中可以看出，三个样品的介电常数实部 ε' 都随频率的增加而降低，这种现象称为频率散射行为，主要是高频电场变化引起极化滞后导致的。此外，随着煅烧时间的增加，三个样品的介电常数实部 ε' 随之降低，这可能归因于煅烧时间越长，碳组分损失越多，相应地材料的导电性变差，介电常数降低。从图 2-12(b) 中可以看出，三个样品的介电常数虚部 ε'' 同样随着煅烧时间的增加而降低。图 2-12(c) 是样品的介电损耗角正切（$\tan\delta_\varepsilon$）曲线，Mn_3O_4@NPC-1 拥有最大的 $\tan\delta_\varepsilon$ 值，表明其拥有最强的介电损耗能力。从图 2-12(d) 和 (e) 中可以看出，三个样品的磁导率实部 μ' 和虚部 μ'' 随着煅烧时间的增加在随之增加，这可能归因于煅烧时间越长，带有弱磁性的 Mn_3O_4 的相对含量越多，相应地材料的磁性变强，磁导率增加。图 2-12(f) 是样品的磁损耗角正切（$\tan\delta_\mu$）曲线，Mn_3O_4@NPC-4 拥有最大的 $\tan\delta_\mu$ 值，表明其拥有最强的磁损耗能力。Mn_3O_4@NPC-1 和 Mn_3O_4@NPC-2 的 $\tan\delta_\varepsilon$ 值几乎都分别高于它们的 $\tan\delta_\mu$ 值，表明在这两个样品中介电损耗在整个频率范围内对电磁波衰减起主导作用。Mn_3O_4@NPC-4 的 $\tan\delta_\mu$ 值高于它的 $\tan\delta_\varepsilon$ 值，表明该样品的磁损耗在整个频率范围内对电磁波衰减起主导作用。

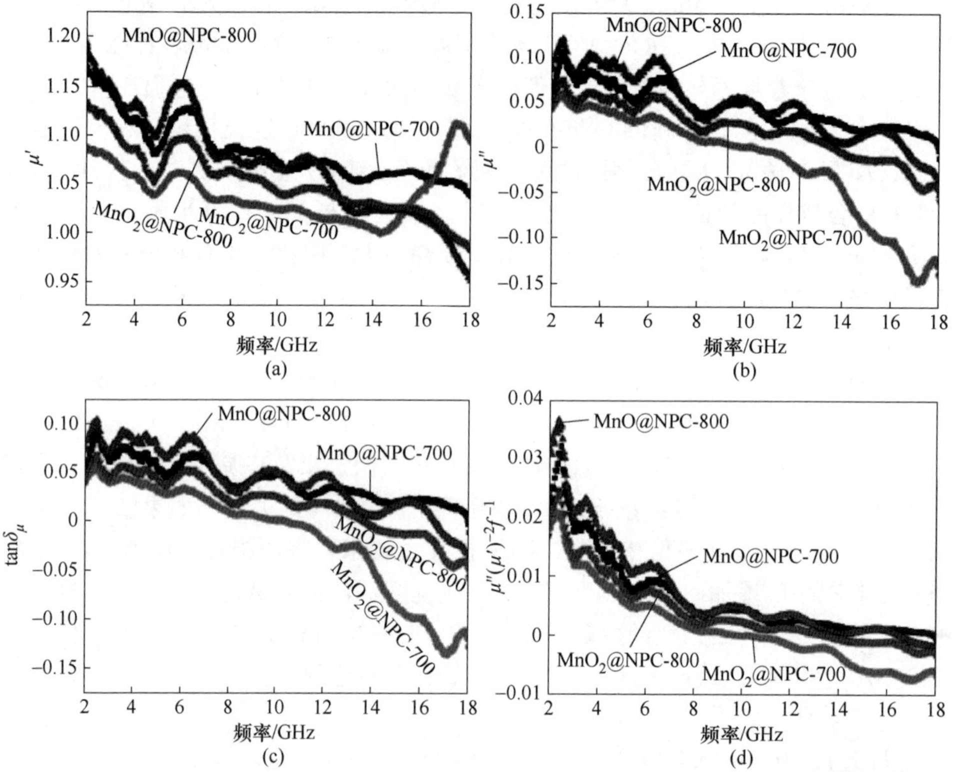

图 2-11　MnO@NPC-700、MnO_2@NPC-700、MnO@NPC-800 和 MnO_2@NPC-800 样品的磁导率实部 μ'(a)和虚部 μ''(b)部分，磁损耗角正切 $\tan\delta_{\mu}$(c)和 $\mu''(\mu')^{-2}f^{-1}$(d)随频率变化的关系

图 2-11 彩图

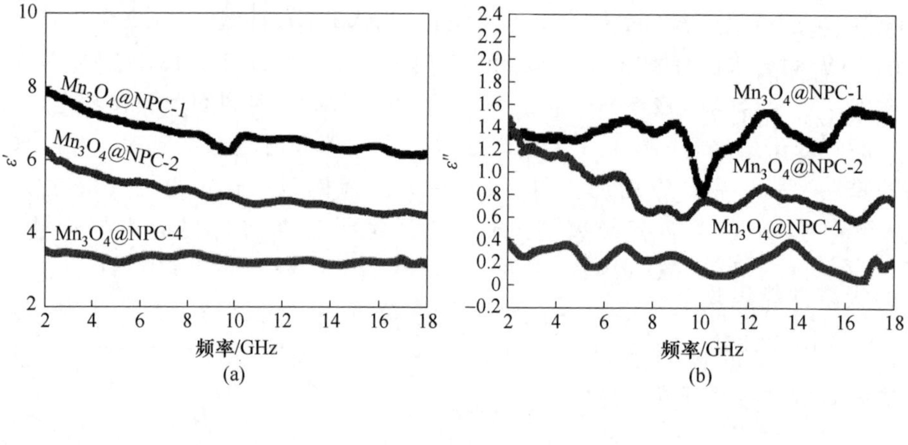

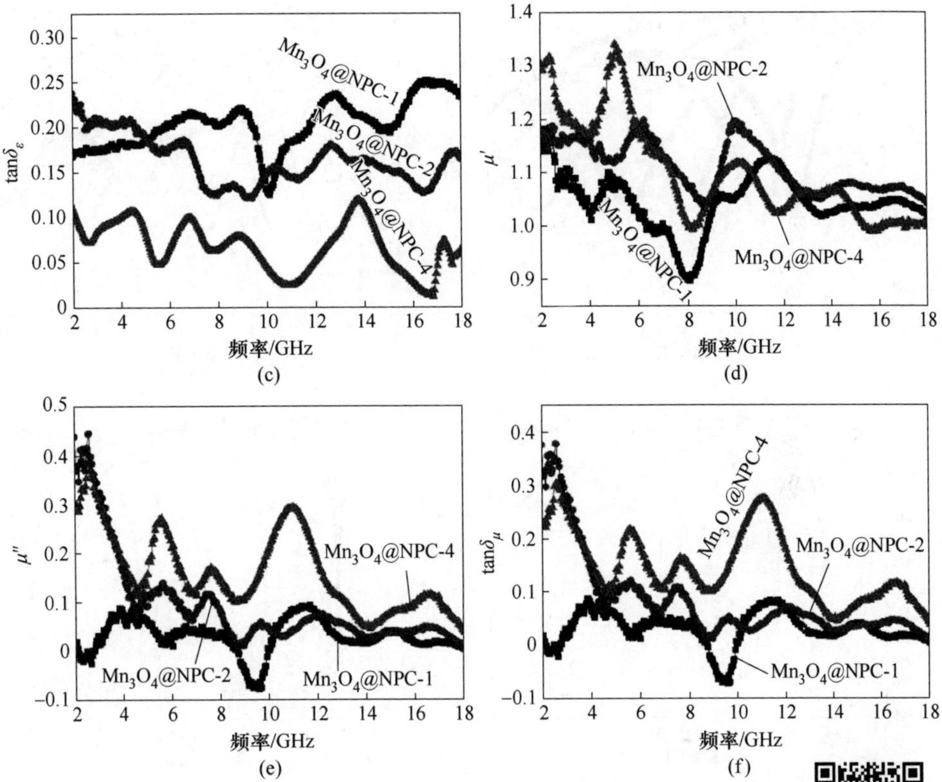

图 2-12 Mn_3O_4@NPC-1，Mn_3O_4@NPC-2 和 Mn_3O_4@NPC-4 的介电常数实部(a)和虚部(b)、介电损耗角正切(c)、磁导率实部(d)和虚部(e)、磁损耗角正切(f)

图 2-12 彩图

吸波能力通常由反射损耗（*RL*）来评估。厚度为 4.0 mm 时，MnO@NPC-700 和 MnO_2@NPC-700 分别在 7.12 GHz 和 7 GHz 处获得 −15.72 dB 和 −14.81 dB 的 RL_{min} 值，两个样品的有效带宽（$RL \leqslant -10$ dB）分别为 1.96 GHz（6.20 ~ 8.16 GHz）和 1.72 GHz（6.28 ~ 8.00 GHz），如图 2-13(a)和(b)所示。在 800 ℃下制备的样品的 RL_{min} 值显著升高。如图 2-13(c)所示，厚度为 4.48 mm 时，MnO@NPC-800 样品在 5.12 GHz 时的 RL_{min} 值为 −54.38 dB，其有效带宽为 1.52 GHz。当样品厚度仅为 2.05 mm 时，MnO_2@NPC-800 在四个样品中的吸波性能表现最佳：在 12.48 GHz 处 RL_{min} 值达到 −63.21 dB，且在 S、C、X 和 Ku 波段的 RL_{min} 值也达到了 −50 dB 以下，如图 2-13(d)(e)和表 2-1 所示。

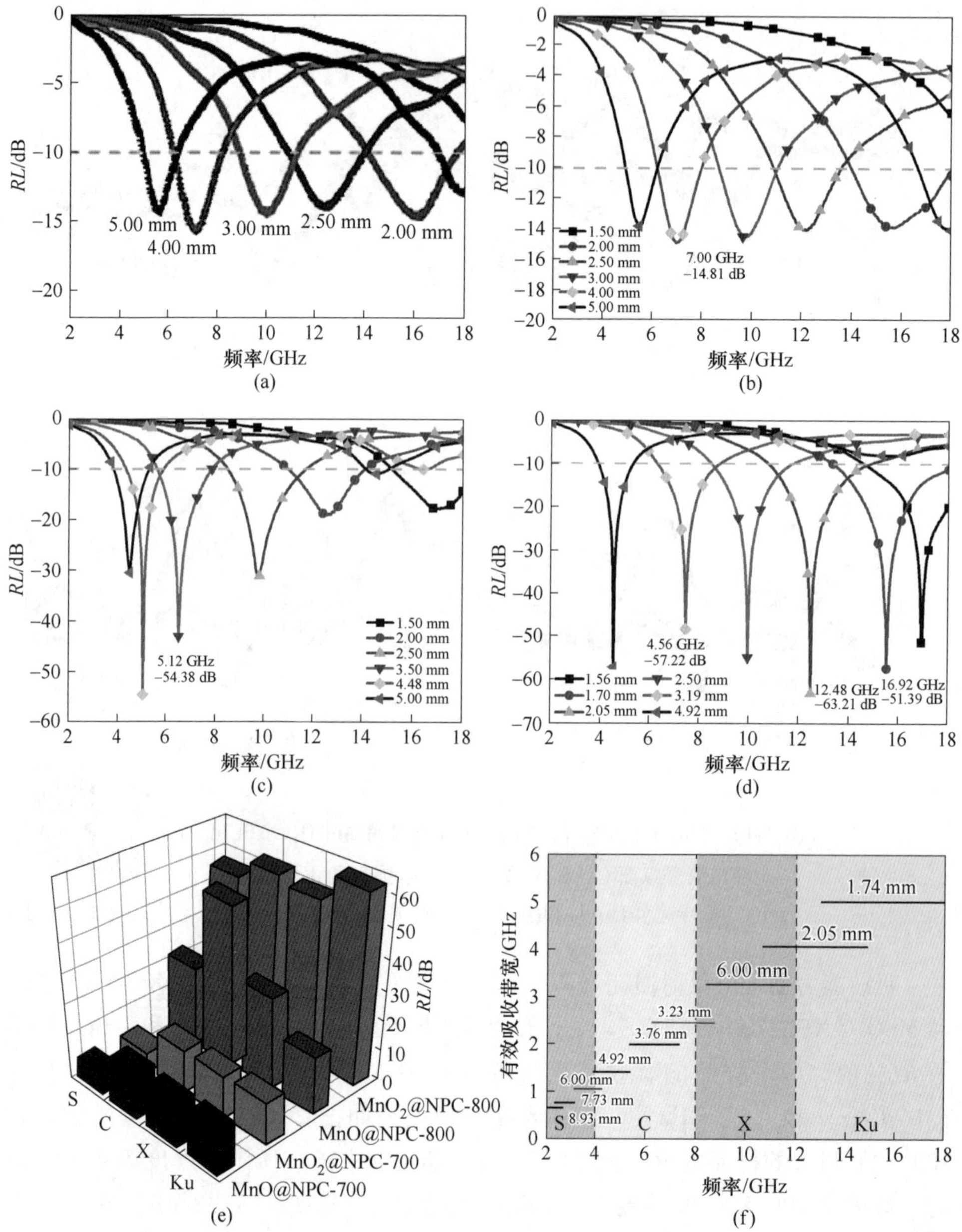

图 2-13　MnO@NPC-700(a)、MnO_2@NPC-700(b)、MnO@NPC-800(c)和 MnO_2@NPC-800(d)在不同厚度下的反射损耗二维曲线图，所有样品的最大反射损耗值的三维柱状图(e)，以及不同厚度 MnO_2@NPC-800 样品的有效吸波带宽(f)

图 2-13 彩图

表 2-1 MnO_2@NPC-800 材料的电磁波吸收特性

微波频带	f_m/GHz	RL/dB	t_m/mm	有效带宽 ($RL\leqslant-10$ dB)/GHz
S (2~4 GHz)	3.92	-51.43	5.57	1.24
C (4~8 GHz)	4.56	-57.22	4.92	1.40
X (8~12 GHz)	9.96	-54.96	2.50	3.24
Ku (12~18 GHz)	12.48	-63.21	2.05	4.04
Ku (12~18 GHz)	15.00	-52.73	1.74	5.00
Ku (12~18 GHz)	16.92	-51.39	1.56	3.44

厚度为 5.57 mm 时，MnO_2@NPC-800 样品在 3.92 GHz 处获得 -51.43 dB 的 RL_{min}。我们课题组首次报道了基于 MOF 的衍生物在 S 波段有如此强的电磁波吸收响应。通过调整样品厚度，累积衰减的频率范围覆盖了 S、C、X 和 Ku 波段全部范围，如图 2-13(f)所示。值得注意的是，1.74 mm 厚度下样品的有效带宽达到 5.00 GHz，覆盖 Ku 频段的 80%，而 2.50 mm 厚度下的有效带宽达到 3.24 GHz，覆盖了 X 频段的 80% 以上。随着材料厚度的增加，RL_{min} 向低频偏移，这可以用四分之一波长模型来解释。

图 2-14 是 Mn_3O_4@NPC-1、Mn_3O_4@NPC-2 和 Mn_3O_4@NPC-4 的反射损耗性能图。由图 2-14(a)可知，Mn_3O_4@NPC-1 在 18.00 GHz 和 5 mm 厚度下，其最大 RL 值可达 -17.53 dB，拥有一定的电磁波吸收效果。由图 2-14(b)和图 2-14(c)可知，Mn_3O_4@NPC-2 和 Mn_3O_4@NPC-4 的电磁波吸收性能较差，其中 Mn_3O_4@NPC-2 在 6.36 GHz 和 5.00 mm 厚度下的最大 RL 值为 -8.78 dB，Mn_3O_4@NPC-4 在 11.24 GHz 和 3.50 mm 厚度下的最大 RL 值为 -7.00 dB。总体上，三个样品的电磁波吸收性能较差，这可能归因于其在空气气氛下煅烧，碳组分损失过多，材料的介电损耗能力较弱，进而导致材料对电磁波的衰减能力较弱。

吸波性能取决于吸波剂的阻抗匹配和损耗能力。衰减系数 (α) 表示综合衰减能力，ε' 值越大，则吸波剂的 α 值越高。在所有样品中，MnO_2@NPC-800 样本的 α 值最高，因为它在几乎整个频率范围内的 ε'' 值都最高，如图 2-15(a)和图 2-10(b)所示。我们还对厚度为 2.00 mm 的样品进行了阻抗匹配计算。理想的阻抗匹配发生在 $|Z_{in}/Z_0|=1.0$ 时，这意味着入射电磁波没有被吸波剂表面反射。在所有其他样品中，MnO_2@NPC-800 复合材料的 $|Z_{in}/Z_0|$ 值最接近 1.0，如图 2-15(b)所示。因此 MnO_2@NPC-800 具有最好的阻抗匹配和最大的衰减能力，这使得 MnO_2@NPC-800 具有最强的吸波性能。

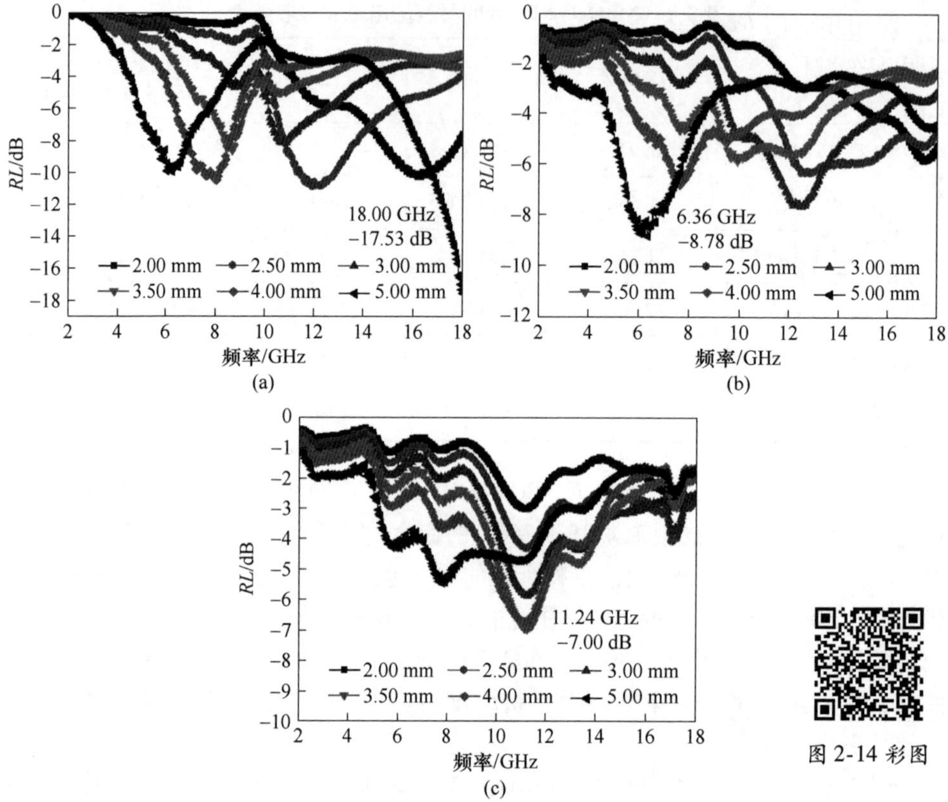

图 2-14 彩图

图 2-14　Mn_3O_4@NPC-1(a)、Mn_3O_4@NPC-2(b)和
Mn_3O_4@NPC-4(c)的反射损耗

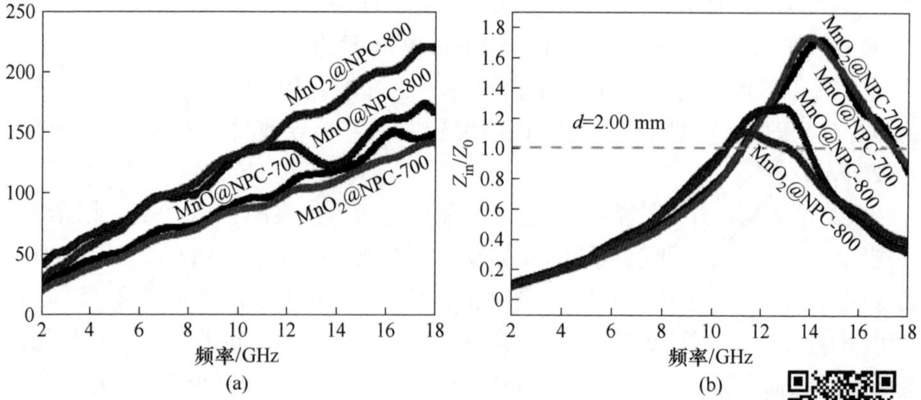

图 2-15　样品的衰减常数(a)和阻抗匹配(b)
随频率变化的曲线图

图 2-15 彩图

使用相应的 RL、$|Z_{in}/Z_0|$ 和 α 值作为频率的函数进一步分析 4.48 mm 厚度的 MnO@NPC-800 和 1.56 mm、2.05 mm、2.50 mm、4.92 mm 和 5.57 mm 厚度的 MnO_2@NPC-800 样品的吸波性能，如图 2-16(a)~(f)和表 2-2 所示。在 $\alpha=74$ 和 $|Z_{in}/Z_0|=1.0$ 时，厚度为 4.48 mm 的 MnO@NPC-800 样品的 RL_{min} 为

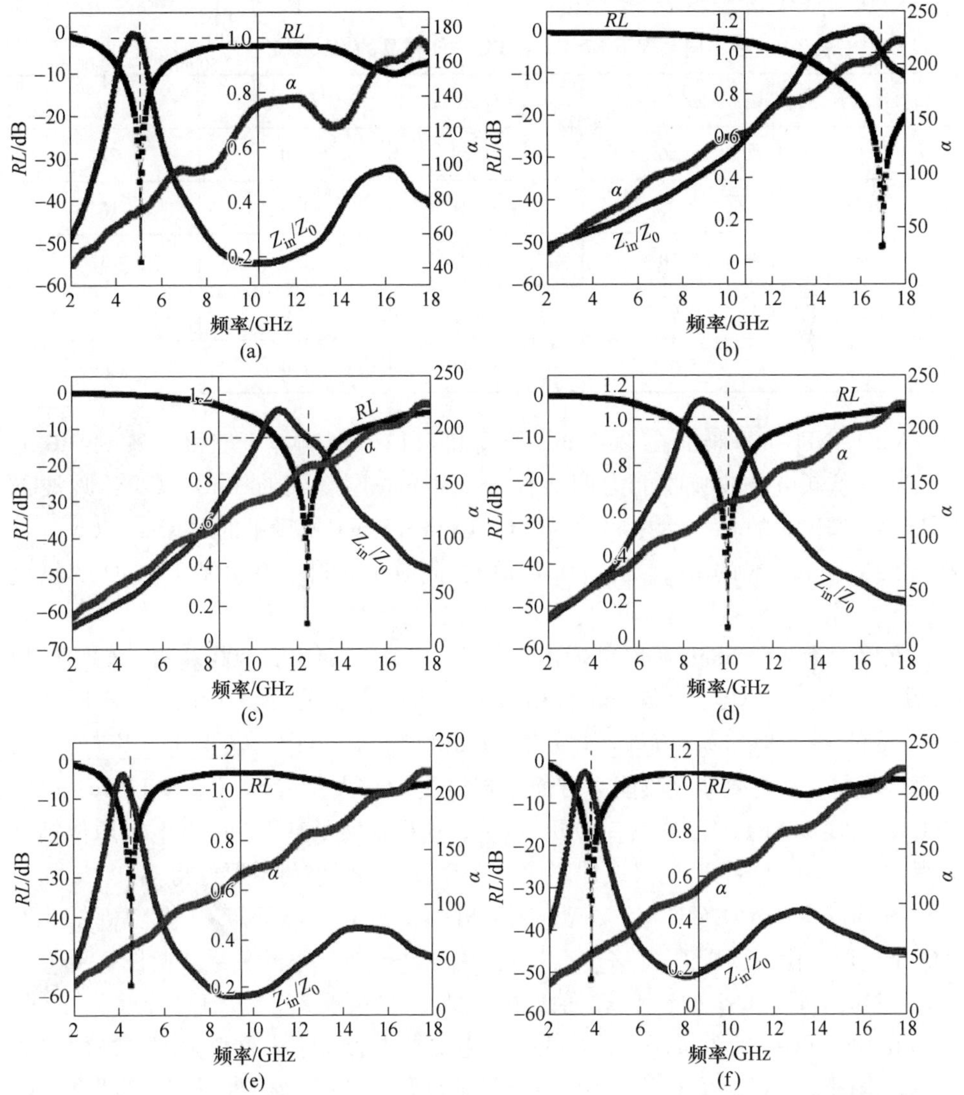

图 2-16　厚度 4.48 mm 下的 MnO@NPC-800 复合材料(a)和厚度分别为 1.56 mm(b)、2.05 mm(c)、2.50 mm(d)、4.92 mm(e)和 5.57 mm(f)的 MnO_2@NPC-800 复合材料的 RL、衰减常数 α 和归一化输入阻抗模量（$|Z_{in}/Z_0|$）值

图 2-16 彩图

-54.38 dB，如图 2-16(a)所示。在 $\alpha=165$ 和 $|Z_{in}/Z_0|=1.00$ 时，对于厚度为 2.05 mm 的 MnO_2@NPC-800 样品，RL_{min}达到 -63.21 dB。在 $|Z_{in}/Z_0|=1$ 和 α 值 55 ~ 211 范围内，S、C、X 和 Ku 波段的 RL_{min}也超过了 -50 dB（见表 2-2），由于 RL_{min}对应的阻抗匹配好，衰减能力强，说明优异的吸波性能归因于良好的阻抗匹配、较强的衰减能力及其协同效应。

表 2-2　在不同频率下 MnO_2@NPC-800 样品的 RL、$|Z_{in}/Z_0|$和 α 值

频率/GHz	d/mm	RL/dB	$\lvert Z_{in}/Z_0\rvert$	α
16.92	1.56	-51.39	1.0	211
12.48	2.05	-63.21	1.0	165
9.96	2.50	-54.96	1.0	132
4.56	4.92	-57.22	1.0	63
3.92	5.57	-51.43	1.0	55

MnO@NPC-800 样品在 4.48 mm 厚度和 5.12 GHz 频率下获得 -54.38 dB 的 RL_{min}，其低频电磁波吸收能力明显优于 3.4 mm 厚度下的 MnO@Co/C 吸波剂（在 6.48 GHz 时的 RL_{min}为 -49.06 dB），以及 3.8 mm 厚度下的 MnO@C/CNTs 材料（在 6.2 GHz 时的 RL_{min} 为 -60.5 dB），同时也超过了其他基于 MnO 的复合材料。

在厚度为 2.05 mm 和 12.48 GHz 频率下，MnO_2@NPC-800 获得 -63.21 dB 的 RL_{min}，相比于厚度为 1.5 mm 的 C@MnO_2（-53.5 dB，13.9 GHz）和厚度为 3.2 mm 的 Fe_3O_4@SiO_2@MnO_2（-55.01 dB，7.78 GHz），以及其他基于 MnO_2 的复合材料，在电磁波吸收能力方面表现得更加强大。在 S、C、X 和 Ku 波段，MnO_2@NPC-800 的 RL_{min}均在 -50 dB 以上，这也证实了基于 Mn-MOF 和原位氧化获得的 MnO_2@NPC-800 的吸波性能比大多数报道的吸波材料要好得多。

图 2-17 为 Mn_3O_4@NPC-1、Mn_3O_4@NPC-2 和 Mn_3O_4@NPC-4 在随机厚度为 2.00 mm 时的阻抗匹配系数 $|Z_{in}/Z_0|$和衰减常数 α 与频率的关系。由图 2-17(a)可知，Mn_3O_4@NPC-1 的 $|Z_{in}/Z_0|$值比另外两个样品的 $|Z_{in}/Z_0|$值更接近于 1，因此 Mn_3O_4@NPC-1 的阻抗匹配特性最好，电磁波更容易进入材料内部，进而被消耗掉。由图 2-17(b)可知，随着煅烧时间的增加，Mn_3O_4@NPC 复合材料的 α 值随之降低。Mn_3O_4@NPC-1 的 α 值最大，表明在 Mn_3O_4@NPC 系列中其拥有最强的衰减能力。综上可知，Mn_3O_4@NPC-1 因在 Mn_3O_4@NPC 系列中具有最好的阻抗匹配和最强的衰减能力，所以其拥有最佳的电磁波吸收性能。

MnO_2@NPC-800 和 MnO@NPC-800 材料分别比其他 MnO_2/MnO 基复合材料

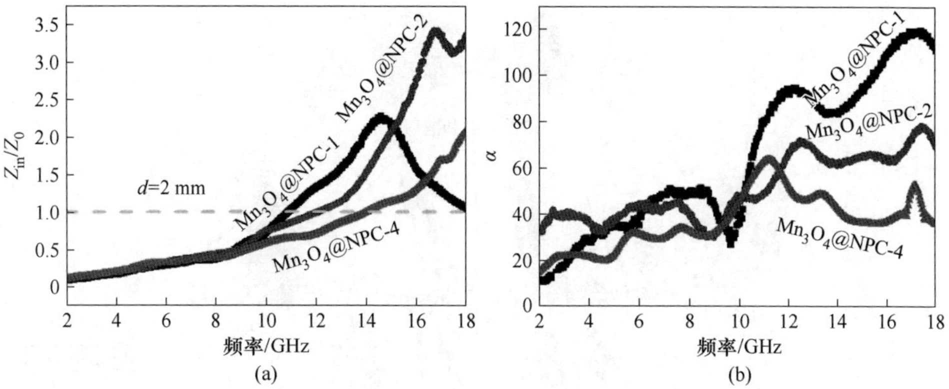

图 2-17 Mn_3O_4@NPC-1、Mn_3O_4@NPC-2 和 Mn_3O_4@NPC-4 的阻抗系数曲线(a)和衰减常数曲线(b)

表现出更好的吸波性能，这归功于 MOF 衍生的纳米多孔碳的存在：它不仅提供了一个巨大的三维导电网络，增加了导电损耗，而且提供了大量的孔隙，增加了多次反射和散射，从而诱导了强大的电磁波衰减能力。此外，NPC 的孔隙度接近自由空间阻抗有助于优化阻抗匹配。这些优点促使本研究合成的复合材料具有优异的吸波性能。

纳米孔结构有助于阻抗匹配，大量入射电磁波可以穿透吸波剂并通过多种机制衰减掉。图 2-18 总结了 MnO@NPC 和 MnO_2@NPC 复合材料的吸波机理，它们包括：

（1）多重反射和散射：纳米多孔结构为进入材料内部的电磁波反射和散射提供了更多的活跃点，提高了电磁波的耗散和衰减。此外，MnO@NPC 的多层结构和 MnO_2@NPC 的一维 + 三维结构保证了多次电磁波反射和散射的可能性，延长了传播路径，进一步增强了电磁波能量衰减。

（2）导电碳骨架：为电子提供迁移和跳跃路径。此外，具有显著各向异性和高纵横比的一维 MnO_2 的存在非常有利于形成这种庞大高效的导电网络。同时，MnO_2 与 NPC 的协同作用显著增强了导电损耗。800 ℃热解的样品具有更高的石墨化程度，导致了更强的导电损耗。

（3）极化损耗：MnO@NPC 和 MnO_2@NPC 材料中大量的界面（如氧化锰颗粒与碳之间）产生电荷积累，导致交变电磁场中形成丰富的界面极化。此外，热处理后形成的许多缺陷和含氧官能团充当了偶极中心，增强了偶极极化。对于 MnO_2@NPC 样品，这种极化更强，因为 MnO@NPC 的氧化产生了额外的偶极子中心。

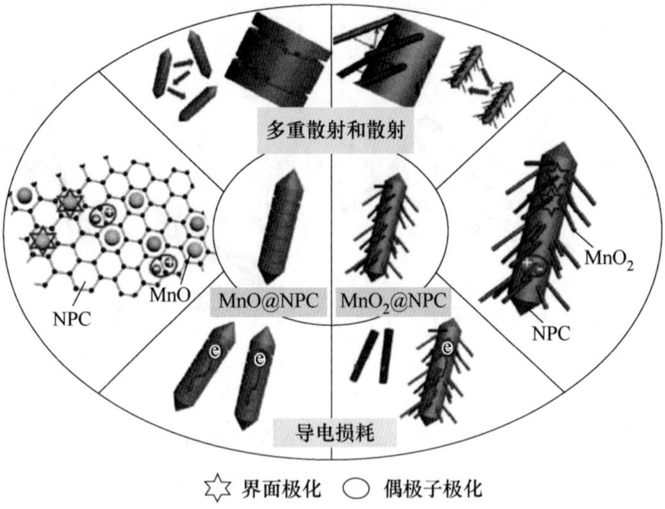

图 2-18 彩图

图 2-18　MnO@NPC 和 MnO_2@NPC 复合材料的吸波机理示意图

2.3.5　小结

通过 Mn-MOF-74 热解和原位氧化还原反应成功制备了 MnO@NPC、Mn_3O_4@NPC 和 MnO_2@NPC 复合材料。MnO@NPC 和 MnO_2@NPC 的电磁波吸收机制取决于它们的介电损耗；而 Mn_3O_4@NPC 在空气气氛下煅烧 1 h 时，损耗机制以介电损耗为主；延长空气气氛煅烧时间，以磁损耗为主。引入窄带隙的 MnO_2 半导体可以提高复合材料的介电常数。在 5.12 GHz 处，MnO@NPC-800 复合材料的 RL_{min}为 -54.38 dB。MnO_2@NPC-800 复合材料在 S、C、X、Ku 波段均可达到 -50 dB，在全波段表现出超强的电磁波吸收损耗响应。这种优异的性能归因于以下几个因素：(1) 从 MnO 到 MnO_2 的成分转变在全频段内实现了稳定的高介电常数，使得 MnO_2@NPC-800 具有良好的阻抗匹配和较强的全频段衰减能力；(2) 将含有堆叠层的三维毛毛虫状结构转变为一维 + 三维混合维刺猬状结构，增强了极化和弛豫，从而使 MnO_2@NPC-800 具有优异的介电损耗和电磁波吸收性能。这项工作证明，利用带隙调节介电常数是发现和获得新型吸波材料的有效策略。

2.4　Co/MnO@NPC 和 FeCo/MnO@NPC 复合材料

影响材料性能的主要因素是材料的组成和结构。常用的介电损耗材料主要有导电高聚物、半导体和碳系材料，这些材料往往化学稳定性好，耐腐蚀，密度低但吸收带宽较窄；常用的磁性材料主要有铁氧体、金属微粉和金属合金等，其往往具有较高的饱和磁化强度和磁导率，吸波带宽略宽，但也存在密度大、易腐蚀等缺点。磁性和介电损耗材料复合后可以取长补短，协同增效，提高阻抗匹配，同时复合材料含有增强的偶极极化和界面极化等损耗机制，进而可有效增强电磁波能量的损耗，拓宽吸波频带。Wang 等人[11]采用原位定向生长策略制备具有特殊磁性构型的微米级 Fe_3O_4-Fe_3O_4@C 复合材料，Fe_3O_4 八面体部分嵌入各向异性 Fe_3O_4@C 体中，构建了具有良好电磁波耗散能力的磁介质杂化体。该吸波剂在 2.5 mm 的厚度下，RL_{min} 为 −40.8 dB，EAB 可达 9.8 GHz。Fan 等人[12]以玉米芯为前驱体，制备了多孔碳片/Co 纳米纤维复合材料。通过改变 Co 纳米纤维的加载量，可以很好地调节 C/Co 复合材料的电磁参数，从而提高材料的衰减能力和阻抗匹配。该复合材料在 2.6 mm 的厚度下，RL_{min} 为 −64.5 dB，在 2.9 mm 的厚度下，EAB 可达 8.4 GHz。Guo 等人[13]采用喷雾干燥、煅烧法制备了 FeCo 嵌入的三维多孔碳网络微球（3DC@FeCo）。FeCo 内嵌碳结构不仅抑制了 FeCo 纳米颗粒的生长和团聚，抑制了 FeCo 的趋肤效应，而且增强了界面极化。3DC@FeCo-630 的最大反射损耗值为 −47.4 dB，有效吸收带宽可达 5.66 GHz，匹配厚度仅为 2.7 mm。但是，上述复合材料的孔隙率还有待提高，匹配厚度还有待于降低。

以磁性金属 MOFs 为前驱体，采用简单的一锅原位热解法可直接获得磁性金属纳米颗粒/纳米孔碳复合材料。磁性金属纳米颗粒均匀地镶嵌在多孔碳基体中，不仅有效地抑制了金属颗粒的团聚和趋肤效应，而且可以保护金属颗粒免于氧化和腐蚀。此外，多孔碳基体不仅提供了丰富的导电网络，有利于导电损耗，而且其丰富的孔隙率大大降低了材料的密度。Zhang 等人[14]通过溶剂热法合成 Co-MOF 纳米片，随后热解制备了二维 Co@C 杂化材料，合成的纳米层 Co@C 复合材料继承了 Co-MOF 纳米片的二维结构。结果表明，该复合材料在匹配厚度仅为 1.76 mm 时，RL_{min} 为 −49.76 dB，EAB 可达 5.44 GHz。Liu 等人[15]将 Fe 元素引入到 Zn-MOF 中，进一步热分解制备了 ZnO/Fe/Fe_3C/C 四级复合材料，通过改变加热温度，可以有效地控制各组分的组成和化学状态。结果表明，该材料在厚度仅为 1.5 mm 的情况下，RL_{min} 为 −30.4 dB，有效带宽为 4.96 GHz。

本节在前一节的 Mn-MOF 衍生的 MnO@NPC 复合材料吸波性能研究的基础上，为了改善 MnO@NPC 的磁损耗，引入了磁性金属 Fe、Co 到 Mn-MOF 中获得 CoMn-MOF 和 FeCoMn-MOF，进一步将其在高温下热解，并考察了磁性物质（Co 和 FeCo）的类型对电磁波吸收性能的影响。结果表明，FeCoMn-MOF 衍生的复合材料由于增强了磁损耗和具有多界面特性，从而获得了优异的宽带电磁波吸收性能。

2.4.1 实验部分

（1）CoMn-MOF 和 FeCoMn-MOF 的制备。CoMn-MOF 和 FeCoMn-MOF 的合成方法与前文 Mn-MOF 相似。用 0.395 g $CoCl_2 \cdot 6H_2O$ 和 0.3285 g $MnCl_2 \cdot 4H_2O$ 代替 0.657 g $MnCl_2 \cdot 4H_2O$ 得到 CoMn-MOF。采用 0.138 g $FeSO_4$、0.276 g $CoCl_2$、0.3285 g $MnCl_2$ 合成得到 FeCoMn-MOF。

（2）Co/MnO@NPC 和 FeCo/MnO@NPC 的制备。Co/MnO@NPC 和 FeCo/MnO@NPC 按照类似 MnO@NPC 的方法合成，如图 2-19 所示。Co/MnO@NPC 采用 CoMn-MOF，目标温度分别为 700 ℃ 和 800 ℃。FeCo/MnO@NPC 采用 FeCoMn-MOF，目标温度分别设置为 800 ℃ 和 900 ℃。

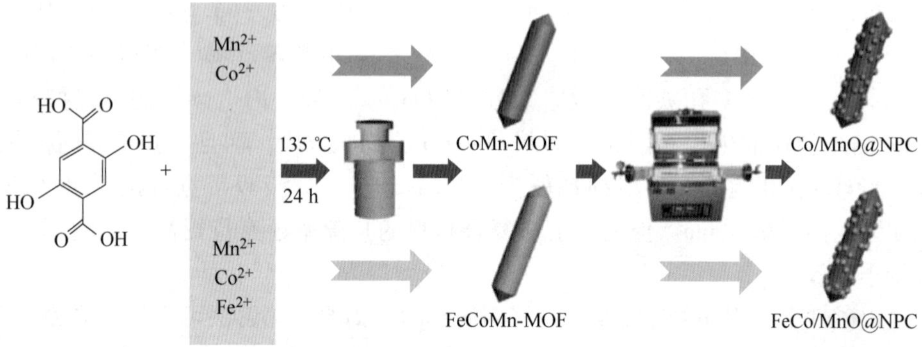

图 2-19 Co/MnO@NPC 和 FeCo/MnO@NPC 复合材料的合成路线

图 2-19 彩图

图 2-20 为 Co/MnO@NPC 和 FeCo/MnO@NPC 复合材料的概念设计示意图。多孔碳基体可提供导电路径，有利于自由电子的迁移，但高导电性不利于电磁波进入材料。MnO 半导体的存在可以降低电导率，进一步调整阻抗匹配，而 Co 的存在可以提高磁损耗，从而提高电磁协同损耗。此外，多组分复合材料可以产生丰富的极化损耗。因此，优化导电损耗、丰富极化损耗、增强磁损耗的 Co/MnO@NPC 复合材料具有宽带电磁波吸收性能。用 FeCo 合金代替 Co，其磁性比 Co 强，电导率比 Co 弱，因此磁导率进一步升高，介电常数降低，材料的电磁阻抗匹配进一步提高。因此，FeCo/MnO@NPC 复合材料比 Co/MnO@NPC 具有更宽的吸波带宽。

2.4.2 组成分析

2.4.2.1 X 射线衍射分析和拉曼光谱分析

图 2-21(a)是 Co/MnO@NPC-7 和 Co/MnO@NPC-8 的 XRD 图谱，两个样品具

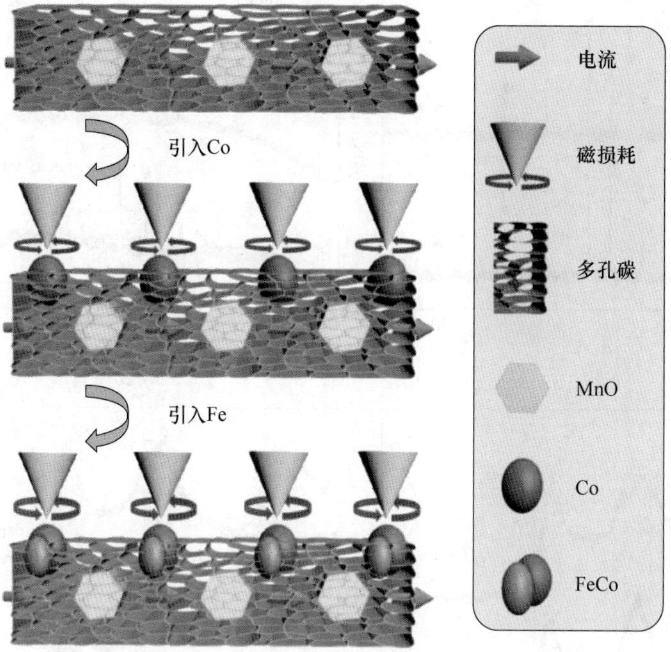

图 2-20 彩图

图 2-20 Co/MnO@NPC 和 FeCo/MnO@NPC 复合材料设计图

有相似的衍射峰。其中，在 34.9°、40.5°、58.7°、70.2°和 73.8°处呈现 5 个衍射峰，分别对应于 MnO 的(111)、(200)、(220)、(311)和(222)晶面。此外，44.2°、51.5°和 75.9°的三个特征峰分别对应于 Co 的(111)、(200)和(220)晶面。图 2-21(b)是 FeCo/MnO@NPC 的 XRD 谱图，除了 45.1°和 65.7°处的衍射峰分别对应 FeCo 合金的(110)和(200)晶面，FeCo/MnO@NPC 复合材料也有与 Co/MnO@NPC 相似的衍射峰。此外，随着煅烧温度的升高，Co 和 FeCo 的峰值明显增强，MnO 的相对峰值明显减弱，这可能归因于高温更有利于金属单质的结晶。

图 2-21(c)(d)为 Co/MnO@NPC 和 FeCo/MnO@NPC 复合材料的拉曼光谱。两种材料的拉曼光谱均在 1340 cm^{-1}和 1580 cm^{-1}处出现 D 带和 G 带的特征峰，证实了非晶碳和石墨化碳的存在。拉曼峰强度比（I_D/I_G）反映了复合材料的石墨化程度。Co/MnO@NPC-7、Co/MnO@NPC-8、FeCo/MnO@NPC-8 和 FeCo/MnO@NPC-9 的 I_D/I_G 比值分别为 1.21、1.03、1.23 和 1.06。随着煅烧温度的升高，Co/MnO@NPC 和 FeCo/MnO@NPC 复合材料的 I_D/I_G 比值降低，表明碳组分的石墨化程度在随之提高。拉曼光谱表明四个样品都具有较低的石墨化程度，很可能含有大量的缺陷或无序碳。

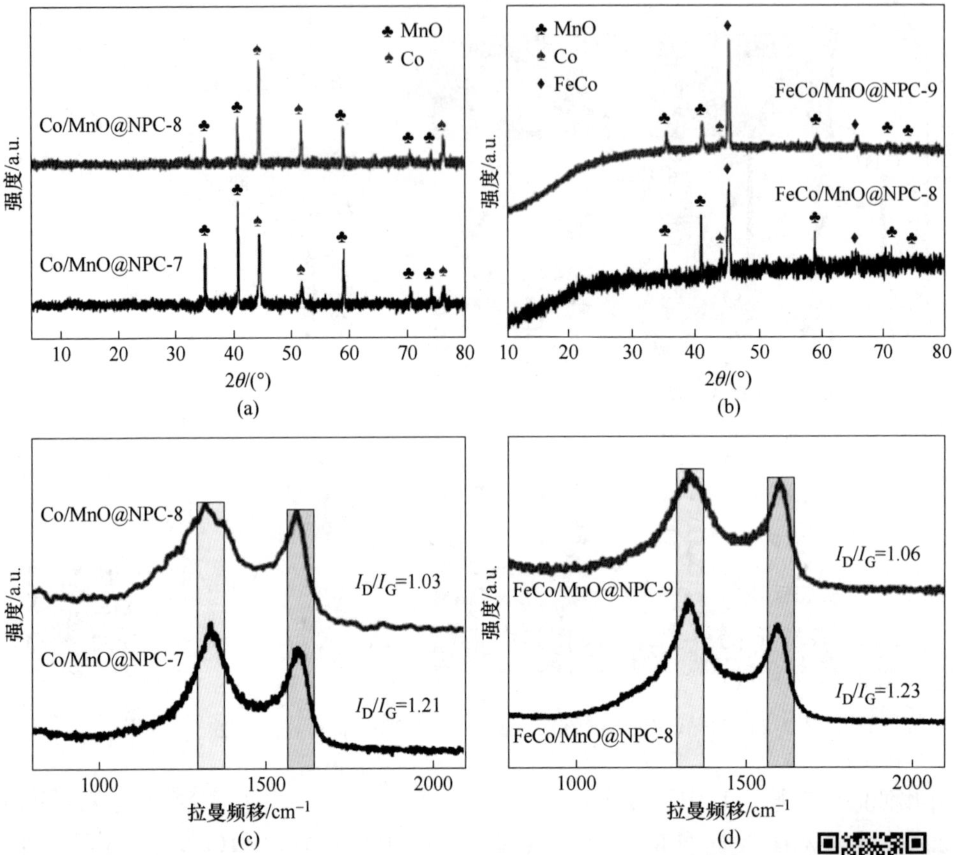

图 2-21　Co/MnO@NPC(a)和 FeCo/MnO@NPC(b)XRD 谱图，
Co/MnO@NPC(c)和 FeCo/MnO@NPC(d)拉曼光谱

图 2-21 彩图

2.4.2.2　XPS 分析

图 2-22(a)和图 2-22(b)分别为 Co/MnO@NPC-8 和 FeCo/MnO@NPC-9 的 XPS 全谱，分别表明 Co/MnO@NPC-8 和 FeCo/MnO@NPC-9 材料中分别存在 C、O、Co 和 Mn 元素，以及存在 C、O、Fe、Co 和 Mn 元素。FeCo/MnO@NPC-9 的 C 1s 高分辨光谱在 284.8 eV、286.4 eV 和 289.0 eV 处有三个衍射峰，分别对应于 C—C/C ═C、C—O 和 C ═O 键。O 1s 高分辨光谱在 529.8 eV、531.3 eV 和 532.8 eV 处有三个特征峰，分别对应于 Mn—O、C—O、C ═O 键。Fe 2p 光谱在 710.9 eV 和 723.3 eV 处有两个强峰，分别对应于 Fe $2p_{3/2}$ 和 Fe $2p_{1/2}$ 的特征峰。Co 2p 谱在 780.5 eV 和 796.3 eV 处有两个强峰，分别对应于 Co $2p_{3/2}$ 和 Co $2p_{1/2}$ 的特征峰。Mn 2p 的光谱在 641.6 eV 和 653.4 eV 处有两个峰，分别对应于 MnO 的 Mn $2p_{3/2}$ 和 Mn $2p_{1/2}$ 的特征峰。

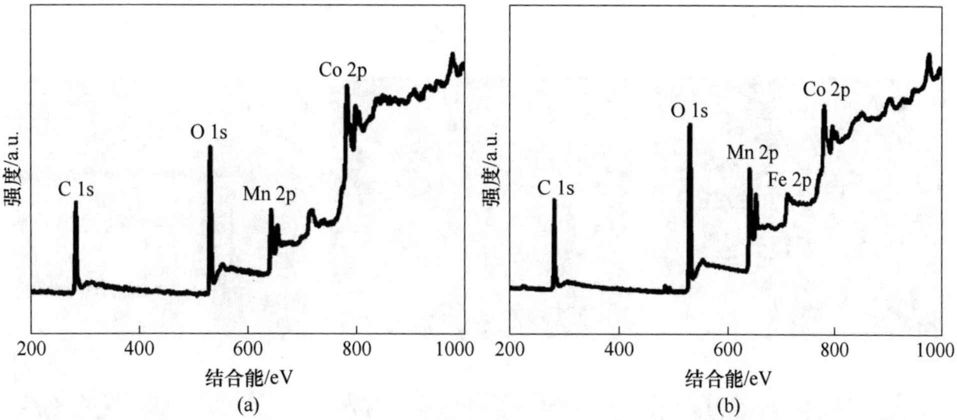

图 2-22 Co/MnO@NPC-8(a)和 FeCo/MnO@NPC-9(b)XPS 谱图

2.4.3 结构分析

使用 SEM 观察复合材料的微观形貌。图 2-23(a) ~ (c)为 CoMn-MOF 的 SEM 图谱，CoMn-MOF 的棒状结构表明钴离子的引入并未改变 Mn-MOF-74 的原始形态。图 2-23(d) ~ (f)为 Co/MnO@NPC-8 的 SEM 图像，Co/MnO@NPC-8 总体上保持棒状结构，但其表面出现了许多球形颗粒，类似于玉米棒上的玉米粒，形成了类似玉米的形状。根据 MnO@NPC 的形貌，我们可以推测，Co/MnO@NPC-8 上的球形颗粒应该是金属 Co 单质，因为 MnO@NPC 复合材料上没有球形颗粒，MnO 应该在碳基体中。图 2-23(g) ~ (i)为 FeCoMn-MOF 的 SEM 图谱，FeCoMn-MOF 是棒状结构，说明铁离子和钴离子的引入并未改变 Mn-MOF-74 的原始形态。图 2-23 (j) ~ (l)是 FeCo/MnO@NPC-9 的 SEM 图谱，FeCo/MnO@NPC-9 整体上保持棒状结构，但其表面出现许多球形颗粒，使其整体上呈现玉米状形态。根据 Mn-MOF-74 煅烧后的形态可以推测，FeCo/MnO@NPC-9 上的球形颗粒应该是 FeCo 合金，因为 MnO@NPC 复合材料上没有球形颗粒，推测 MnO 可能在碳基体中。FeCoMn-MOF 和 FeCo/MnO@NPC-9 分别与 CoMn-MOF 和 Co/MnO@NPC-8 形貌相似。总的来说，磁性金属的引入最终导致 MOF 衍生物的结构从棒状转变为玉米状。

图 2-24(a) ~ (c)显示了 Co/MnO@NPC-8 的 TEM 和高分辨率 TEM（HRTEM）图像。在球形粒子的 HRTEM 图像中，晶格条纹的间距为 0.34 nm，对应于 Co(111)晶面。此外，在球形颗粒周围还发现了石墨化碳的晶格条纹。在棒状粒子的 HRTEM 图像中，晶格条纹间距为 0.22 nm，对应于 MnO(200)晶面。图 2-24(d) ~ (h)显示了 Co/MnO@NPC-8 的高角度环形暗场（HAADF）图像和相应的元素分布图。球形颗粒表明存在 Co 元素，棒状颗粒表明存在 Mn 和 O 元素。图 2-24(e)表明 MnO 和 Co 颗粒分散在碳基体中。

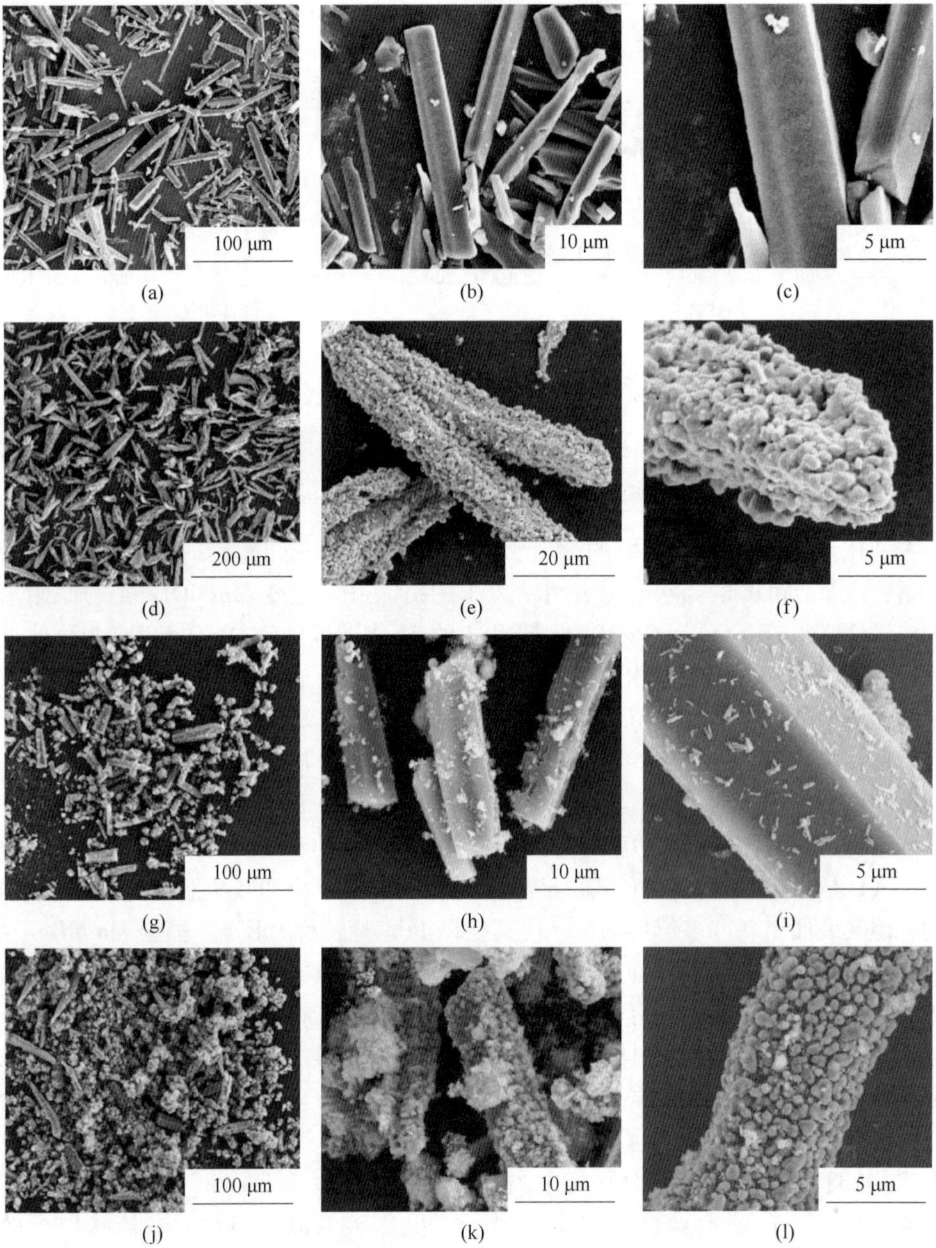

图 2-23 CoMn-MOF [(a)~(c)]、Co/MnO@NPC-8 [(d)~(f)]、FeCoMn-MOF [(g)~(i)] 和 FeCo/MnO@NPC-9 [(j)~(l)] 的 SEM 图

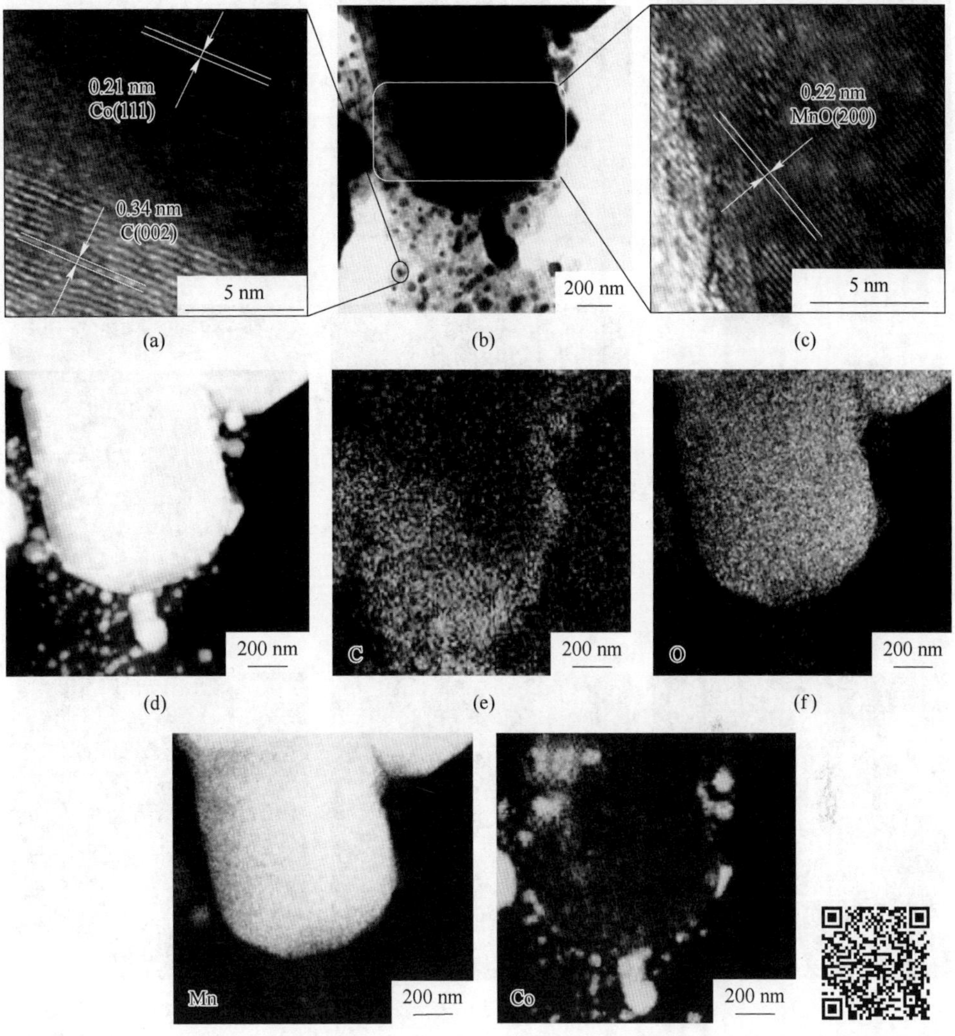

(g) (h)

图 2-24 彩图

图 2-24 Co/MnO@NPC-8 的 TEM(a)、HRTEM [(b)(c)]、HAADF(d)和相应的元素分布图 [(e) ~ (h)]

图 2-25(a) ~ (c)为 FeCo/MnO@NPC-9 的 TEM 和 HRTEM 图像。在球形粒子的 HRTEM 图像中，晶格条纹间距为 0.208 nm，对应于 FeCo(110)晶面。在多面体粒子的 HRTEM 图像中，晶格条纹间距为 0.22 nm，对应于 MnO(200)晶面。图 2-25(d) ~ (i)为 HAADF 图像和 FeCo/MnO@NPC-9 对应的元素分布图，与上述晶格点阵条纹结果一致。

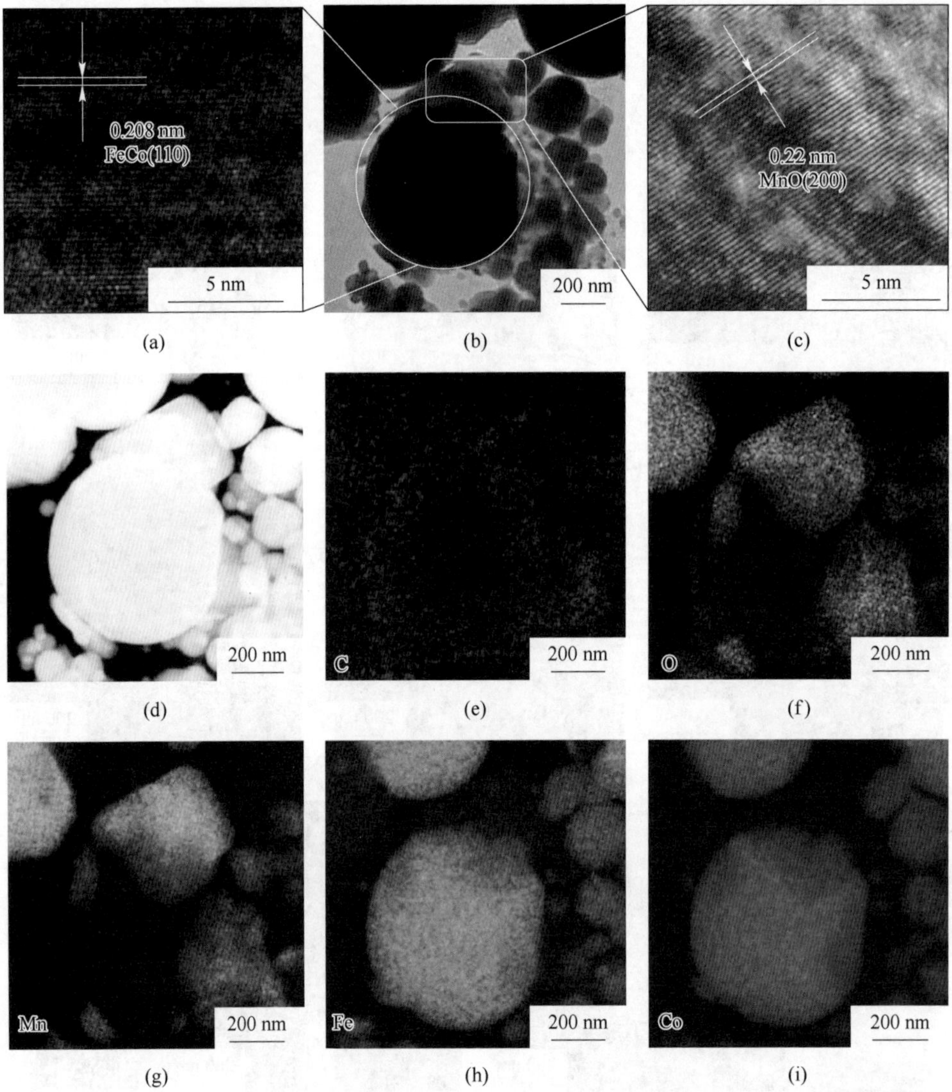

图 2-25 FeCo/MnO@NPC-9 的 HRTEM［(a)(c)］、TEM(b)图像及 HAADF 图像(d)和元素图［(e)～(i)］

图 2-25 彩图

2.4.4 性能分析

为了更好地研究材料的电磁波吸收性能，测试了 2～18 GHz 下复合材料的电磁参数。如图 2-26(a)和(b)所示，随着热解温度的升高，Co/MnO@NPC 和 FeCo/MnO@NPC 复合材料的介电常数的实部（ε'）和虚部（ε''）明显增加，这主要是因为热解温度的升高有利于复合材料石墨化程度的提高。如图 2-26(c)所示，在所有样品中，Co/MnO@NPC-8 的 $\tan\delta_\varepsilon$ 值最大，因此具有最强的介质损耗能力。

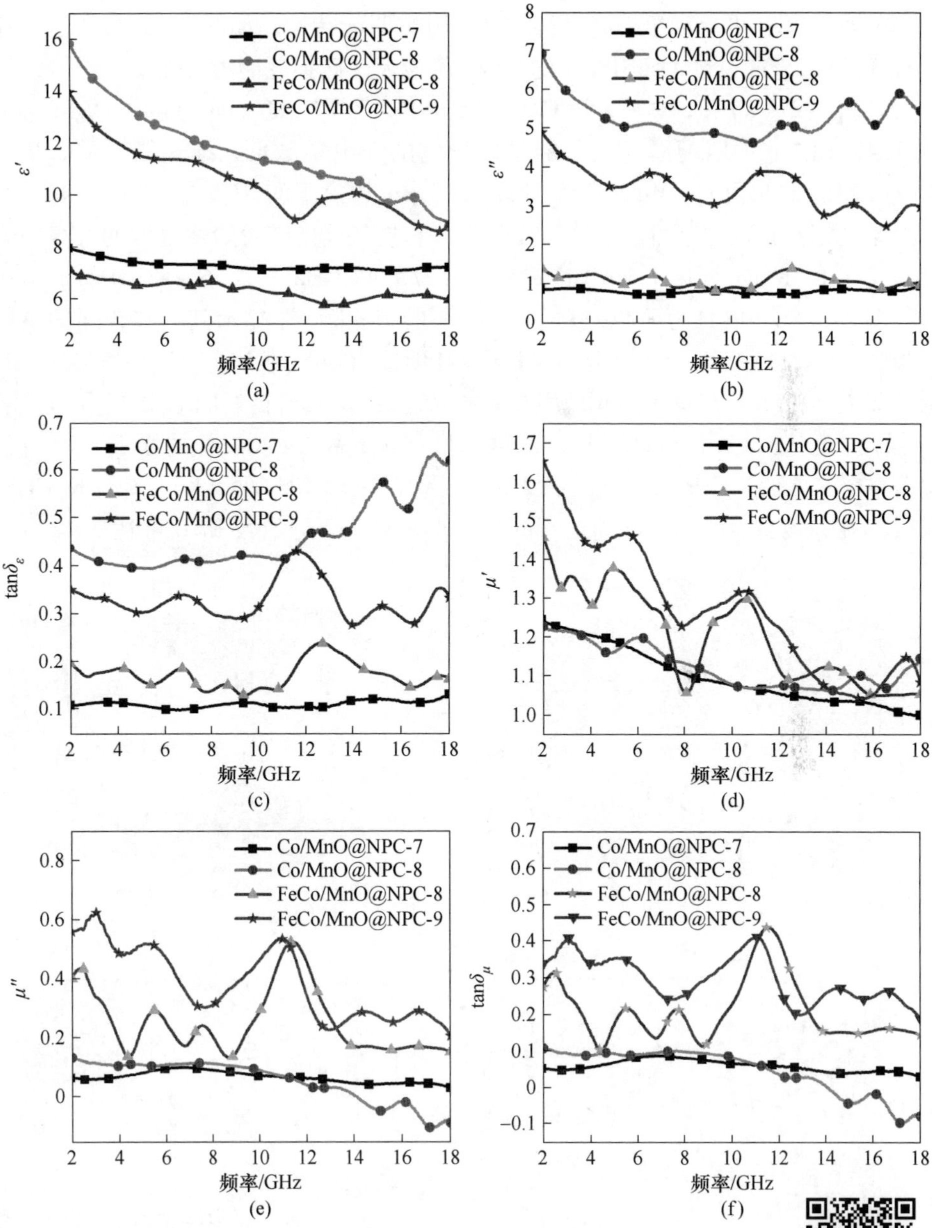

图 2-26 样品的介电常数实部(a)、虚部(b)、介电损耗角正切(c)、磁导率实部(d)、虚部(e)和磁损耗角正切(f)

图 2-26 彩图

如图 2-26(d)和(e)所示，Co/MnO@NPC 和 FeCo/MnO@NPC 复合材料的磁导率的实部（μ'）和虚部（μ''）也随着煅烧温度的升高而增大，这可能归因于金属 Co 和合金 FeCo 有一定的磁性。此外，FeCo/MnO@NPC 的磁导率明显强于 Co/MnO@NPC，更有利于提高材料的电磁阻抗匹配特性。如图 2-26(f)所示，在所有样品中，FeCo/MnO@NPC-9 的 $\tan\delta_{\mu}$ 值最大，磁损耗能力最强。

如图 2-27(a)和(b)所示，Co/MnO@NPC-7 在 5.00 mm 厚度下的 RL_{min} 为 −31.47 dB。它的匹配厚度大可能是由于它的介电常数低，损耗能力差。从图 2-27(c)和(d)可见 Co/MnO@NPC-8 在 2.00 mm 厚度下的 RL_{min} 为 −20.26 dB。其匹配厚度相对较低，这可能是因为介电常数和损耗能力随着煅烧温度的升高而增大；且在 1.58 mm 厚度下 EAB 达到最大，为 5.44 GHz（12.56～18 GHz）。

图 2-27(e)和(f)为 FeCo/MnO@NPC-8 的 RL 曲线，显示其具有较强的电磁波吸收性能。在 2.37 mm 厚度下，FeCo/MnO@NPC-8 的 RL_{min} 可达 −54.07 dB。图 2-27(g)和(h)为 FeCo/MnO@NPC-9 的 RL 曲线，具有良好的电磁波吸收性能。当匹配厚度从 1.63 mm 调整到 6.30 mm 时，FeCo/MnO@NPC-9 的累积 EAB 可以覆盖整个 S（2～4 GHz）、C（4～8 GHz）、X（8～12 GHz）和 Ku（12～18 GHz）频段。在厚度仅为 1.63 mm 时，FeCo/MnO@NPC-9 的最大 EAB 可达 7.72 GHz

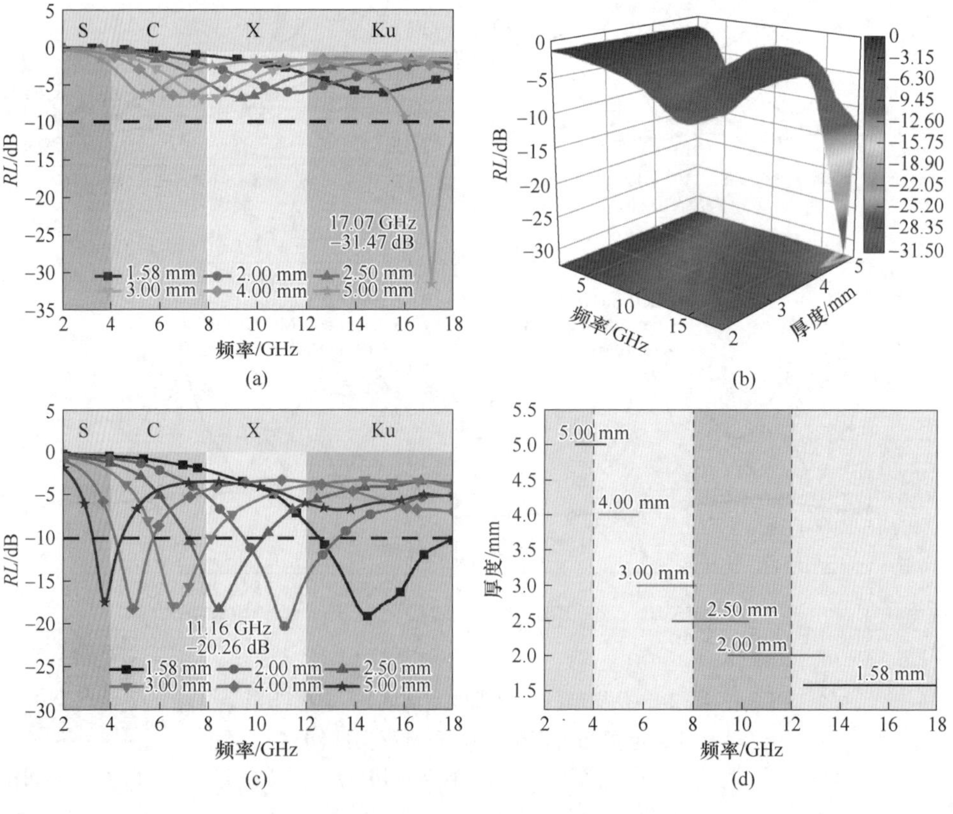

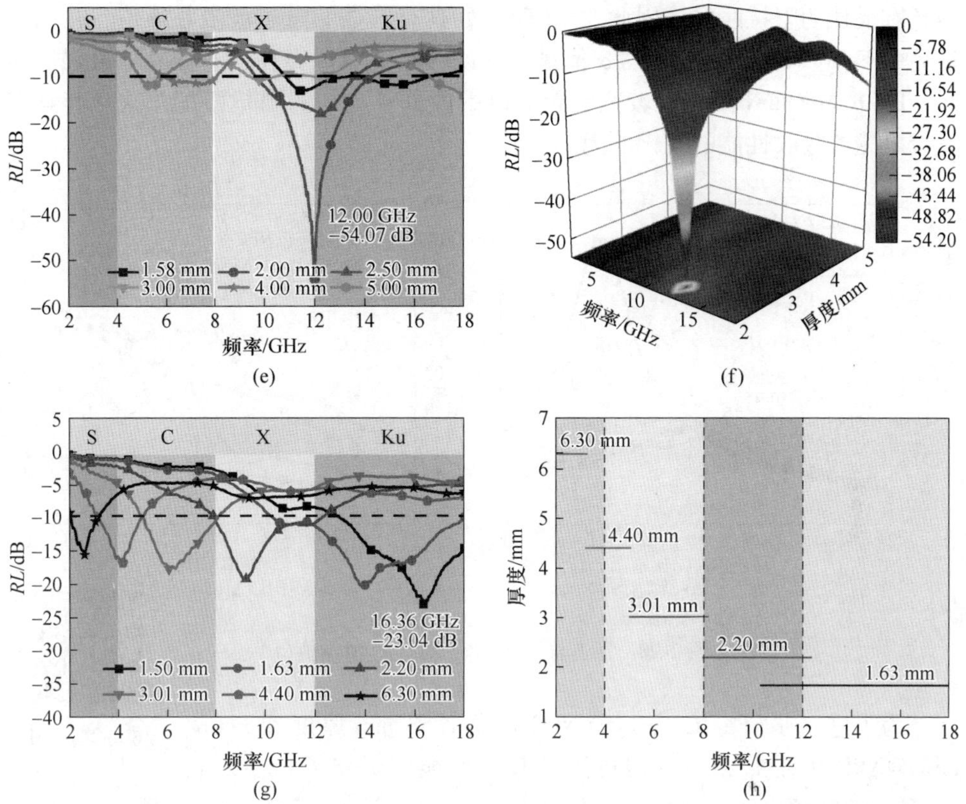

图 2-27　Co/MnO@NPC-7(a)、Co/MnO@NPC-8(c)、FeCo/MnO@NPC-8(e)、FeCo/MnO@NPC-9(g)的 *RL* 二维图，Co/MnO@NPC-7(b)、FeCo/MnO@NPC-8(f)的 *RL* 三维图，Co/MnO@NPC-8(d)和 FeCo/MnO@NPC-9(h)不同厚度下的 EAB

图 2-27 彩图

(10.28 ~ 18 GHz)。此外，该样品在厚度仅为 2.20 mm 的情况下，在 7.96 ~ 12.28 GHz 范围内的 EAB 为 4.32 GHz，覆盖了整个 X 波段。

为了评估电磁波进入材料的能力，分析了复合材料在 2 mm 厚度处的阻抗匹配，如图 2-28(a)所示。Co/MnO@NPC-7 的归一化输入阻抗（$|Z_{in}/Z_0|$）几乎全部偏离 1，说明其阻抗匹配较差。FeCo/MnO@NPC-8 的$|Z_{in}/Z_0|$值仅在 9 ~ 14 GHz 之间接近于 1，说明其在该频段阻抗匹配最好。Co/MnO@NPC-8 和 FeCo/MnO@NPC-9 的$|Z_{in}/Z_0|$值在较宽的频率范围内接近 1，这与反射损耗有宽峰而无强峰的现象是一致的。

图 2-28(b)显示了所有样品的衰减常数 α。FeCo/MnO@NPC-8 在 12 GHz 附近的 α 值最大，说明其在 12 GHz 附近的衰减能力最强。此外，它在该频率范围

内具有最佳的阻抗匹配，因此在 12 GHz 处具有较强的电磁波吸收峰值。在四个样品中 FeCo/MnO@NPC-9 的 α 值最大，说明其衰减能力在所有样品中最强。同时，FeCo/MnO@NPC-9 在较宽的频率范围内具有良好的阻抗匹配，这是其具有宽带电磁波吸收性能的关键原因。

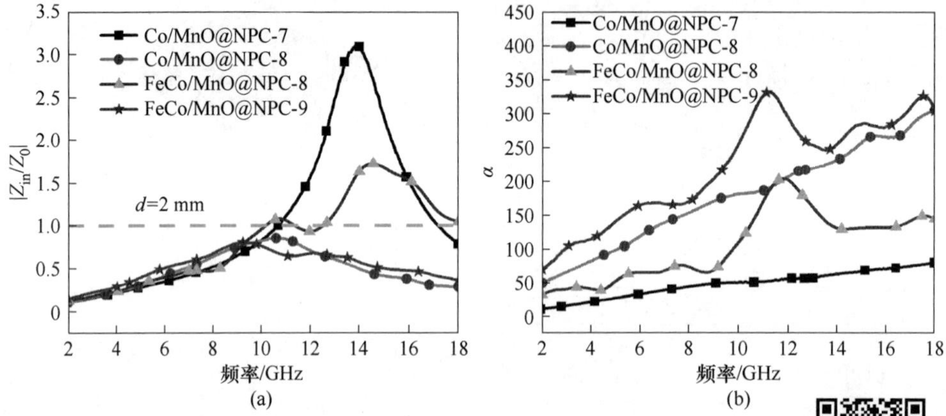

图 2-28　所有样品的 $|Z_{in}/Z_0|$(a)和 α 值(b)

图 2-28 彩图

为了进一步研究 Co/MnO@NPC-8 在 1.58 mm 厚度和 FeCo/MnO@NPC-9 在 1.63 mm 厚度下的吸波性能，研究了 $|Z_{in}/Z_0|$、RL 和 α 值随频率的变化规律。在图 2-29(a)中，当 $\alpha=216\sim306$，且 $|Z_{in}/Z_0|=0.56\sim0.89$ 时，Co/MnO@NPC-8 的 EAB 为 5.44 GHz（8～12.56 GHz）。如图 2-29(b)所示，当 $\alpha=246\sim332$，且 $|Z_{in}/Z_0|=0.62\sim0.87$ 时，FeCo/MnO@NPC-9 的 EAB 达到了 7.72 GHz（10.28～18 GHz）。Co/MnO@NPC-8 和 FeCo/MnO@NPC-9 均表现出宽带吸波性能，具有良好阻抗匹配、强衰减能力和优越的吸波能力。

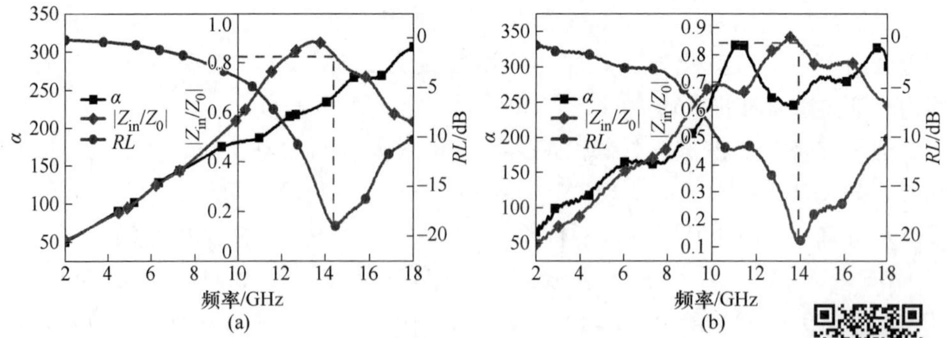

图 2-29　Co/MnO@NPC-8 在 1.58 mm(a)和 FeCo/MnO@NPC-9 在 1.63 mm(b)时的 RL、α 和 $|Z_{in}/Z_0|$值

图 2-29 彩图

复合材料的组成和结构优化可以调节复合材料的阻抗匹配，促进电磁波进入材料内部，从而通过多种机制对入射电磁波进行衰减。图 2-30 展示了玉米状 FeCo/MnO@NPC 复合材料的吸波机理。第一，在交变电磁场中，多孔碳基体降低了电子跳跃和迁移的能垒，产生时变微电流，加强导电损耗。MnO 的存在可以优化碳材料的导电性，降低入射电磁波的反射。第二，在 MOF 衍生的碳基体中，大量的缺陷和含氧官能团可以作为偶极中心产生偶极极化。第三，FeCo/MnO@NPC 三元复合材料含有多个非均相界面（FeCo-C、MnO-C 和 FeCo-MnO），产生了丰富的界面极化。

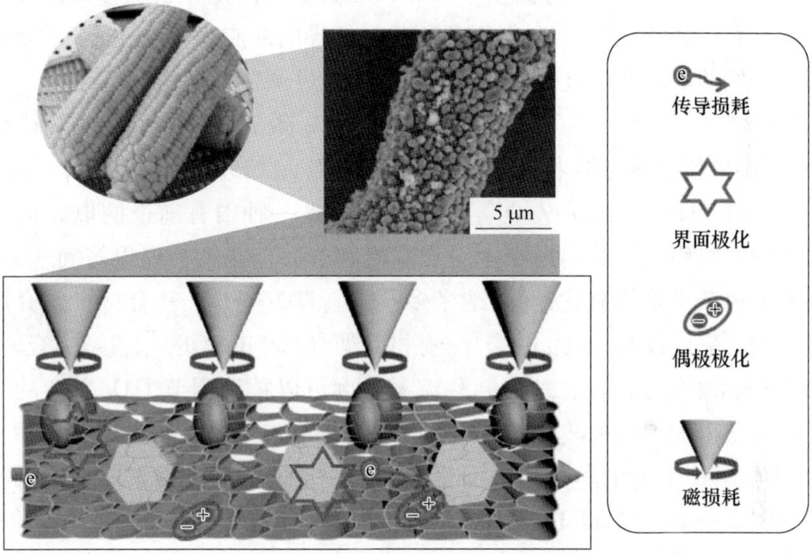

图 2-30 FeCo/MnO@NPC 的吸波机制

图 2-30 彩图

最后，MOF 的高温碳化显著提高了 FeCo 合金的分散性，高度分散的 FeCo 合金促进了磁耦合网络的形成，从而提高了磁损耗能力。上述电磁波损耗机制的协同效应在较宽的频率范围内衰减了大部分入射电磁波能量，从而获得了超宽带吸波性能。Co/MnO@NPC 与 FeCo/MnO@NPC 有同样的吸波机制。

2.4.5 小结

本节以 MnO@NPC 为研究对象，分别通过引入磁性金属 Co 和 FeCo 合金来提高材料的磁导率，以达到利用软磁材料的高 Snoek 极限将 MnO@NPC 的低频效果拓展到高频的目的。从 Co/MnO@NPC 和 FeCo/MnO@NPC 复合材料的制备可以得出结论：同一温度下，金属 Co 的导电性比 FeCo 合金更强，所以引入 Co 的复合材料的介电损耗更强；相同温度下，FeCo 合金的磁性比 Co 更强，所以引入 FeCo 合金的复合材料的磁损耗更强。FeCo/MnO@NPC 复合材料具有合适的介电损耗和较高的磁损耗，而获得更匹配的电磁损耗，因此拥有优异的宽频带电磁波吸收性能。至此，本节主要集中在对介电损耗材料的磁导率的改善，以及宽频带电磁波吸收效果的研究，期望能为拓宽电磁波有效吸收带宽提供借鉴意义。

2.5　ITO/NPC 复合材料

氧化铟锡（ITO）是一种掺杂半导体，在表面光催化、表面修饰和光电子器件等领域有着广泛的应用[16]。由于 ITO 优异的导电性能和介电性能，ITO 复合材料表现出良好的电磁波吸收性能。Gu 等人[17]通过调节 ITO 中 Sn^{4+} 的量、制备时的 pH 值和温度等，RL_{min} 可以达到 −32 dB。Ge 等人[18]制备了 ITO/碳纳米管（CNT）复合材料的核壳纳米结构，在 13.28 GHz 和 1.95 mm 厚度下，其 RL_{min} 值为 −38.29 dB。ITO、TiO_2、ZnO 等半导体材料是一种很有前途的电磁波吸收材料，但它们的应用仍然受到高密度、衰减机制单一、性能不理想等问题的限制。本节研究了掺杂半导体氧化铟锡/纳米多孔碳（ITO/NPC）复合材料的介电性能和吸波性能。采用掺杂 Sn 的 In 金属-有机骨架（In/Sn-MOF）直接热解法制备了 ITO/NPC 均相复合材料。通过控制载流子浓度可以精确调节 ITO/NPC 的复介电常数，从而获得优异的吸波性能。此外，NPC 的导电网络、较大的表面积和孔隙体积及 ITO/NPC 丰富的非均相界面是影响吸波性能的关键因素。在较低的煅烧温度（500 ℃）下，当 Sn/In 比为 1∶9 时，ITO/NPC 在低频表现出优异的吸波特性。在 4.57 GHz 和 4.10 mm 时，RL_{min} 值达到 −60.55 dB；而在 3.72 ~ 5.42 GHz 的低频范围内，RL_{min} 值低于 −8 dB。此外，在 12.90 GHz，厚度为 1.55 mm 时 RL_{min} 值为 −45.12 dB。本研究为低频电磁波吸收材料的制备提供了一种简便、新颖的方法。

2.5.1　实验部分

所有试剂均为分析级试剂，无需进一步纯化即可使用。具有不同 Sn∶In 比例的 In/Sn-MOF 是通过已报道的改性水热技术制备的。将四水氯化铟、五水氯化锡、0.70 g 对苯二甲酸和 0.4 g 三乙胺与 15 mL 去离子水混合。四水氯化铟和五水氯化锡的总量为 1.26 mmol，研究 Sn∶In 的不同摩尔比，如 0∶9、0.75∶9、1∶9 和 2∶9。然后，将混合物放入 25 mL 特氟龙衬里反应釜中，并在 150 ℃下反应 18 h。当溶液冷却至室温时，过滤所得悬浮液，用水和乙醇洗涤数次。最后，获得 In/Sn-MOF 白色晶体，在 80 ℃下干燥，分别标记为 P0、P1、P2、P3，其中 P0 分子式为 $In_2(OH)_3(BDC)_{1.5}$。将制备的 P0 ~ P3 样品研磨并置于石英舟中，以 2 ℃/min 的速率缓慢加热，然后在氮气氛围下在 500 ℃下碳化 2 h。收集 P0、P1、P2 和 P3 衍生的 ITO/NPC 复合材料的黑色粉末，分别标记为 C0、C1、C2 和 C3。ITO/NPC 样品的合成路线如图 2-31 所示。

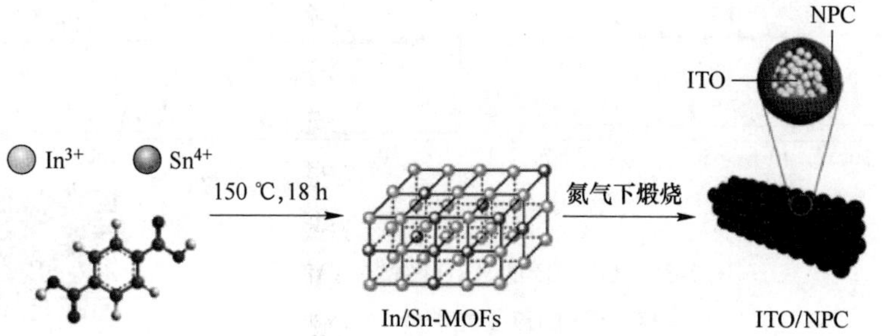

图 2-31 彩图

图 2-31 ITO/NPC 的合成路线

2.5.2 组成分析

2.5.2.1 X 射线衍射分析和拉曼光谱分析

通过 XRD 对制备样品的晶体结构和物相纯度进行了表征。由图 2-32(a)所示，所有四个样品 C0 ~ C3 在 $2\theta = 21.6°$、30.6°、35.5°、37.9°、45.8°、51.1°和 60.7°处均表现出相似的衍射峰，其与立方相 In_2O_3 中的(211)、(222)、(400)、(411)、(431)、(440)、(622)晶面的衍射峰相同（JCPDS06-0416）。尽管 XRD 分析显示没有 SnO_2 的特征峰，通过 EDS 元素映射图确认了 C1 ~ C3 样品中存在 Sn，这表明 Sn^{4+} 被均匀地掺杂到 In_2O_3 的立方相晶格中。In^{3+} 离子被 Sn^{4+} 离子取代主要是由于 Sn^{4+} 半径（0.069 nm）和 In^{3+} 半径（0.080 nm）相似。

如图 2-32(b)所示，拉曼光谱显示了样品的石墨化程度，在 1336 cm^{-1} 处的缺陷碳（D 带）和 1600 cm^{-1} 处的石墨化碳（G 带）存在于所有样品中。G 带代表 sp^2 杂化碳的石墨面内振动的特征，D 带与缺陷和无序碳结构有关。对于 C0、C1、C2 和 C3 的样品，其 I_D/I_G 强度比分别为 1.120、1.095、1.113 和 1.126。在所有 ITO/NPC 系列样品中，I_D/I_G 值的石墨化程度相对较低，这与 XRD 衍射图谱没有碳衍射峰相一致。P0 ~ P3 样品的 I_D/I_G 值几乎相同，结果表明，Sn 掺杂量对石墨化程度的影响不大。

2.5.2.2 XPS 分析

通过 XPS 进一步测定了 C2 样品的表面组成和价态。测试结果如图 2-33(a)所示，显示 C2 中含有 In、Sn、C、O 元素，图 2-33(b)为 In 3d 高分辨率扫描图，

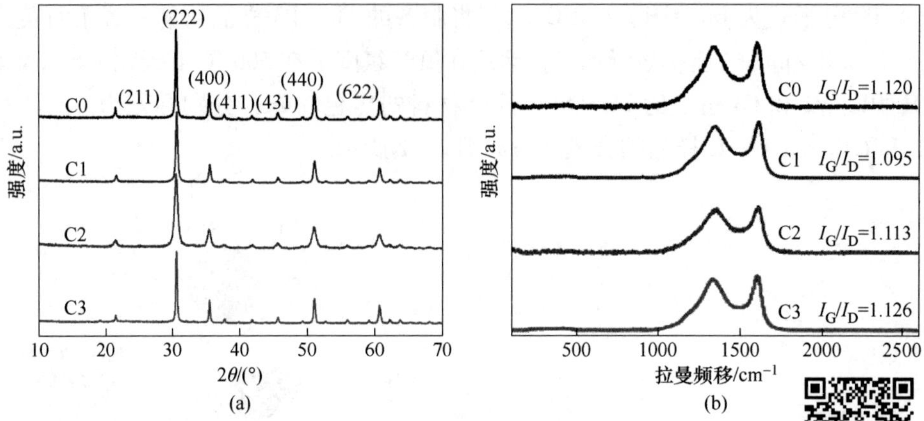

图2-32　C0～C3的XRD图谱(a)和
C0～C3的拉曼光谱(b)

图2-32 彩图

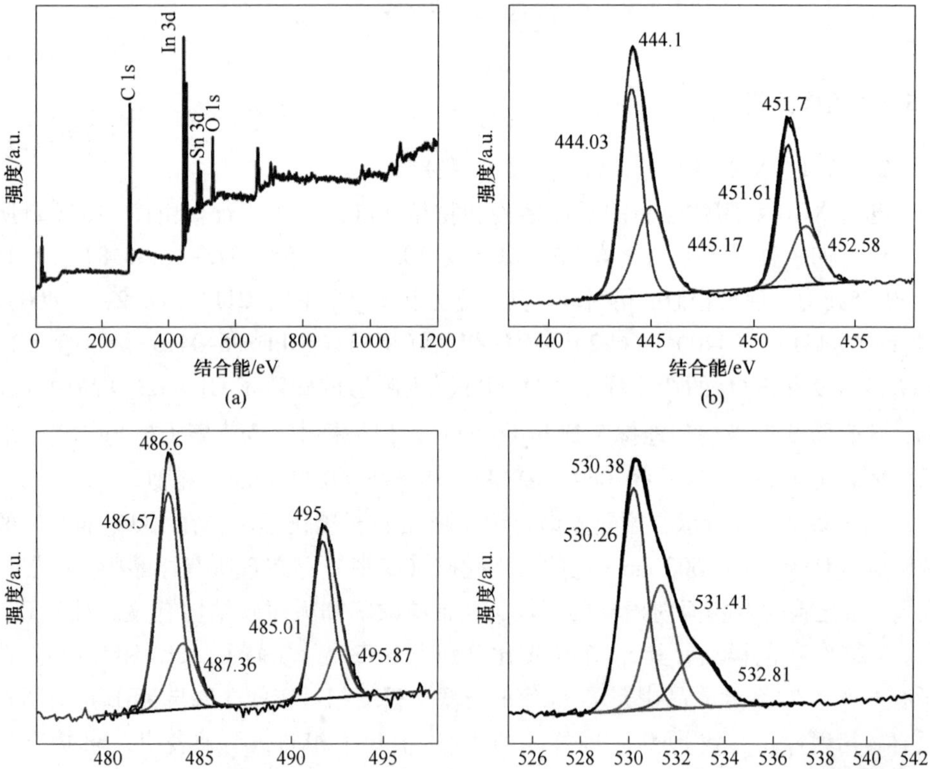

图2-33　C2样品的XPS全谱(a)和In 3d(b)、Sn 3d(c)、
O 1s(d)的XPS高分辨光谱

图2-33 彩图

表明 In $3d_{5/2}$ 的结合能为 444.03 eV 和 445.17 eV，In $3d_{3/2}$ 的结合能为 451.61 eV 和 452.58 eV。在 444.03 eV 和 451.17 eV，445.61 eV 和 452.58 eV 处的峰分别对应于结晶 In_2O_3 和非晶 In_2O_3。同样，Sn $3d_{5/2}$ 可分出位于 487.36 eV 和 486.57 eV 的两个峰，Sn $3d_{3/2}$ 可分出位于 485.01 eV 和 495.87 eV 的两个峰，与 Sn^{4+} 和 Sn^{2+} 吻合良好。以上结果验证了锡存在不同的化学状态，这可能是 NPC 的还原所致，如图 2-33(c)所示。O 1s 高分辨率扫描图由三个峰组成，分别位于 530.26 eV、531.41 eV 和 532.81 eV 处，分别对应于晶体 ITO 中的晶格氧、非晶体 ITO 中的氧原子和表面氧的特征峰，如图 2-33(d)所示。EDS 测量结果，Sn 在 XPS 中不同氧化态对应的峰，以及 XRD 分析中氧化锡相的缺失，都表明 Sn 成功地掺杂到 In_2O_3 相中。

2.5.3 结构分析

为了阐明 ITO/NPC 的形成机制，通过 FE-SEM 研究了 P2 和 C2 的形态。Sn : In 比为 1 : 9 的 In/Sn-MOF 呈立方体形状，粒径为 20 ~ 50 μm。前驱体在适当的热分解后转化为 C2，如图 2-34(a)所示，一些尺寸为 5 ~ 20 μm 的 C2 纳米颗粒继承了 P2 的立方形态。然而，颗粒表面有许多粗糙的皱纹。这是由于高温处理下 MOF 发生了塌陷和有机成分的损耗。通过 C2 的 TEM 测试，更详细地揭示形态和结构信息。C2 样品呈现出边长约为 8 μm 的立方块结构，如图 2-34(b)所示，与 SEM 获得的结果一致。图 2-34(c)是图 2-34(b)区域 1 的放大图，显示许多相互连接的球体。如图 2-34(d)所示，0.292 nm 的晶格条纹对应于立方 ITO 的(222)晶面（JCPDS06-0416），这进一步证实了高温热解诱导 In/Sn-MOF 原位形成 ITO 纳米颗粒。如图 2-34(e)所示，HAADF 图像和相应的元素映射表明碳化不仅限于样品表面，而且还同时发生在样品内部。

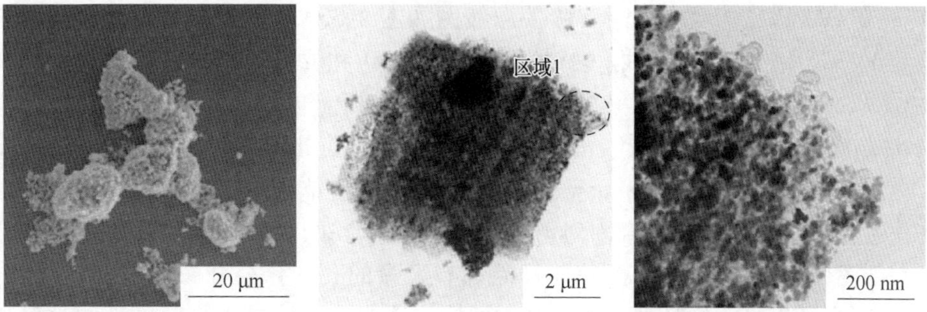

(a) (b) (c)

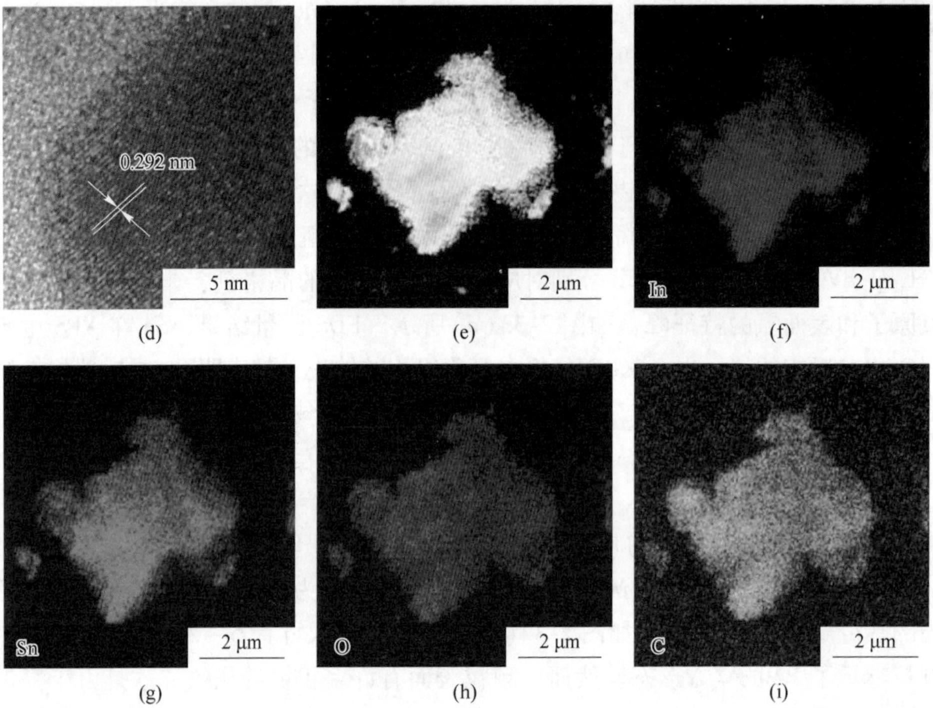

图 2-34　C2 样品的 SEM 图像(a)、TEM 图像(b)、TEM 图像（区域 1）(c)、晶格条纹(d)、HAADF 图像(e)和元素映射［(f)～(i)］

图 2-34 彩图

2.5.4　性能分析

一般来说，S_{BET}（比表面积）和孔径的特性对吸波剂的吸波性能有重要的影响。采用氮气吸附-解吸等温线研究了 P0、C0、C1、C2 和 C3 的比表面积和孔隙率。C0～C3 样品的氮气吸附解吸等温线图如图 2-35(a)所示，它们都表现为典型的Ⅳ型吸附/解吸等温线。如表 2-3 所示，P0 和 C0～C3 样品的 S_{BET} 分别为 723.67 m^2/g、78.17 m^2/g、85.64 m^2/g、95.21 m^2/g 和 83.47 m^2/g。P0 和 C0～C3 样品的总孔体积为 0.584 cm^3/g、0.134 cm^3/g、0.159 cm^3/g、0.317 cm^3/g 和 0.225 cm^3/g。对于 C0～C3 样品，S_{BET} 的急剧下降可能是 In/Sn-MOF 多孔结构在碳化过程中的非均相收缩后剧烈坍塌引起的。通常采用 BET 和 BJH 方法研究孔径，如图 2-35(b)所示，C0～C3 样品都有大量的孔，孔径分布在 1～10 nm 之间。因此，C0～C3 样品都由多孔结构组成，这为电磁波进入材料内部的散射和反射提供了更多的活性点。多孔结构不仅有助于加速电磁波的吸收和耗散，而且有利于阻抗匹配和材料的轻量化。

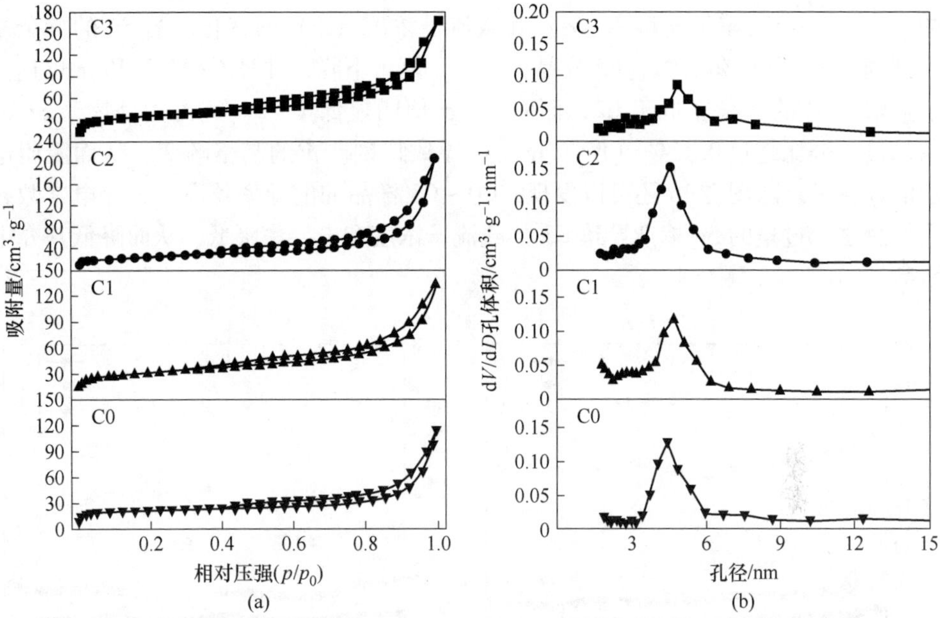

图 2-35 基于 BJH 方法的 C0 ~ C3 样品的氮气吸收和解吸等温线(a)和孔径分布图(b)

表 2-3 P0 及 C0 ~ C3 的比表面积和孔体积

样本	$S_{BET}/m^2 \cdot g^{-1}$	孔体积/$cm^3 \cdot g^{-1}$
P0	723.67	0.584
C0	78.17	0.134
C1	85.64	0.159
C2	95.21	0.317
C3	83.47	0.225

为了分析电磁波吸收性能，在 2 ~ 18 GHz 范围内测量了 C0 ~ C3 样品的电磁参数，参见图 2-36(a) ~ (c)。ε' 和 ε'' 分别代表电能的存储和耗散能力。如图 2-36 所示，ε' 值在 2 ~ 18 GHz 范围内随着频率的增加而减小。C0、C1 和 C3 的 ε'' 曲线在研究频率中相对平坦，而 C2 的 ε'' 曲线随着频率的增加而呈上升趋势，如图 2-36(b)所示。此外，可以清楚地观察到，C0 ~ C2 样品的介电常数随着 Sn 掺杂量的增加而增加。然而，随着 Sn 掺杂量进一步增加，C3 的介电常数开始低于 C2。ITO 是一种 N 型掺杂半导体，Sn^{4+} 部分取代 In^{3+} 导致电偶极子数量

的增加，从而增加了样品的载流子浓度和电导率。图 2-36(c)表现出样品 C0 ~ C3 的电导率（σ）、霍尔迁移率（μ）和载流子浓度（N）的变化。当 Sn 的掺杂量达到约 0.11%(摩尔分数，C2 样品）时，μ 显著下降，并且 C2 的 N 和 σ 也达到了上限。C3 的 N 值略低于 C2，而 C3 的 σ 值明显低于 C2。这可能是掺杂 Sn 的摩尔量百分比超过 0.11%（摩尔分数）导致特别严重的晶格畸变，从而阻碍电子的迁移率。从图 2-36 还可以发现，C0 ~ C3 样品的电导率越高，其介电常数越大。总之，过量的 Sn 掺杂导致 C3 的载流子浓度和电导率降低，从而降低其介电常数。

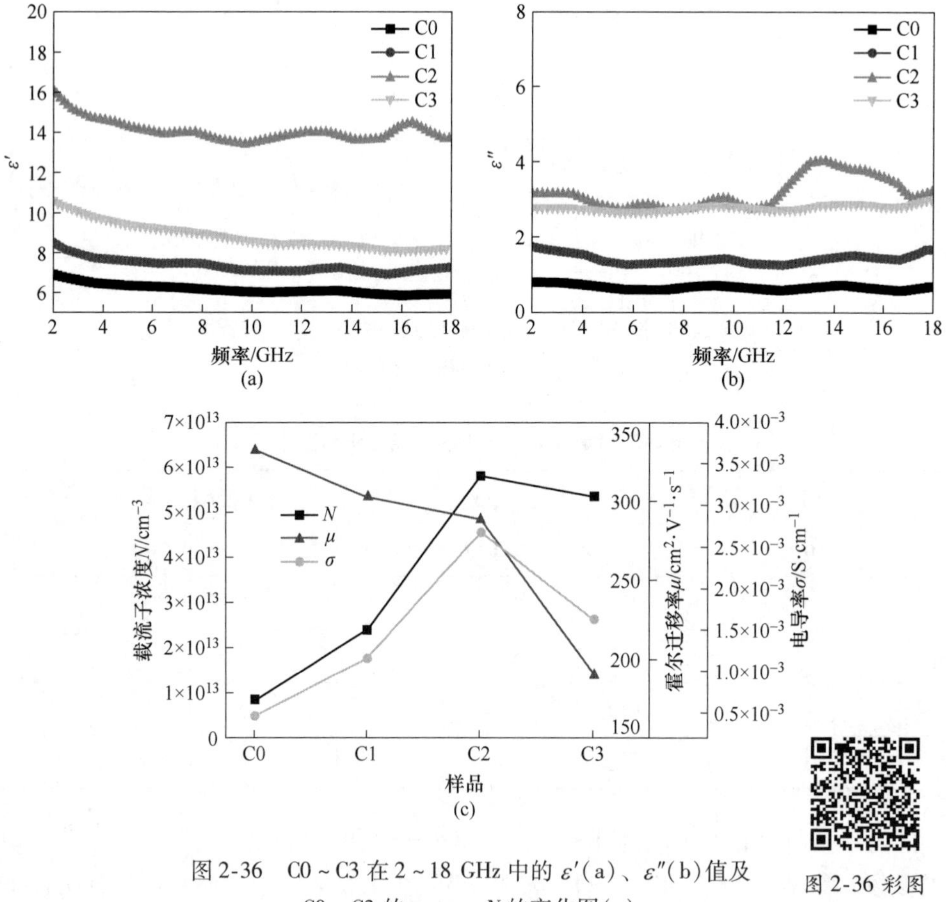

图 2-36　C0 ~ C3 在 2 ~ 18 GHz 中的 ε'(a)、ε''(b)值及 C0 ~ C3 的 σ、μ、N 的变化图(c)

图 2-36 彩图

如图 2-37(a)所示，C0 ~ C3 的 μ' 值分别在 1.04 ~ 1.08、0.98 ~ 1.05、0.88 ~ 1.1 和 1.01 ~ 1.07 之间变化，而 C0 ~ C3 的 μ'' 值分别在 0.10 ~ 0.19、0.07 ~ 0.26、0.05 ~ 0.31 和 0.04 ~ 0.11 之间变化，如图 2-37(b)所示。C1 ~ C3 的 μ' 和 μ'' 值之间的微小差异表明磁损耗对 C1 ~ C3 的吸波性能的影响非常弱。

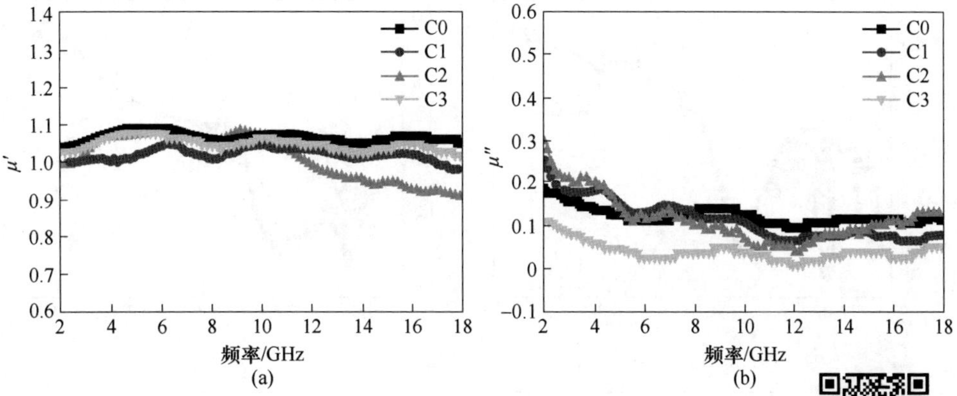

图 2-37 2～18 GHz 中 C0～C3 的 μ'(a)和 μ''(b)值

图 2-37 彩图

如图 2-38 所示，C0～C3 样品有几个可区分的半圆（绿色区域），这可能是由于 ITO/NPC 缺陷产生的偶极极化和 ITO、石墨和非晶碳之间的界面产生的界面极化。C2 和 C3 样品比 C0 和 C1 样品具有更多的不规则半圆，这表明 C2 和 C3 具有更多的德拜弛豫过程。当 Sn 的掺杂量增加时，偶极极化会增强，这是由于产生了更多的缺陷或晶格畸变。当 Sn^{4+} 的掺杂达到饱和，会产生微量 SnO_2，并且 C3 的偶极子数量增加非常小，这导致偶极极化的增加非常小，并且 C3 与 C2 有相同数量的 Cole-Cole 半圆，如图 2-38(c)(d)所示。此外，ITO/NPC 中导电电流产生的导电损耗是影响介电损耗的另一个关键因素。这一事实可以通过它们的 Cole-Cole 图尾巴的存在得到证实。最长的尾巴可以在 C2 样品中找到，如图 2-38(c)所示，这与 C2 样品最高电导率的结果一致，如图 2-36(c)所示。随着 Sn 掺杂量的进一步增加，Sn^{4+} 掺杂量过高导致 C3 样品 Cole-Cole 环的尾巴变短，如图 2-38(d)所示。

在 2～18 GHz 中，C0～C3 样品在厚度为 1～5 mm 下的 *RL* 值如图 2-39(a)～(d)所示。从图中可以看出，样品的吸波性能对 Sn：In 的摩尔比非常敏感。由于 C0 样品复介电常数值低，*RL* 值很难达到小于 −8 dB，如图 2-39(a)所示。同样，由于介电损耗较弱，C1 样品在 14.60 GHz 和 2.0 mm 时 RL_{min} 值仅为 −13.01 dB，如图 2-39(b)所示。而 C2 表现出优异的吸波性能，如图 2-39(c)所示，在 12.90 GHz 和 1.55 mm 厚度下 RL_{min} 值为 −45.12 dB。值得注意的是，在 4.57 GHz 的低频中，在 4.10 mm 厚度处 RL_{min} 值达到 −60.55 dB。而在 3.72～5.42 GHz 的低频范围内，当吸波剂的厚度为 4.0 mm，理想的 ε' 和 ε'' 值应分别在 5.8～70 和 2～8 的范围内。在 2～6 GHz 中实际测到 C2 样品的 ε' 和 ε'' 值分别在 15.24～17.64 和 3.7～4.26 的范围内，属于理想区域，因此 C2 在 C 波段（4～8 GHz）具有很强的吸波能力。这一结果与我们最初的低频吸波剂设计相匹配。C3 样品

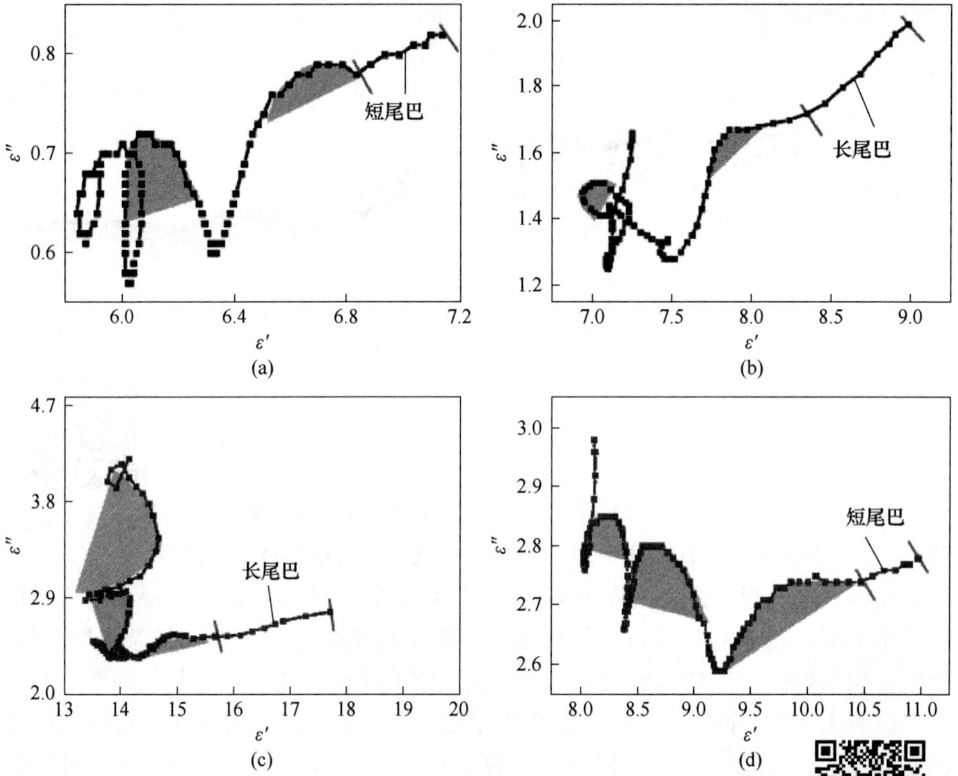

图 2-38　C0(a)、C1(b)、C2(c)和C3(d)的Cole-Cole图

图 2-38 彩图

在1.90 mm厚度下的RL_{min}值为－24.10 dB，相应的吸收带宽（$RL\leqslant -8$ dB）超过5.78 GHz，如图2-39(d)所示。4个样品对入射电磁波衰减能力不同，C2的出色吸波能力可能是ε'和ε''值的显著增大引起的。C2的介电常数是4个样品中最大的，表明C2对入射电磁波具有强大的存储和衰减能力。很明显，随着C0～C3样品吸收峰的匹配厚度的增加，吸收峰的频率转变为低频，如图2-39(a)～(d)所示，这个结果与四分之一波长模型匹配。

通过研究阻抗匹配（$|Z_{in}/Z_0|$）和衰减常数α来研究ITO/NPC纳米复合材料的吸波机制。$|Z_{in}/Z_0|$值通常用于研究阻抗匹配特性，如果阻抗匹配不佳，则传入的电磁波会从表面反射，从而失去了吸波能力。C0～C3样品在厚度为1.0～5.0 mm的$|Z_{in}/Z_0|$值如图2-40(a)～(d)所示，$|Z_{in}/Z_0|$在C0～C3值分别为0.01～2.86、0.01～2.01、0.01～1.24和0.01～1.44。C0和C1介电常数较低，导致其大部分$|Z_{in}/Z_0|$值与1.0相差甚远，如图2-40(a)(b)所示，这进一步导致吸波能力差，如图2-40(e)(f)所示。对于C2和C3，适当的复介电常数导致它

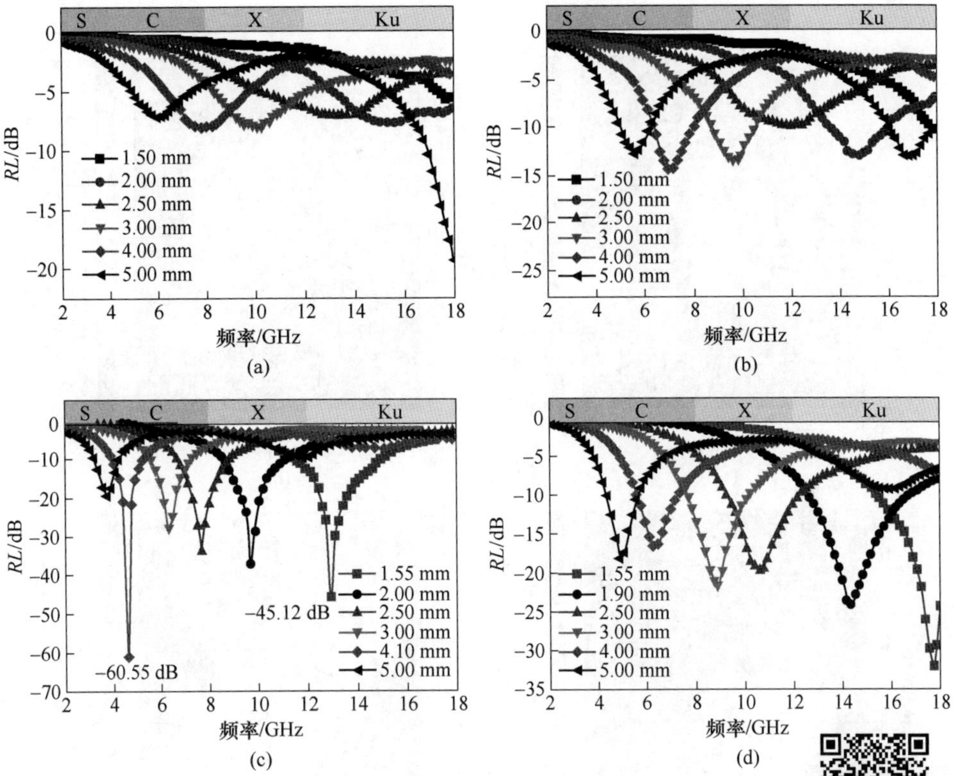

图 2-39　不同厚度的 C0(a)、C1(b)、C2(c)和 C3(d)的频率与吸波性能的关系

图 2-39 彩图

们的大部分 $|Z_{in}/Z_0|$ 值约为 1.0，如图 2-40(c)(d)所示，从而表现出出色的吸波性能，如图 2-40(g)(h)所示。*RL* 值的等高线图的趋势（见图 2-40(e)～(h)）及 $|Z_{in}/Z_0|$ 值（见图 2-40(a)～(d)）相似，这也表明阻抗匹配在吸波性能中起关键作用。较大的 ε'' 值会导致吸波剂的 α 值较高。在四个样品中，C2 表现出最大的 ε'' 值（见图 2-36(b)），因此整个研究频率中具有最大 α 值（见图 2-40(i)），这意味着 C2 样品对电磁波具有更强的衰减能力。此外，以 C2（见图 2-40(j)(k)）和 C3（见图 2-40(l)）为例进一步阐述了优秀电磁波吸收剂的两个关键因素。如图 2-40(j)所示，当 C2 的 α 值在 18 GHz 和 1.55 mm 处达到最大值时，而 RL_{min} 值不是最佳的，因为 $|Z_{in}/Z_0|$ 值仅约为 0.34。然而，当频率为 12.90 GHz 时，由于相应的 $|Z_{in}/Z_0|$ 值为 0.99，*RL* 值达到了 −45.12 dB 的最佳值，当 C2 的厚度为 4.10 mm 时 RL_{min} 在 4.57 GHz 的低频下达到了 −60.55 dB，而它相应的 $|Z_{in}/Z_0|$ 和 α 值分别等于 0.99 和 67.84（见图 2-40(k)）。如图 2-40(l)所示，C3 的 *RL* 值在 1.9 mm 处在 12.05～17.83 GHz 范围内低于 −8 dB，几乎覆盖了整个 Ku（12～18 GHz）波段。而 $|Z_{in}/Z_0|$ 值在 0.55～1.3 的范围内，α 值在 87～222

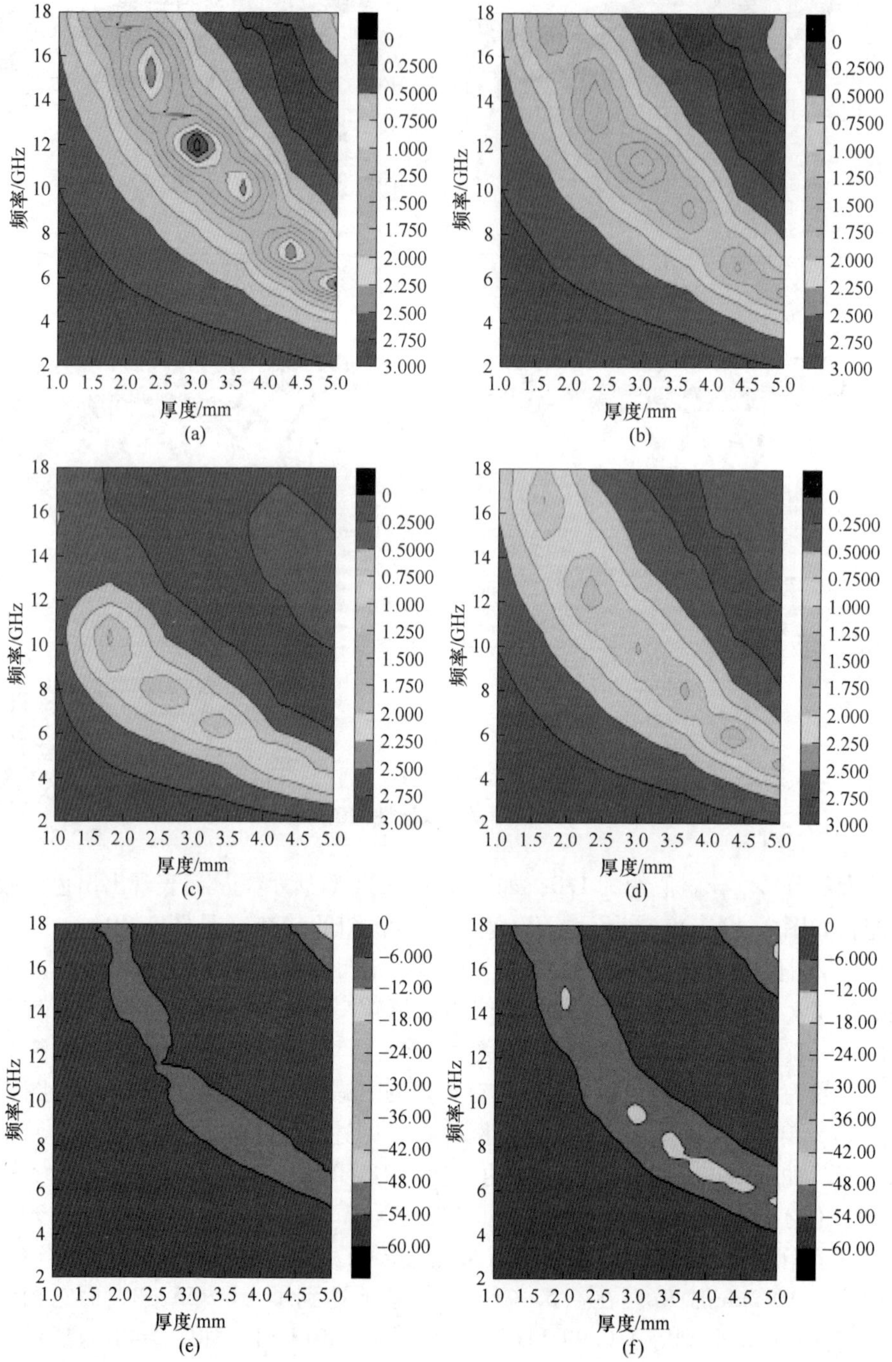

频率/GHz
厚度/mm
1.0 1.5 2.0 2.5 3.0 3.5 4.0 4.5 5.0
2 4 6 8 10 12 14 16 18
0
0.2500
0.5000
0.7500
1.000
1.250
1.500
1.750
2.000
2.250
2.500
2.750
3.000
(a)
(b)
(c)
(d)
0
−6.000
−12.00
−18.00
−24.00
−30.00
−36.00
−42.00
−48.00
−54.00
−60.00
(e)
(f)

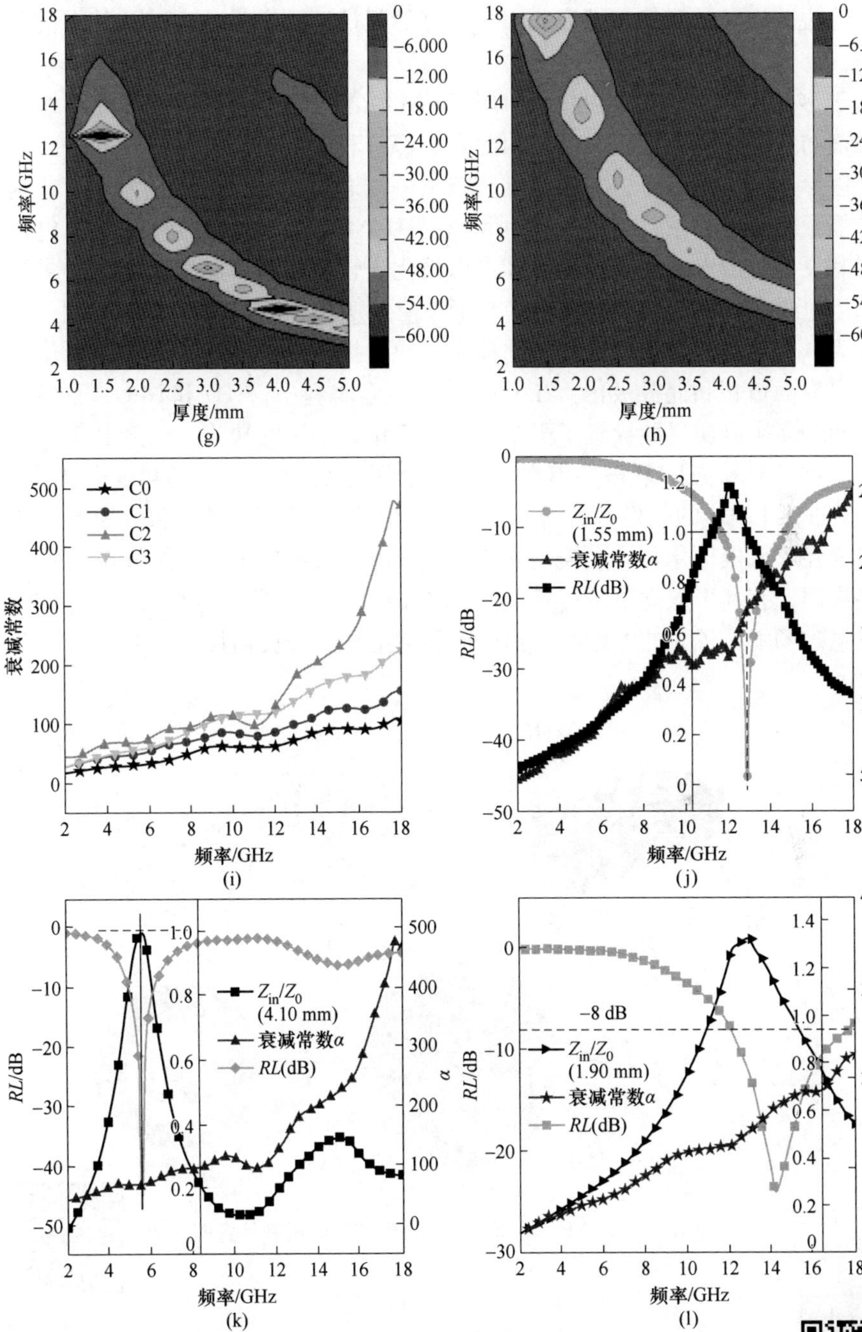

图 2-40　C0(a)、C1(b)、C2(c)和 C3(d)的 $|Z_{in}/Z_0|$值；C0(e)、C1(f)、C2(g)和 C3(h)的 RL 等高线图；C0 ~ C3(i)的衰减常数值；C2 在 1.55 mm(j)和 4.10 mm(k)处的 $|Z_{in}/Z_0|$值、α 和 RL 值，以及 C3 在 1.90 mm(l)处的 $|Z_{in}/Z_0|$值、α 和 RL 值

图 2-40 彩图

范围，这说明出色的吸波特性应归因于良好的阻抗匹配和强的衰减及其它们的协同效应。

对于多孔 ITO/NPC 复合材料，ITO 和 NPC 之间的协同效应及多孔结构降低了吸波剂与空气之间的阻抗失配，因此它们都有利于电磁波入射。大部分入射电磁波可以穿透到吸波剂中，并且电磁波能量可以通过多种机制转化为热量或其他形式的能量。总结如下，如图 2-41 所示，ITO/NPC 复合材料的吸波机制包括多重散射和反射、导电损耗、偶极子和界面极化。较大的比表面积和生成的多孔结构有利于电磁波的多次散射和反射，从而改善了吸波剂内部电磁波的耗散。人们普遍认为，介电损耗源于传导和极化损耗。导电损耗受电导率的影响，极化损耗主要来自界面极化和偶极极化。在 ITO/NPC 复合材料中，ITO 和 NPC、石墨和非晶碳之间的多个异质界面导致了更多的界面极化。丰富的缺陷，包括由 Sn^{4+} 掺杂引起的 ITO 晶格缺陷和热解引起的碳缺陷会促进偶极极化。在共掺杂体系中，Sn^{4+} 离子进入 In_2O_3 的晶格并占据 In 位点，这增加了载流子浓度和电导率，从而进一步增强了偶极极化和导电损耗。此外，ITO 纳米颗粒充当工作节点，NPC 起着连接作用，有利于建立电子传递的交织途径，从而导致导电损耗增强。因此，在交变电磁场下，较大的电磁波能量可能会被上述电磁波损耗机制衰减。

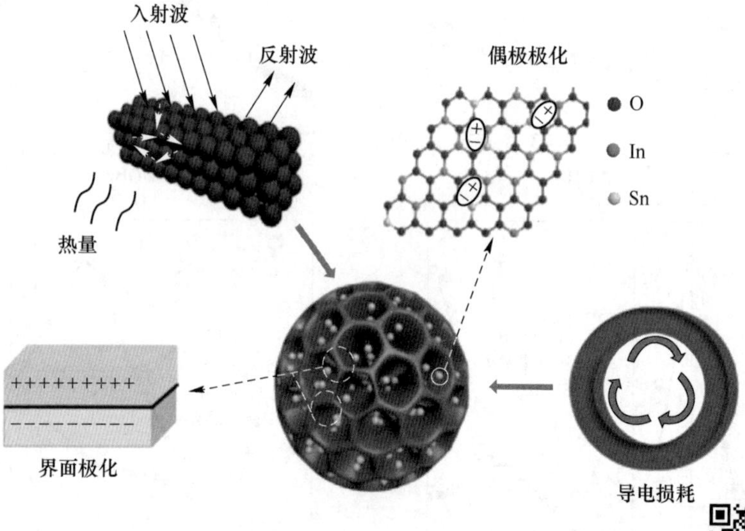

图 2-41 ITO/NPC 复合材料的电磁波吸收机制示意图

图 2-41 彩图

2.5.5 小结

综上所述，通过利用 Zn/Sn-MOF 首次合成了一种均相轻质 ITO/NPC 复合材料。ITO/NPC 的吸波机制取决于介电损耗。研究表明，可以通过改变 Sn 掺杂量和载流子浓度来有效调节 ITO/NPC 复合材料的电导率，因此也可以根据需求调整复介电常数。通过在一定范围内增加载流子浓度，可以进一步增强 ITO/NPC 的介电损耗能力。多孔结构、导电损耗、偶极子和界面极化之间的协同作用导致 ITO/NPC 成为了优异电磁波吸收材料，在 12.90 GHz 和 1.55 mm 时 RL_{min}值为 -45.12 dB，尤其是在低频范围内具有很强的吸收能力，在 4.57 GHz 和 4.10 mm 时 RL_{min}为 -60.55 dB。这项研究为利用 Sn 掺杂 In-MOF 构建具有优异吸波性能的掺杂半导体和 NPC 复合材料给予了启发，此外，ITO 材料的潜在应用从半导体领域扩展到电磁波吸收领域。

2.6 由 3d-4f-MOFs 衍生的空心立方双半导体 Ln_2O_3/MnO/C 的纳米复合材料

引入半导体和磁性材料已经被认为是提高多孔碳材料阻抗匹配的有效方法。Wang 等人[19]的研究表明，氧化还原石墨烯（rGO）的吸波性能，在 18 GHz 和 1 mm 厚度下，其最大反射损耗值为 -7.47 dB；而 rGO 与半导体 CeO_2 复合后，在 13.28 GHz 和厚度为 2.0 mm 时，最强反射损耗值为 -45.94 dB，吸波性能得到很大提高。Ma 等人[20]制备了 CuO/NPC 复合材料，在 14.9 GHz 和厚度为 1.55 mm 时获得 -57.5 dB 的最强反射损耗值，其 EAB 为 4.7 GHz。以上研究表明，半导体的引入有效地增强了复合材料的阻抗匹配。作为优良半导体，镧系氧化物（Ln_2O_3，Ln = La，…，Lu）也可以用来优化阻抗匹配，并且 Ln^{3+} 的4f 电子构型的微小变化可以显著影响电磁波吸收性能。此外，不同的 Ln_2O_3 表现出不同的带隙，这可能会影响材料的电导率和介电性能。因此，可以通过引入不同带隙的 Ln_2O_3 来优化阻抗匹配和电磁波吸收性能。

选择 MOFs 为前驱体，通过煅烧来获得具有更好导电性和电磁波吸收性能的多孔碳复合材料是首选方法。Wang 等人[21]以 CoFe-MOF-74 为前驱体制备了多孔 CoFe@C 复合材料，在 12.7 GHz 和厚度为 2.8 mm 时，最强反射损耗为 -61.8 dB。Dai 等人[22]研究了双金属 Cu/Mo-MOF 为前驱体制备的 Mo_2C/C 纳米复合材料的吸波性能，在 9.04 GHz 及厚度为 2.6 mm 条件下，最强反射损耗值为 -41.19 dB。然而，单金属和双金属 MOF 衍生物的研究仅限于过渡金属，对镧系金属的研究很少。稀土原子中的 4f 电子被外层电子屏蔽，镧系离子表现出较强的磁各向异性和原子磁矩，提高了材料的矫顽力。过渡金属中的 3d 离子具有很强的磁交换相互作用。最近，4f 离子引入到 3d-MOF 中的研究引起了人们的广泛关注，因为 3d 和 4f 离子之间的铁磁耦合可以导致高自旋基态。Ln_2O_3 和 MnO 都是顺磁性材料，两者的结合可以增加复合材料的磁导率。此外，镧系离子具有较强的亲氧性，配位数较高，有利于与含氧量较高的有机配体配位。另外，空心结构也可以提高阻抗匹配，因为其固有阻抗接近于自由空间阻抗。此外，中空结构可诱发电磁波在孔隙中进行多重反射和散射，增强复合材料对电磁波的吸收和衰减能力。中空结构材料拥有低密度的优点，且增强了电磁波的衰减和提高了阻抗匹配，在航空和便携式电子设备等领域有着广阔的应用前景。

本节选择二甘醇酸（H_2oda，$C_4H_6O_5$）作为有机配体制备 3d-4f-MOFs，因为二甘醇酸的氧含量很高，在高温下可以与碳原子反应生成 CO_2，从而形成空心结构。此外，通过中空结构和带隙可以有效地调节阻抗匹配。总而言之，通过优化电磁波吸收材料的组成和结构，得到的空心双半导体三元 Ln_2O_3/MnO/C 复合材料具有优秀的电磁波吸收能力和较宽的 EAB。

2.6.1　实验部分

通过一步高温碳化制备（$\{[Mn(H_2O)_6][MnLn(oda)_3]_2 \cdot 6H_2O\}_n$，Ln = Nd，Gd，Er）空心立方体双半导体 Ln_2O_3/MnO/C 纳米复合材料。在这项工作中，选择二甘醇酸（H_2oda，$C_4H_6O_5$）来制备 3d-4f-MOFs，因为它具有非常高的氧含量，它可以在高温下与碳原子反应生成 CO_2，这将会导致材料形成空心结构；且 MOFs 中含有较多的水分子，煅烧过程也会失去，从而形成空心结构，最终获得了较大的空心结构的 Ln_2O_3/MnO/C 双半导体三元复合材料。空心立方 Ln_2O_3/MnO/C 复合材料的合成过程如图 2-42 所示。首先，Ln-Mn-MOFs 分别利用 Ln^{3+}/Mn^{2+} 和 H_2oda 分别作为金属节点和有机配体，通过一锅法室温反应得到。随后，Ln-Mn-MOFs 作为前驱体被放置在石英舟中，在 N_2 气氛下退火获得空心立方 Ln_2O_3/MnO/C 复合材料。

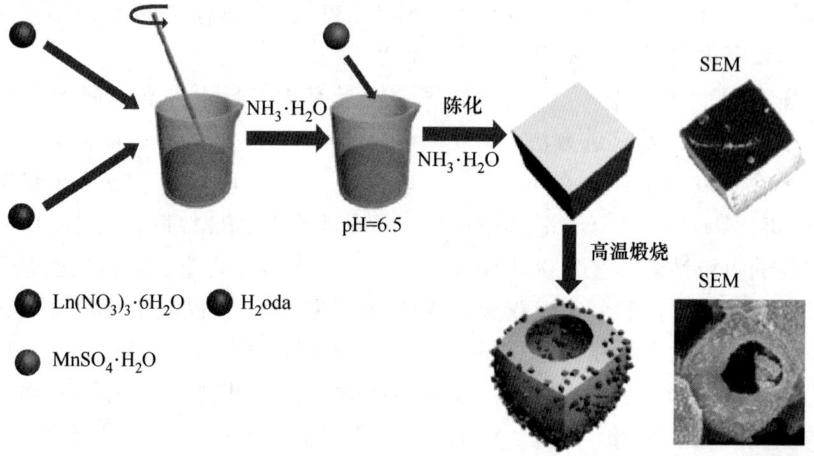

图 2-42　空心立方 Ln_2O_3/MnO/C 样品（Ln = Nd，Gd，Er）的合成路线

图 2-42 彩图

首先，取4 mL $Gd(NO_3)_3 \cdot 6H_2O$(2.04 mmol)的水溶液和20 mL H_2oda(6.02 mmol)水溶液，并用氨水溶液将pH值调整为6.5~7.0，然后在上述溶液中加入4 mL $MnSO_4 \cdot H_2O$(2.98 mmol)溶液，并将pH值调整为6.5~7.0，在60 ℃下，溶液静置12 h。12 h后，最终得到微小、无色的Gd-Mn-MOF立方晶体。除了分别用 $Nd(NO_3)_3 \cdot 6H_2O$ 和 $Er(NO_3)_3 \cdot 6H_2O$ 代替 $Gd(NO_3)_3 \cdot 6H_2O$ 外，制备Nd-Mn-MOF和Er-Mn-MOF的工艺与Gd-Mn-MOF相似。所有样品均为立方晶体体系的晶体，详细的晶体数据列于表2-4。将制备的Ln-Mn-MOFs放在石英舟上以2 ℃/min的速率加热，并在 N_2 气氛中800 ℃下热解2 h。不同Ln-Mn-MOF（Ln = Nd、Gd、Er）作为前驱体，其产物分别命名为 Nd_2O_3/MnO/C-800、Gd_2O_3/MnO/C-800和 Er_2O_3/MnO/C-800。而GdMn-MOFs在700 ℃和900 ℃下 N_2 气氛中热解2 h，根据碳化温度的不同，产品命名为 Gd_2O_3/MnO/C-700和 Gd_2O_3/MnO/C-900。

表2-4 所有样品的晶体数据

分子式	$Mn_3Gd_2C_{28}H_{12}O_{36}$	$Mn_3Nd_2C_{28}H_{12}O_{36}$	$Mn_3Er_2C_{28}H_{12}O_{36}$	$Mn_3Gd_2C_{28}H_{12}O_{36}$
a/nm	2.589	2.567	2.576	2.588
b/nm	2.588	2.566	2.575	2.588
c/nm	2.587	2.565	2.574	2.588
α/(°)	90.00	90.00	90.00	90.00
β/(°)	90.00	90.00	90.00	90.00
γ/(°)	90.00	90.00	90.00	90.00
参考文献	本工作	本工作	本工作	[15]

2.6.2 组成分析

2.6.2.1 X射线衍射分析和拉曼光谱分析

图2-43(a)显示 Gd_2O_3/MnO/C-800是中空的。图2-43(b)~(d)为 Gd_2O_3/MnO/C-800的高分辨率TEM（HRTEM）图像。晶格间距为0.31 nm，对应于 Gd_2O_3 的(222)晶面（见图2-43(b)）。在图2-43(d)中，0.26 nm的晶面间距对应于氧化锰的(111)晶面。此外，C、O、Mn和Gd元素在 Gd_2O_3/MnO/C-800中均匀分布。通过X射线衍射分析，检测了 Ln_2O_3/MnO/C样品的晶体结构和相组成，如图2-43(i)所示。

在所有样品中，位于34.91°、40.55°、58.72°、70.18°和73.79°的5个衍射峰分别对应于立方相MnO的(111)、(200)、(220)、(311)和(222)晶面。不同温度下煅烧的样品在28.56°、33.10°、47.51°和56.40°处出现了4个峰，分别为

立方 Gd_2O_3 的(222)、(400)、(440)和(622)晶面的特征峰。Nd_2O_3/MnO/C-800 在 26.86°、29.76°、30.77°和 53.46°处有 4 个衍射峰，与立方 Nd_2O_3 的(100)、(002)、(102)和(103)晶面的特征峰一一对应。Er_2O_3/MnO/C-800 在 29.31°、33.97°、48.80°和 57.95°处有 4 个衍射峰，分别对应立方 Er_2O_3 的(222)、(400)、(440)和(622)晶面的特征峰。在所有样品中，均可观察到在值为 20°～25°处出现的由无定形碳引起的小而宽的衍射峰。图 2-43(j)显示了所有样品的拉曼光谱。可见，所有样品在 1360 cm^{-1} 和 1600 cm^{-1} 处均表现出两个可区分的条带，分别标记为 D 带和 G 带。G 带表示石墨碳或有序碳，而 D 带表示缺陷碳或无序碳。以它们的强度比 I_G/I_D 作为评价材料石墨化程度的参考。Gd_2O_3/MnO/C-700、

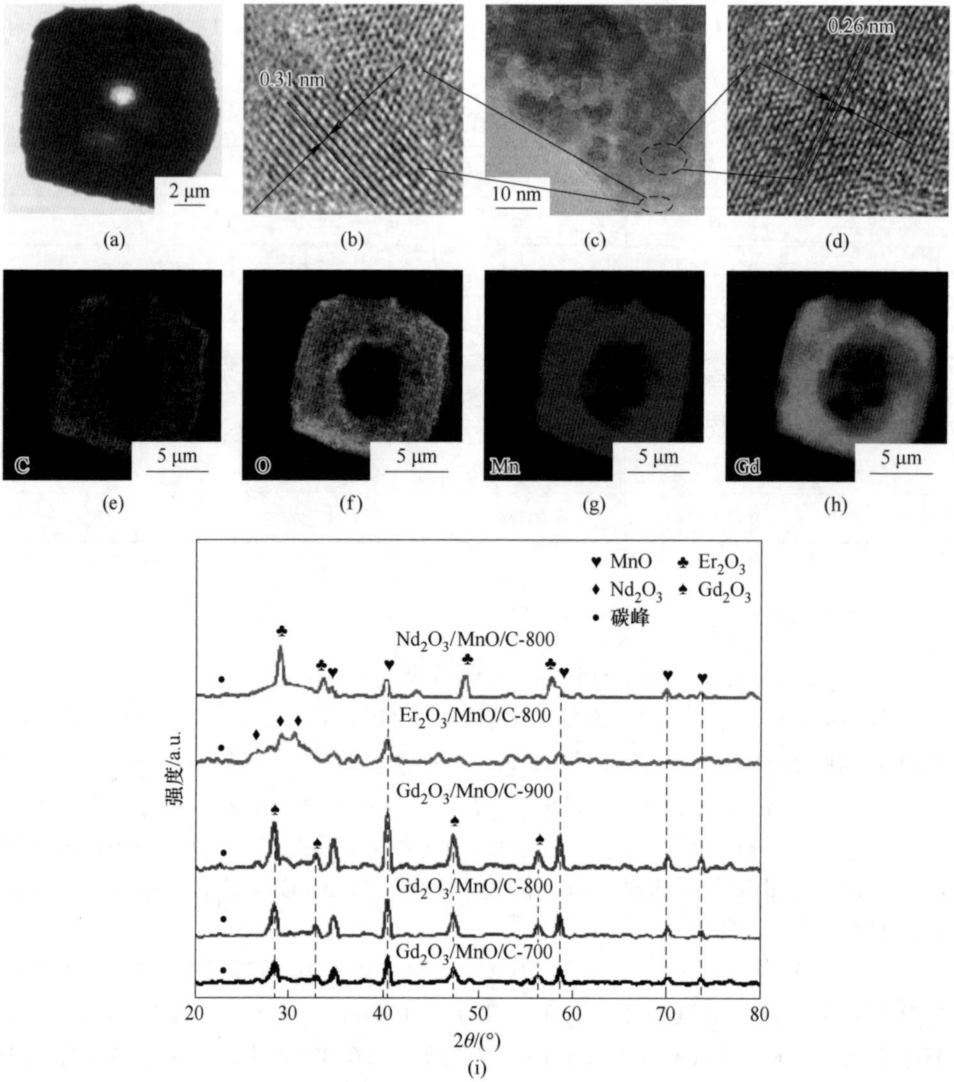

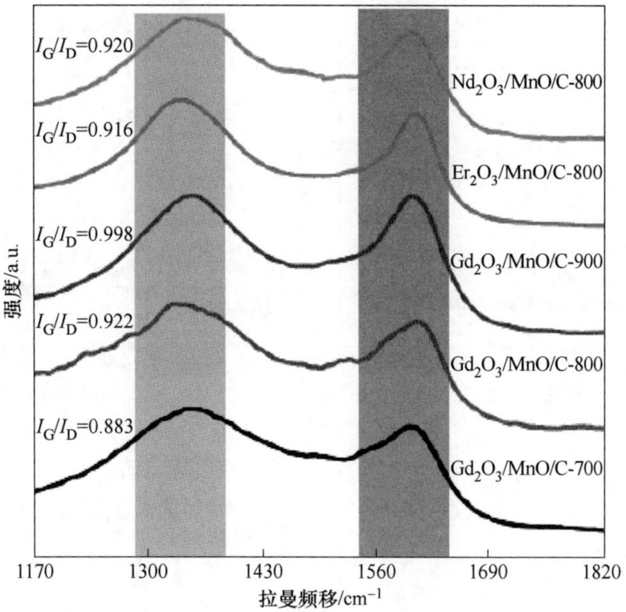

(j)

图 2-43 彩图

图 2-43 Gd_2O_3/MnO/C-800 样品的 TEM 图(a)、HRTEM 图［(b)～(d)］、EDS 元素映射图［(e)～(h)］；Nd_2O_3/MnO/C-800、Er_2O_3/MnO/C-800、Gd_2O_3/MnO/C-700、Gd_2O_3/MnO/C-800 和 Gd_2O_3/MnO/C-900 样品的 XRD 谱图(i)和拉曼光谱(j)

Gd_2O_3/MnO/C-800、Gd_2O_3/MnO/C-900、Nd_2O_3/MnO/C-800 和 Er_2O_3/MnO/C-800 复合材料的 I_G/I_D 值分别为 0.883、0.922、0.998、0.920 和 0.916。这表明，随着热解温度的升高，样品的石墨化程度也会增加。I_G/I_D 值表明，所有样品的石墨化程度都较低，这与 XRD 光谱得出的结论一致。

2.6.2.2 XPS 分析

我们从图 2-44 中的 XPS 分析可以得出样品表面成分的组成和化学键态，所有样品均由 Ln（Nd、Gd、Er）、Mn、C 和 O 系组成。在图 2-45(d)中，Nd 4d 的高分辨光谱显示了分别在 976.8 eV 和 981.0 eV 处的 Nd $4d_{5/2}$ 和 Nd $4d_{3/2}$ 的衍射峰。在图 2-45(e)中，Gd 4d 的高分辨光谱显示了分别在 142.50 eV 和 147.82 eV 处 Gd $4d_{5/2}$ 和 Gd $4d_{3/2}$ 的衍射峰。而在图 2-45(f)中，Er 4d 的高分辨光谱显示了 Er 4d 在 169.4 eV 处的衍射峰。因此，XPS 光谱证明了在所有样品中都成功地合成了 Ln_2O_3（Ln = Nd、Er、Gd）。综合 TEM、XRD、拉曼光谱和 XPS 等的结果，可以得出这个系列样品主要由 MnO、相应的 Ln_2O_3 纳米颗粒和碳基质组成。

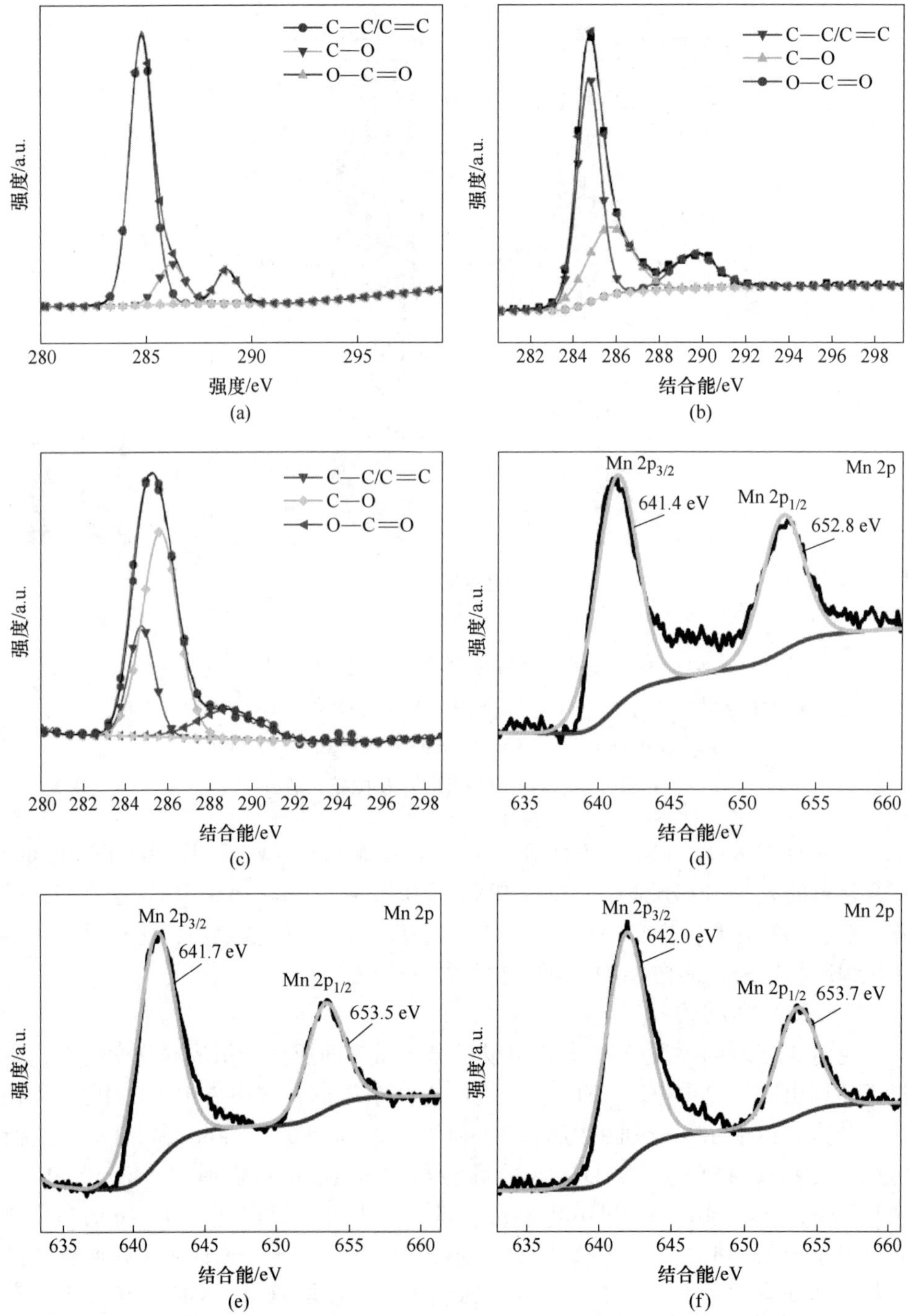
C—C/C═C
C—O
O—C═O
强度/a.u.
强度/eV
(a)
C—C/C═C
C—O
O—C═O
强度/a.u.
结合能/eV
(b)
C—C/C═C
C—O
O—C═O
强度/a.u.
结合能/eV
(c)
Mn 2p3/2
641.4 eV
Mn 2p1/2
652.8 eV
Mn 2p
强度/a.u.
结合能/eV
(d)
Mn 2p3/2
641.7 eV
Mn 2p1/2
653.5 eV
Mn 2p
强度/a.u.
结合能/eV
(e)
Mn 2p3/2
642.0 eV
Mn 2p1/2
653.7 eV
Mn 2p
强度/a.u.
结合能/eV
(f)

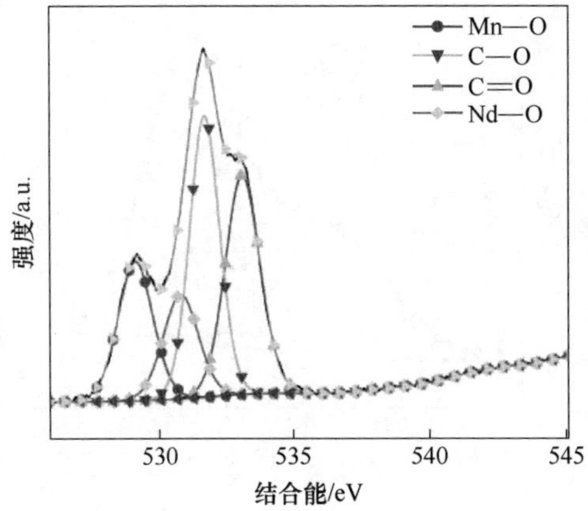

(g)

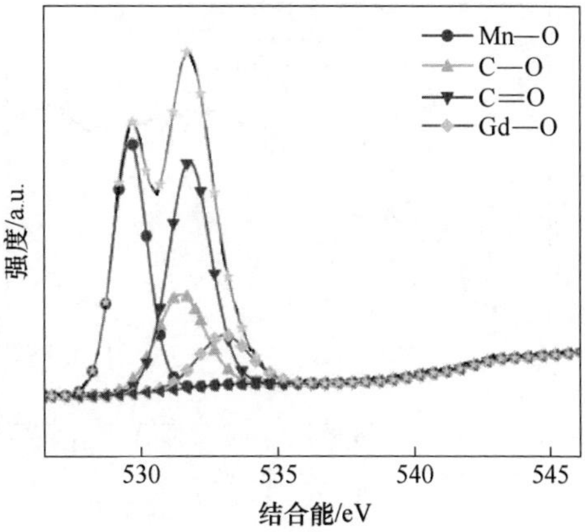

(h)

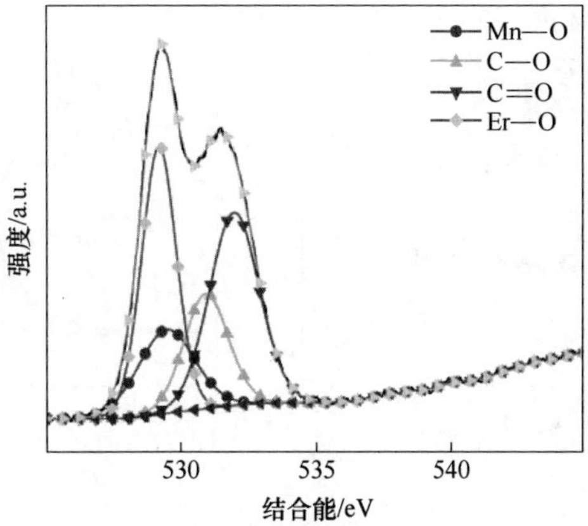

(i)

图 2-44 彩图

图 2-44 C 1s、Mn 2p 和 O 1s 的高分辨 XPS 光谱 Nd_2O_3/MnO/C-800［(a)(d)(g)］，Gd_2O_3/MnO/C-800［(b)(e)(h)］和 Er_2O_3/MnO/C-800［(c)(f)(i)］

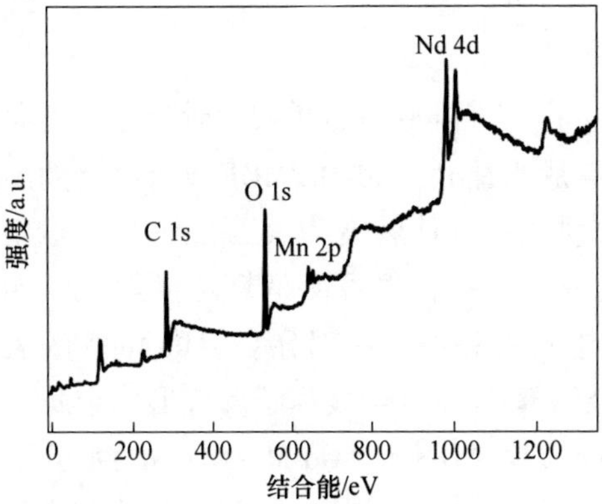

(a)

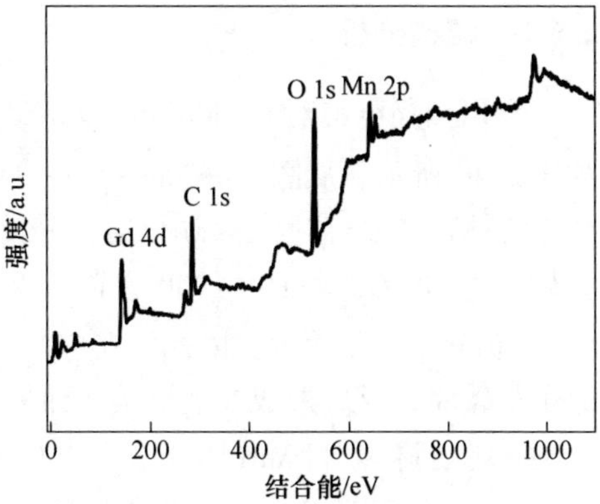

(b)

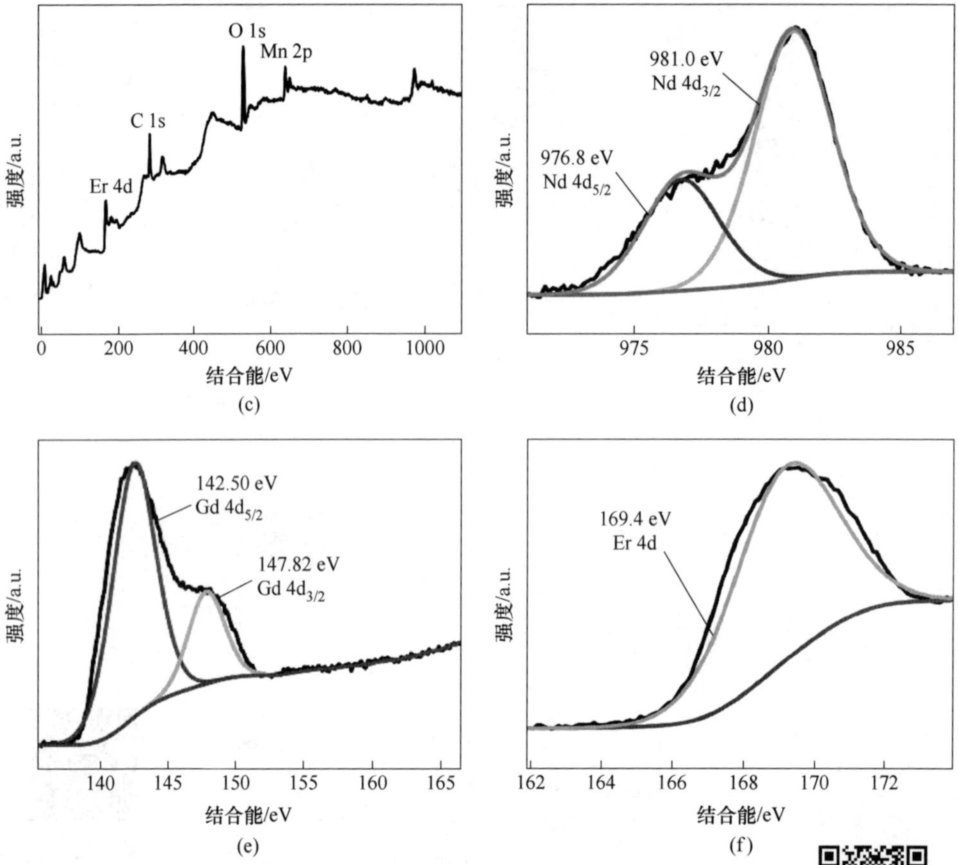

图 2-45　XPS 全谱 Nd_2O_3/MnO/C-800(a)，Gd_2O_3/MnO/C-800(b)，Er_2O_3/MnO/C-800(c)和 XPS 高分辨光谱 Nd 4d(d)，Gd 4d(e)，Er 4d(f)

2.6.3　结构分析

利用扫描电镜对 Gd-Mn-MOF 和 Gd_2O_3/MnO/C-800 进行了初步研究，其 SEM 如图 2-46 所示。从图 2-46(a)～(c)可以清楚地看出，Gd-Mn-MOF 具有光滑的固体立方体形态。经过高温碳化后，光滑的固体立方体转变为表面粗糙的空心立方体。在 Gd_2O_3/MnO/C-800 表面观察到一些颗粒，很可能是氧化锰颗粒，如图 2-46(d)～(f)所示。因此，在 N_2 气氛退火过程中，一部分 Gd-Mn-MOF 的氧原子与碳原子反应形成二氧化碳，而另一部分氧原子与金属离子反应形成金属氧化物，随着许多 $\{[Mn(H_2O)_6][MnGd(oda)_3]_2 \cdot 6H_2O\}_n$(Gd-Mn-MOF)的水分子蒸发。O、C 和 H_2O 的巨大损失导致了复合材料的中空结构。因此，扫描电镜和前面的透射电镜分析都验证了空心结构的形成。

图 2-46 Gd-Mn-MOF [(a)~(c)] 和 Gd_2O_3/MnO/C-800 [(d)~(f)] 的 SEM 显微图

图 2-46 彩图

S_{BET}值和孔径对吸波剂的吸波性能有显著影响。所有样品的氮吸收和解吸等温线都表现为典型的Ⅳ型等温线，如图 2-47(a)所示。Gd_2O_3/MnO/C-700、Gd_2O_3/MnO/C-800、Gd_2O_3/MnO/C-900、Nd_2O_3/MnO/C-800 和 Er_2O_3/MnO/C-800 的比表面积分别为 32.12 m^2/g、62.36 m^2/g、90.69 m^2/g、59.83 m^2/g 和 57.78 m^2/g。从图 2-47(b)可知，所有的样品都含有微孔和介孔，随着温度的升高，材料的 S_{BET}值增加。

2.6.4 性能分析

通过振动样品磁强计测量了所有样品的磁性能（见图 2-48）。Gd_2O_3/MnO/C-700、Gd_2O_3/MnO/C-800、Gd_2O_3/MnO/C-900、Nd_2O_3/MnO/C-800 和 Er_2O_3/MnO/C-800 复合材料的饱和磁化强度（M_s）分别为 5.53 emu/g、5.92 emu/g、6.15 emu/g、3.73 emu/g 和 6.90 emu/g。

Ln_2O_3/MnO/C 复合材料在 2~18 GHz 下的复介电常数值如图 2-49(a)(b)所示。其中，Gd_2O_3/MnO/C-800 的 ε' 和 ε'' 值为最大，而 Er_2O_3/MnO/C-800 的 ε' 和 ε'' 值为最小。本研究进一步对温度系列样品的介电常数进行了研究，其中在

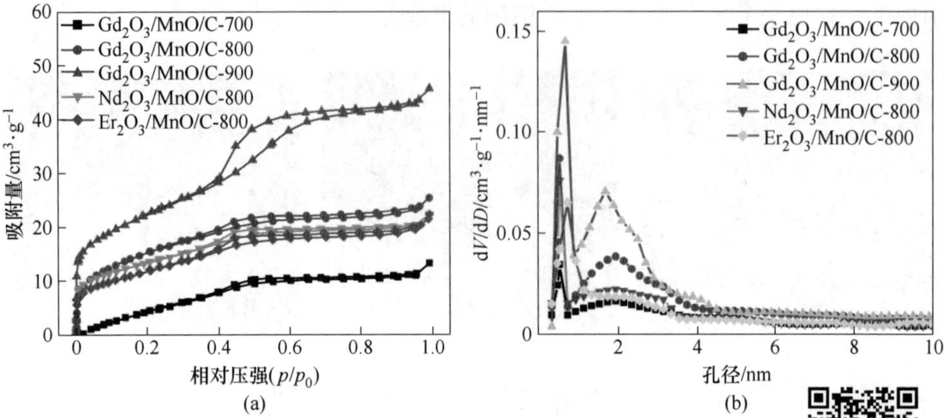

图 2-47 所有样品的 N_2 吸附-解吸等温线(a)和孔径分布(b)

图 2-47 彩图

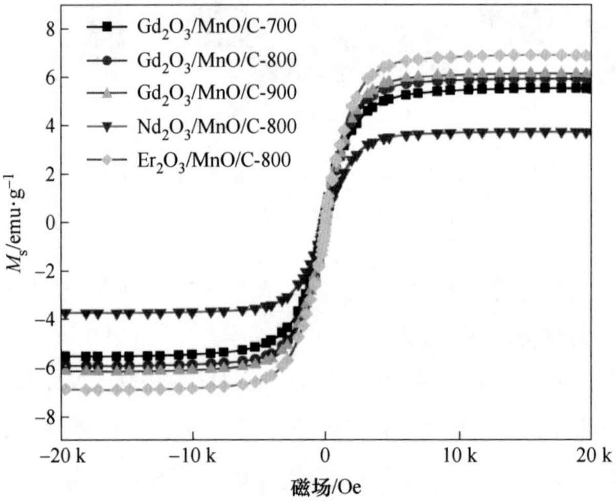

图 2-48 彩图

图 2-48 所有样品的 M-H 磁滞回线

3～18 GHz 的频率范围内，Gd_2O_3/MnO/C-800 的 ε' 值最大，在整个频率范围内，Gd_2O_3/MnO/C-700 的 ε'' 值最大。随着频率的增加，ε' 的值减小，而 ε'' 的值增加。此外，在 ε'' 与 f（频率）的关系图中，共振峰的存在表明了该吸波剂在不同频率的交变电磁波的作用下发生极化。2～18 GHz 之间的极化过程可以分为两个部分：高频和低频共振分别属于界面极化和偶极子极化。所有样品的 ε'' 与 f 的关系图显示出许多明显的共振峰，表明其具有较强的界面和偶极极化。在 Ln^{3+} 系列样品中，由于 Nd_2O_3 的带隙最小，Nd_2O_3/MnO/C-800 表现出最大的介电损耗角正切值（$\tan\delta_\varepsilon$）。此外，Er_2O_3 的带隙最大，因此 Er_2O_3/MnO/C-800 的 $\tan\delta_\varepsilon$ 值最小，见表2-5。Nd_2O_3/MnO/C-800、Gd_2O_3/MnO/C-800和Er_2O_3/MnO/C-800样品的电导率分别为9.7×10^{-3} S/cm、8.6×10^{-3} S/cm和2.3×10^{-3} S/cm（见表2-5），上述结果说明带隙窄可导致材料的高电导率和较大的介电损耗。如图2-49(c)所示，在温度系列样品中Gd_2O_3/MnO/C-700的$\tan\delta_\varepsilon$值最大，说明它具有最好的介电损耗能力。虽然Gd_2O_3/MnO/C-700的石墨化程度最低，但其碳含量在温度系列样品中最高（见表2-6），说明碳含量对温度系列样品的介电损耗有显著影响。然而，过高$\tan\delta_\varepsilon$值会导致阻抗匹配不佳。图2-50(a)~(e)显示了样品的Cole-Cole半圆图，Nd_2O_3/MnO/C-800、Er_2O_3/MnO/C-800和Gd_2O_3/MnO/C-700/-800/-900的半圆数分别为3、2、3、5和3，表明Ln_2O_3/MnO/C复合材料中发生了很多极化弛豫过程。这些弛豫过程归因于非均质界面上的界面极化，以及由缺陷和含氧基团引起的偶极子极化。

表2-5 Ln^{3+}系列样品的带隙和电导率

Ln_2O_3	带隙/eV	样　品	电导率/$S\cdot m^{-1}$
Nd_2O_3	4.8	Nd_2O_3/MnO/C-800	9.7×10^{-3}
Gd_2O_3	5.4	Gd_2O_3/MnO/C-800	8.6×10^{-3}
Er_2O_3	7.6	Er_2O_3/MnO/C-800	2.3×10^{-3}

表2-6 不同的温度下煅烧后样品的碳含量和I_G/I_D

样　品	碳含量/%	I_G/I_D
Gd_2O_3/MnO/C-700	23.36	0.883
Gd_2O_3/MnO/C-800	22.10	0.922
Gd_2O_3/MnO/C-900	21.34	0.998

图2-49(d)和(e)显示，对于所有的样品，μ'和μ''在所测试的频率范围内均呈下降趋势。然而，多个共振峰可以在μ''和f的关系图中观察到。低频和高频的共振峰总是分别与自然共振和交换共振有关。一般来说，涡流损耗、交换共振和自然共振是在2~18 GHz频率范围内造成磁损耗的主要因素。此外，涡流损耗对磁损耗的贡献可以利用涡流随频率的变化来检测：$C_0=\mu''(\mu')^{-2}f^{-1}$，如图2-50(f)所示。如果涡流效应在磁损耗中起着至关重要的作用，则认为C_0随频率的变化保持不变。所有样品的C_0值在2~18 GHz的频率范围内都出现了明显的波动，说明涡流效应受到了抑制，因此自然共振和交换共振是磁损耗的主要来源，这是Ln_2O_3的小尺寸和三维空心结构造成的。如图2-49(f)所示，磁损耗切线（$\tan\delta_\mu=\mu''/\mu'$）代表电磁波吸收剂的磁损耗容量，呈现出与$\mu''$相似的变化趋势。此外，

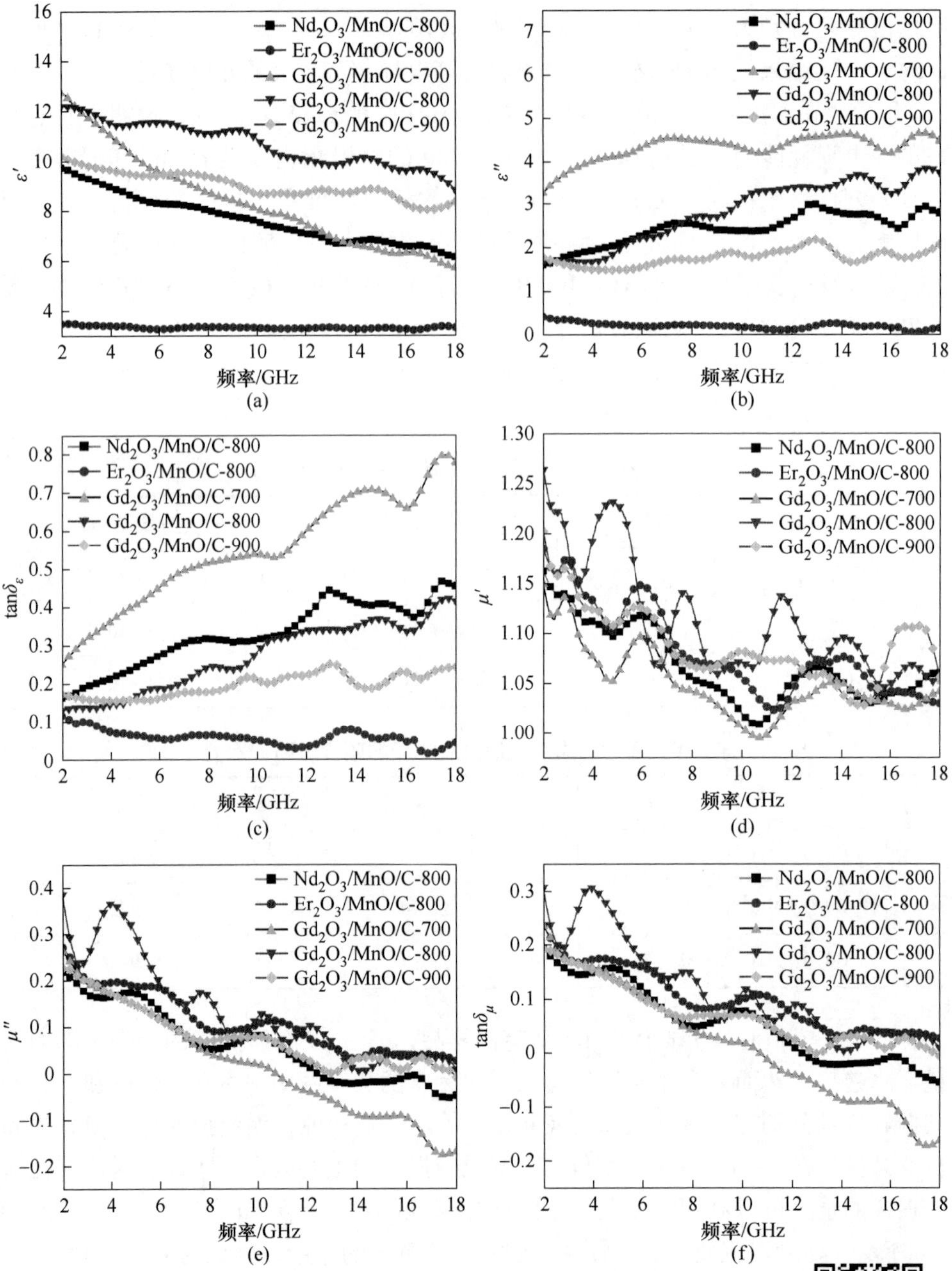

图 2-49　所有 Ln_2O_3/MnO/C 复合材料的 ε'(a)、ε''(b)、$\tan\delta_\varepsilon$(c)、μ'(d)、μ''(e)、$\tan\delta_\mu$(f)随频率的变化图

图 2-49 彩图

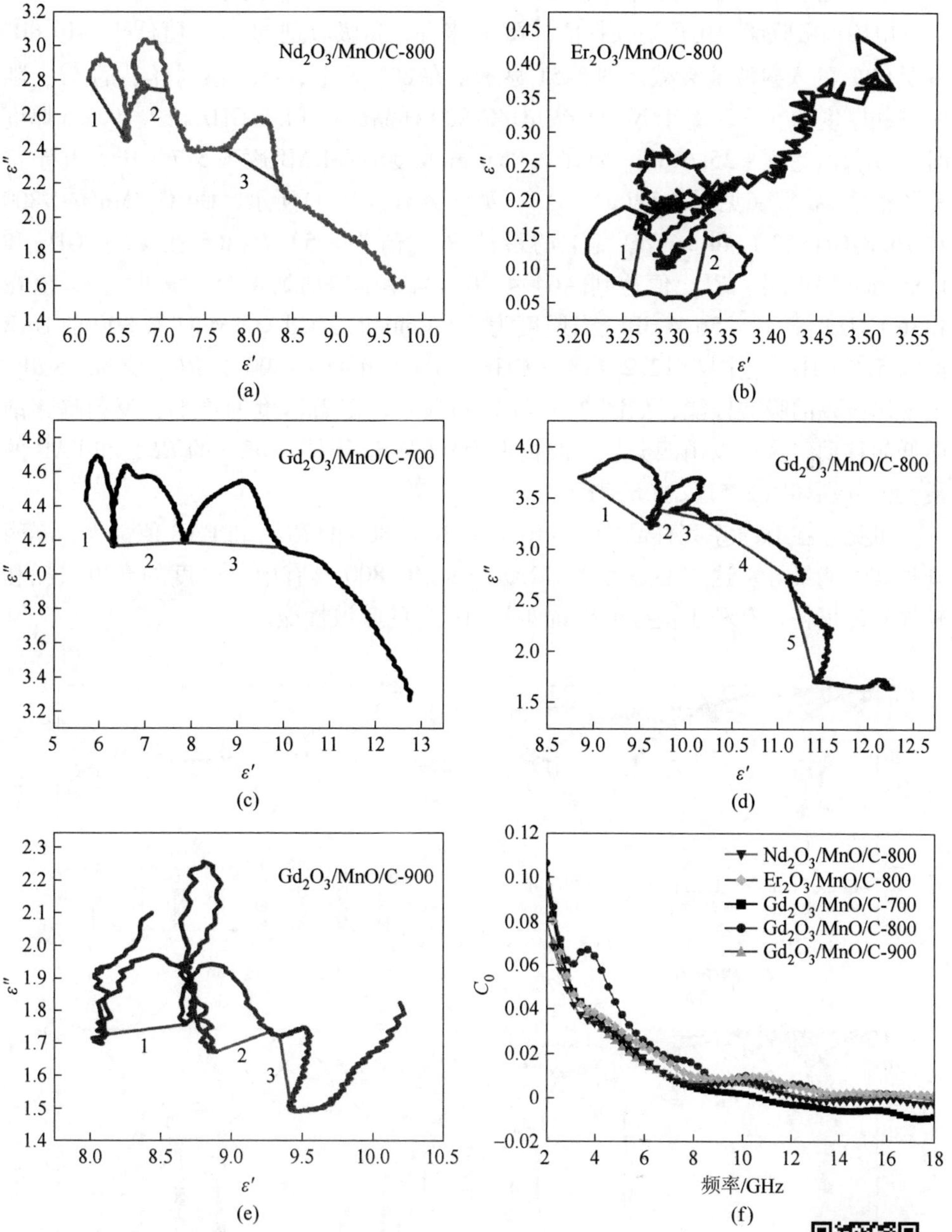

图 2-50 Cole-Cole 环-ε″/ε′ 曲线图［(a)～(e)］和 C_0 曲线-涡流随频率的变化图(*f*)

图 2-50 彩图

所有样品的 $\tan\delta_\mu$ 值都小于 2 ~ 18 GHz 中相应的 $\tan\delta_\varepsilon$ 值（见图 2-49(c)(f)），说明介电损耗在这类复合材料的电磁波吸收机制中起着主导作用。

电磁波吸收能力由反射损耗值（*RL*）来评估。吸收剂的 RL_{min} 值低于 –10 dB，表明 90% 的入射波被衰减。图 2-51 显示了在 800 ℃下，Ln^{3+} 系列样品的 RL_{min} 随频率和厚度的变化。对于 Nd_2O_3/MnO/C-800 样品，在 14.3 GHz 和 2.29 mm 厚度时，RL_{min} 值达到 –25.6 dB。而在 2.05 mm 厚度时，EAB 达到 5.7 GHz，几乎覆盖了整个 Ku 带（见图 2-51(a)(b)）。如图 2-51(c)(d) 所示，Gd_2O_3/MnO/C-800 在 16.8 GHz 和 1.44 mm 厚度下的最佳 RL_{min} 值为 –52.7 dB。在 12.8 GHz 和 1.86 mm 厚度时，RL_{min} 值达到 –64.4 dB。当厚度增加到 4.59 mm 时，*RL* 值在 4.36 GHz 时达到 –56.4 dB。当厚度为 1.66 mm 时，Gd_2O_3/MnO/C-800 的 EAB 值为 5.8 GHz，范围为 12.2 ~ 18.0 GHz。Er_2O_3/MnO/C-800 的 RL_{min} 值为 –5 dB，表现出极差的吸波性能，如图 2-51(e)(f) 所示。随着厚度的增加，反射峰逐渐向低频移动，这可以用四分之一波长理论来解释。不同厚度下的 RL_{min} 和 EAB 的最大值分别如图 2-51(g)(h) 所示。

可见，在 Ln^{3+} 系列样品中，Gd_2O_3/MnO/C-800 的 RL_{min} 和 EAB 值最大，表明其吸波性能最好。这主要是因为 Gd_2O_3/MnO/C-800 具有中等强度的介电损耗和较强的磁损耗，有利于良好的阻抗匹配和优异的吸波性能。

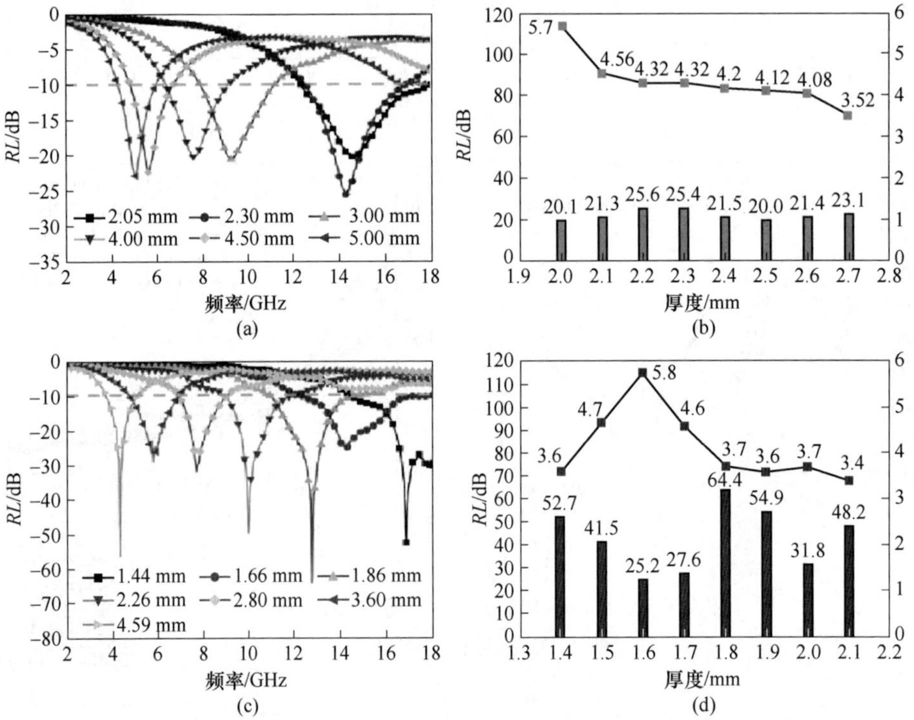

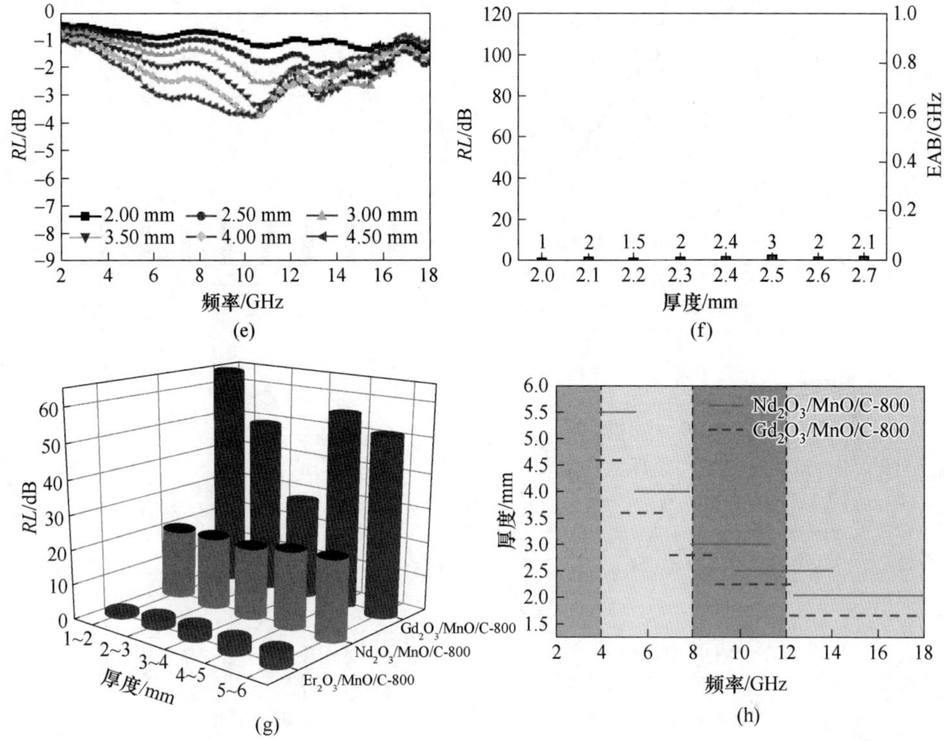

图2-51 Nd_2O_3/MnO/C-800 [(a)(b)]、Gd_2O_3/MnO/C-800 [(c)(d)] 和 Er_2O_3/MnO/C-800 [(e)(f)] 的 *RL* 随频率的变化图，Ln^{3+} 系列样品的 RL_{min} 随厚度变化的三维图(g)，在不同厚度下的有效吸收带宽图（EAB）(h)

图 2-51 彩图

由于 Ln_2O_3 的带隙不同，双半导体三元复合材料的吸波性能差异很大，选择了吸波性能优异的 Gd_2O_3/MnO/C-800，并进一步研究了温度对吸波性能的影响。图 2-52(a) 显示，在 16 GHz 和 1.88 mm 厚的 Gd_2O_3/MnO/C-700 的 RL_{min} 为 −23 dB，在 2.09 mm 厚度下的 EAB 达到 6.6 GHz。值得注意的是，随着厚度从 1.8 mm 增加到 2.5 mm，所有样品的 EAB 值均超过 4.5 GHz。如图 2-52(b) 所示，Gd_2O_3/MnO/C-900 在 5.28 GHz 时的 RL_{min} 值为 −15.0 dB，在 4.5 mm 厚度时 EAB 相对狭窄，为 0.96 GHz，表明其在温度系列样品中吸波性能最差。图 2-52(e) 显示，Gd_2O_3/MnO/C-800 在温度系列样品中具有最大的 RL_{min} 值。此外，从图 2-52(f) 中可以明显看出，Gd_2O_3/MnO/C-700 的 EAB 值大于 Gd_2O_3/MnO/C-800 的 EAB 值。

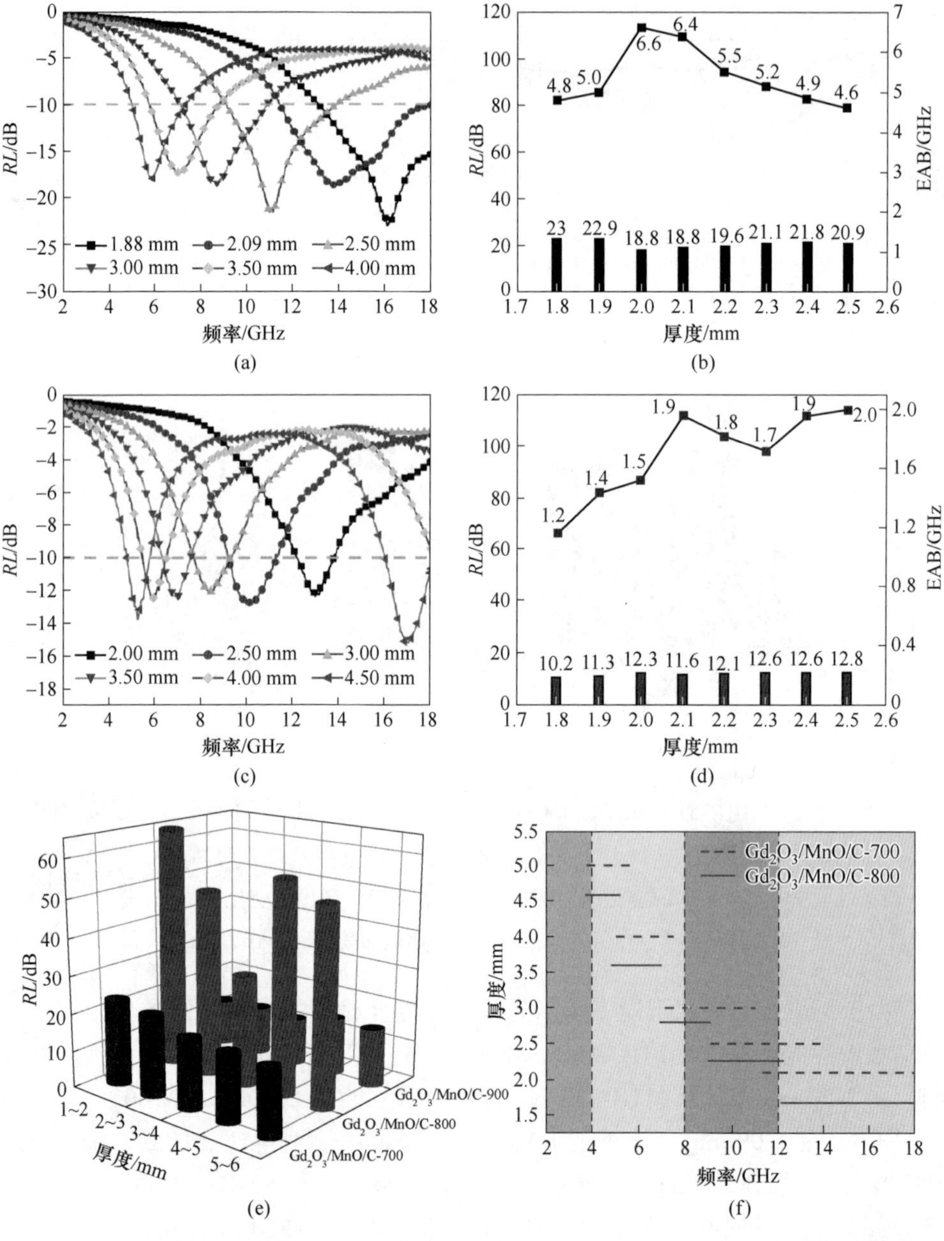

图2-52　Gd_2O_3/MnO/C-700样品［(a)(b)］、Gd_2O_3/MnO/C-900样品［(c)(d)］的 *RL* 随频率变化图和EAB随厚度变化图，温度序列样品的 RL_{min} 随厚度变化的三维图(e)，不同厚度下的EAB图(f)

图2-52 彩图

电磁波吸收性能取决于两个重要的参数：阻抗匹配（$|Z_{in}/Z_0|$）和电磁波的衰减常数（α）。α 表示电磁波的衰减能力，一个较大的 ε'' 可以导致一个较高的 α 值。因此，5 个样品的 α 值按以下顺序排列：$Gd_2O_3/MnO/C$-700 > $Gd_2O_3/MnO/C$-800 > $Nd_2O_3/MnO/C$-800 > $Gd_2O_3/MnO/C$-900 > $Er_2O_3/MnO/C$-800（见图 2-53 (a)）。如图 2-53 (b) 所示，当厚度为 2.0 mm 时，$Gd_2O_3/MnO/C$-800 的 $|Z_{in}/Z_0|$值在 9 ~ 11 GHz 接近 1；$Gd_2O_3/MnO/C$-700 和 $Nd_2O_3/MnO/C$-800 在较宽的频率范围内接近 1，阻抗匹配较好；而 $Gd_2O_3/MnO/C$-900 和 $Er_2O_3/MnO/C$-800 的值严重偏离 1。随后进一步分析了 1.44 mm 和 1.86 mm 厚度下的 $Gd_2O_3/MnO/C$-800、2.05 mm 厚度下的 Nd_2O_3/C-800 和 2.09 mm 厚度下的 $Gd_2O_3/MnO/C$-700 的电磁波吸收性能，分析了 RL、$|Z_{in}/Z_0|$和 α 与频率的函数变化，结果如图 2-53(c) ~ (f) 所示。$Gd_2O_3/MnO/C$-800 在 $\alpha = 230.8$ 和 $|Z_{in}/Z_0| = 1.0$ 时，在超低厚度为 1.44 mm 时，RL_{min} 值为 −52.7 dB，如图 2-53(c) 所示。而 $Gd_2O_3/MnO/C$-800 样品在 1.86 mm 厚度下，$|Z_{in}/Z_0| = 1$ 和 $\alpha = 179.5$，其 RL 值达到 −64.4 dB，如图 2-53(d) 所示。在图 2-53(e) 中，$Gd_2O_3/MnO/C$-700 的 α 值范围为 40 ~ 258，$|Z_{in}/Z_0|$值的范围为 0.93 ~ 0.53 时，其显示出了 6.6 GHz 的电磁波吸收带宽（11.4 ~ 18 GHz）。$Nd_2O_3/MnO/C$-800 表现出类似于 $Gd_2O_3/MnO/C$-700 的现象（见图 2-53）。这些结果表明，良好的阻抗匹配和较强的衰减能力导致了优良的电磁波吸收性能。

空心结构有利于阻抗匹配，其中大部分入射的电磁波可以穿透吸波剂，然后可以通过多种机制进行衰减，如图 2-54 所示。第一，$Ln_2O_3/MnO/C$ 复合材料的空心结构引起了入射电磁场的连续散射和反射，从而延长入射电磁场的传输路径，促进其衰减。第二，偶极子和界面极化也可以增强电磁波的衰减。在所有的复合材料中都存在大量的缺陷，这些缺陷是由高温热解的 Ln-Mn-MOF 引起的。这与复合材料的 XPS 光谱显示出丰富的官能团的结果相一致。这些缺陷导致电荷分布不对称，从而导致偶极子极化。此外，$Ln_2O_3/MnO/C$ 复合材料中有许多界面，如 MnO-C、Ln_2O_3-C 和 MnO-Ln_2O 界面，有利于界面极化。自由电子可以积累在这些异质界面，从而生成微电容器，加剧界面极化，导致共振促进介电损耗。第三，三维多孔碳框架作为一个导电网络，可以降低电子跳跃和迁移的能垒，并在交变电磁场中产生微电流，从而增强了导电损耗。第四，MOF 的原位热解可以有效地提高顺磁性 Ln_2O_3 的分散程度，高度分散的 Ln_2O_3 纳米颗粒促进了更密集的磁耦合网络的形成，从而贡献了一定的磁损耗能力。上述所有电磁波损耗机制的协同效应衰减了大部分的电磁波能量，从而导致该吸波剂具有优越的电磁波吸收性能。

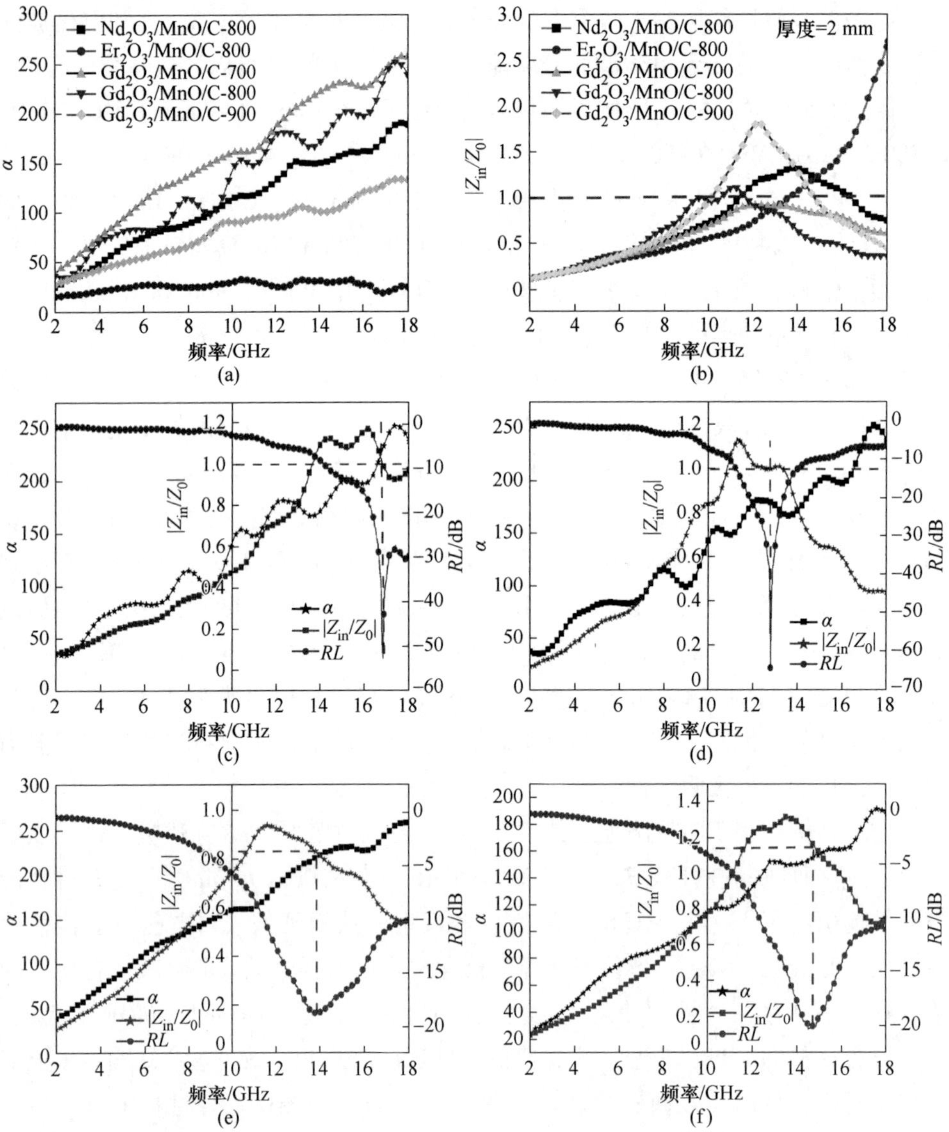

图 2-53　Ln_2O_3/MnO/C 的 α（衰减常数）随频率的变化图(a)，$|Z_{in}/Z_0|$值随频率的变化图(b)，1.44 mm(c)和 1.86 mm 厚度(d)下的 Gd_2O_3/MnO/C-800 的 *RL*、α 和$|Z_{in}/Z_0|$值，2.05 mm 厚度下 Gd_2O_3/MnO/C-700 的 *RL*、α 和$|Z_{in}/Z_0|$值(e)，2.09 mm 厚度下 Nd_2O_3/MnO/C-800 的 *RL*、α 和$|Z_{in}/Z_0|$值(f)

图 2-53 彩图

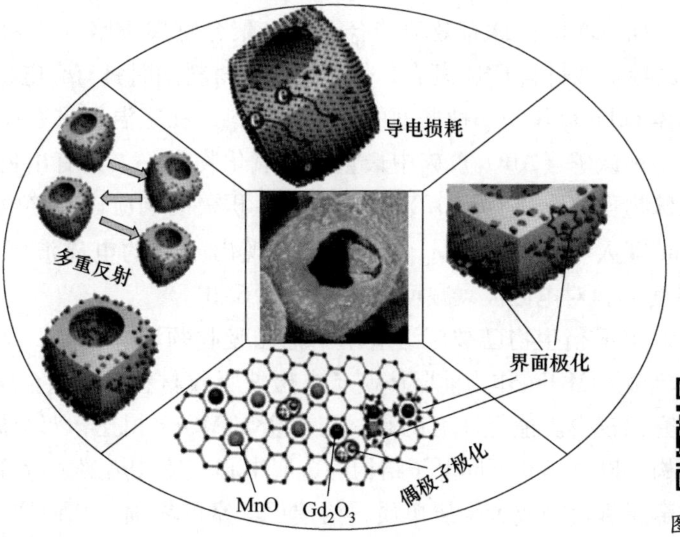

图 2-54 彩图

图 2-54 $Ln_2O_3/MnO/C$ 复合材料的电磁波吸收机理示意图

2.6.5 小结

本节通过一步热解法制备了一系列空心立方 $Ln_2O_3/MnO/C$ 材料，其吸波机制主要取决于介电损耗。通过改变稀土离子种类优化带隙，以及复合材料的热解温度，可以有效地调节样品的电磁波吸收性能。结果表明，$Gd_2O_3/MnO/C$ 复合材料在厚度为 1.86 mm 时的 RL_{min} 值为 -64.4 dB，最大的 EAB 值为 6.6 GHz (11.4～18.0 GHz)。复合材料的中空结构是通过采用具有高氧含量的配体和含大量水分子的 3d-4f-MOFs 作为前驱体进一步热解得到的，良好的阻抗匹配是由于 Ln_2O_3 和 MnO 半导体及中空结构的协同效应。导电损耗、偶极子和界面极化及空心结构引起的多次反射，共同增强了对电磁波的衰减。总体而言，优化设计的空心双半导体三元复合材料由于其在低厚度下具有优异的电磁波吸收性能，可以作为优秀吸波材料的候选。

2.7 由 LaFe-MOF 衍生的 $LaFeO_3/Fe_3O_4/C$ 复合材料

四氧化三铁（Fe_3O_4）是一种呈反尖晶石结构的磁性铁氧体，具有磁损耗和介电损耗的双重损耗机制，是一种常用的吸波材料，在电磁波吸收领域应用广泛。例如车仁超课题组[23]制备的三元聚吡咯@四氧化三铁/碳纳米管空心球体

($PPy@Fe_3O_4/CNTs$)，在厚度为 2.38 mm 时的最强反射损耗值为 -51.8 dB。多组分 $PPy@Fe_3O_4/CNTs$ 微球有效地结合了导电聚合物聚吡咯（PPy），强磁性材料 Fe_3O_4 和高导电性材料 CNT 复合，使三元复合材料同时具有介电，磁损耗的优势。镧铁氧体 $LaFeO_3$ 作为一种典型的多铁性材料，在室温下具有反铁磁性和铁电特性，还是钙钛矿（ABO_3）族中最重要的氧化物之一，具有出色的磁性和电学特性，特殊物理性质使 $LaFeO_3$ 对电磁波产生积极的响应以改善电磁波吸收特性。例如 Liu 等人[24]制备的 $La_{0.62}FeO_3/C$ 展现出不错的电磁波吸收性能，在 2.94 mm 厚度下，对电磁波衰减可以达到 -26.6 dB。

近年来，MOF 衍生物已被广泛应用于电磁吸收领域。目前，大部分的研究方向主要是单金属 MOFs 作为前驱体制备电磁波吸收材料，而双金属 MOFs 作为前驱体的研究比较少。值得注意的是，与单金属 MOFs 相比，双金属 MOF 展现多种拓扑结构，以及具有不同电子结构的金属中心，使其热解之后可以得到多种电磁性质的金属氧化物或者金属单质，构建更丰富的界面，从而增加界面极化，进一步增强电磁波衰减能力。例如 Wang 等人[25]选择双金属 Ni-Zn-MOF 作为前驱体，通过高温煅烧得到蛋黄壳结构的 Ni@C@ZnO 纳米复合材料，表现出优秀的电磁波吸收性能，当厚度为 2.5 mm 时，反射损耗值可以达到 -55.8 dB，EAB 可以达到 4.1 GHz。综上所述，双金属 MOFs 表现出非常优秀的电磁波吸收性能。本实验选择 La/Fe-MOF 作为前驱体，在氮气气氛下高温煅烧获得 $LaFeO_3/Fe_3O_4/C$ 复合材料，通过控制煅烧温度来改变四氧化三铁和镧铁氧体之间的比例，以及碳的石墨化程度，从而调控材料的电磁参数，进一步提高材料的吸波性能。

2.7.1 实验部分

首先，1.0 mmol $La(NO_3)_3·9H_2O$ 和 1.34 mmol 的均苯三甲酸（H_3BTC）溶解在 18 mL 去离子水中，然后搅拌 1 h 形成均质溶液，将该溶液转移到 25 mL 特氟龙衬里反应釜，随后在 95 ℃水热 12 h。干燥后最终得到橙黄色粉末，在 650 ℃、N_2 气氛下以速率 2 ℃/min 升温，得到 La_2O_3/C，命名为 LC-650。Fe-MOF 的制备工艺与 La-MOF 类似，在与 La-MOF 相同的条件下热解 Fe-MOF 生成 Fe_3O_4/C，命名为 FC-650。然后将 1.0 mmol $Fe(NO_3)_3·9H_2O$ 和 1.0 mmol $La(NO_3)_3·6H_2O$ 加入上述溶液中并搅拌 30 min。最后，在该溶液中加入 1.34 mmol H_3BTC 并均匀超声处理，再转移到 25 mL 特氟龙衬里的反应釜中，95 ℃下水热反应 12 h。制备得到的 LaFe-MOF 在 N_2 气氛下以速率 2 ℃/min 升温至 600 ℃、650 ℃、700 ℃，保温 2 h，得到 $LaFeO_3/Fe_3O_4/C$ 复合材料，分别命名为 LFC-600、LFC-650、LFC-700。进一步将 0.3 g 聚苯乙烯微球（PS）或螺旋碳（SC）和 0.3 g 十二烷

基磺酸钠（SDBS）溶于 18 mL 去离子水中并超声处理 10 min，加入制备 LaFe-MOF 的原料，同样的条件下制备，获得 PS@LaFe-MOF；随后，在与 LFC-650 相同的条件下，将上述 PS@LaFe-MOF 热解，形成空心 $LaFeO_3/Fe_3O_4/C$，命名为 HLFC-650。SC@LaFe-MOF 的制备工艺与 PS@LaFe-MOF 类似，然后，SC@LaFe-MOF 在与 LFC-650 相同的条件下热解生成 SC@$LaFeO_3/Fe_3O_4/C$，表示为 SLFC-650。

采用 LaFe-MOF 化合物作为前驱体，合成了 $LaFeO_3/Fe_3O_4/C$ 钙钛矿复合材料电磁波吸收剂。为了改善阻抗匹配，以 PS 和 SC 为模板分别制备了核壳结构前驱体 PS@LaFe-MOF 和 SC@LaFe-MOF，进一步进行热处理获得了具有优异电磁波吸收性能的空心结构的 $LaFeO_3/Fe_3O_4$@C 和螺旋结构的 SC@$LaFeO_3/Fe_3O_4/C$ 复合材料。具有高孔隙率和轻重量的 MOFs 的碳基材料被认为是电磁波吸收的优秀候选材料。本研究将 LaFe-MOF 前驱体用于合成碳包覆的磁性纳米颗粒复合材料。磁损耗是通过 3d 和 4f 离子之间的铁磁耦合增加的，而电导率和介电损耗可以通过调整 $LaFeO_3$ 和 Fe_3O_4 的比例来控制，从而调控阻抗匹配。此外，在引入 PS 和 SC 后，可以得到更多的组分和更丰富的界面等，显著提高了极化损耗和衰减能力。LFC、空心 LFC、螺旋 LFC 的设计理念和制备工艺如图 2-55 所示。

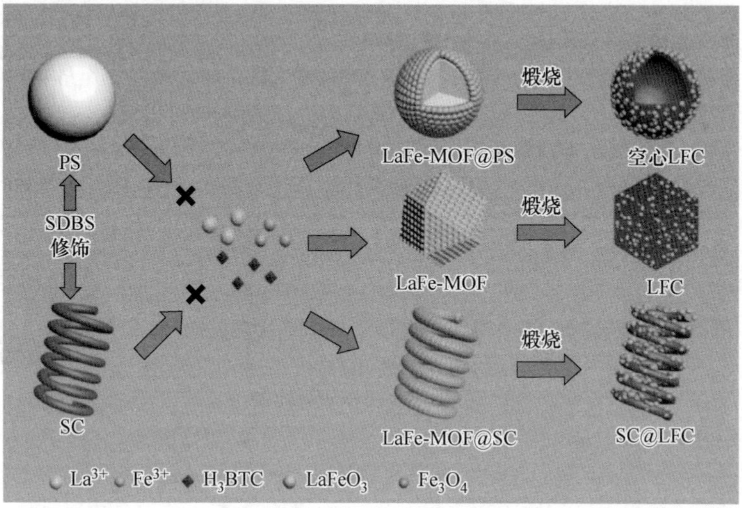

图 2-55 彩图

图 2-55　LFC、HLFC-650、SLFC-650 的制备工艺示意图

2.7.2　组成分析

2.7.2.1　X 射线衍射分析和拉曼光谱分析

图 2-56(a)说明了所制备样品的化学成分。在所有复合材料的 PXRD 图谱中，特征衍射可以识别出 22°~26°附近的峰值，这归因于碳的特征峰。六个分别

位于 22. 6°、32. 2°、34. 1°、39. 7°、46. 1°和 67. 3°的特征峰分别对应于 $LaFeO_3$ 的(101)、(121)、(210)、(220)、(202)和(242)晶面（JCPDS 编号 37-1493）。此外，30. 1°、35. 5°、43. 1°、53. 5°、57. 0°和 62. 6°处的峰值属于 Fe_3O_4 的(220)、(311)、(400)、(422)、(511)和(440)晶面的特征峰（JCPDSNo. 88-0866）。以上结果表明 LFC、HLFC-650 和 SLFC-650 复合材料由 $LaFeO_3$、Fe_3O_4 和 C 组成。值得注意的是，Fe_3O_4 的峰值强度随着煅烧温度降低，而 $LaFeO_3$ 则表现出相反的趋势。该系列 LFC 样品的拉曼光谱如图 2-56(b)所示，所得样品在 1360 cm^{-1}（D 带）和 1580 cm^{-1}（G 带）附近有两个明显的峰。LFC-600、LFC-650 和 LFC-700 的 I_D/I_G 比值分别为 1. 19、0. 97、0. 96，表明碳的石墨化程度随着温度的升高而增强；所有样品的石墨化程度均较低，石墨化程度的结果与 PXRD 光谱中的弱碳峰一致。

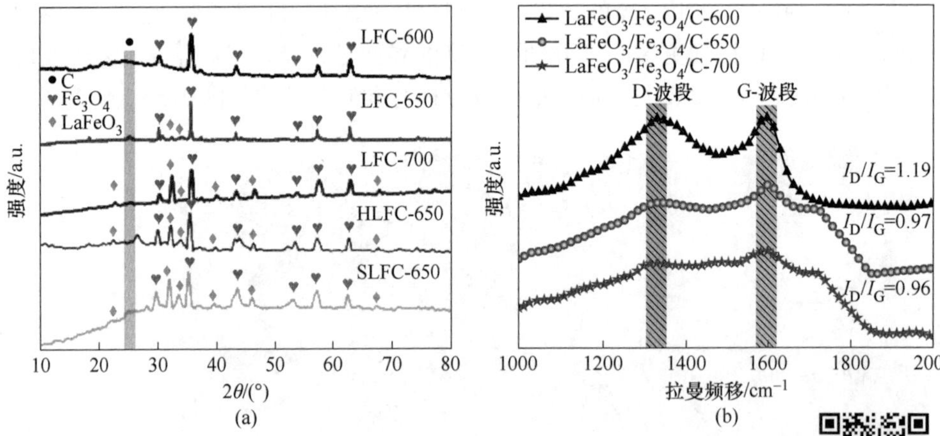

图 2-56　LFC、HLFC-650、SLFC-650 的 PXRD 谱图(a)和 LFC 的拉曼光谱(b)

图 2-56 彩图

2.7.2.2　XPS 分析

图 2-57(a)显示了 LFC-650 样品的 XPS 全谱。四个特征峰对应于 Fe 2p、La 3d、C 1s 和 O 1s 的特征峰。图 2-57(b)中，Fe 2p 光谱中的 710. 6 eV 和 724. 4 eV 的两个强峰分别对应于 Fe $2p_{3/2}$ 和 Fe $2p_{1/2}$ 的特征峰。值得注意的是，Fe $2p_{3/2}$ 主峰可分解为三个子峰：Fe^{2+} 2p（710. 8 eV）和 Fe^{3+} 2p（712. 8 eV 和 725. 8 eV）。在图 2-57(c)中，四个特征峰分别对应于 La $3d_{5/2}$（834. 4 eV 和 838. 4 eV）和 La $3d_{3/2}$（851. 2 eV 和 855. 4 eV）的特征峰。此外，C 1s 和 O 1s 的特征峰归属于 C—O，O—C ═O 和 C—C/C ═C 及 La—O、Fe—O 和 C ═O 键的特征峰，说明复合材料中含有丰富的含碳官能团。

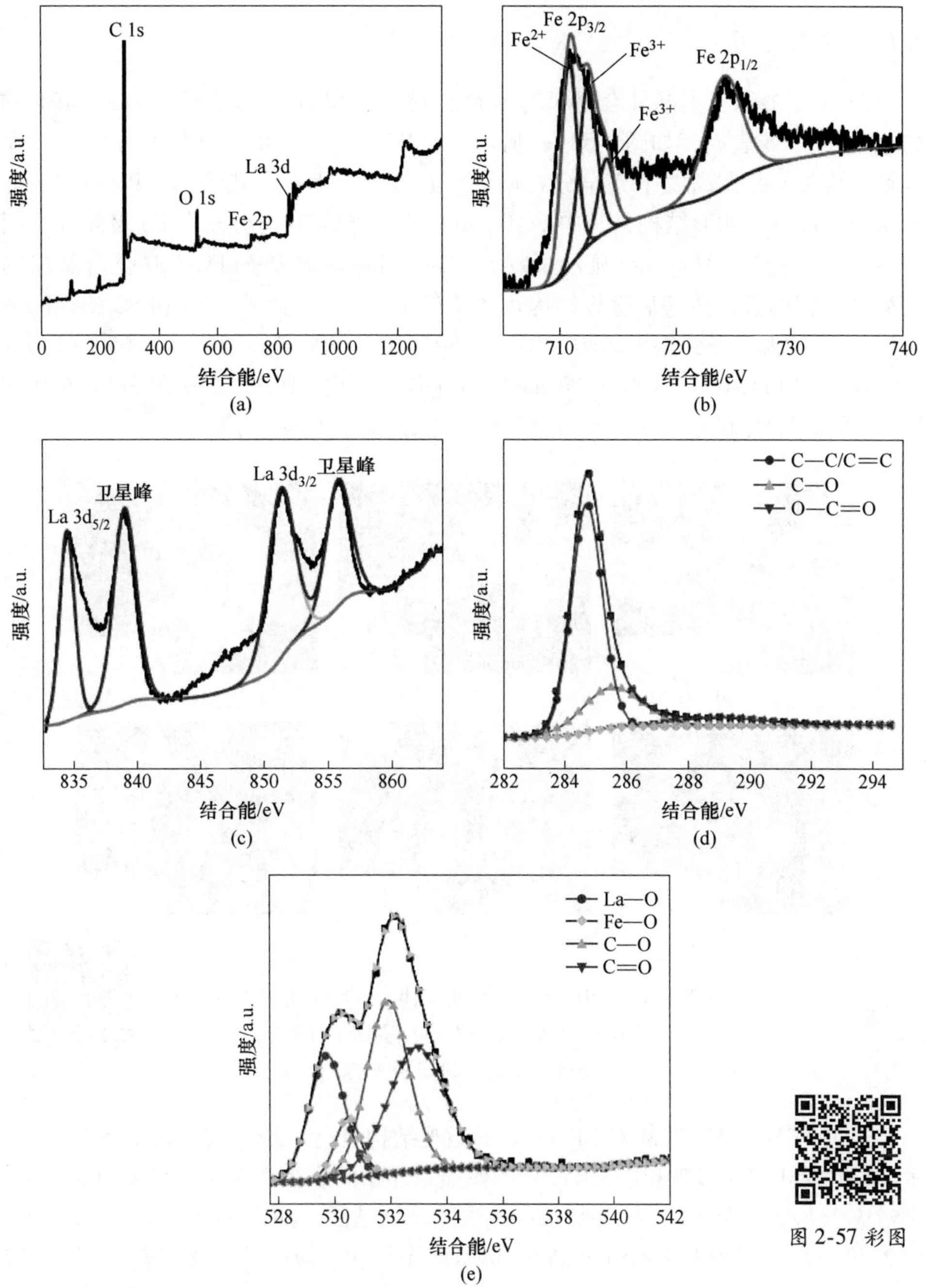

图 2-57 彩图

图 2-57　LFC-650 的 XPS 全谱(a)，LFC-650 的 XPS 高分辨光谱 Fe 2p(b)、La 3d(c)、C 1s(d)和 O 1s(e)

2.7.3　结构分析

图 2-58 显示了不同复合材料的 SEM 图像。在 SDBS 的帮助下，LaFe-MOF 均匀地生长在 PS 表面，如图 2-58(c)所示。在 PS@LaFe-MOF 的热解过程中，PS 充当牺牲模板，并在高温下完全分解形成空心结构。因此，热解后，PS 的褶皱球形结构变成空心球形结构，其中 Fe_3O_4 和 $LaFeO_3$ 颗粒均匀分布在 PS 表面（见图 2-58(d)）。图 2-58(e)(f)显示了螺旋 SC@LaFe-MOF 和 SLFC-650 复合材料的 SEM 图。很明显，热解后螺旋结构几乎没有发生变化。此外，PS 和 SC 的空间结构使 MOF 的大小受到很大影响，HLFC-650（200 ~ 300 nm）和 SLFC-650（100 ~ 150 nm）比 LFC-650（400 ~ 800 nm）小得多。因此，HLFC-650 和 SLFC-650 的 Fe_3O_4 和 $LaFeO_3$ 尺寸变小，并且它们的大小分布变得高度均匀。

图 2-58　LaFe-MOF(a)、LFC-650(b)、PS@LaFe-MOF(c)、HLFC-650(d)、SC@LaFe-MOF(e)和 SLFC-650(f)的 SEM 图像

图 2-58 彩图

通过 TEM 和 HRTEM 对 LFC-650 的微观结构进行了详细表征，如图 2-59 所示。LFC-650 的球形颗粒的 HRTEM 图像显示晶格间距为 0.30 nm 和 0.35 nm，分别对应于 Fe_3O_4 的(511)晶面和 $LaFeO_3$ 的(242)晶面，如图 2-59(a) ~ (c)所示。图 2-59(d) ~ (i)为 LFC-650 样品的 HAADF 图像和相应的元素映射图，表明在球形粒子中存在 La、Fe、O 和 C 元素。

图 2-60(a)为 LFC-600、LFC-650、LFC-700、HLFC-650、SLFC-650 的饱和磁化强度（M_s）图，M_s 分别为 54.5 emu/g、47.6 emu/g、18.8 emu/g、27.6 emu/g 和 30.2 emu/g。此外，图 2-60(b)显示了它们的矫顽力（H_c）的值，分别为

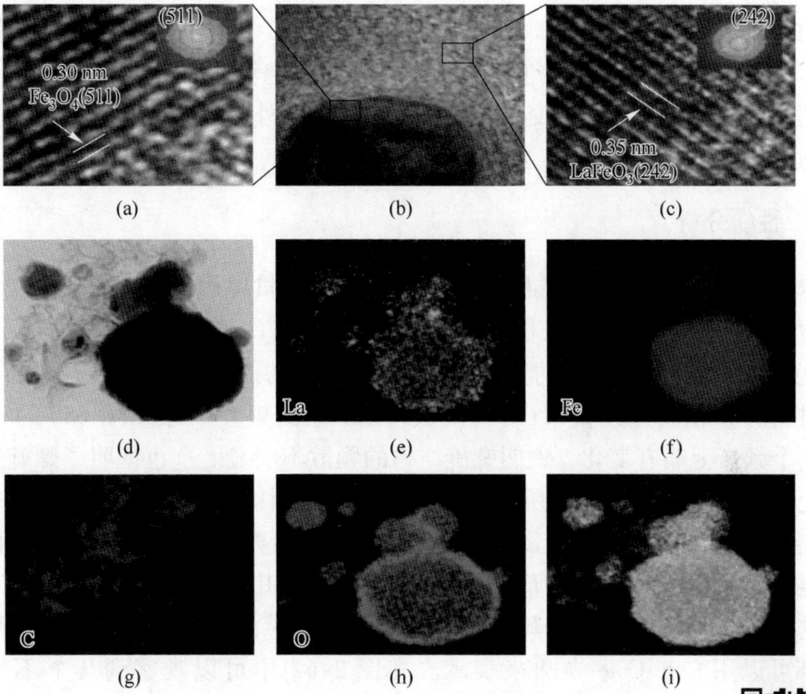

图 2-59　LFC-650 样品的 HRTEM 图像 [(a)(c)]、TEM 图像(b)、HAADF 图像(d)和元素映射图像 [(e) ~ (i)]

图 2-59 彩图

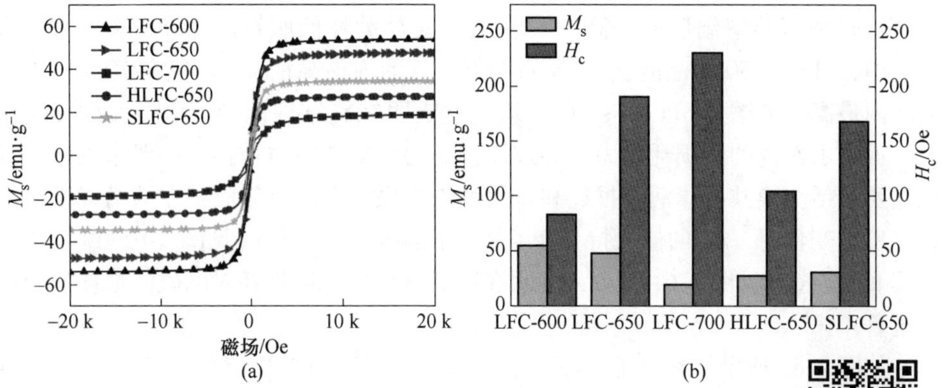

图 2-60　LFC-600、LFC-650、LFC-700、HLFC-650 和 SLFC-650 的饱和磁化强度(a)和矫顽力(b)

图 2-60 彩图

83.7 Oe、190.7 Oe、231.0 Oe、104.7 Oe、167.9 Oe。随着煅烧温度的升高，Fe_3O_4 的含量降低，导致LFC-600、LFC-650和LFC-700的饱和磁化强度值降低，与LFC-650样品相比，引入空心和螺旋结构导致饱和磁化强度值和矫顽力值降低。螺旋结构会引起电磁波交叉极化，从而获得额外的磁损耗能力，因此其饱和磁化强度值比空心结构的 M_s 要高。

2.7.4　性能分析

根据复介电常数（ε_r）和复磁导率（μ_r）来评价电磁波吸收机制。对于LFC复合材料，随着热解温度的升高，ε' 和 ε'' 都呈上升的趋势，如图2-61(a)(b)所示，这可以归因于复合材料的石墨化强度和电导率的提高。所有LFC和HLFC-650复合材料的 ε' 值（见图2-61(a)）均表现出典型的频散。而SLFC-650的 ε' 和 ε'' 值在整个频带上略有变化，说明螺旋结构的频散不明显。这也证明了螺旋结构对频率变化的敏感性较低。在所有的LFC系列样品中，LFC-650的 $\tan\delta_\varepsilon$ 值最大，如图2-61(c)所示，说明该区域的介电损耗最强，这是由吸波剂的传导和极化损耗决定的。在4～18 GHz的所有样品中都可以看到几个共振峰，如图2-61(b)所示，这意味着所有的样品都具有丰富的偶极子和界面极化损耗。每个德拜弛豫过程都可以用Cole-Cole半圆来表示。在图2-62中可以观察到几个不规则的Cole-Cole半圆，表明在LFC、HLFC-650和SLFC-650复合材料中存在多个德拜弛豫过程，主要来源于许多缺陷、官能团和非均匀界面。如图2-62(e)所示，SLFC-650比其他样品显示出更多的Cole-Cole半圆，说明电磁波进入该样品中发生更多的德拜弛豫过程，这可以导致更强的衰减能力。从图2-61(d)(e)中可以看出，LFC复合材料的复磁导率（μ' 和 μ''）随着热解温度的升高而降低。这可能是随着热解温度的升高，四氧化三铁含量降低所致。此外，在所有复合材料中，SLFC-650样品的 μ_r 在2～18 GHz范围内最高而 $\tan\delta_\mu$ 值在10～18 GHz范围内最高，如图2-61(d)～(f)所示，这表明螺旋结构诱导了电磁波的交叉极化，得到了额外的磁损耗能力，导致该样品的磁损耗能力最强。一般来说，磁损耗主要包括交换共振、涡流损耗和自然铁磁共振。在涡流效应存在的情况下，当频率发生变化时，C_0 的值保持不变。所有样品的 $\tan\delta_\mu$ 值（见图2-61(f)）均低于其 $\tan\delta_\varepsilon$ 值（见图2-61(c)），说明在这类材料中介电损耗对电磁波损耗的影响更显著。

如图2-63所示，在LFC样品中，LFC-650样品的吸收带宽最宽，在2.2 mm厚度时，其最大EAB达到7.2 GHz。LFC-700在1.24 mm处表现出较高的 RL_{min} 值，约为 −49.4 dB。对于HLFC-650的样品，填充比从50%（质量分数）降低为40%，在1.82 mm时 RL_{min} 值达到 −68.3 dB，EAB在1.9 mm厚度时为6.0 GHz，说明空心结构的引入提高了电磁波吸收的性能。值得注意的是，SLFC-650样品

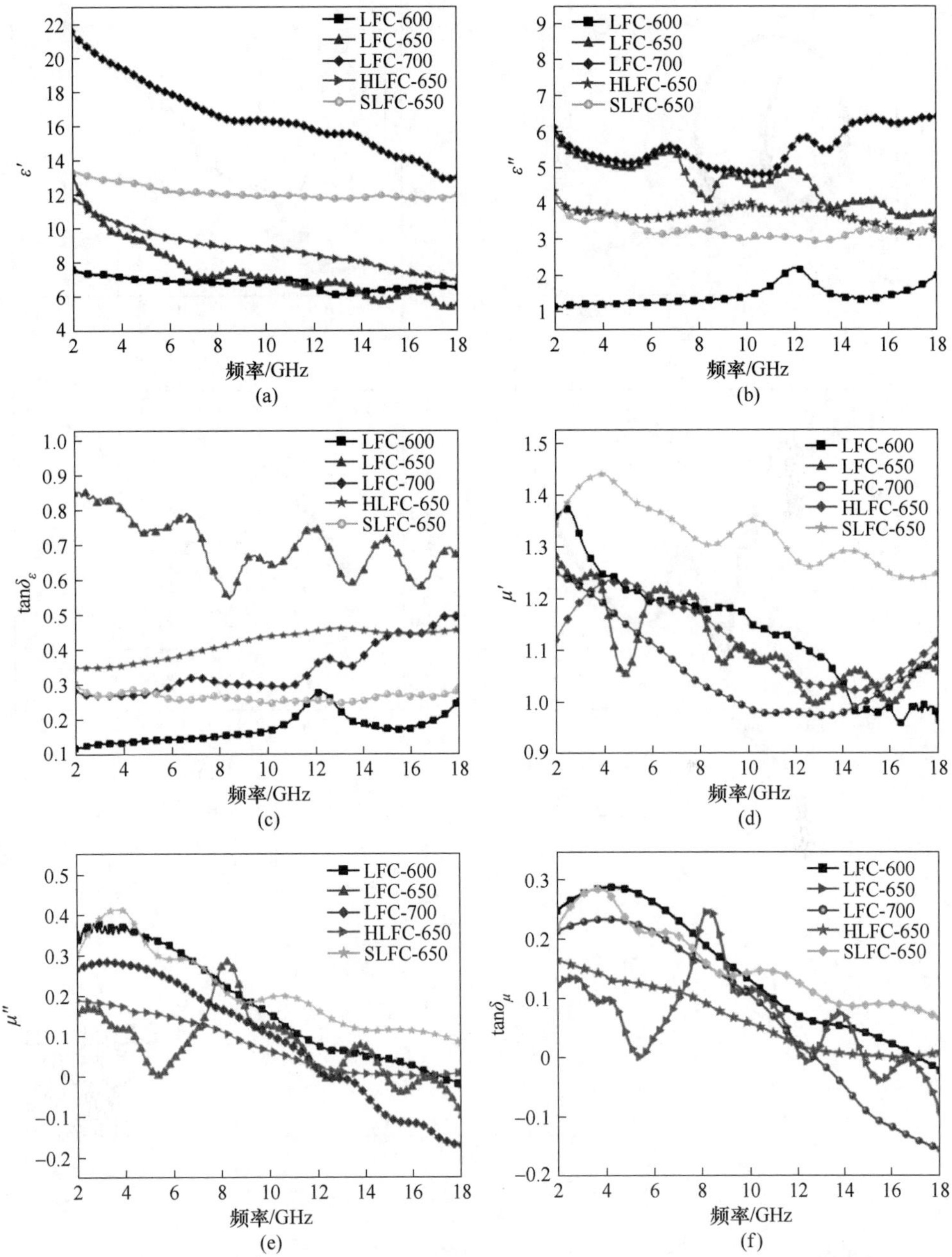

图 2-61　所有样品的介电特性［(a)(b)］、磁特性［(d)(e)］、介电和磁损耗角正切图［(c)(f)］

图 2-61 彩图

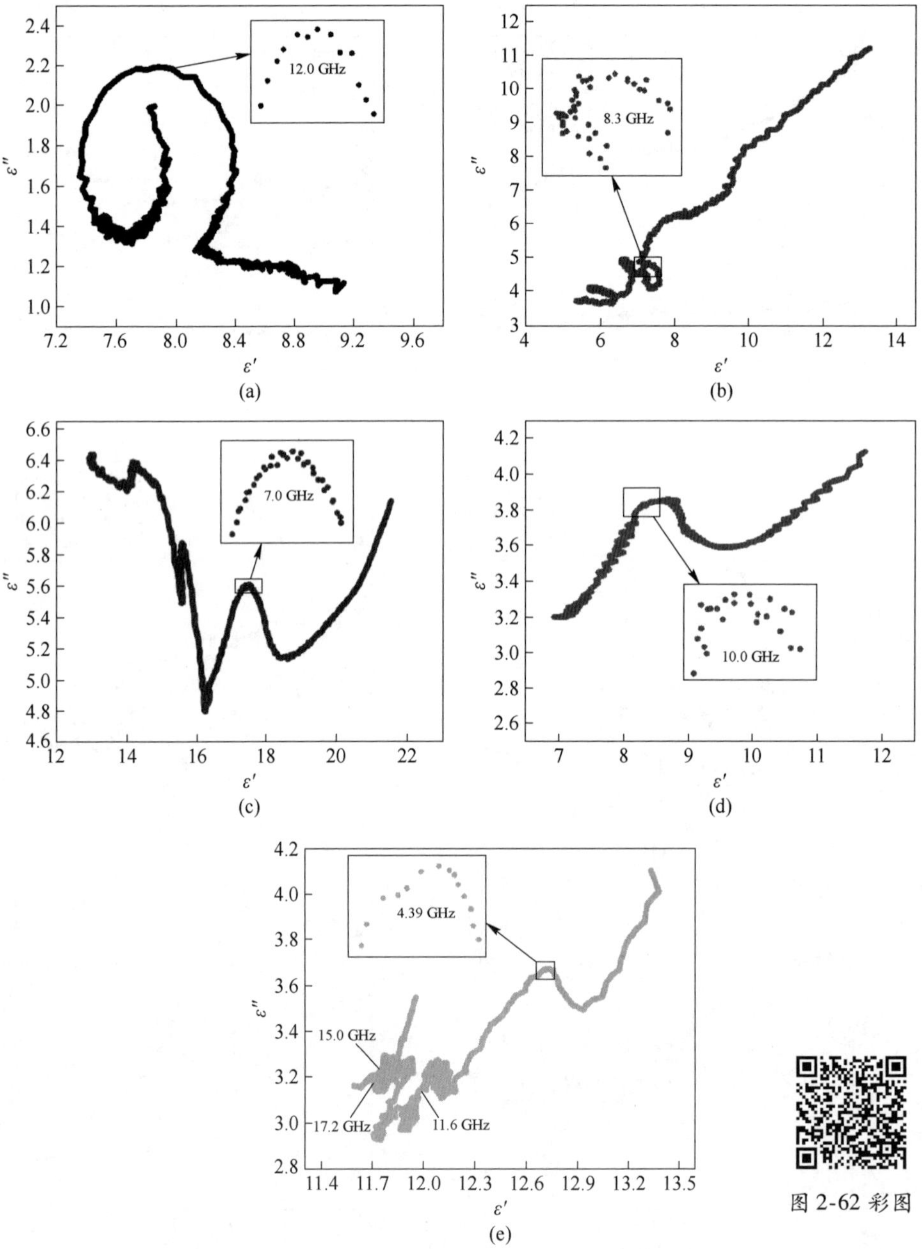

图 2-62 彩图

图 2-62　LFC-600(a)、LFC-650(b)、LFC-700(c)、HLFC-650(d)、SLFC-650(e)的 Cole-Cole 图

具有厚度小、结构轻、宽的吸收带宽、吸收能力强等优点。当填充比进一步降低到 30%(质量分数)时，SLFC-650 样品的 RL_{min} 值为 −42.3 dB，EAB 为 4.7 GHz，仅在 1.35 mm 厚度下覆盖了近 80% 的 Ku 带。

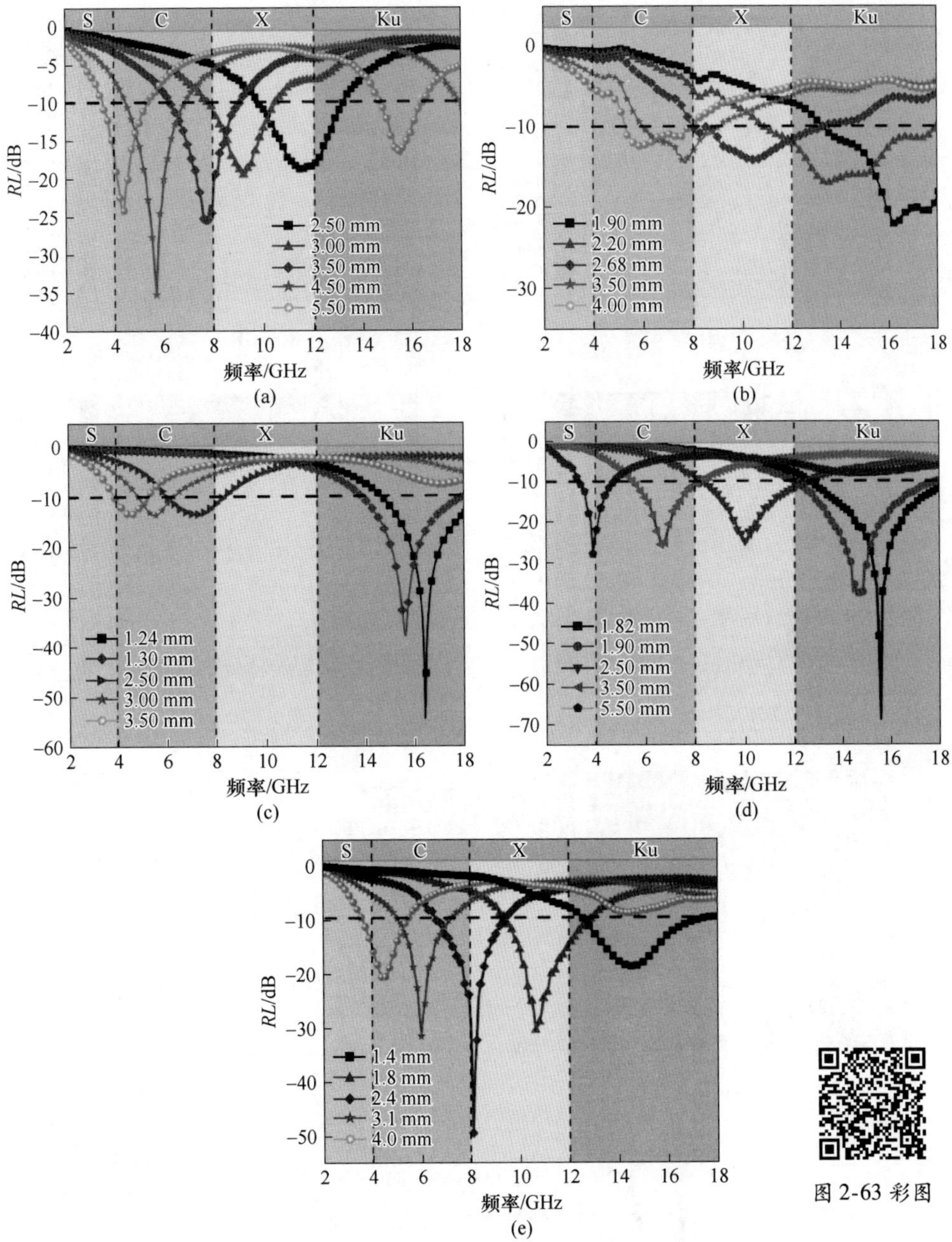

图 2-63 彩图

图 2-63 LFC-600(a)、LFC-650(b)、LFC-700(c)、HLFC-650(d)和 SLFC-650(e)的反射损耗图

如图 2-64 所示，在 LFC-600、LFC-650、LFC-700、HLFC-650、SLFC-650 样品中 $|Z_{in}/Z_0|$ 值为 0.7 ~ 1.2 的区域面积占比分别为 22.5%、9.6%、3.0%、21.2% 和 21.5%（见图 2-64(a) ~ (e)），但 LFC-600 的 α 值远低于 LFC-650 和

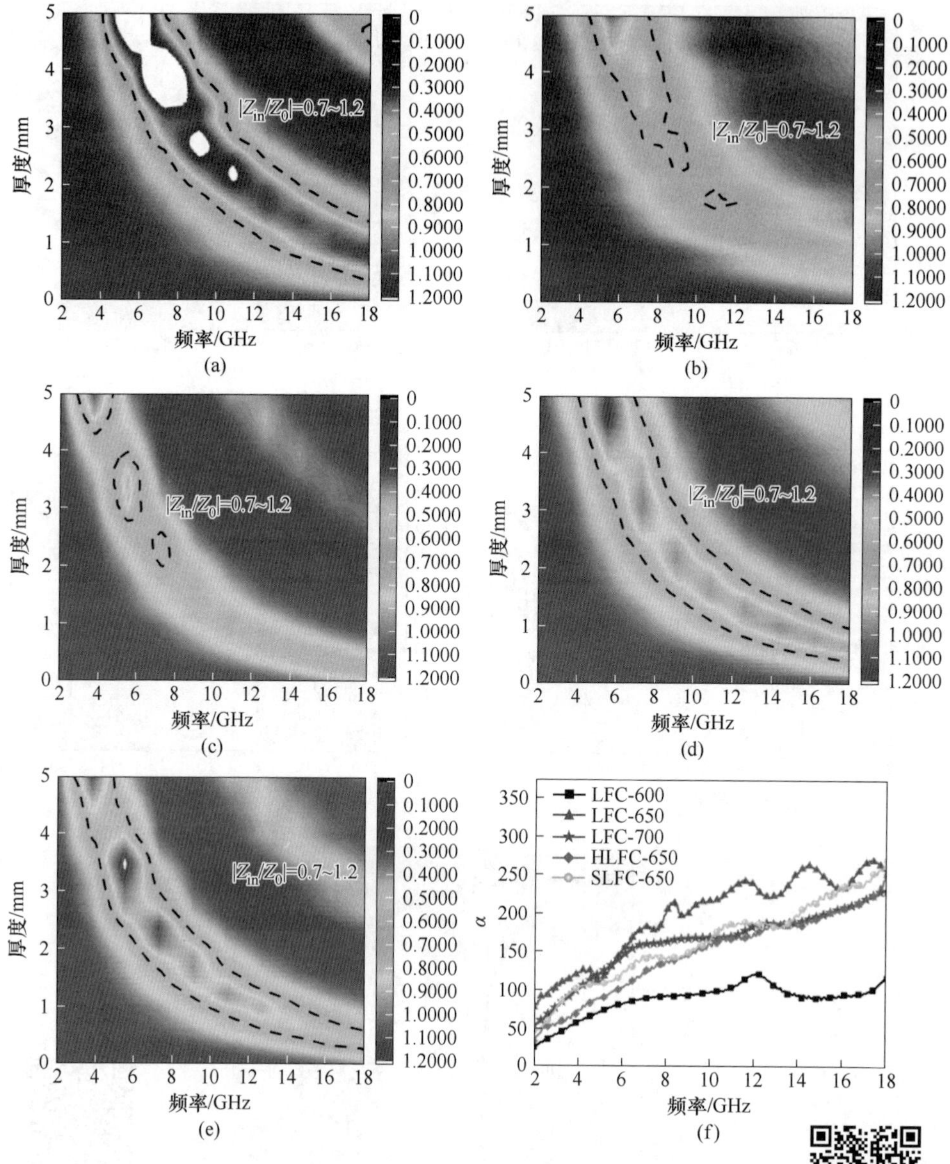

图 2-64 LFC-600(a)、LFC-650(b)、LFC-700(c)、HLFC-650(d)和 SLFC-650(e)的 $|Z_{in}/Z_0|$ 值及所有样品的 α 值(f)

图 2-64 彩图

LFC-700，如图 2-64(f)所示。因此，LFC-600 的电磁波吸收性能低于 LFC-650 和 LFC-700。通过调节煅烧温度，可以调节 $LaFeO_3$ 和 Fe_3O_4 的含量，同时提高阻抗匹配和电磁波衰减能力。随着空心结构和螺旋结构的引入，在相同的煅烧温度下，$|Z_{in}/Z_0|$ 值在 0.7~1.2 之间的面积显著增加，从而具有优异的电磁波吸收

性能。在类似的制备条件下，LFC-650 样品的 EAB 明显比相应的单金属 MOF 衍生物更宽（见图 2-65(a)(b)），这是由于磁性、介电性和导电损耗的协同作用的结果。对于 HLFC-650 和 SLFC-650 样品，除上述协同效应外，中空和螺旋结构促进电磁波在吸波剂内的多次反射和散射，螺旋结构还引起额外的磁损耗和电磁波交叉极化，有利于阻抗匹配和电磁波损耗，进一步提高电磁波吸收性能。

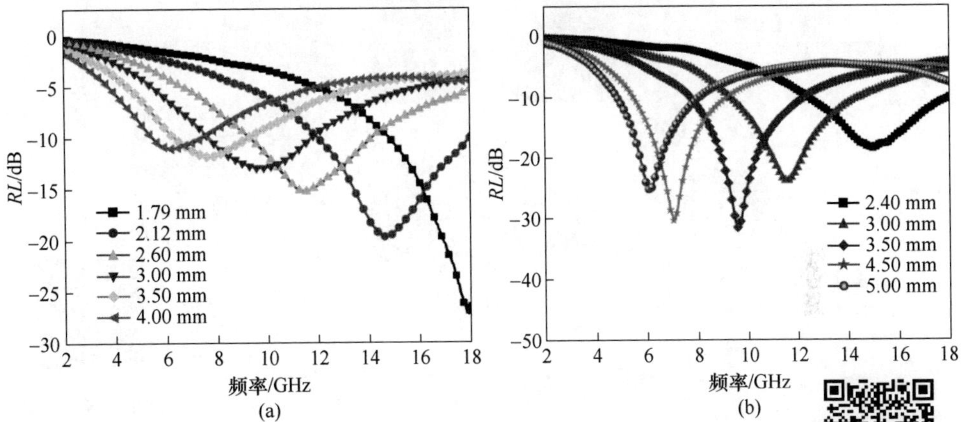

图 2-65 LC-650(a)和 FC-650(b)的反射损耗与频率的关系图

图 2-65 彩图

图 2-66 阐释了 HLFC 和 SLFC 样品的电磁波吸收机理，主要包括以下现象：

(1) 多重反射和散射。纳米多孔、中空、螺旋结构为材料内部的电磁波反射和散射提供了更多的活性点，减小了空气阻抗与吸波剂阻抗之间的差值，提高了电磁波耗散和衰减能力，有效提高了电磁波吸收性能。此外，所有样品的多组分结构能够提供多界面结构，这也有利于电磁波的多重反射和散射，从而延长了电磁波衰减路径，增强了电磁波衰减能力。

(2) 导电损耗。MOF 衍生的多孔碳基质提供了巨大而高效的导电网络。碳基官能团缺陷引起的电子跳跃和导电网络中的激发电子迁移导致了巨大的微电流的形成，从而导致了导电损耗。此外，在 MOF 衍生碳中引入空心碳和螺旋碳有助于形成更大的相互连通的导电通道，这为电子迁移和跃迁提供了更多的传输路径。此外，由于 Fe^{2+} 和 Fe^{3+} 之间的电子转移使电荷均匀分布，具有高导电性的四氧化三铁纳米颗粒也有利于导电网络的形成。此外，四氧化三铁和碳的协同效应显著提高了导电损耗。

(3) 极化损耗。由于 Fe_3O_4、$LaFeO_3$、电荷聚集在材料界面处，如螺旋碳、石墨化碳和无序碳之间的多个界面处累积，而导致不同组分之间的多界面极化，提高了电磁波吸收性能。由于不同组分之间的极性和电导率的差异，极化电荷不

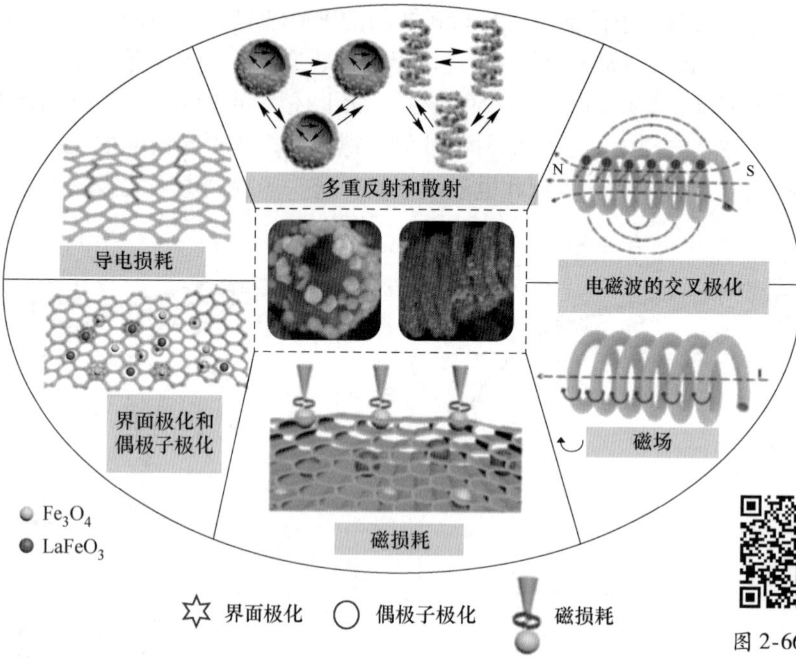

图 2-66 彩图

图 2-66　HLFC 和 SLFC 样品的电磁波吸收机制

仅会在材料的表面上累积，而且会在材料的相界面上累积，从而形成更多的电容单元。因此，电磁能量可以被有效地衰减。此外碳上大量的缺陷和官能团引发的偶极极化进一步提高了对电磁波的衰减能力。随着电磁波频率的变化，在石墨化和无序碳的界面上，许多偶极子周期性地拉长和缩短，并伴随着载流子的连续碰撞，在此期间电磁波能量被有效地耗散了。

（4）磁损耗。在碳基质中高度分散的四氧化三铁和 $LaFeO_3$ 纳米颗粒削弱了“蒙皮效应”，而促进了磁耦合网络的形成，进一步提高了磁损耗能力。$LaFeO_3$-Fe_3O_4 比单个 $LaFeO_3$ 和 Fe_3O_4 受到更强的外部杂散磁场的影响，这是因为反铁磁性 $LaFeO_3$ 的钉扎效应在一定程度上赋予了顺磁性 Fe_3O_4 的铁磁性，增强了相邻纳米颗粒之间的磁耦合，从而产生了相对较高的复磁导率。

（5）SLFC 中的电磁波交叉极化。螺旋材料由两部分组成：一部分是平行于螺旋轴的线性部分，另一部分是垂直于螺旋轴的部分。当电磁场进入螺旋线圈时，入射电磁波的电场在线性部分产生电流。根据电流的连续性定理，这些感应载流子通过圆形部分。此外，线性部分的电流产生电偶极矩，而圆形部分的电流产生磁偶极矩。同样，入射电磁波的磁场在圆形部分产生电流，它必须流过线性部分，从而产生电偶极矩。因此，除了电磁场的自极化外，具有螺旋结构的材料由于其特殊的几何（螺旋）结构而表现出交叉极化，所有这些极化效应都提高了螺旋材料的电磁波吸收性能。

2.7.5 小结

本节以 LaFe-MOF、PS@LaFe-MOF 和 SC@LaFe-MOF 为原料，成功制备了 $LaFeO_3/Fe_3O_4/C$ 复合材料。在 Fe-MOF 中加入 La^{3+}，使 $LaFeO_3$ 钙钛矿原位复合到 Fe-MOF 衍生物中。引入 La^{3+} 后，MOF 衍生物的吸波性能显著提高。在 2.2 mm 厚度下，填充比为 50%（质量分数）的 $LaFeO_3/Fe_3O_4$/C-650 复合材料的 EAB 为 7.2 GHz。通过进一步优化结构，获得空心的 $LaFeO_3/Fe_3O_4$/C-650 复合材料，将其填充比降低到 40%（质量分数）时其 EAB 和 RL_{min} 分别达到 6.0 GHz（1.9 mm），-68.3 dB（1.82 mm）。而引入螺旋结构得到的 SC@LaFe-MOF，其衍生得到 SLFC 复合材料，在填充比为 30%（质量分数）、1.35 mm 的超低厚度下实现了 4.7 GHz 的 EAB。通过分析表明电磁耦合效应、多组分间的多界面极化、中空和多孔结构对电磁波的多次反射和散射等因素可提高材料的电磁波吸收性能。特别是，螺旋结构诱导的电磁波交叉极化显著优化了阻抗匹配，总的来说，这项工作为设计具有独特成分和结构的高效电磁波吸收材料奠定了基础。

2.8 Co/MOS/NPC 三元纳米复合材料

MOFs 通过热处理可以获得多孔碳与金属或金属基化合物（MOS）的复合材料。碳基材料，包括碳纳米管、石墨烯和纳米多孔碳，由于其高导电损耗、轻质、低成本和优异的化学稳定性，可以制造出高性能吸波剂。磁性颗粒，如 Fe、Co 和 Fe_3O_4，由于其优异的磁性能，可以在吸波剂中作为额外的增强剂。此外，MOS 如 ZnO、铟锡氧化物（ITO）、TiO_2 等因其具有较高的介电常数、良好的导电性和导热性，可以提高毫米波的隐身性能，在红外隐身技术中发挥着重要作用。有人提出，当碳材料与 MOS 或磁性材料结合时，可以显著提高多重异质界面复合材料的吸波性能。传统的 C-MOS、C-磁性二元复合材料和 MOS-C-磁性三元复合材料可以通过多界面极化、增强导电损耗和优化阻抗匹配来获得提高的吸波性能。

Gao 等人[26]通过水热法制备出 $ZnFe_2O_4$ 量子点，但是其吸波性能一般，最佳反射损耗仅为 -10.52 dB，后续通过 $ZnFe_2O_4$ 与碳复合，性能得以大大提升，$ZnFe_2O_4$@C 在 2.5 mm 厚度下，最佳反射损耗达到了 -40.68 dB，同时还有 3.66 GHz 的有效吸波带宽。Zhang 等人[27]利用水热法和热处理过程将 Fe_3O_4 颗粒负载于氧化还原石墨烯（RGO）上得到了 RGO@Fe_3O_4 复合材料，相比于无任何 RL 值小于 -10 dB 吸收峰的 RGO、Fe_3O_4 单组分材料，优化后的 RGO@Fe_3O_4 复合材料表现出显著增强的吸波性能，在 2.0 mm 时得到了 -56.25 dB 的最佳反射损耗和 5.4 GHz 的有效吸波带宽。这些研究都表明单一的材料由于阻抗匹配差而表现出较差的吸波性能，复合化是有效提升吸波性能的方式，但是多组分的复合材料较为复杂的制备过程限制了其实际应用。

本节通过选用双MOFs作为前驱体，热解得到轻质的多孔碳复合材料为吸波剂。要想获得理想的吸波性能，合理有效地调控材料的电磁参数是关键。碳材料是轻质吸波剂的理想材料，具有质量轻、稳定性好的特点。钴具有较强的磁性，磁损耗能力强，是潜在的优良吸波剂。MOS是典型的介电损耗类材料，这类材料成本低、极化弛豫作用强，可作为复合吸波材料的性能调节剂。已有不少研究表明，吸波材料的结构和组成对电磁性质的影响巨大，是调控材料吸波性能的有效手段，将不同类型的材料按照一定的空间结构排布，合理复合可获得优异的吸波性能。本研究通过表面活性剂的静电吸附作用将Co-MOF-74与其他的MOFs原位复合，一步热解，获得轻质、稳定的钴/半导体金属氧化物/纳米多孔碳复合吸波材料（Co/MOS/NPC）。通过调节热解温度及两类MOFs的种类、比例可有效调控电磁参数，继而获得理想的吸波性能。

2.8.1 实验部分

（1）Co-MOF-74的制备。将0.88 g的$CoCl_2 \cdot 6H_2O$、0.222 g的2,5-二羟基对苯二甲酸（H_4DOBDC）加入至含有12 mL乙醇（EtOH）、12 mL去离子水和15 mL N,N-二甲基甲酰胺（DMF）的混合溶液中，磁力搅拌10 min，至混合物变成血红色的澄清溶液。将溶液转移至100 mL容量的聚四氟乙烯内衬的高压反应釜中，在120 ℃下反应10 h，反应结束后自然冷却至室温，将得到的产物分别用H_2O和EtOH以5000 r/min的速度离心三遍，离心产物于60 ℃下干燥12 h得到Co-MOF-74。

（2）MOF-5的制备。将0.49 g的$Zn(NO_3)_2 \cdot 6H_2O$、0.102 g的对苯二甲酸（H_2BDC）加入至12 mL DMF中，磁力搅拌直至溶解，将溶液转移至23 mL容量的聚四氟乙烯内衬的高压反应釜中，在130 ℃下反应2 h，反应结束后自然冷却至室温，将得到的产物过滤，用DMF和EtOH分别洗涤三遍，产物于60 ℃下干燥得到MOF-5。

（3）In/Sn-MOF的制备。将0.335 g的$In(NO_3)_3 \cdot 4H_2O$、0.0351 g的$SnCl_4 \cdot 5H_2O$、0.102 g的4,4′-联苯二甲酸（4,4′-BPDC）和0.444 g的吡啶加入至12 mL DMF中，搅拌混合均匀，将混合液转移至23 mL容量的聚四氟乙烯内衬的高压反应釜中，在130 ℃下反应3天，反应结束后自然冷却至室温，将得到的产物过滤，用DMF和H_2O分别洗涤三遍，离心产物于60 ℃下干燥得到In/Sn-MOF。

（4）Ti-MOF的制备。将0.075 mL钛酸异丙酯、0.198 g H_4DOBDC加入至含有6 mL异丙醇和6 mL乙腈的混合溶液中，磁力搅拌均匀得到红色的混合液。将混合液转移至23 mL容量的聚四氟乙烯内衬的高压反应釜中，在120 ℃下反应

24 h，反应结束后按照 10 ℃/h 的梯度速率降温至室温。将得到的产物过滤，用异丙醇和水冲洗三遍，最终产物于 60 ℃下干燥得到 Ti-MOF。

（5）不同复合比例的 Co-MOF-74@MOF-5 的制备。将预先合成的 0.15 g Co-MOF-74 和 0.15 g 十二烷基三甲基溴化铵（CTAB）加入至 6 mL DMF 溶液中，搅拌 10 min，然后将 0.49 g $Zn(NO_3)_2 \cdot 6H_2O$、0.102 g 对苯二甲酸（H_2BDC）加入至上述溶液中，搅拌至均匀；将上述两液混合后转移至高压反应釜中，在 130 ℃下反应 2 h，反应结束后自然冷却至室温，将得到的产物过滤，用 DMF 和 EtOH 分别洗涤三遍，产物于 60 ℃下干燥得到 Co-MOF-74@MOF-5，最终产物中 Co-MOF-74 与 MOF-5 的质量比为 1∶1，命名为 Co-MOF-74@MOF-5-1。按照上述步骤，改变 Co-MOF-74 种子的加入量分别为 0.3 g 和 0.45 g 制备了 Co-MOF-74 与 MOF-5 的质量比为 2∶1、3∶1 的样品，分别命名为 Co-MOF-74@MOF-5-2 和 Co-MOF-74@MOF-5-3。

（6）Co-MOF-74@In/Sn-MOF 的制备。将预先合成的 0.48 g Co-MOF-74 和 0.24 g CTAB 加入至 6 mL DMF 溶液中，搅拌 10 min，然后将 0.335 g $In(NO_3)_3 \cdot 4H_2O$、0.0351 g $SnCl_4 \cdot 5H_2O$、0.102 g 4,4′-BPDC 和 0.444 g 吡啶加入至 6 mL DMF 中，搅拌混合均匀，将混合液转移至聚四氟乙烯内衬的高压反应釜中，在 130 ℃下反应 3 天，反应结束后自然冷却至室温，将得到的产物过滤，用 DMF 和 EtOH 分别洗涤三遍，离心产物于 60 ℃下干燥得到 Co-MOF-74@In/Sn-MOF，最终产物中 Co-MOF-74 与 In/Sn-MOF 的质量比为 2∶1，命名为 Co-MOF-74@In/Sn-MOF-2。

（7）Co-MOF-74@Ti-MOF 的制备。将预先合成的 0.3 g Co-MOF-74 和 0.15 g CTAB 加入至 6 mL 混合溶液中（3 mL 异丙醇，3 mL 乙腈），将 0.075 mL 钛酸异丙酯、0.198 g H_4DOBDC 加入至含有 3 mL 异丙醇和 3 mL 乙腈的混合溶液中，磁力搅拌均匀得到红色的混合液。将混合液倒入高压反应釜中，在 120 ℃下反应 24 h，反应结束后按照 10 ℃/h 的梯度速率降温至室温，将得到的产物过滤，用乙腈冲洗三遍，最终产物于 60 ℃下干燥得到 Co-MOF-74@Ti-MOF，最终产物中 Co-MOF-74 与 Ti-MOF 的质量比为 2∶1，命名为 Co-MOF-74@Ti-MOF-2。

（8）基于 NPC 的复合材料的制备。将预先制备好的 Co-MOF-74、MOF-5、In/Sn-MOF、Ti-MOF、Co-MOF-74@MOF-5-1、Co-MOF-74@MOF-5-2、Co-MOF-74@MOF-5-3、Co-MOF-74@In/Sn-MOF-2 和 Co-MOF-74@Ti-MOF-2 分别置于石英舟中，在 N_2 气氛中 700 ℃下以 2 ℃/min 的升温速率热解 2 h，得到的黑色粉末状产物分别命名为 Co/NPC、ZnO/NPC、ITO/NPC、TiO_2/NPC、Co/ZnO/NPC-1、Co/ZnO/NPC-2、Co/ZnO/NPC-3、Co/ITO/NPC-2、Co/TiO_2/NPC-2。特别地，Co-MOF-74@MOF-5-2 在 600 ℃、700 ℃、800 ℃下的热解产物分别命名为 T6、T7、T8。相关的制备过程如图 2-67 所示。

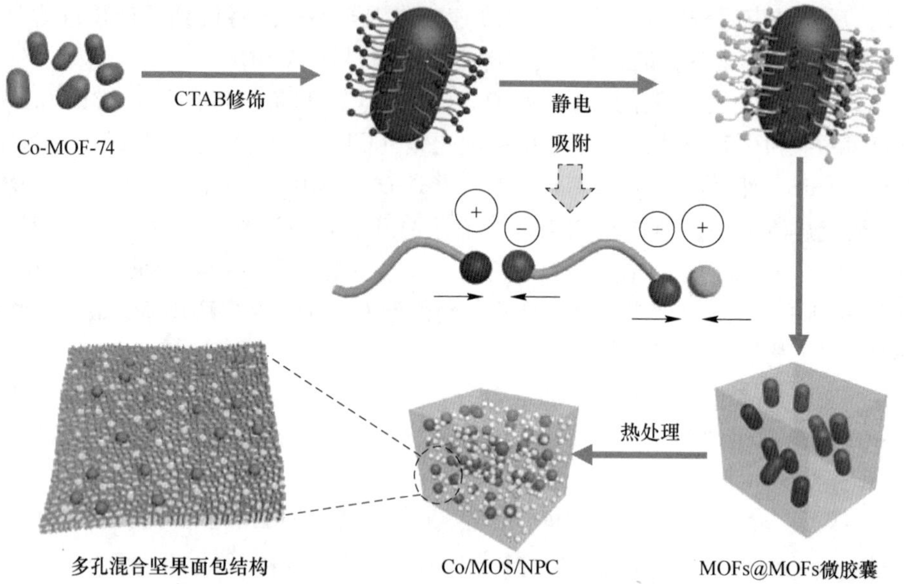

图 2-67　Co/MOS/NPC 的制备流程图

图 2-67 彩图

2.8.2　组成分析

2.8.2.1　X 射线衍射分析和拉曼光谱分析

通过 PXRD 测试样品的组成和相结构，如图 2-68(a)所示，ZnO 的衍射峰位于 31.8°、34.4°、36.3°、47.5°、56.6°、62.8°、66.4°、67.9°、69.1°处，分别一一对应于 ZnO/NPC 复合材料的(100)、(002)、(101)、(102)、(110)、(103)、(200)、(112)、(201)晶面，表明 ZnO 的晶相为纤锌矿晶相，结晶度较高；Co 的衍射峰分别位于 44.2°、51.6°、76.0°，对应于立方晶相 Co 单质的(111)、(200)、(220)晶面。在氧化铟锡（ITO）/NPC 中，观察到 In_2O_3 的多个衍射峰，分别位于 21.6°、30.6°、37.9°、51.1°和 60.7°处，分别对应于(211)、(222)、(411)、(440)、(622)晶面，表明 In_2O_3 为方铁锰矿晶相，值得注意的是没有出现 SnO_2 的峰，这可能是由于在热解过程中 Sn^{4+} 离子均匀掺杂到 In_2O_3 的晶格中，因此不显现衍射峰；在 TiO_2/NPC 中，TiO_2 的衍射峰位于 27.4°、36.1°、54.3°、56.6°，对应于锐钛矿晶相的(110)、(101)、(211)、(220)晶面。同时，由图 2-68(b)可以发现，在 Co/ZnO/NPC-1、Co/ZnO/NPC-2、Co/ZnO/NPC-3 三个样品中，都可以观察到 ZnO 和 Co 的衍射峰，并且 Co 的衍射峰强度随着复合材料中 Co 含量的增大而逐渐增大，这与实验的结果相符。如图 2-68(c)所示，在 Co/MOS/NPC-2 的三个样品中都可以发现 Co 单质和相对应的 MOS 的特征衍射峰。此外，在 Co/MOS/NPC-2 系列样品中，由于碳的结晶度比较低，故不出现强的衍射峰。

样品的拉曼光谱如图 2-68(d)所示，在 1355 cm^{-1} 和 1600 cm^{-1} 处有两个峰，分别对应碳的 D 带和 G 带。一般来说，D 波段与无序碳有关，而 G 波段与有序碳有关，可以用 G 和 D 波段的强度比（I_G/I_D）来评价碳的石墨化程度。Co/ZnO/NPC、Co/ITO/NPC 和 Co/TiO_2/NPC 的 I_G/I_D 值分别为 0.908、0.937 和 0.899，说明样品的石墨化程度较低，可能含有大量的无序碳。结果也支持了弱碳峰的 PXRD 图谱。

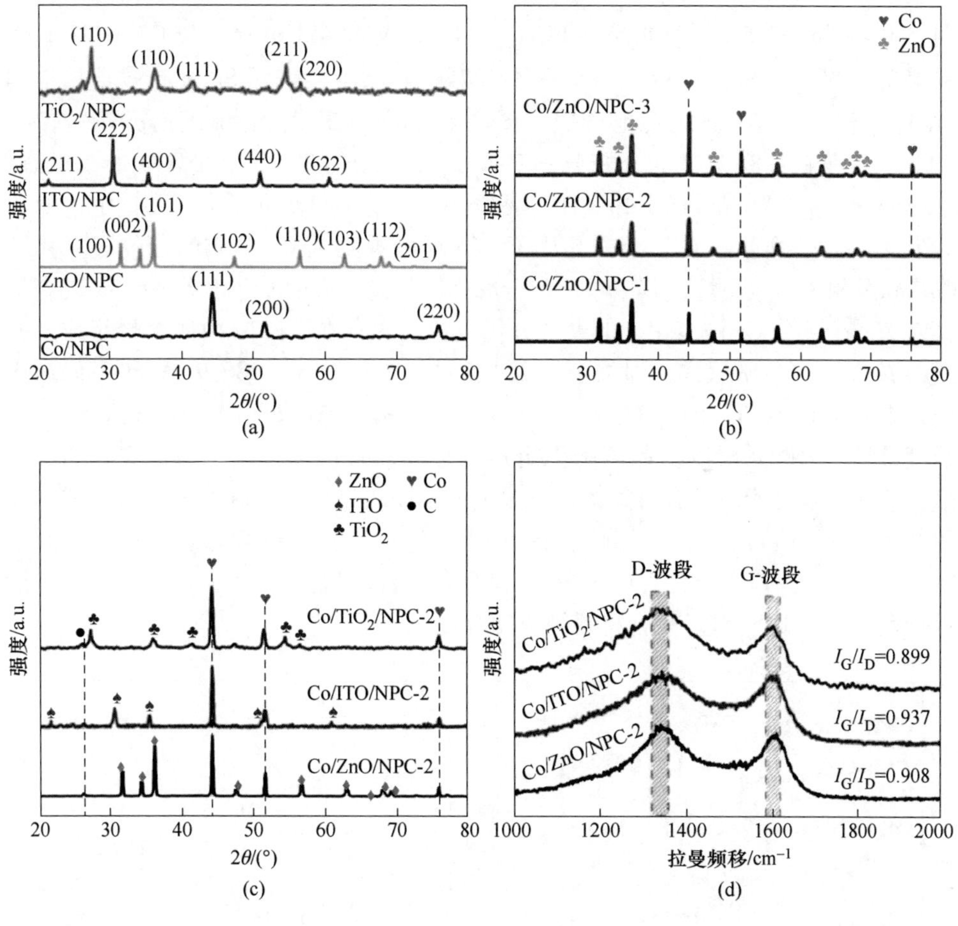

图 2-68 Co/NPC、ZnO/NPC、ITO/NPC、TiO_2/NPC 的 PXRD 图谱(a)，Co/ZnO/NPC-1、Co/ZnO/NPC-2、Co/ZnO/NPC-3 系列样品的 PXRD 图谱(b)和 Co/MOS/NPC-2 系列样品的 PXRD 图谱(c)，Co/MOS/NPC-2 系列样品的拉曼谱图(d)

图 2-68 彩图

2.8.2.2 XPS 分析

利用 XPS 检测了 Co/MOS/NPC 复合材料的元素组成和表面状态，如图 2-69 所示，在全谱图中三个样品均可以观察到 Co 2p、O 1s 和 C 1s 的分峰，在 Co/ZnO/NPC-2 可见 Zn 2p 峰，在 Co/ITO/NPC-2 中可见 In 3d 和 Sn 3d 峰，进一步证明 ITO 被成功制备；在 $Co/TiO_2/NPC$-2 可见 Ti 2p 峰。我们对 Zn 2p，In 3d，Sn 3d，Ti 2p，Co 2p，O 1s 和 C 1s 进行了精细谱分峰分析，进一步研究各种元素的价态信息。在图 2-69(b) 中，在结合能 1043.2 eV 和 1020.1 eV 处各有一组峰，对应于 ZnO 中的 Zn $2p_{1/2}$ 和 $2p_{3/2}$ 组态。在图 2-69(c) 中，样品中晶态 In_2O_3（445.0 eV 和 452.5 eV）、非晶态 In_2O_3（446.2 eV 和 453.6 eV）、Sn^{4+}（487.1 eV 和 488.5 eV）和 Sn^{2+}（495.5 eV 和 496.7 eV）共存，表明 Sn 被有效地掺杂到 In_2O_3 晶相中，ITO 被成功地合成。图 2-69(d) 为 Ti 2p 的精细谱分峰，位于 459.1 eV 和 464.8 eV 处的分峰分别对应于 TiO_2 中的 Ti $2p_{2/3}$ 和 Ti-O $2p_{1/2}$ 组态。Co/MOS/NPC-2 样品中 Co 2p，O 1s 和 C 1s 的精细谱展示在图 2-70 中，如图 2-70(a) ~ (c) 所示，在三个样品中 Co 2p 均可观察到 Co 单质的分峰、氧化态 Co^{3+} 峰及相关的卫星峰，其中单质的分峰强度较高，表明 Co/MOS/NPC-2 复合材料表面的少部分 Co 被氧化，但大部分仍以单质态存在。C 1s 由四个峰组成，如图 2-70(d) ~ (f) 所示，分别位于约 284.5 eV、286.0 eV、286.9 eV 和 289.2 eV 处，来源于 C—C/C ═C、C—O、—COOH、O—C ═O 官能团，C—C/C ═C 峰强度最高说明碳元素以结晶碳和无定形碳存在，并且含有一定的含氧官能团缺陷，这些缺陷可能源于有机配体在高温下的不彻底热解；O 1s 由三个峰组成，如图 2-70(g) ~ (i) 所示，分别位于约 530.0 eV、531.6 eV 和 533.6 eV，来源于 O—M 键（M ═Zn，In，Ti）、O—Co 和 O ═C 键。以上 XPS 中各元素的精细谱分析表明 Co/MOS/NPC 复合材料被成功合成。

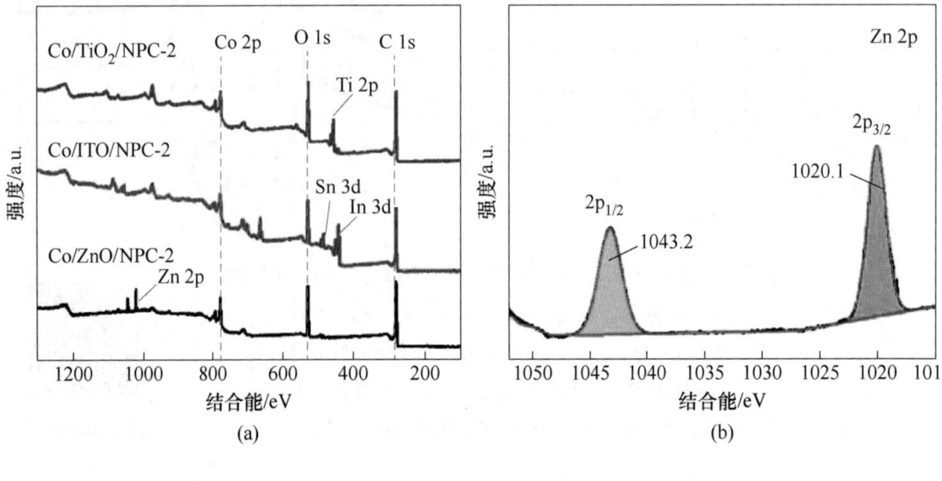

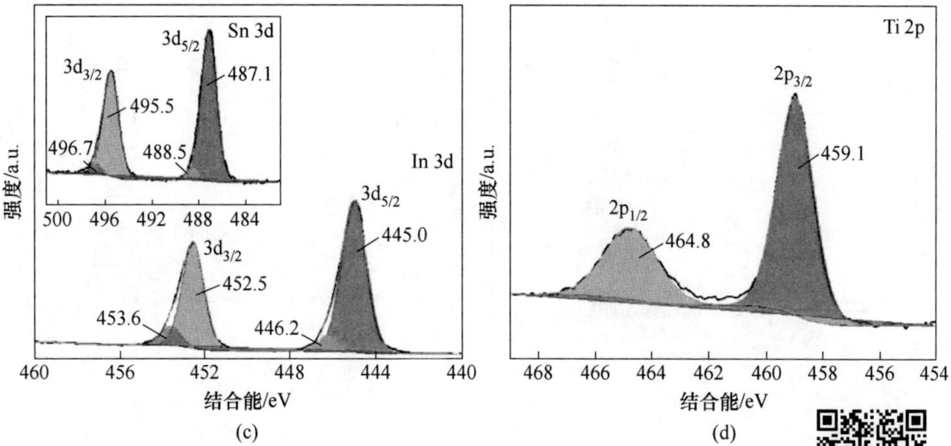

图 2-69　Co/MOS/NPC-2 中 XPS 总谱(a)，Zn 2p 精细谱(b)，Sn 3d 和 In 3d 精细谱(c)，Ti 2p 精细谱(d)

图 2-69 彩图

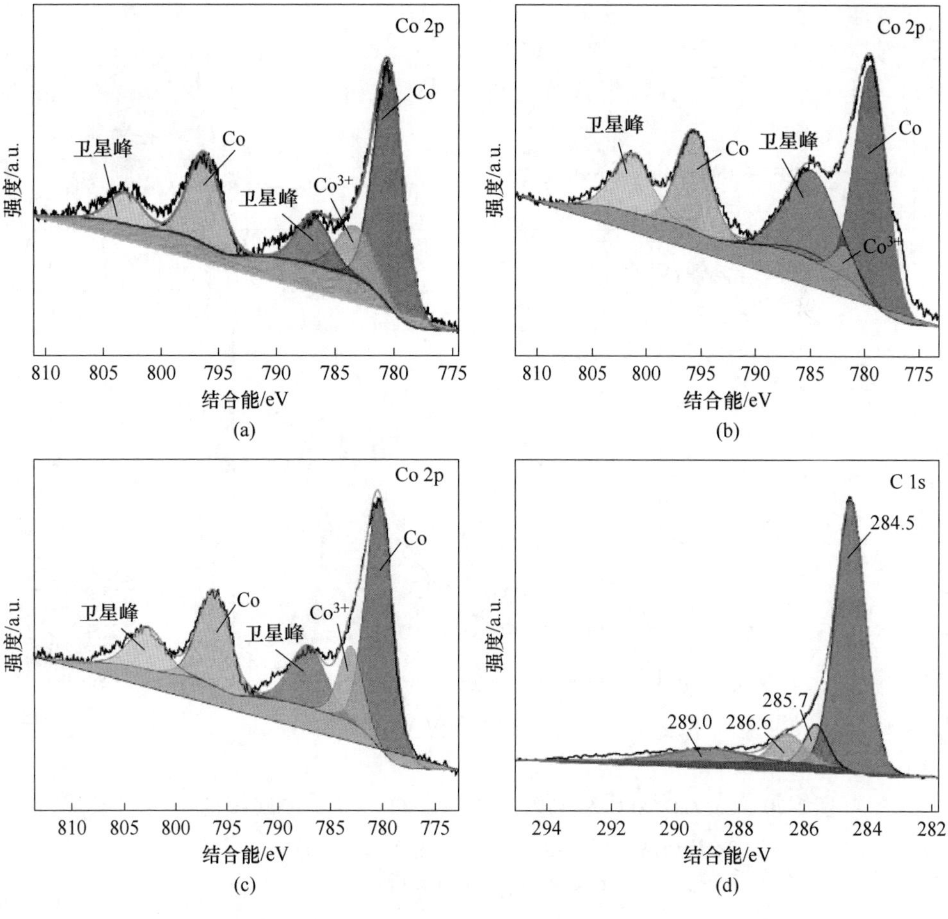

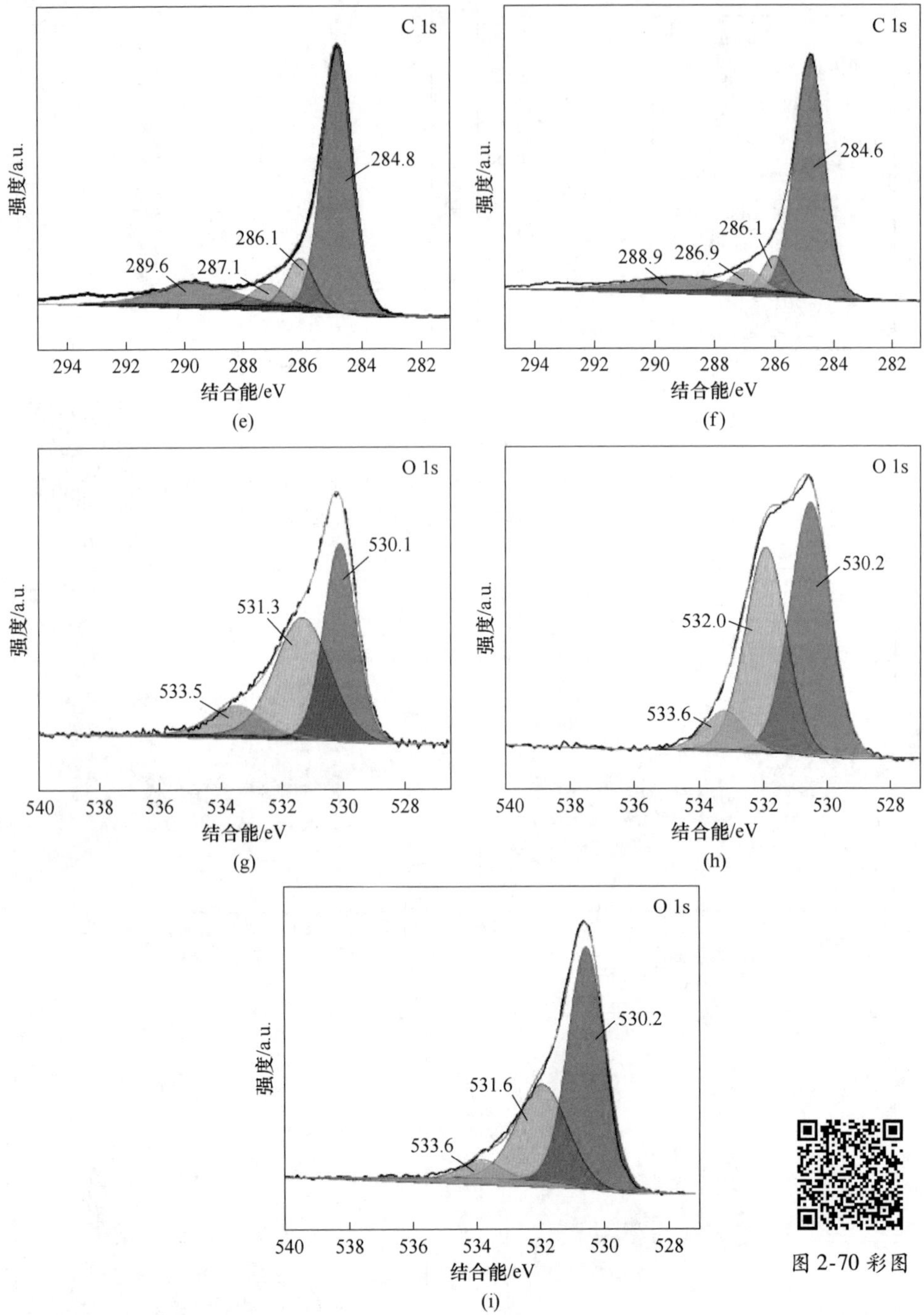

图 2-70 彩图

图 2-70　Co/ZnO/NPC-2，Co/ITO/NPC-2 和 Co/TiO_2/NPC-2 的 XPS：
Co 2p 精细谱［(a)～(c)］，C 1s 精细谱［(d)～(f)］，
O 1s 精细谱［(g)～(i)］

2.8.3 结构分析

样品的孔结构、大小、比较面积对其吸波性能有较大的影响，为了了解 Co/MOS/NPC 复合材料的孔特性，我们对 Co/MOS/NPC-2 系列样品的比表面积、孔径分布及孔体积等参数进行了测试。如表 2-7 所示，Co/ZnO/NPC-2、Co/ITO/NPC-2 和 $Co/TiO_2/NPC-2$ 样品的比表面积分别为 189.2 m^2/g、144.9 m^2/g、153.6 m^2/g，总孔容分别为 0.42 cm^3/g、0.29 cm^3/g、0.33 cm^3/g，三个样品均有较大的比表面积和孔容量。Co/MOS/NPC-2 系列样品的 N_2 吸附-解吸等温线如图 2-71(a)所示，在相对压力较小的范围内，曲线呈现急剧的上升，这表明样品中含有大量的微孔；随着相对压力进一步增加，所有的样品均可以观察到明显的吸附-解吸回滞环，表明样品中含有大量的介孔。如图 2-71(b)所示，孔径分布曲线也表明了微孔和介孔共存于 Co/MOS/NPC 样品中。样品的多孔结构可能来源于 MOFs 前驱体，热解过程中 MOFs 的规则多孔结构在一定程度上得以保留。样品的多孔结构不仅有利于吸波剂的轻质化，还可优化吸波剂与空气的阻抗匹配，此外多孔结构提供了更多的电磁波多重反射和散射的通道，也有利于促进电磁波的入射和衰减。

表 2-7 Co/MOS/NPC-2 系列样品的比表面积和总孔体积

样　品	$S_{BET}/m^2 \cdot g^{-1}$	孔体积/$cm^3 \cdot g^{-1}$
Co/ZnO/NPC-2	189.2	0.42
Co/ITO/NPC-2	144.9	0.29
$Co/TiO_2/NPC-2$	153.6	0.33

吸波剂的微观结构同样对其吸波性能有重要影响，我们通过扫描电子显微镜观察样品的形貌和微结构。以 Co-MOF-74@MOF-5-2 及其热解产物 Co/ZnO/NPC-2 为例，如图 2-72 所示，Co-MOF-74@MOF-5-2 呈现规则的立方块状形貌，表面光滑，颗粒大小为 10～100 μm，Co-MOF-74 被包覆于其中，难以被直接观察到。热解后得到的 Co/ZnO/NPC 保留了原 MOFs 前驱体立方块状的形貌，但是颗粒大小略微收缩，表面纹理变粗糙，呈现明显的疏松多孔特性。这可能是在高温热解的过程中，有机配体中含氧官能团的分解所致。从图 2-73(a)的光学显微镜照片可以看到红色的短棒状 Co-MOF-74 晶体均匀地分布于无色透明的 MOF-5 晶体内部，形成胶囊状的结构。经过高温热解之后，Co-MOF-74@MOF-5-2 转变成为 Co/ZnO/NPC-2，在图 2-73(b)(c)的 TEM 照片中可以看到深黑色的 Co 颗粒和浅色的 ZnO 颗粒被碳紧密地包覆着，就像多孔面包上两种不同的坚果。如图 2-73(d)(e)所示，0.205 nm 和 0.24 nm 的晶格条纹分别对应于 Co

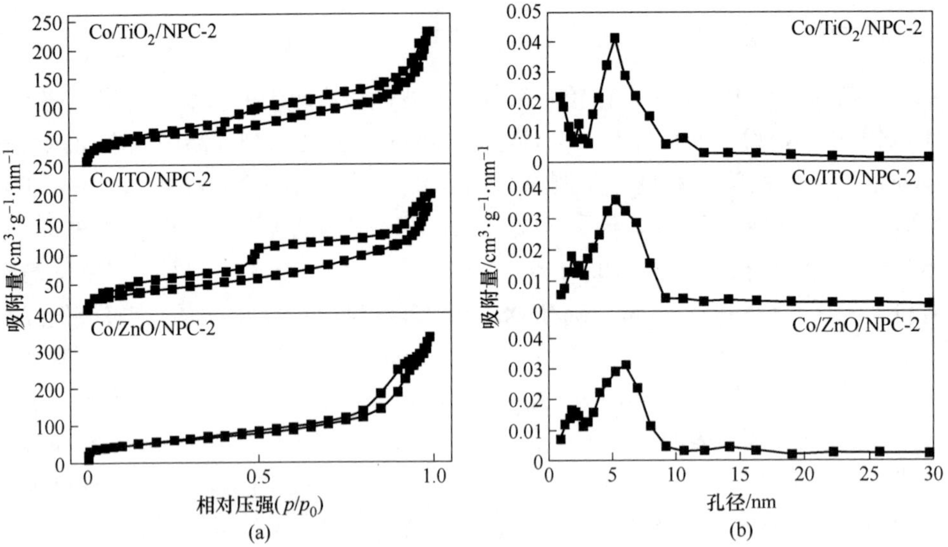

图 2-71　Co/MOS/NPC-2 系列样品的 N_2 吸附-解吸等温曲线(a)和 BJH 孔径分布曲线(b)

图 2-72 彩图

图 2-72　Co-MOF-74@MOF-5-2［(a)(b)］和 Co/ZnO/NPC-2［(c)(d)］的 SEM 图

的(110)晶面和 ZnO 的(101)晶面。图 2-73(f) ~ (i)的元素分布图揭示了 C、O、Co、Zn 元素的分布范围和密度，Co 颗粒呈现孤立点状，均匀分布于多孔碳中，Zn 和 O 的分布形貌则高度一致，说明二者结合在一起，以 ZnO 的形式存在；C 的分布比其他元素范围更广、密度更大，说明 Co 和 ZnO 被多孔碳紧密地包覆。

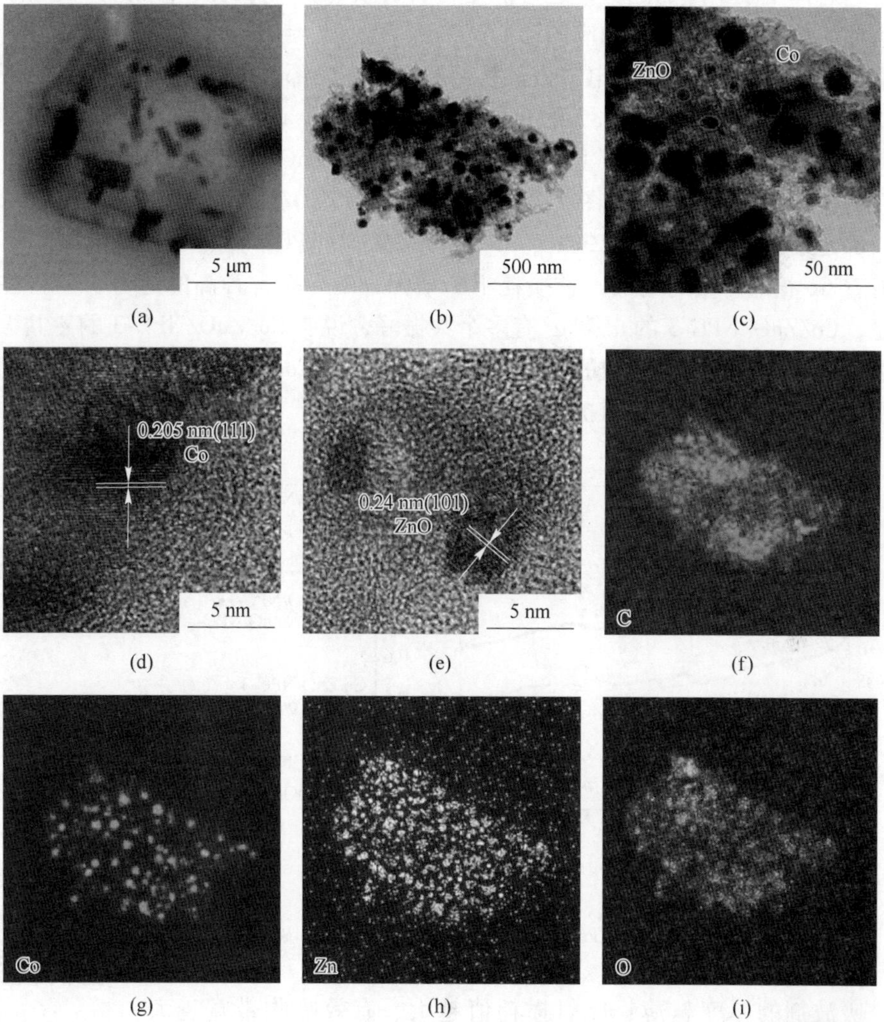

图 2-73 Co-MOF-74@MOF-5-2 的光学显微镜图(a)，Co/ZnO/NPC-2 的 TEM 图［(b)(c)］，HRTEM 图［(d)(e)］及相对应的元素分布图［(f) ~ (i)］

图 2-73 彩图

2.8.4　性能分析

2.8.4.1　不同比例的 Co/ZnO 系列

在本节我们对 Co/ZnO/NPC-1、Co/ZnO/NPC-2、Co/ZnO/NPC-3 的电磁参数进行了测试，分析其电磁特性和吸波性能。如图 2-74(a)所示，随着频率的增加，ε' 总体呈现下降的趋势，这可能是材料的频率散射行为所导致的，随着频率的增加，材料对电磁场的响应的滞后越来越明显，引起 ε' 逐渐下降。随着复合物中 Co 单质的含量增加，介电常数的实部和虚部在大部分频段内均有所下降，Co/ZnO/NPC-2 和 Co/ZnO/NPC-3 的介电常数比较接近，说明 Co 的相对含量增加会引起介电损耗能力的下降，且下降越来越慢。Co/ZnO/NPC-1、Co/ZnO/NPC-2、Co/ZnO/NPC-3 的磁导率如图 2-74(b)所示，Co/ZnO/NPC-3 的磁导率在大部分频段都是最高的，但是 Co/ZnO/NPC-2 和 Co/ZnO/NPC-1 的磁导率比较接近，说明随着 Co 相对含量的增加，磁损耗不断增强，磁导率有升高的趋势。值得注意的是，Co/ZnO/NPC-3 的 μ' 和 μ'' 有多个共振峰，说明 Co/ZnO/NPC-3 的磁共振现象最为显著。上述电磁参数的分析表明调控合适的 Co-MOF-74 与 MOF-5 的比例可获得理想的电磁参数、阻抗匹配和吸波性能。

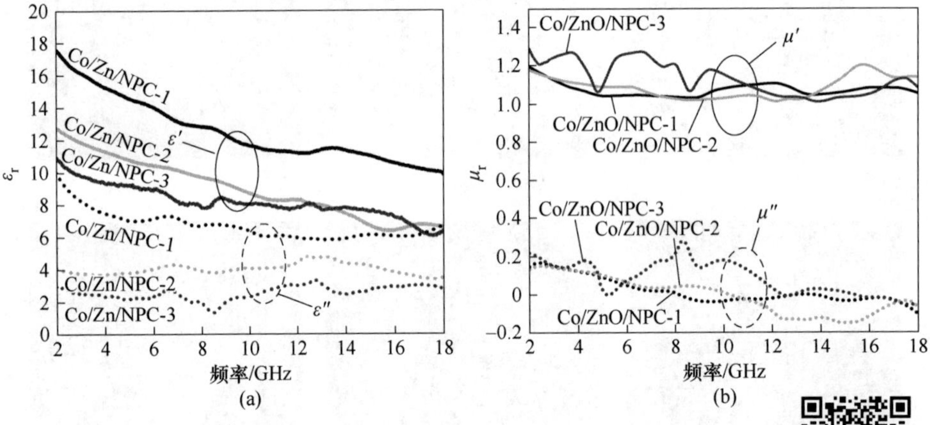

图 2-74　Co/ZnO/NPC 的介电常数(a)和磁导率(b)

图 2-74 彩图

吸波剂的厚度越薄、反射损耗值越大、有效吸收带宽越大则说明性能越好。图 2-75 展示了 Co/ZnO/NPC 在 1 ~ 5 mm 厚度下 2 ~ 18 GHz 频率内的吸波性能，可以发现 Co 的含量对吸波性能影响巨大。Co/ZnO/NPC-1 介电常数太高，导致吸波性能不佳，在 2.0 mm 厚度下，RL_{min} 为 −17.46 dB；在 1.5 mm 时，EAB 为 4.84 GHz。Co/ZnO/NPC-2 的吸波性能较为优异，在 1.88 mm 厚度下，RL 值为 −61.7 dB，EAB 为 5.6 GHz。Co/ZnO/NPC-3

的吸波性能有所下降，在 2.5 mm 的厚度下，得到了 −30.74 dB 的 *RL* 值，EAB 为 4.2 GHz。结果表明，与其他 Co/ZnO/NPC 样品相比，Co/ZnO/NPC-2 不仅具有更小的 RL_{min}，而且具有更宽的 EAB。

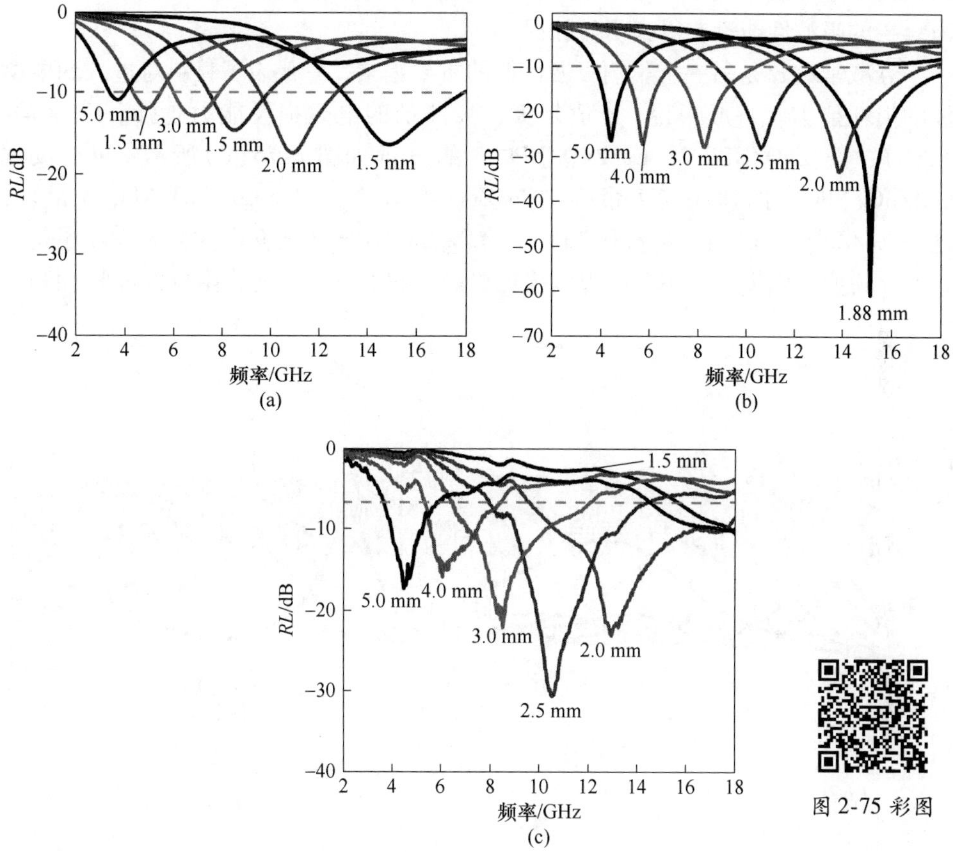

图 2-75 彩图

图 2-75 Co/ZnO/NPC-1(a)、Co/ZnO/NPC-2(b)、Co/ZnO/NPC-3(c)在 2～18 GHz 频段的电磁波吸收性能曲线

电磁波吸收的过程主要包括两个步骤，一是电磁波进入吸波剂内部，二是在吸波剂内部被损耗掉。一般通过阻抗匹配特性来表征电磁波进入吸波剂内部的难易程度，用 $|Z_{in}/Z_0|$ 在一定程度上将其量化。

如图 2-76(a)～(c)所示，Co/ZnO/NPC-1 只有在 1.5 mm 和 2.0 mm 时很小的频段内 $|Z_{in}/Z_0|$ 值达到了 0.7，Co/ZnO/NPC-1 过高的介电常数和过低的磁导率导致阻抗匹配不佳，入射电磁波难以进入吸波剂内部；Co/ZnO/NPC-2 的介电常数有所下降，故其阻抗匹配得以优化，在较宽的频段内 $|Z_{in}/Z_0|$ 值落在 0.7～1.2 的范围，相关频段的电磁波大部分能量均可进入材料内部，尤其是在 1.88 mm

和 2.0 mm 时，从图 2-76(b)可以发现在这两个厚度下，材料具有很强的反射损耗值和很宽的有效吸收带宽；Co/ZnO/NPC-3 的介电常数进一步下降的同时磁导率也得以提升，故 Co/ZnO/NPC-3 在较宽的频段内 $|Z_{in}/Z_0|$ 值落在 0.7 ~ 1.2 的范围，在多个厚度下均有着较好的阻抗匹配，但由于损耗能力的下降，Co/ZnO/NPC-3 的吸波性能没有得到明显的提升。

衰减常数 α 是另一个影响吸波性能的重要因素，它代表了材料对进入的电磁波的损耗能力。一般来说，α 值越大，吸波剂的电磁损耗能力越强。Co/ZnO/NPC-1、Co/ZnO/NPC-2、Co/ZnO/NPC-3 的 α 值如图 2-76(d)所示，可以发现 Co/ZnO/NPC-1 的损耗能力最强，Co/ZnO/NPC-2 次之，Co/ZnO/NPC-3 最弱，这与 Co/ZnO/NPC-1、Co/ZnO/NPC-2、Co/ZnO/NPC-3 的介电常数大小顺序是一致的，说明介电损耗是主要的吸波损耗机制。我们进一步地将阻抗匹配特性和电

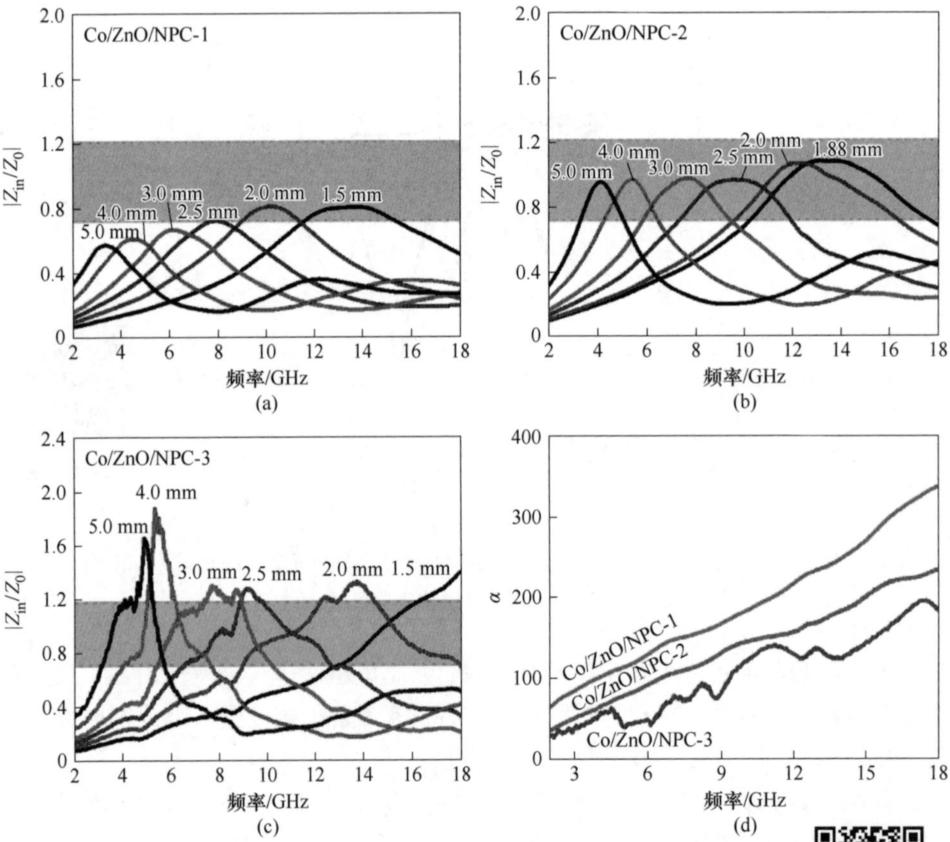

图 2-76　在不同厚度下的 $|Z_{in}/Z_0|$ 值：Co/ZnO/NPC-1(a)、Co/ZnO/NPC-2(b)、Co/ZnO/NPC-3(c)和衰减常数 α(d)

图 2-76 彩图

磁衰减特性结合起来分析它们对吸波性能的影响，Co/ZnO/NPC-1 的损耗能力最强，阻抗匹配最差，因此性能一般；Co/ZnO/NPC-2 的损耗能力较强，阻抗匹配也较好，Co/ZnO/NPC-2 具有出色的吸波性能；Co/ZnO/NPC-3 的阻抗匹配最好，但衰减能力较弱，故性能相比于 Co/ZnO/NPC-2 略有下降。由此可以得出结论，通过调节 Co 和 ZnO 的比例，可以同时获得优异的阻抗匹配和更强的电磁衰减性能。因此，有必要在此优化比例的基础上进一步讨论不同 MOS 的吸波性能。

2.8.4.2 不同 MOS 系列

通过之前的实验和分析，我们进一步地将外层的 MOF-5 替换成 In/Sn-MOF 和 Ti-MOF，在 2：1 的比例和 700 ℃的热解温度下，制备得到了 Co/ITO/NPC-2、Co/TiO_2/NPC-2；并且分别直接热解 Co-MOF-74、MOF-5、In/Sn-MOF 和 Ti-MOF 制备了 Co/NPC、ZnO/NPC、ITO/NPC、TiO_2/NPC。

我们将对 MOFs@MOFs 热解得到的 Co/MOS/NPC 复合材料的电衰减特性和磁损耗特性详细分析。如图 2-77(a)所示，Co/MOS/NPC-2 的 ε' 随着频率的增加而逐步下降，这是典型的频率散射行为，在 2 ~ 18 GHz 频段内常见。Co/ITO/NPC-2 的 ε' 值最高（12.9 ~ 17.04），Co/ZnO/NPC-2 的 ε' 值次之（6.51 ~ 12.74），Co/TiO_2/NPC-2 的 ε' 值最低（3.06 ~ 11.11），这与 ITO/NPC、ZnO/NPC、TiO_2/NPC 的 ε' 值大小顺序是一致的，且大小均有所减小，说明高介电物质与低介电物质复合可调节电磁参数至合适范围内。如图 2-77(b)所示，在 2 ~ 18 GHz 范围，Co/MOS/NPC 的 ε'' 则在较小的范围内（3.12 ~ 5.93）波动，大小顺序与 ε' 值大小变化顺序基本一致。高介电常数实部主要来源于电偶极子极化，而更大的虚部值主要由电导率、界面极化和其他相关的极化机制所引起。ITO 是一种掺杂半导体，In^{3+} 被 Sn^{4+} 取代引起了缺陷和电偶极子数量的增加，进一步增加了 Co/ITO/NPC-2 的载流子浓度和电导率，因此 Co/ITO/NPC-2 拥有最高的介电常数、最高的偶极子极化和导电损耗。值得注意的是，ε'' 在 5 ~ 8 GHz 和 12 ~ 18 GHz 均出现了多个共振峰，这可能与在交变电磁场中，Co/MOS/NPC-2 多重异质界面产生的界面极化有关。为了更加直观地分析 Co/MOS/NPC-2 的介电损耗能力，可利用介电损耗角 $\tan\delta_\varepsilon$ 来表征。如图 2-77(c)所示，在 2 ~ 18 GHz 的大部分频段内，Co/ITO/NPC-2 的 $\tan\delta_\varepsilon$ 值是最高的，说明它在三个样品中具有最高的介电损耗能力。随着频率的增加，Co/MOS/NPC-2 的 $\tan\delta_\varepsilon$ 值逐渐升高，这可能是 ε' 随着频率逐步减小，而 ε'' 则平稳波动的趋势所引起的。

Cole-Cole 半圆，每个半圆对应一个单一的极化弛豫过程。图 2-77(d) ~ (f) 显示了 Co/MOS/NPC-2 样品的 ε' 对 ε'' 曲线，可以发现在三个样品中都有数个清晰的半圆环，这说明存在多个极化弛豫过程，这些极化弛豫主要包括了界面极化、偶极子极化等。Co/MOS/NPC-2 中含有多种成分和大量的异质界面，比如 Co-MOS、Co-C、MOS-C 界面等，在这些不同物质的接触界面处，物质的电荷分

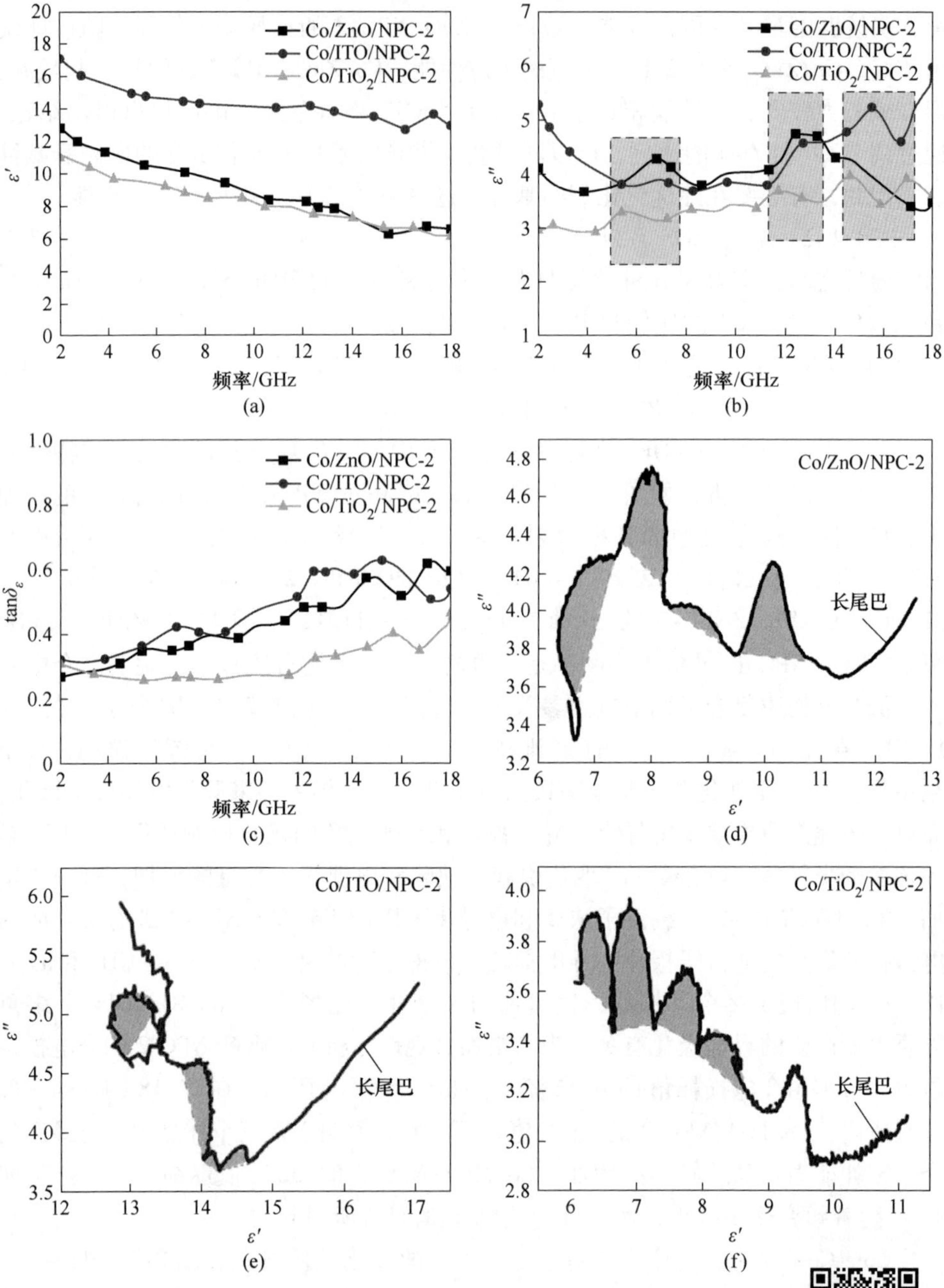

图 2-77　Co/MOS/NPC-2 的 ε' 值(a)、ε'' 值(b)和 $\tan\delta_\varepsilon$ 值(c)及相对应的 Cole-Cole 半圆［(d)～(f)］

图 2-77 彩图

布和电负性存在明显差异，容易形成微电容结构的电荷分布，这个过程称为界面极化。这种微电容在交变电场不断充放电可造成外加电磁场能量的损耗，进而吸收电磁波。偶极子极化也是一个重要的极化过程，Co/MOS/NPC-2 的碳骨架中含有较多的缺陷和含氧官能团，这些基团可以充当偶极子，进一步增强偶极子极化。此外，导电损耗也是重要的吸波机制，导电损耗的存在与 ε'-ε'' 曲线中的线性尾巴相关，尾巴越长表明导电损耗越显著，在 Co/MOS/NPC-2 的 ε' 对 ε'' 曲线中都可以看到直线型的尾巴，Co/ITO/NPC-2 具有最长的尾巴说明它导电损耗最强，这与其最高的介电常数相吻合。

磁导率是影响吸波性能的另一项重要因素，如图 2-78(a)(b) 所示，Co/MOS/NPC-2 样品的 μ' 和 μ'' 总体趋势都随着频率的增加而逐步降低，这是含磁性物质材料的 Snoek 极限所导致的。在图 2-78(b) 中，存在多个共振峰，这可能是

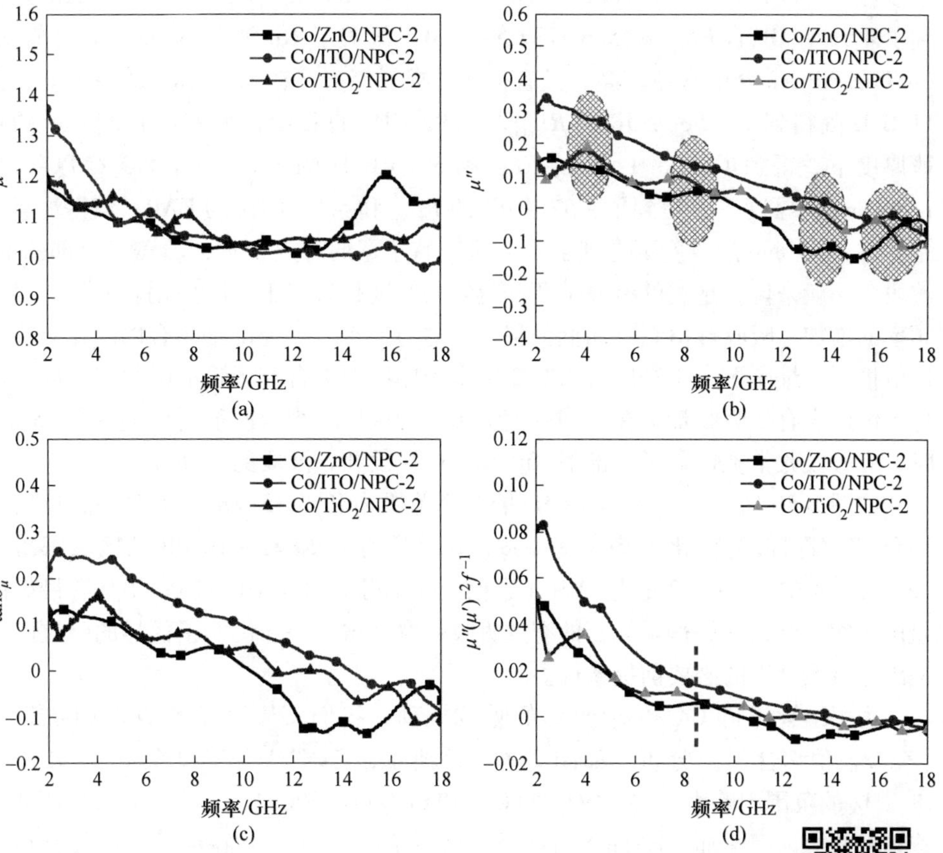

图 2-78　Co/MOS/NPC-2 的 μ' 值(a)、μ'' 值(b)、$\tan\delta_\mu$ 值(c)及 $\mu''(\mu')^{-2}f^{-1}$(d)

图 2-78 彩图

Co 颗粒的自然共振或交换共振所引起的。为了更加直观地分析 Co/MOS/NPC 的磁损耗能力，可利用磁损耗角正切值 $\tan\delta_\mu$ 来表征。对于所有的 Co/MOS/NPC-2 样品，在 2～18 GHz 内，$\tan\delta_\varepsilon$ 值明显高于 $\tan\delta_\mu$ 值，表明介电损耗在损耗机制中占主导地位。我们将通过 C_0 值来详细分析不同频段的磁损耗，如果 C_0 随着频率的增加而变化较小或者保持常数，就说明磁损耗主要来源于涡流损耗，反之则主要来源于磁共振损耗。在图 2-78(d) 中可以发现在 2～8 GHz 内，C_0 随着频率的增加而逐步下降，在 8～18 GHz 则缓慢波动；因此可以合理地推测，在 S 波段和 C 波段，磁损耗主要来源于自然共振或者交换共振，在 X 波段和 Ku 波段，涡流损耗则起主导作用。

如图 2-79 所示，展示了 Co/MOS/NPC-2 的反射损耗二维曲线和对应的三维图，相比于复合前单 MOFs 不甚理想的性能，优化比例和温度后的 Co/MOS/NPC 吸波性能得以大大提升。Co/ZnO/NPC-2 在 1.88 mm 的厚度下，在 15 GHz 处得到了 -61.7 dB 的 RL_{min} 和 5.6 GHz 的 EAB，覆盖了 Ku 波段的 93.3% 的范围。Co/ITO/NPC-2 介电常数较高，具有很强的损耗能力。在 1.85 mm 的厚度下，在 11 GHz 处得到了 -56.4 dB 的 RL_{min} 和 2.92 GHz 的 EAB；另外在 1.32 mm 的超薄厚度下，得到了 -55.1 dB 的 RL_{min} 和 3.76 GHz 的 EAB。Co/TiO_2/NPC-2 在 1.86 mm 的厚度下，得到了 -57.4 dB 的 RL_{min} 和 4.88 GHz 的 EAB；值得注意的是，在 2.05 mm 的厚度下得到了 6.4 GHz 的超宽的有效带宽，覆盖了全部的 Ku 波段。一般来说，越宽的有效带宽和越薄的厚度越有利于实际应用。此外，随着频率的增加，吸收峰值频率向低频移动，这与 1/4 波长理论是吻合的。在对应的反射损耗三维图上，Co/MOS/NPC-2 在多个厚度下都含有很强的吸收峰，底面浅色投影代表有效吸收带宽在不同厚度下覆盖的区域。当吸波剂的厚度在 1～5 mm 时，有效吸收带宽覆盖了全部的 Ku、X、C 波段和 S 波段的一部分。

如图 2-80 所示，在 2～18 GHz 的频率范围内和 1～5 mm 的厚度下，反射损耗和 $|Z_{in}/Z_0|$ 值的变化趋势高度一致，几乎所有的 $RL \leqslant -10$ dB 的区域都落在 $|Z_{in}/Z_0|$ 值在 0.7～1.2 的范围内（黑色虚线部分），Co/TiO_2/NPC-2 具有最好的阻抗匹配，所以它获得了最宽的有效吸收带宽，这进一步说明了优异的阻抗匹配是出色吸波性能的必要前提条件。

为了继续探讨 Co/MOS/NPC 的吸波机理，我们将衰减常数 α 和阻抗匹配 $|Z_{in}/Z_0|$ 值综合起来分析。如图 2-81(a) 所示，Co/ITO/NPC-2 的 α 值在 10～18 GHz 的范围内略大于 Co/TiO_2/NPC-2 和 Co/ZnO/NPC-2，三个样品的 α 值都随着频率的增加而增加，与 $\tan\delta_\varepsilon$ 的变化趋势一致，这进一步说明了介电损耗在损耗机制中占据了主导的地位。如图 2-81(b) 所示，在 1.88 mm 厚度下，当 Co/ZnO/NPC-2 的 α 值在 18 GHz 处达到最大时，因为 $|Z_{in}/Z_0|$ 值仅为 0.65，此时的反射损耗仅为 -12 dB；该样品最佳反射损耗在 15.12 GHz 处取得，此时的 α 值

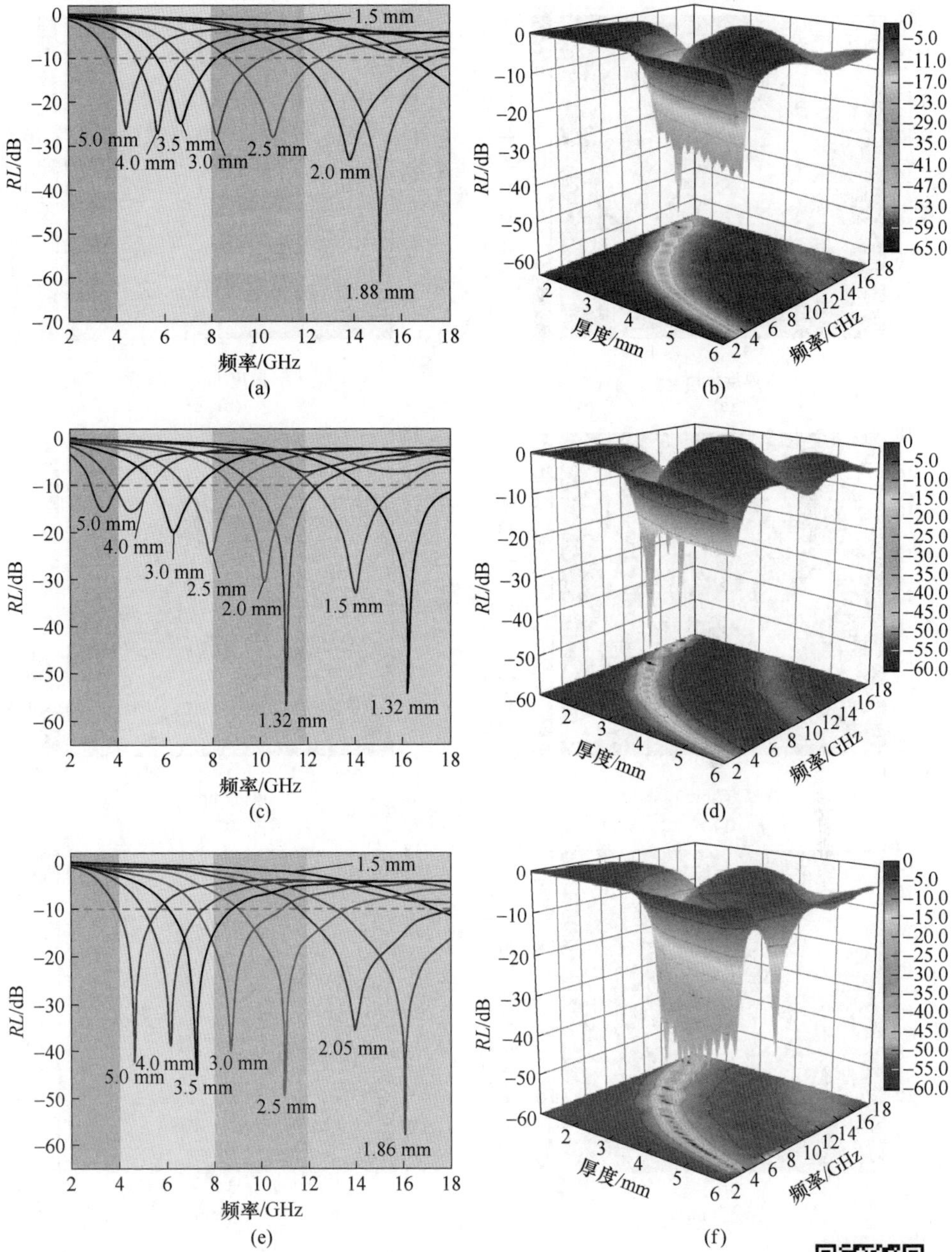

图 2-79　Co/ZnO/NPC-2 [(a)(b)]、Co/ITO/NPC-2 [(c)(d)]、Co/TiO_2/NPC-2 [(e)(f)] 的反射损耗二维曲线和对应的三维图

图 2-79 彩图

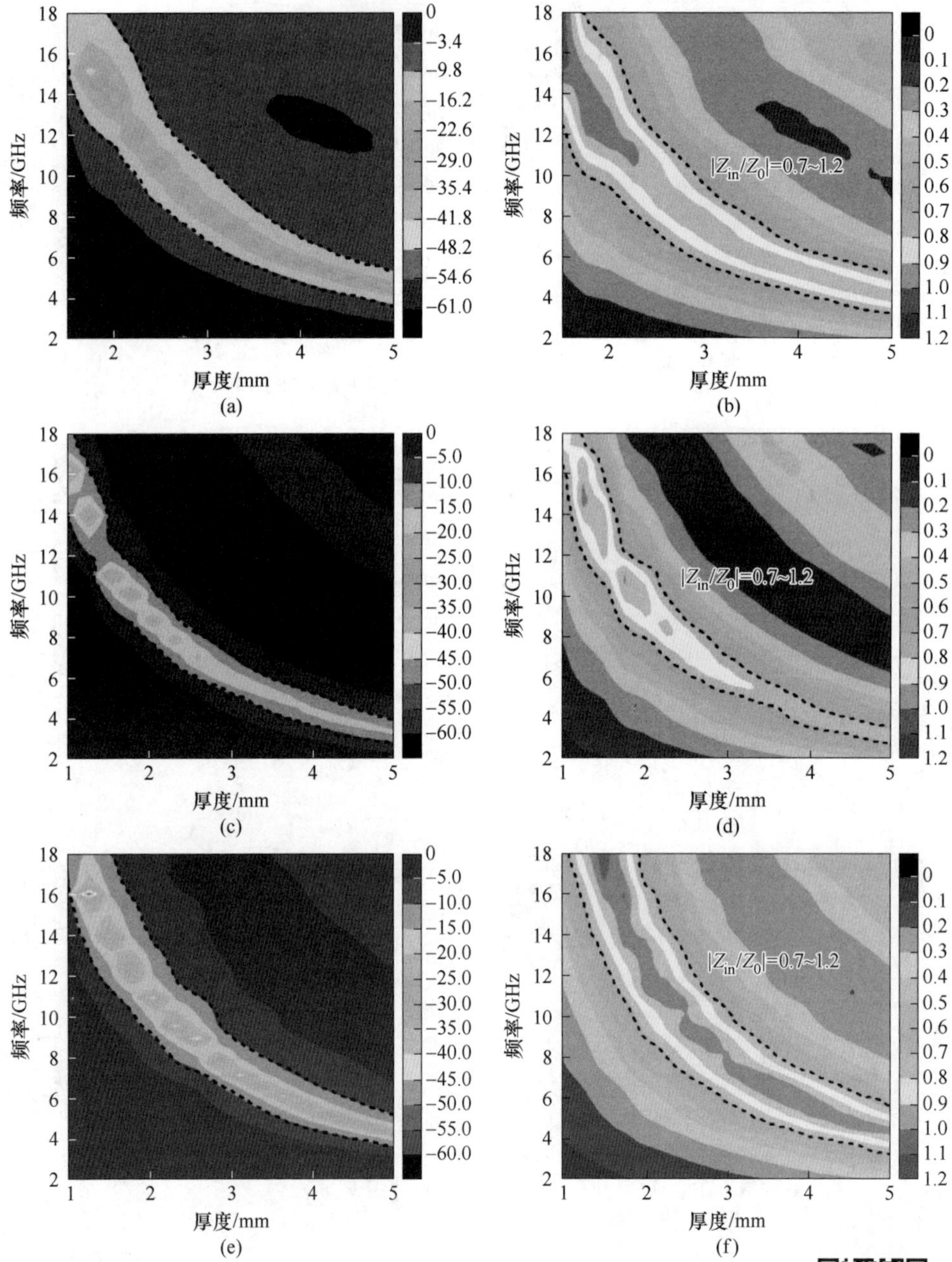

图 2-80　Co/ZnO/NPC-2［(a)(b)］、Co/ITO/NPC-2［(c)(d)］、Co/TiO_2/NPC-2［(e)(f)］的反射损耗投影等高线图和相对应的 $|Z_{in}/Z_0|$ 值等高线图

图 2-80 彩图

虽不是最大值，但 $|Z_{in}/Z_0|$ 值为 0.999，接近 1。类似的现象也可以在 1.32 mm 厚度下的 Co/ITO/NPC-2 样品上发现，如图 2-81(c)所示。此外，对于在 2.05 mm 厚度下的 $Co/TiO_2/NPC$-2 样品，如图 2-81(d)所示，当 $|Z_{in}/Z_0|$ 值为 0.7 ~ 1.1，α 值为 155 ~ 250 时，RL 小于 −10 dB 的频率范围为 11.6 ~ 18 GHz，覆盖了整个 Ku 波段。

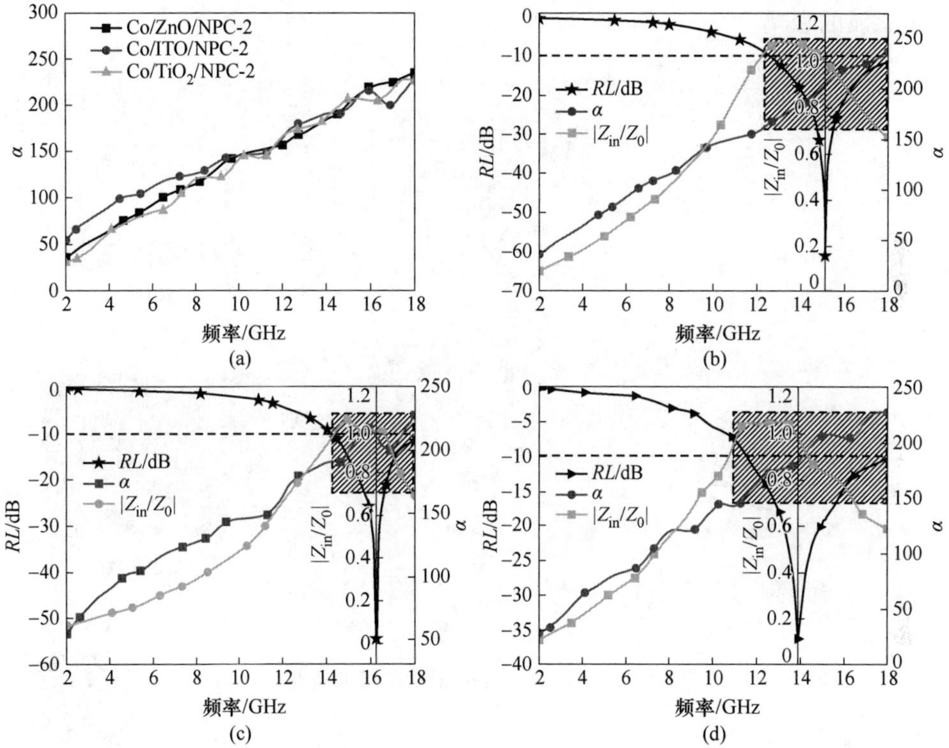

图 2-81 Co/MOS/NPC-2 的衰减常数 α(a)，Co/ZnO/NPC-2 在 1.88 mm(b)、Co/ITO/NPC-2 在 1.32 mm(c)、$Co/TiO_2/NPC$-2 在 2.05 mm(d)下 RL、α 和 $|Z_{in}/Z_0|$ 值随频率变化曲线图

图 2-81 彩图

Co/MOS/NPC 潜在的吸波机制可以通过图 2-82 直观地表示，介电损耗与磁损耗的协同作用使吸波剂具有优异的阻抗匹配，大部分的入射电磁波能够进入材料内部，然后在多重损耗机制的作用下转化为热能或其他形式的能量。总结如下，首先 Co/MOS/NPC 复合材料含有大量的相界面，如 Co-C、Co-MOS、结晶碳-无定形碳界面等，这些异质界面在交变电场中可以累积电荷，产生界面极化；此外，Co/MOS/NPC 的碳骨架中含有很多的缺陷和含氧官能团，它们可以充当电

偶极子，产生丰富的偶极极化。界面极化和偶极极化共同作用，大大增强了 Co/MOS/NPC 的介电损耗能力。复合材料中的 Co 可以充当传导节点、碳骨架构成电阻性的传导网络，使入射电磁波通过微电流焦耳热的形式被耗散掉。导电损耗可由 Cole-Cole 半圆曲线图中的线性长尾得以确认。此外，来自于磁性 Co 颗粒的涡流损耗、自然共振、交换共振等也有利于加强磁损耗。结构方面，Co/MOS/NPC 较大的比表面积和多孔的结构提供了电磁波反射、干涉和散射的通道，促进了入射电磁波的衰减。

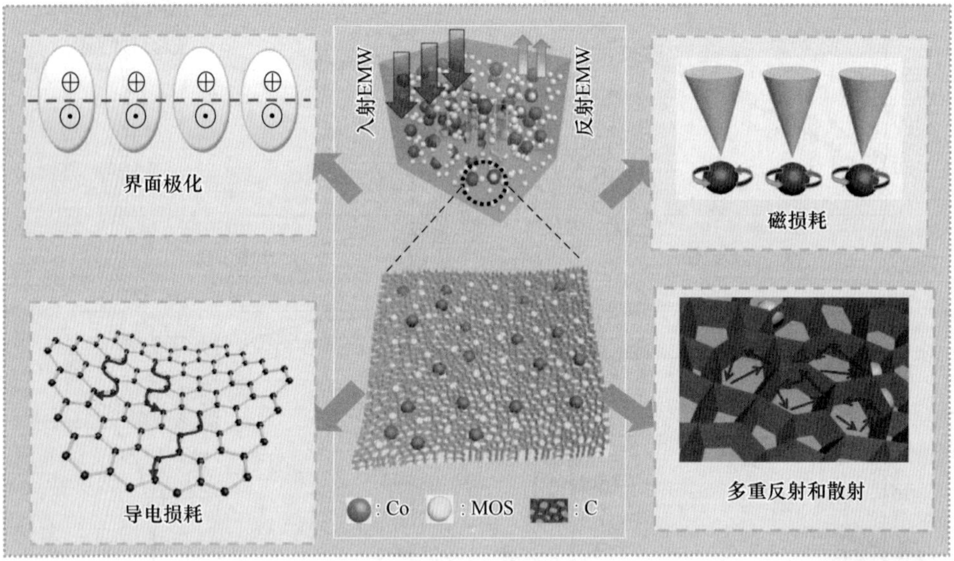

图 2-82　Co/MOS/NPC 潜在的吸波机制图

图 2-82 彩图

2.8.5　小结

通过前期的工作和文献调研，发现优良的阻抗匹配有利于实现宽频吸收，出色的损耗能力能有效降低吸波剂的厚度。我们通过引入磁性物质来优化吸波剂与空气的阻抗匹配，引入半导体金属氧化物和碳材料来增强吸波剂电磁损耗能力。预先制备 Co-MOF-74 为核心种子，通过表面活性剂的 CTAB 静电吸附作用，在核心种子表面分别生长 MOF-5、Ti-MOF 和 In/Sn-MOFs，得到微胶囊结构的系列 MOFs@MOFs，继而一步热解得到多界面的钴/半导体金属氧化物/纳米多孔碳（Co/MOS/NPC）三元复合材料，通过控制两类不同 MOFs 的含量，改变磁性钴颗粒与半导体金属氧化物的比例，不仅可以提升复合材料的磁损耗和极化损耗能力，还同时优化了阻抗匹配；通过控制热解温度，调控复合材料的导电损耗。对 Co/MOS/NPC 进行优化后，在导电损耗、磁损耗、偶极极化和界面极化之间的协同作用下，ITO/NPC 复合材料表现出出色的电磁波吸收性能。Co/ZnO/NPC-2 在 1.88 mm 厚度下，获得了 -61.7 dB 的反射损耗和 5.6 GHz 的有效吸收带宽；Co/ITO/NPC-2 在 1.32 mm 的超薄厚度下，获得了 4.0 GHz 的有效吸收带宽和 -55.1 dB 的反射损耗；Co/TiO_2/NPC-2 在 2.05 mm 厚度下，获得了 6.48 GHz 的有效带宽，覆盖了整个 Ku 波段。总而言之，为了在更薄的厚度下更强的电磁波吸收、更宽的吸收带宽，优秀的阻抗匹配和相对较强的电磁衰减能力是前提条件，引入适当的磁性物质可以优化阻抗匹配和提高磁损耗；本研究为基于 MOFs 的复合吸波剂的制备和设计提供了一定的参考。

2.9 本章小结

本章合成了基于 MOFs 的多孔碳复合材料，通过调控材料的组成和结构，与半导体和磁性材料复合引入多组分等方式，可以有效地调控材料的电磁参数，进而优化阻抗匹配。

首先，以 Mn-MOF 为前驱体，通过一次煅烧和原位转化以及二段煅烧策略合成了三种价态锰的氧化物 MnO@NPC、Mn_3O_4@NPC 和 MnO_2@NPC 复合材料，探究了单金属锰的价态对相应材料的吸波性能的影响。在此基础上进一步引入磁性过渡金属 Fe 和 FeCo 合金，探究材料的磁导率的提高对电磁波吸收频带的影响，在 Co/MnO@NPC 和 FeCo/MnO@NPC 复合材料中，磁损耗能力更强的 FeCo/MnO@NPC 具有更优异的宽频带电磁波吸收性能。随后，以 In/Sn-MOF 为前驱体，一步合成了半导体 ITO 与多孔碳的均相复合材料，通过改变 Sn 掺杂量和载流子浓度来有效调节 ITO/NPC 的复介电常数，增强介电损耗能力，从而优化材料吸波性能。紧接着，我们首次通过在 3d-MOF 引入 4f 离子，得到不同的 3d-4f-MOFs（LnMn-MOF、LaFe-MOF），利用 3d 和 4f 离子之间的铁磁耦合，从而提高复合材料的磁导率，进一步提高其吸波性能。最后，通过在 MOF 上设计空心和螺旋结构，引入多重损耗机制提高吸波性能。Ln_2O_3/MnO/C 和 $LaFeO_3$/Fe_3O_4@C 复合材料的空心结构增强了材料对入射电磁波的多次反射和散射；SC@$LaFeO_3$/Fe_3O_4/C 的螺旋结构诱导的电磁交叉极化提高了材料对电磁波的损耗能力。除此之外，还获得了多组分间的多界面极化损耗，另外 MOF 衍生的多孔碳基质的导电网络等，均优化了复合材料的阻抗匹配，从而提高了材料的吸波性能。利用表面活性剂巧妙地构筑了微胶囊结构的半导体金属-MOF@磁性金属-MOF，热解得到 Co/MOS/NPC 三元复合材料，可灵活地调节两种 MOFs 的比例和 MOS 种类，来调控介电损耗和磁损耗，以协调电磁损耗，优化吸波性能。这些研究为高性能电磁波吸收材料的开发提供了丰富思路与重要参考。

参考文献

[1] Wang Y, Di X, Gao X, et al. Rational construction of Co@C polyhedrons covalently-grafted on magnetic graphene as a superior microwave absorber [J]. Journal of Alloys and Compounds, 2020, 843: 156031.

[2] Ma J, Liu W, Liang X, et al. Nanoporous TiO_2/C composites synthesized from directly pyrolysis of a Ti-based MOFs MIL-125 (Ti) for efficient microwave absorption [J]. Journal of Alloys and Compounds, 2017, 728: 138-144.

[3] Zhang X, Qiao J, Liu C, et al. A MOF-derived ZrO_2/C nanocomposite for efficient electromagnetic wave absorption [J]. Inorganic Chemistry Frontiers, 2020, 7: 385-393.

[4] Liang X, Man Z, Quan B, et al. Environment-stable Co_xNi_y encapsulation in stacked porous carbon nanosheets for enhanced microwave absorption [J]. Nano-Micro Letters, 2020, 12 (8): 172-183.

[5] Peng S, Wang S, Hao G, et al. Preparation of magnetic flower-like carbon-matrix composites with efficient electromagnetic wave absorption properties by carbonization of MIL-101(Fe) [J]. Journal of Magnetism and Magnetic Materials, 2019, 487: 165306.

[6] Xiang Z, Song Y, Xiong J, et al. Enhanced electromagnetic wave absorption of nanoporous Fe_3O_4@carbon composites derived from metal-organic frameworks [J]. Carbon, 2019, 142: 20-31.

[7] Sun Y, Jia H, Liu J, et al. Metal-organic framework-derived C/Co/Co_3O_4 nanocomposites with excellent microwave absorption properties in low frequencies [J]. Journal of Materials Science: Materials in Electronics, 2020, 31: 11700-11713.

[8] Yan X, Duan Y, Hou L, et al. Enhanced electromagnetic wave absorption of worm-like hollow porous MnO@C/CNTs composites [J]. Journal of Alloys and Compounds, 2019, 797: 1086-1094.

[9] Wang Y, Gao X, Wu X, et al. Facile synthesis of Mn_3O_4 hollow polyhedron wrapped by multiwalled carbon nanotubes as a high-efficiency microwave absorber [J]. Ceramics International, 2020, 46: 1560-1568.

[10] Zhang X, Su X, Zhang B, et al. Preparation of MnO_2@CNFs composites and their tunable microwave absorption properties [J]. Materials Research Express, 2019, 6: 075005.

[11] Wang L, Yu X, Huang M, et al. Orientation growth modulated magnetic-carbon microspheres toward broadband electromagnetic wave absorption [J]. Carbon, 2021, 172: 516-528.

[12] Fan Y, Li Y, Yao Y, et al. Hierarchically porous carbon sheets/Co nanofibers derived from corncobs for enhanced microwave absorbing properties [J]. Applied Surface Science, 2020, 534: 147510.

[13] Guo Y, Sun Q, Song K, et al. Rational design of FeCo imbedded 3D porous carbon microspheres as broadband and lightweight microwave absorbers [J]. Journal of Materials Science, 2020, 56 (3): 2212-2225.

[14] Zhang Y, Zhang H B, Wu X, et al. Nanolayered cobalt@carbon hybrids derived from metal-

organic frameworks for microwave absorption [J]. ACS Applied Nano Materials, 2019, 2 (4): 2325-2335.

[15] Liu W, Liu L, Ji G, et al. Composition design and structural characterization of MOF-derived composites with controllable electromagnetic properties [J]. ACS Sustainable Chemistry & Engineering, 2017, 5 (9): 7961-7971.

[16] Wei M Y, Huang R, Guo L H. High catalytic activity of indium tin oxide nanoparticle modified electrode towards electro-oxidation of ascorbic acid [J]. Journal of Electroanalytical Chemistry, 2012, 664: 156-160.

[17] Gu Y, Qin L, Wang M, et al. Solvothermal preparation and characteristics of Sn-doped In_2O_3 [J]. Journal of Central South University of Technology, 2008, 15: 763-767.

[18] Ge C, Wang L, Liu G, et al. Effects of calcination temperature on the electromagnetic properties of carbon nanotubes/indium tin oxide composites [J]. Journal of Alloys and Compounds, 2019, 775: 647-656.

[19] Wang Z, Zhao P, He D, et al. Cerium oxide immobilized reduced graphene oxide hybrids with excellent microwave absorbing performance [J]. Physical Chemistry Chemical Physics, 2018, 20 (20): 14155-14165.

[20] Ma J, Zhang X, Liu W, et al. Direct synthesis of MOF derived nanoporous CuO/carbon composites for high impedance matching and advanced microwave absorption [J]. Journal of Materials Chemistry C, 2016, 4 (48): 11419-11426.

[21] Wang L, Wen B, Yang H, et al. Hierarchical nest-like structure of Co/Fe MOF derived CoFe @C composite as wide-bandwidth microwave absorber [J]. Composites Part A: Applied Science and Manufacturing, 2020, 135: 105958.

[22] Dai S, Cheng Y, Quan B, et al. Porous-carbon-based Mo_2C nanocomposites as excellent microwave absorber: A new exploration [J]. Nanoscale, 2018, 10 (15): 6945-6953.

[23] Zhang M, Qian X, Zeng Q, et al. Hollow microspheres of polypyrrole/magnetite/carbon nanotubes by spray-dry as an electromagnetic synergistic microwave absorber [J]. Carbon, 2021, 175: 499-508.

[24] Liu X, Wang L S, Ma Y, et al. Enhanced microwave absorption properties by tuning cation deficiency of perovskite oxides of two-dimensional $LaFeO_3$/C composite in X-band [J]. ACS Applied Materials & Interfaces, 2017, 9 (8): 7601-7610.

[25] Wang L, Yu X, Li X, et al. MOF-derived yolk-shell Ni@C@ZnO schottky contact structure for enhanced microwave absorption [J]. Chemical Engineering Journal, 2020, 383: 123099.

[26] Gao Z, Xu B, Ma M, et al. Electrostatic self-assembly synthesis of $ZnFe_2O_4$ quantum dots ($ZnFe_2O_4$@C) and electromagnetic microwave absorption [J]. Composites Part B: Engineering, 2019, 179: 107417.

[27] Zhang Q, Du Z, Huang X, et al. Tunable microwave absorptivity in reduced graphene oxide functionalized with Fe_3O_4 nanorods [J]. Applied Surface Science, 2019, 473: 706-714.

3 基于生物质的多孔碳复合材料的制备及其电磁波吸收性能研究

3.1 概　　述

常规吸波材料难以广泛实际应用，主要是受密度大、吸波带宽窄、成本高昂、制备工艺复杂等缺陷所限制。在本章中我们将针对这些不足进行改进，促进吸波剂的实际应用。

通过前一章的实验结果和相关分析，我们知道基于金属-有机框架（MOFs）的多孔碳复合材料是优秀的吸波剂，通过调节金属离子和有机配体的种类和结构，热解温度和复合比例等条件，制备的吸波剂表现出了优异的性能，这是因为调节了介电常数和磁导率至合适的范围，使材料在具有良好的阻抗匹配的情况下兼具相对强的衰减能力，进而获得理想的吸波性能。在本章中我们将继续利用这个有效的思路来设计、合成吸波剂。

生物质废物是一种固体环境污染物，对空气、水和土壤环境具有潜在威胁。因此，生物质废弃物的有效利用不仅可以变废为宝，还可以缓解环境压力。在本领域，生物质作为一种优良的碳源材料具有极其重要的意义。首先，生物质在自然界分布广泛，且其生产过程具有绿色循环的特点，符合可持续发展的理念。与传统化石能源相比，利用生物质作为碳源几乎不需要经济成本，且原材料获取途径便捷，极大地降低了生产成本。其次，生物质碳材料在拓扑结构和纹理上具有独特性，通过简单热解处理制备出的吸波剂具有优异的介电损耗和传导损耗能力。利用有机固体废弃物生产高附加值的电磁波吸收（吸波）材料是一种很有前途的战略，可以同时解决环境和技术挑战，称为“一石二鸟”战略[1]。在潜在的候选材料中，生物质衍生材料为碳基吸波材料提供了有价值的解决方案。例如，植物废弃物和动物外壳等，可以通过热化学过程转化为先进的吸波材料。在热转换过程中，有机固体废弃物可以转化为缺陷丰富、比表面积大的多孔碳材料，增强了阻抗匹配，从而提高了电磁波吸收效率。

例如，Tao 等人从非原位硫掺杂的蟹壳中开发了多孔碳材料，所得到的材料的最小反射损耗值（RL_{min}）达到了 -64 dB，这归因于多孔结构和硫掺杂产生的最佳阻抗匹配[2]。碳基质中的掺杂原子可以激活中高频区域的缺陷诱导极化，从而提高碳吸波剂的吸波性能。同样，Mou 等人以椰子壳为碳源，成功制备了硼碳氮化物纳米片，RL_{min}达到了 −54.24 dB[3]。结果表明，氮和硼掺杂有效地提高了椰子壳衍生碳的吸波性能。然而，在这些材料中，主要是由 B、N、S 掺杂和多孔碳构筑的传导骨架网络，因而介电损耗占主导地位，这限制了阻抗匹配的进一步改进和有效吸收带宽（EAB）的扩展。

单纯的生物质基碳吸波剂的缺陷在于磁损耗较差，阻抗匹配不佳，因此一般要对其进行改性修饰和引入磁损耗成分，才可能获得理想的吸波性能[4]。近年来的研究结果表明，将介电损耗材料与磁性粒子结合是丰富损耗机制、提高阻抗匹配的有效策略，从而提高吸波性能[5]。MOFs 衍生的复合材料，既具有介电和（或）磁损耗机制，又具有多孔特性，已成为吸波材料的优秀候选材料[6]。在这些材料中，磁和介电损耗可以通过改变金属离子的种类来调整。

许多研究人员纷纷将生物质衍生的碳材料与磁性颗粒和（或）半导体金属氧化物复合，以优化电磁参数和阻抗匹配，并进一步拓宽电磁波吸收带宽。普鲁士蓝（PB）、普鲁士蓝类似物（PBA）和 ZIF-67 是一类含磁性金属离子的 MOFs，他们制备简易，成本低廉；其中 PB 的价格仅为十数元/千克，它们热解之后可得到磁性颗粒，是理想的磁源。

我们团队之前通过柚皮/PBA 复合材料的碳化合成了一种新型多孔类石墨烯异质结构，由于其独特的结构和较强的界面效应，表现出优异的吸波性能。优化后的 Fe/ZnO/NC-7 样品在厚度为 2.05 mm 时的RL_{min}为 −58.12 dB[7]。Wang 等人将 PBA 与苹果衍生石墨烯（BC）结合，并精确调整了比例，得到 BC/PBA 衍生物在 1.61 mm 的厚度下的 EAB 为 5.25 GHz[8]。这些例子表明，磁性材料的引入显著提高了生物质衍生碳材料的吸波性能。

本章选取具有独特结构和性质的生物质材料作为前驱体，其中包括植物源的柚子皮以及动物源的蝴蝶翅膀、鱼皮。这些生物质材料具备丰富的孔隙结构，呈现出较低的密度，并且拥有独特的周期性纹理结构或丰富的碳和氮，为后续优良吸波剂的制备提供了基础条件。通过原位生长 PB 或 ZIF-67 等 MOFs，再进一步热解制备得到生物质基多孔碳吸波剂。得益于前驱体的固有特性，所制得的吸波剂成功实现了密度低、吸波频段宽的性能，同时具有成本低廉、制备简易的优势，有利于促进吸波剂的实用化。

3.2 仪器表征

采用场发射扫描电子显微镜（SEM，FEI Nova Nano SEM450）和透射电子显微镜（TEM，Talos F200X）检测材料的形貌和晶格结构。采用 X 射线衍射（XRD，Bruker D8）分析了样品的相组成和晶体结构。通过拉曼光谱（Lab RAM HR800）

检测样品的石墨化程度。利用 X 射线光电子能谱（XPS，Thermo Scientific K-Alpha）分析了样品的表面组成和元素的价态。采用振动样品磁力测量仪（VSM，Dyna COOL）测定了磁滞回线。采用矢量网络分析仪（Agilent PNA N5224A）通过同轴法测量了样品在 2 ~ 18 GHz 范围内的电磁参数。采用计算机仿真技术（CST Studio Suite 2020）软件进行了梯度结构设计、RCS 和电磁仿真。基于平面波密度泛函理论（DFT）的原子和电子结构的第一性原理计算，使用材料工作室 2020 软件包中的 CASTEP 程序进行；采用 Mumax3 软件进行了微磁仿真模拟。

3.3　利用柚子皮/普鲁士蓝制备的磁性颗粒嵌入超薄碳纳米片复合材料

生物质作为一种在自然界广泛分布且可再生的优质碳源，在绿色循环体系内易获取。在适宜条件下热解生物质，可提供优良的导电损耗。但是单一的生物质碳基吸波材料存在磁损耗低、阻抗匹配不佳的缺点，通常需引入磁性材料，才能获得理想的吸波性能。Liu 等人以干木耳为原料，利用钴离子和纤维素的络合效应，结合碳化等技术手段，成功制备出了分层多孔的钴/碳复合材料（Co/C），优化后的 Co/C 具有较好的吸波性能，在 2.8 mm 的厚度时，具有 −52.62 dB 的最小反射损耗和 2.5 GHz 的有效吸收带宽[9]。Gao 等人通过碳化和水热法制备了以坚果壳为碳源的 Fe_3O_4@C 复合吸波剂，在 2.46 mm 下取得了 −56.61 dB 的最小反射损耗和 2.72 GHz 的有效带宽[10]。Wang 等人以丝瓜络为原料，负载磁性颗粒，热解后得到了海绵状的三维多孔碳/Fe_3O_4@Fe 复合材料，在 2.0 mm 时得到了 −49.6 dB 的最小反射损耗和 5.0 GHz 的有效吸收带宽[11]。

二维碳纳米材料因其独特的层状结构、可定制的原子层、可调的活性表面和高介电损耗，在电磁波吸收领域引起了广泛关注。在这里，通过柚皮（PP）/普鲁士蓝（PB）和 PP/普鲁士蓝类似物（PBA）的碳化，很容易制备新型多孔类石墨烯状异质结构。PB 和 PBA 产生的磁性粒子均匀分布在氮掺杂碳（NC）超薄纳米片中，增强了磁损耗，并提高了界面极化。

在此，我们通过煅烧 PP/PB 和 PP/PBA，获得了一系列 Fe/NC、Fe/ZnO/NC 复合材料，Fe/ZnO/NC-7 在 1.9 mm 厚度下的超宽 EAB 为 7.6 GHz。此外，其温和的合成条件和成本效益表明，该复合材料具有良好的实际应用潜力。总的来说，这项工作为废物利用和开发低成本、环保和宽带电磁波吸波剂提供了一种新的方法。

3.3.1　实验部分

（1）PP 的预处理。将从水果商店收集的新鲜柚子皮切碎，分别用去离子水浸泡 12 h 去除水溶性杂质和尘土，然后将处理后的柚子皮置于乙醇中浸泡 12 h 去除脂溶性的杂质，洗干净后在烘箱中 60 ℃ 干燥 6 h。

（2）PP/PB 和 PP/PBA 混合物的制备。采用改进的方法制备了 PB 和 PBA 微立方体[12]。首先，将 3.2 g $K_3Fe(CN)_6$ 加入 100 mL 去离子水中，搅拌直到得到透明溶液。然后，在上述溶液中加入 100 mL 1 mol/L 盐酸和 0.4 g 干燥的 PP，并陈化 24 h。收集 PP/PB 复合物，在 80 ℃下干燥 12 h。同样，用 1.6 g $K_3Fe(CN)_6$ 和 1.52 g $Zn(NO_3)_2 \cdot 6H_2O$ 取代 3.2 g $K_3Fe(CN)_6$，得到 PP/PBA 复合物。

（3）NC、Fe/NC 和 Fe/ZnO/NC 复合材料的制备。将制备的 PP、PP/PB 和 PP/PBA 样品置于石英舟上，以 2 ℃/min 的速率升温至 700 ℃或 800 ℃，N_2 气氛下碳化 2 h，然后以同样速率缓慢冷却。收集 PP、PP/PB 和 PP/PBA 衍生的黑色粉末，分别标记为 NC-7、NC-8、Fe/NC-7、Fe/NC-8、Fe/ZnO/NC-7 和 Fe/ZnO/NC-8。Fe/ZnO/NC 二维多孔磁性碳纳米片的合成路线如图 3-1 所示。

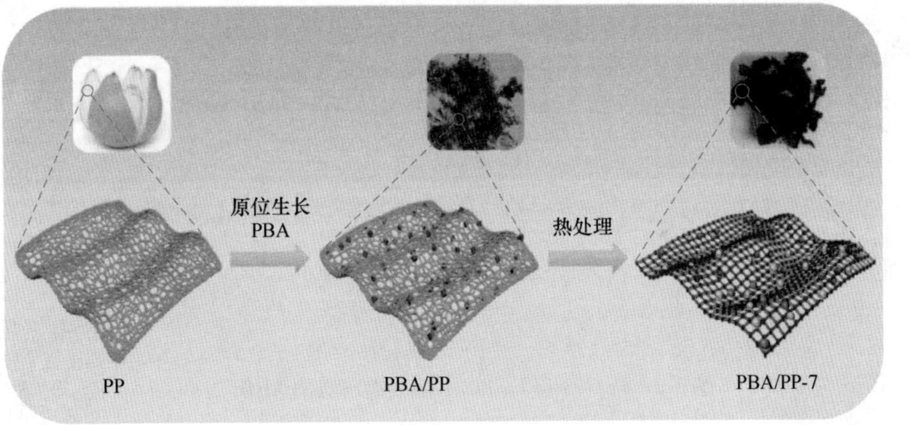

图 3-1 Fe/ZnO/NC 复合材料的合成路线

图 3-1 彩图

3.3.2 组成分析

3.3.2.1 X 射线衍射分析

应用 XRD 检测了所得到的复合材料的晶体结构。如图 3-2(a)所示，所有样品在 44.7°(110)、65.0°(200)和 82.3°(211)处都有三个峰，这与 α-Fe 立方体中心结构有关。此外，在 Fe/ZnO/NC-7 中，$2\theta = 31.7°$(100)、34.5°(002)、36.4°(101)、47.5°(102)、56.6°(110)和 67.9°(112)，均为六角形纤锌矿氧化锌的特征衍射峰。而在 Fe/ZnO/NC-8 中，很难识别出氧化锌的特征峰，这可能是在 800 ℃ 条件下，氧化锌粒子被还原，导致大量的 Zn 被蒸发。此外，在所有样品的 26.7°

处均出现了一个弱碳峰，这表明在碳框架中存在丰富的缺陷。上述 XRD 图表明，已成功制备了高纯度的 Fe/NC 和 Fe/ZnO/NC 复合材料。

3.3.2.2　拉曼光谱分析

图 3-2(b)为 Fe/NC 及 Fe/ZnO/NC 复合材料的拉曼光谱。1350 cm^{-1} （D 带）和 1500 cm^{-1} （G 带）处的峰分别表明存在无序碳和石墨碳。因此，通常用 I_G/I_D 来表示石墨化程度和碳缺陷。Fe/NC-7、Fe/NC-8、Fe/ZnO/NC-7 和 Fe/ZnO/NC-8 的 I_G/I_D 值分别接近 0.985、1.083、0.954 和 1.067，说明它们的石墨化程度不高，进一步表明多孔碳中存在丰富的无序碳或缺陷。此外，随着热解温度的升高，样品的 I_G/I_D 值略有升高，说明石墨化程度也略有增加，这有利于电磁波的传导损耗。

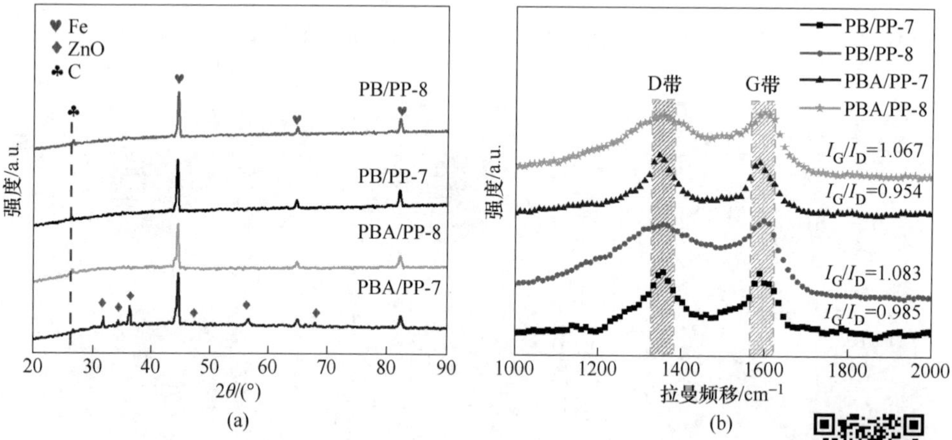

图 3-2　Fe/NC 和 Fe/ZnO/NC 复合材料的 XRD(a)和拉曼光谱(b)

图 3-2 彩图

3.3.2.3　XPS 分析

为了进一步分析样品的元素成分、表面状态，我们利用 XPS 对样品进行了测试。Fe/NC-7 的 XPS 全谱表明，Fe/NC-7 中存在 C、Fe、O、N 元素，Fe/ZnO/NC-7 中除了上述元素外还含有 Zn 元素（见图 3-3）。图 3-4 是 Fe/NC-7 和 Fe/ZnO/NC-7 样品的 XPS 高分辨率光谱，Fe 2p 谱由多组分特征峰拟合而成，如图 3-4(a)(b)所示；结合能 719.8 eV 的峰值对应 Fe，710.4 eV 和 722.8 eV 的峰值对应 Fe^{2+}，712.2 eV 和 726.4 eV 的峰值对应 Fe^{3+}。Fe 的多个结合能峰表明材料表面的 Fe 在空气中容易被氧化。此外，Fe 的结合能值略高于 709.4 eV 的标准值，这可能与界面极化有关。如图 3-4(c)所示，Fe/ZnO/NC-7 的 Zn 2p 的 XPS 高分辨光谱中，还显示了氧化锌的两个典型的 Zn $2p_{1/2}$（1043.2 eV）特征衍射峰

和 $2p_{3/2}$（1020.2 eV）特征衍射峰。O 1s 的峰值分别为 530.1 eV、531.8 eV 和 533.6 eV。图 3-4(f) 和(g) 分别对应于 Fe/NC-7 和 Fe/ZnO/NC-7 的 M—O（M ═Fe、Zn）、O—C 和 O—C 带，分别来源于氧化锌、氧化铁颗粒和碳骨架。以上结果表明，Fe/C、Fe/ZnO、ZnO/C 等丰富的界面存在于 Fe/ZnO/NC-7 中。如图 3-4(h)和图 3-4(i)所示，N 1s 光谱可分为三个峰，分别为吡啶 N（398.2 eV）、吡咯 N（399.8 eV）和石墨 N（401.1 eV）。N 1s 光谱表明，部分 N 原子已经被掺杂到碳纳米片中，并形成缺陷。在交变电磁场下，这些掺杂位点可以作为偶极子来增强极化弛豫。图 3-5 的 Fe/ZnO/NC-8 XPS 全谱中，氧化锌峰变得非常弱，这是因为当煅烧温度升高到 800 ℃时，锌被蒸发了，与 Fe/ZnO/NC-8 的 XRD 图中氧化锌峰的消失相一致（见图 3-2(a)）。

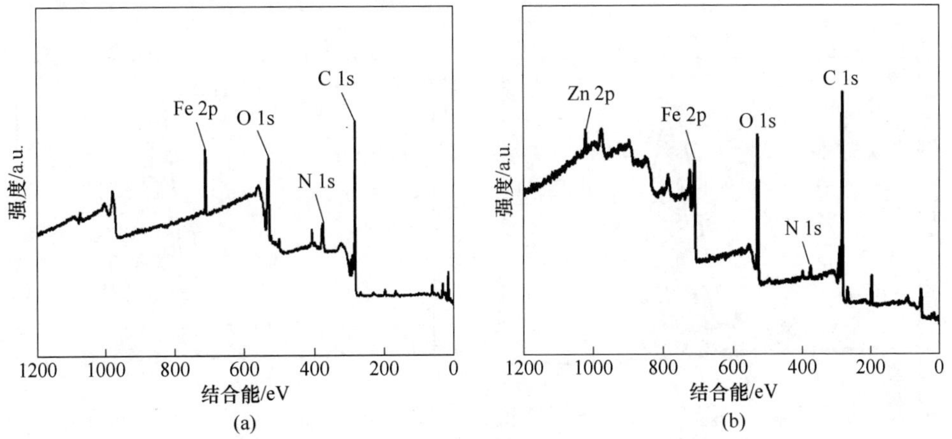

图 3-3 XPS 全谱：PB/PP-7(a)和 PBA/PP-7(b)

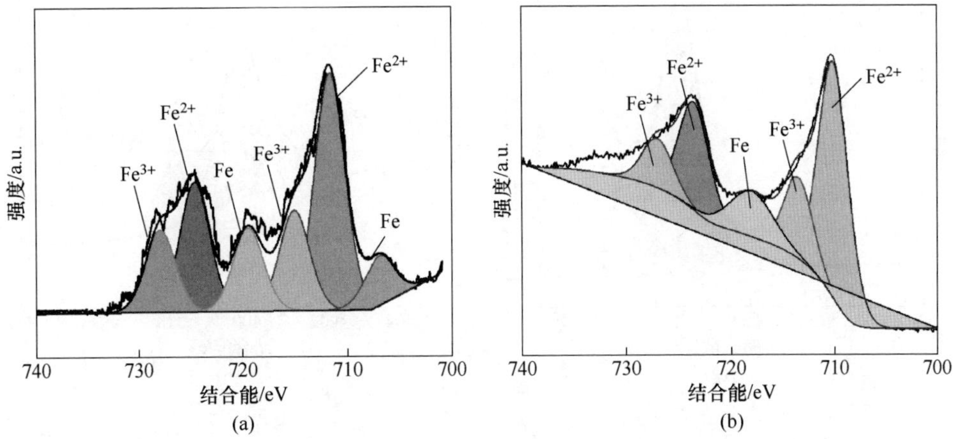

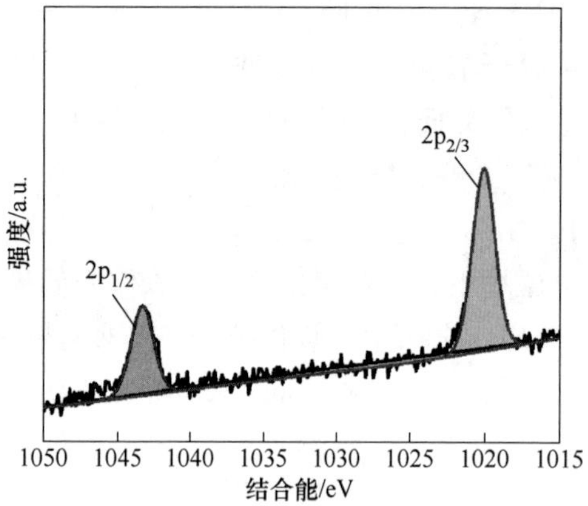
2p1/2
2p2/3
强度/a.u.
1050 1045 1040 1035 1030 1025 1020 1015
结合能/eV
(c)

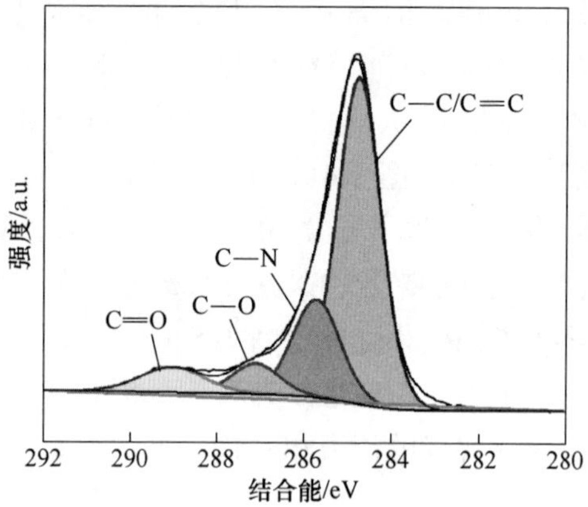
C—C/C═C
C—N
C—O
C═O
强度/a.u.
292 290 288 286 284 282 280
结合能/eV
(d)

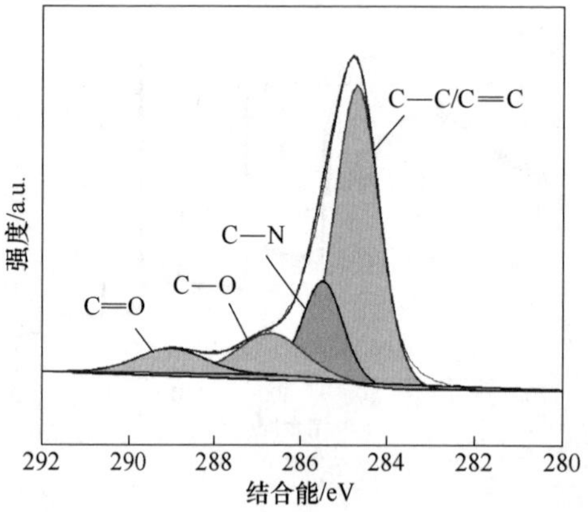
C—C/C═C
C—N
C—O
C═O
强度/a.u.
292 290 288 286 284 282 280
结合能/eV
(e)

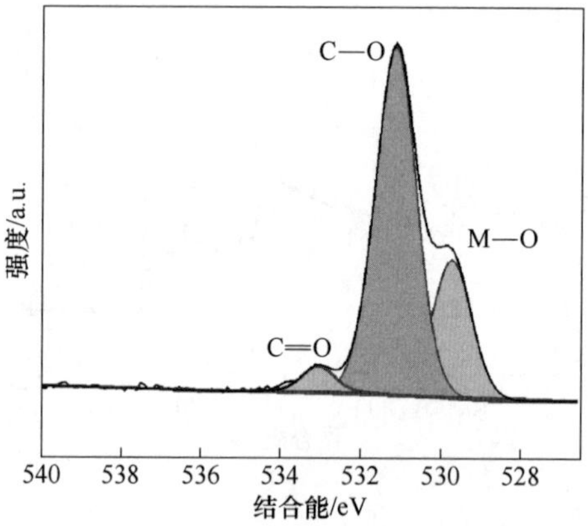
C—O
M—O
C═O
强度/a.u.
540 538 536 534 532 530 528
结合能/eV
(f)

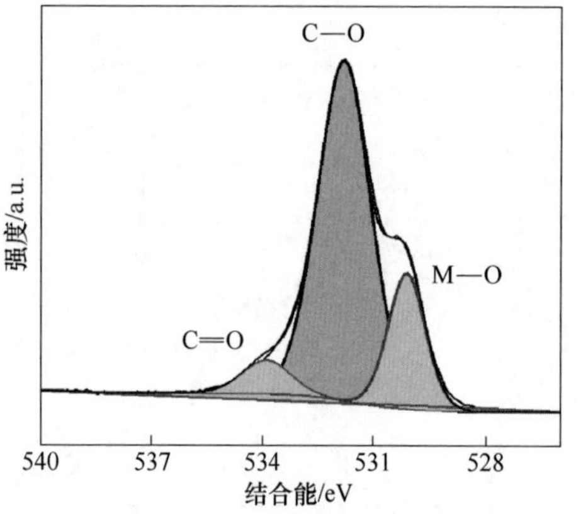
C—O
M—O
C═O
强度/a.u.
540 537 534 531 528
结合能/eV
(g)

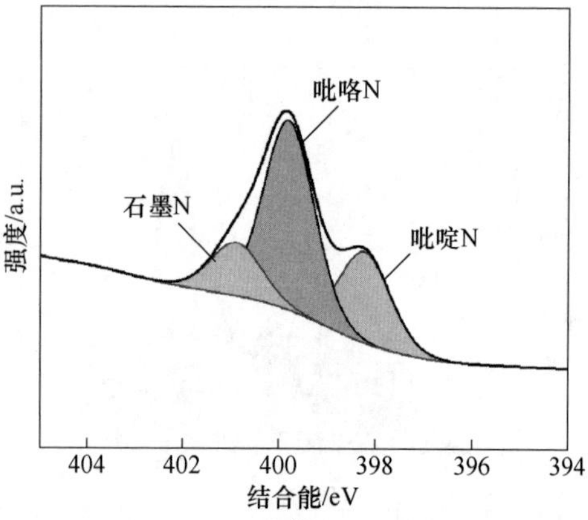
吡咯N
石墨N
吡啶N
强度/a.u.
404 402 400 398 396 394
结合能/eV
(h)

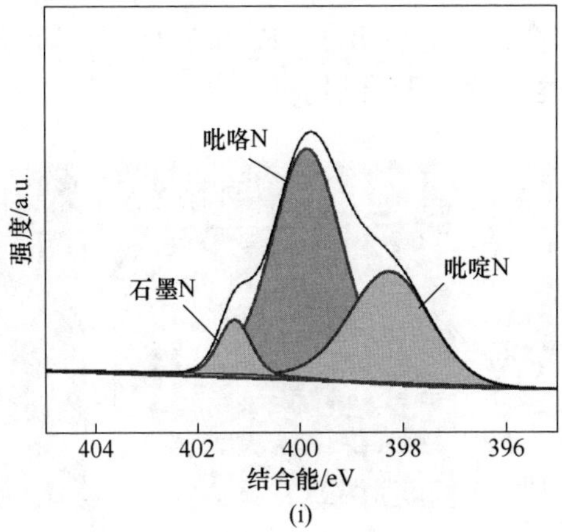

图 3-4 彩图

图 3-4 Fe/NC-7 的高分辨光谱：Fe 2p(a)、C 1s(d)、O 1s(f)、N 1s(h)和 Fe/ZnO/NC-7 的高分辨光谱：Fe 2p(b)、Zn 2p(c)、C 1s(e)、O 1s(g)、N 1s(i)

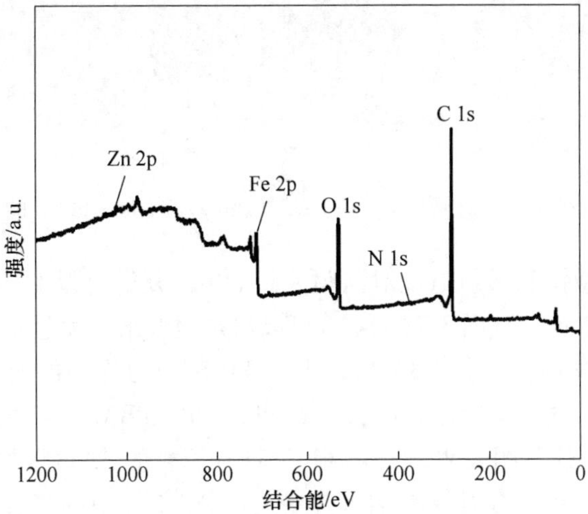

图 3-5 Fe/ZnO/NC-8 的 XPS 全谱

3.3.3 结构分析

样品的形貌和微观结构也影响了其对电磁波吸收的性能。用扫描电镜对 PP/PBA 和 Fe/ZnO/NC-7 复合材料进行了表征。从图 3-6 中可以看出，PBA 颗粒在 PP 内部均匀生长，具有自然的纹理和皱纹。PP 中含有大量的—OH、—COOH 和—NH_2 基团，因此 PBA 颗粒很容易在 PP 内生长和黏附。经过高温热解后，PP/

PBA 转化为 Fe/ZnO/NC。如图 3-6(a)和(d)所示，有机成分的分解和生成的气体使 PP 的蜂窝状和多孔结构更加明显，Fe 和 ZnO 颗粒均匀地附着在多孔碳纳米片上，从而形成多孔类石墨烯异质结构。

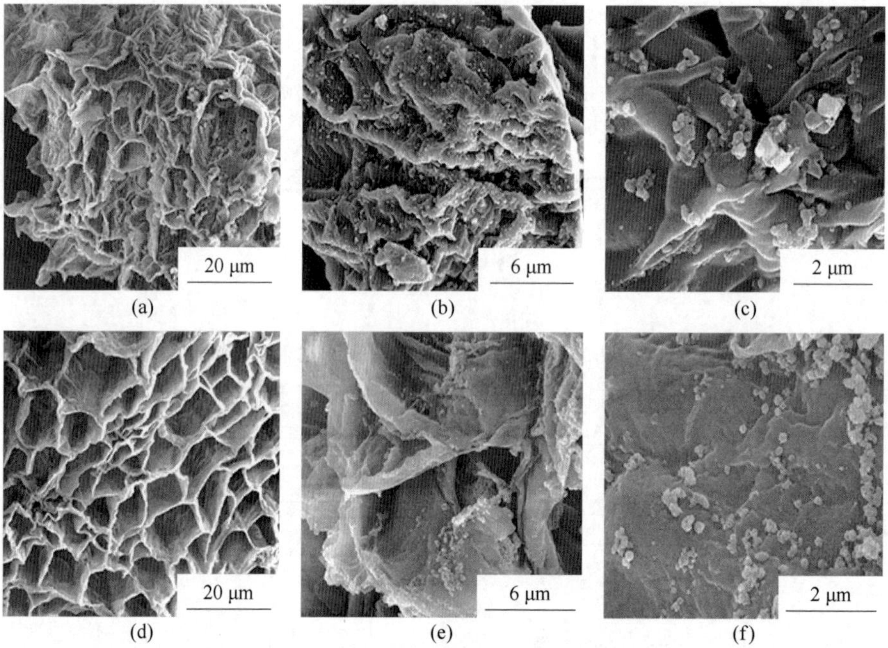

图 3-6　PP/PBA［(a)~(c)］和 Fe/ZnO/NC-7［(d)~(f)］的 SEM 图像

利用光学显微镜和透射电镜对前驱体和衍生的复合材料的形态和结构进行了研究，如图 3-7 所示。从图 3-7(a)(b)可以清楚地看出，无色半透明片的天然 PP 具有丰富的折叠纹理。加载 PBA 后，无色 PP 转变为均匀的蓝色片，表明 PBA 颗粒成功地在 PP 内生长。退火后，得到 PBA/PP、PBA/PP-7 的微观结构，如图 3-7(c)(d)所示。这些图表明，PBA/PP-7 具有折叠的二维碳纳米片结构，Fe 和 ZnO 颗粒均匀分布在类石墨烯碳纳米片中。图 3-7(e)中的高分辨率透射电镜图像证实了 Fe 被 20~30 层石墨碳片（7~10 nm）包覆，表明形成了超低厚度为 0.23~0.5 nm 的石墨碳片，这是由于 Fe 颗粒在高温下的催化石墨化行为。石墨碳层对铁的紧密封装有利于石墨碳与铁之间的电子跳跃和传递，进一步导致了优异的电磁波吸收性能。0.34 nm 和 0.203 nm 的层间距离，分别对应于 Fe 的(002)晶面和(111)晶面，证实了 Fe 颗粒嵌入在石墨碳孔中。此外，0.24 nm 的晶格条纹间距与氧化锌的(101)晶面相匹配（见图 3-7(f)）。Fe/ZnO/NC-7 相应的选择区电子衍射（SAED）图如图 3-7(e)(f)所示，衍射环可以清楚地观察到，α-Fe 的(211)和(110)晶面、石墨化碳的(002)晶面和 ZnO 的(101)和(100)晶面，表明了 Fe、ZnO 和 C 的异质结构的成功制备。如图 3-8 所示，高角度环形暗场（HADDF）和同源元素映射图显示，得到的 Fe 和 ZnO 颗粒均匀分布在碳纳米片上。值得注意的是，氮元素的分布区域不是点状的，而是接近于碳元素的密集分布。这表明，氮元素主要来源于黏附在生物质碳上的氰化物官能团。这些结果验证了 Fe/ZnO/NC-7 中无序碳、结晶碳、Fe 和 ZnO 粒子，以及掺杂 N 原子的共存，这与 XPS 和 XRD 的分析结果一致。

图 3-7 PP(a)、PP/PBA(b)的 SEM 图，PP/PBA-7 的 TEM 图［(c)(d)］，PP/PBA-7 的高分辨率 TEM 图像及相应的 SAED 模式［(e)(f)］

图 3-7 彩图

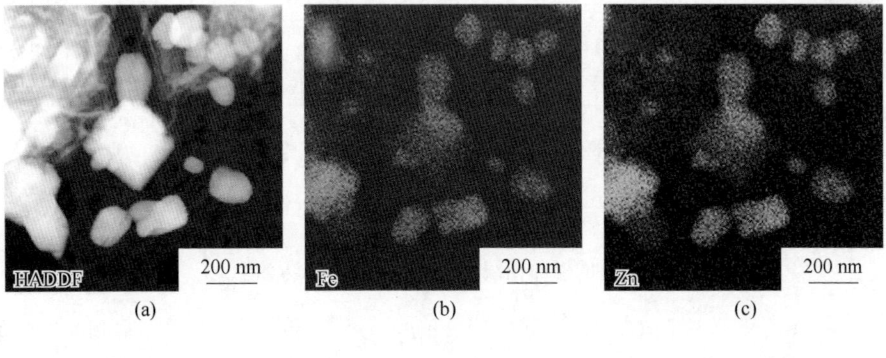

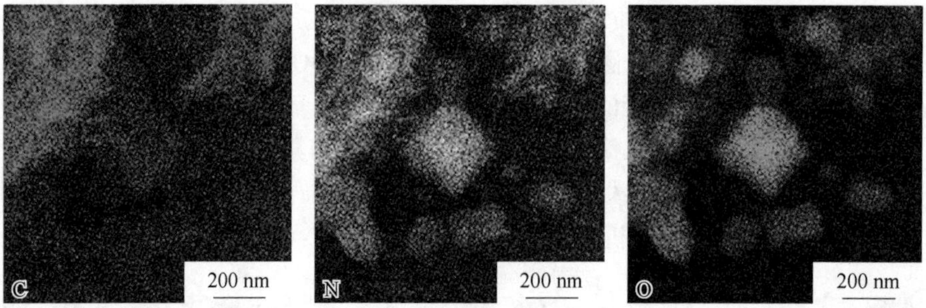

(d) (e) (f)

图 3-8 PBA/PP-7 的 HADDF 图像(a)及对应的
EDS 元素映射图 [(b) ~ (f)]

图 3-8 彩图

3.3.4 性能分析

3.3.4.1 *磁性性能分析*

用综合物性测量系统方法检测了复合材料的磁性性能。如图 3-9(a)所示，所有样品均表现出明显磁滞回线的铁磁特征。在图 3-9(b)中，Fe/NC-7、Fe/NC-8、Fe/ZnO/NC-7 和 Fe/ZnO/NC-8 的饱和磁化强度（M_s）值分别为 111.66 emu/g、118.13 emu/g、64.59 emu/g 和 66.28 emu/g。引入氧化锌后，M_s 值下降，这可能是 Fe 含量降低和 Fe 颗粒缺陷增加所致。矫顽力（H_c）对磁性能也有显著影响。Fe/NC-7、Fe/NC-8、Fe/ZnO/NC-7 和 Fe/ZnO/NC-8 的 H_c 值分别为 30.56 Oe、36.41 Oe、41.59 Oe 和 49.34 Oe。M_s 和 H_c 的值随着热解温度的降低而降低，这可能是 Fe 的结晶度降低所致。

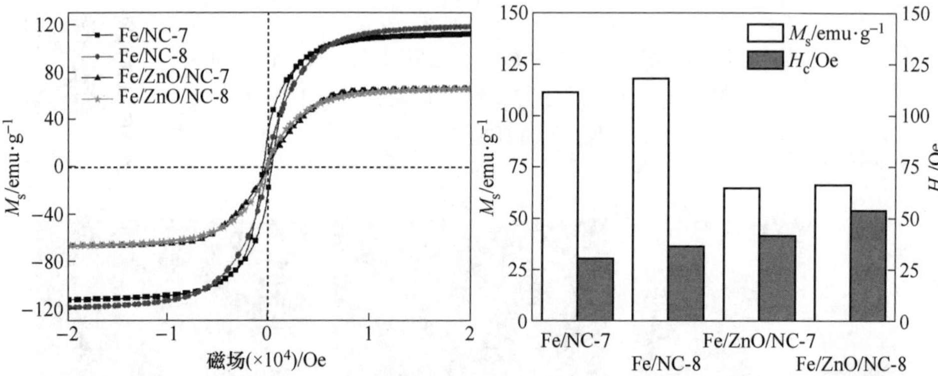

(a) (b)

图 3-9 Fe/NC-7、Fe/NC-8、Fe/ZnO/NC-7、Fe/ZnO/NC-8
复合材料的磁滞回线(a)和相应的 M_s、H_c 值(b)

图 3-9 彩图

3.3.4.2 吸波性能分析

材料对电磁波的吸收性能是由其复合介电常数（$\varepsilon=\varepsilon'-j\varepsilon''$）和复磁导率（$\mu=\mu'-j\mu''$）决定的。它们的实部和虚部分别控制着存储和耗散电磁波能量的能力。如图3-10所示，NC样品的ε'和ε''值随着热解温度的升高而显著增加，这可能是较高的热处理温度导致样品的高石墨化和电导率。所有NC样品的μ'和μ''值分别在2～18 GHz范围内在1和0附近波动，说明磁损耗较弱。介电常数过高和（或）磁导率过低都不利于阻抗匹配的优化和电磁波吸收性能的提高。

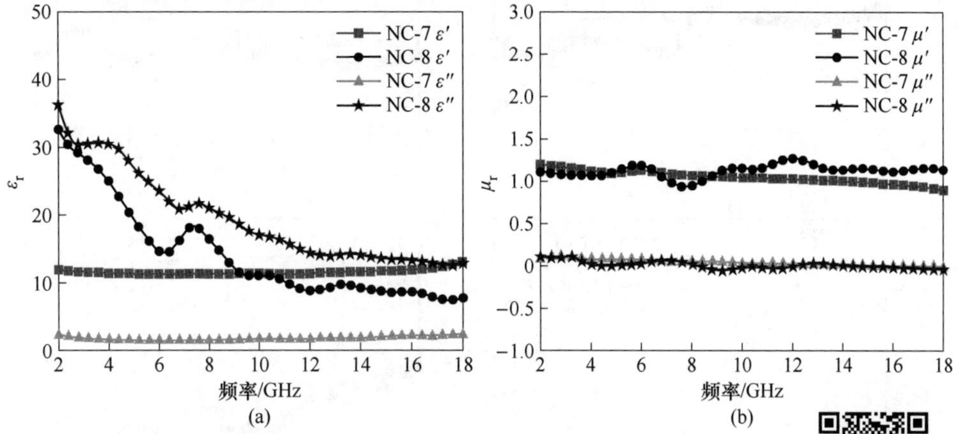

图3-10 NC-7和NC-8的介电常数(a)和磁导率(b)

图3-10彩图

如图3-11(a)所示，随着频率的增加，所有Fe/NC和Fe/ZnO/NC复合材料的ε_r的值逐渐减小，认为损耗效应主要来自于极化损耗。如图3-11(b)所示，所有样品的ε_r曲线在2～18 GHz范围内出现了几个共振峰，这可能与复合材料中的缺陷和界面极化引起的极化损耗有关。具体来说，ε'的值在6～17.8之间变化，而ε''的值在3～9.2之间波动。值得注意的是，Fe/NC-8和Fe/ZnO/NC-8的ε'和ε''值分别高于Fe/NC-7和Fe/ZnO/NC-7，这可能是由于较高的煅烧温度提高了样品的石墨化程度和电导率。因此，Fe/NC-8和Fe/ZnO/NC-8样品表现出较强的介电损耗能力。$\tan\delta_\varepsilon$值（$\tan\delta_\varepsilon=\varepsilon''/\varepsilon'$）表现出与$\varepsilon'$和$\varepsilon''$值（见图3-11(c)）相似的趋势，这是因为$\varepsilon'$值变化平稳。此外，Fe/NC-8和Fe/ZnO/NC-8样品的$\tan\delta_\varepsilon$值分别高于Fe/NC-7和Fe/ZnO/NC-7，这也证明了Fe/NC-8和Fe/ZnO/NC-8样品具有较强的介电损耗能力。

如图3-11(d)(e)所示，磁性纳米片的μ'和μ''值随频率略有变化。具体来说，这些值随着频率在2～18 GHz范围内的增加而逐渐下降，这可能归因于Snoek的极限效应。此外，在所有样品的μ'和μ''曲线中都可以发现几个清晰的共振峰，这可能与Fe粒子的磁共振行为有关。它有利于提高阻抗匹配性能，增强电磁波吸收性能。图3-11(f)显示，$\tan\delta_\mu$值（$\tan\delta_\mu=\mu''/\mu'$）随着频率的增加而减小。更重要的是，$\tan\delta_\varepsilon$ 的值远高于 $\tan\delta_\mu$，这说明合成的吸波剂的电磁波衰减能力主要来自于它们的介电损耗。

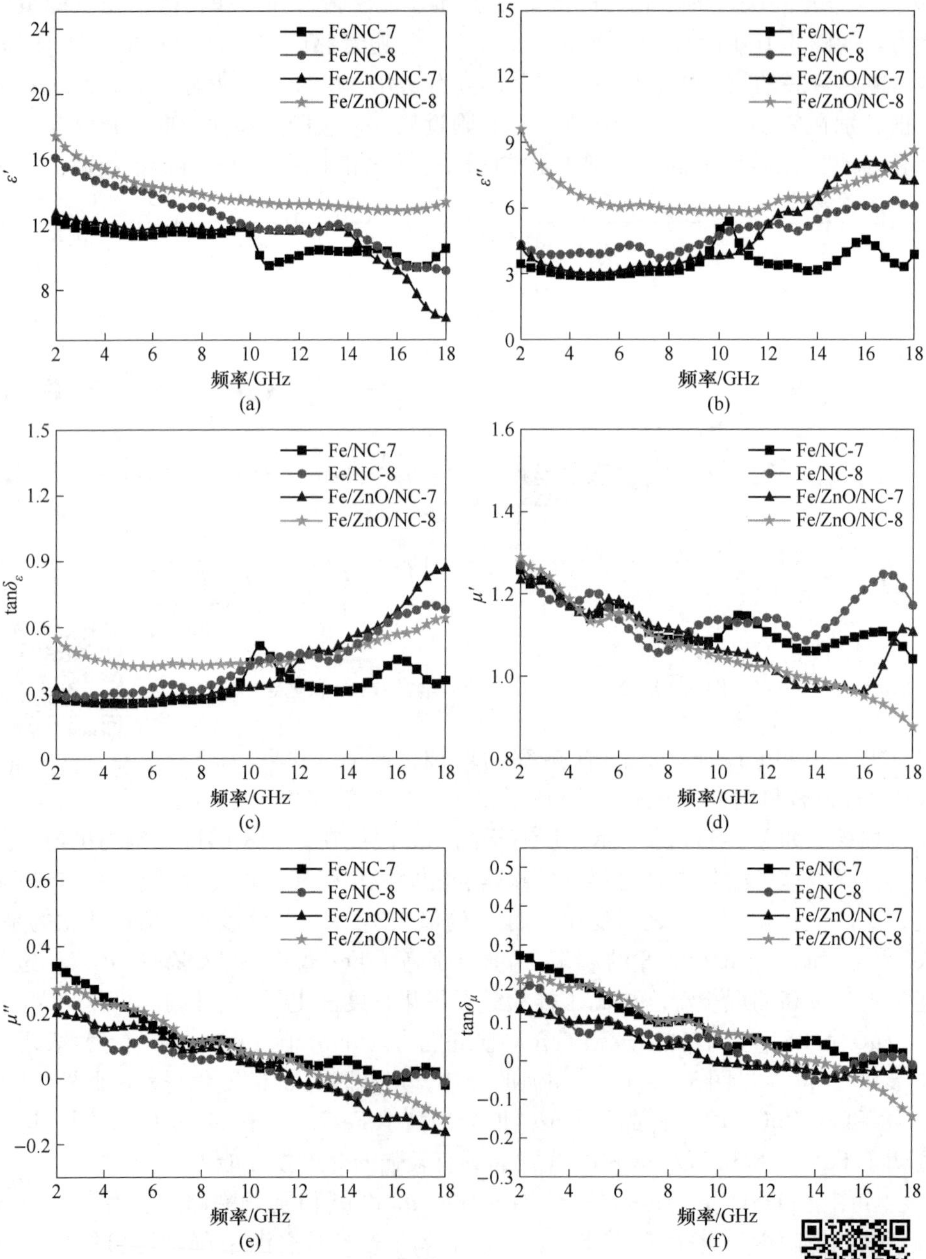

图 3-11　Fe/NC-7、Fe/NC-8、Fe/ZnO/NC-7、Fe/ZnO/NC-8 在 2～18 GHz 频率范围内的介电常数［(a)(b)］、$\tan\delta_\varepsilon$(c)、磁导率［(d)(e)］和 $\tan\delta_\mu$(f)

图 3-11 彩图

在 2 ~ 18 GHz 的频率范围内，介电损耗主要来自于极化损耗、传导损耗等。二维复合材料的介电行为通常通过德拜弛豫理论进行分析。在 ε' 和 ε'' 的图中，可以发现几个 Cole-Cole 半圆和一个长“尾部”（见图 3-12），其中一个 Cole-Cole 半圆代表德拜弛豫过程，“尾部”与传导损耗有关。多个 Cole-Cole 半圆的存在表明在 Fe/ZnO/NC-7 中出现了多个德拜弛豫过程。这些多重弛豫过程可能来自于偶极子和界面极化。复合材料中的碳缺陷、掺杂 N 原子和官能团作为偶极中心，在交变电磁场中引起偶极极化。此外，独特的二维纳米片结构和丰富的多组分的非均匀界面导致石墨化碳和 Fe、ZnO 粒子之间的导电网络和极化增强，从而促进了导电和界面极化损耗。总体而言，上述研究表明，二维复合材料具有多重损耗机制，具有良好的衰减能力。此外，在 700 ℃下煅烧的复合材料的德拜“尾部”比在 800 ℃下制备的样品的“尾部”短。因此，Fe/NC-8 和 Fe/ZnO/NC-8 复合材料表现出更大的传导损耗。

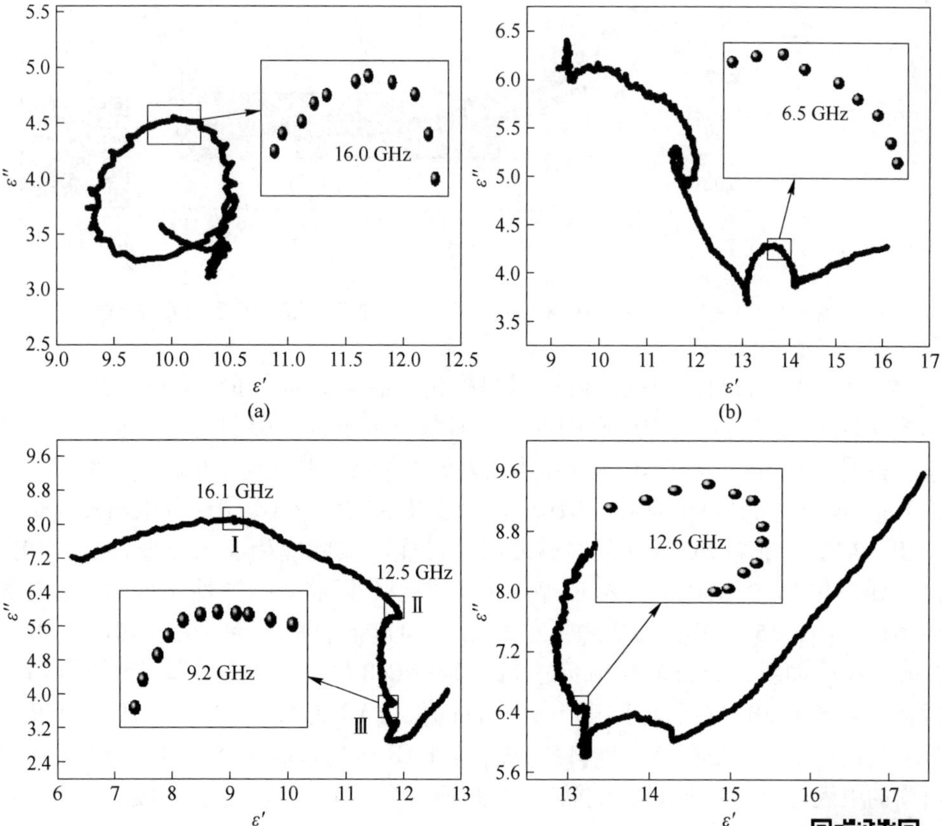

图 3-12 ε'-ε''：Fe/NC(a)、Fe/ZnO/NC(b)和 Cole-Cole 放大图：Fe/NC(c)、Fe/ZnO/NC(d)

图 3-12 彩图

此外，在 2 ~ 18 GHz 范围内，磁损耗主要来自涡流损耗，以及自然共振和交换共振。C_0，定义为 $C_0 = \mu''(\mu')^{-2} f^{-1}$，是评估磁损耗的关键参数。如果 C_0 为常数或在 2 ~ 18 GHz 中略有变化，则磁损耗主要归因于涡流损耗。在图 3-13 中，C_0 值在 2 ~ 18 GHz 的整个频率范围内逐渐下降。因此，二维复合材料的磁损耗主要归因于自然共振和交换共振，其中高频的波动与交换共振有关，而低频的波动对应于自然共振。

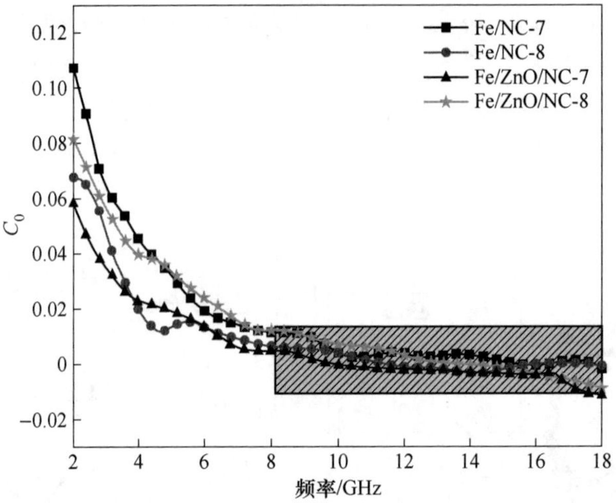

图 3-13 彩图

图 3-13　Fe/NC-7、Fe/NC-8、Fe/ZnO/NC-7 和 Fe/ZnO/NC-8 的 C_0 曲线

一般来说，材料的吸波性能可以根据传输线理论计算的 *RL* 值（式（1-2）和式（1-3））得到。生物质碳的高介电常数导致阻抗失配和电磁波吸收性能较差。在图 3-14 中，只有 NC-7 显示出较差的电磁波吸收性能，RL_{min} 为 −16.7 dB，4.0 mm 厚度时的 EAB 为 1.4 GHz。然而，NC-8 在 2 ~ 18 GHz 范围内没有低于 −10 dB 的 *RL* 值。NC 样品的电磁波吸收性能与实际应用要求相差甚远，特别是 EAB。在 NC 纳米片中引入 Fe 颗粒后，Fe/NC 样品的吸波性能得到了显著的提高（见图 3-15）。Fe/NC-7 样品在 2.1 mm 厚度下的 RL_{min} 为 −51.2 dB，EAB 为 2.92 GHz，如图 3-15(a)(b)所示。对于 Fe/NC-8 样品，RL_{min} 在厚度为 2.45 mm 时达到 −56.6 dB，在超低厚度为 1.5 mm 时，EAB 为 5.48 GHz，如图 3-15(c)(d)所示。所有 Fe/NC 复合材料的 RL_{min} 和 EAB 值均远高于 NC 样品，说明磁损材料的引入可以有效地优化阻抗匹配，从而提高了生物质衍生物的吸波能力。然而，Fe/NC 复合材料的实际应用范围仍有待进一步拓宽。有趣的是，在 Fe/NC 纳米片中引入 ZnO 粒子后，Fe/ZnO/NC-7 样品在 1.9 mm 的厚度下显示超宽的 EAB，为 7.6 GHz，几乎覆盖了测量频率范围的一半。此外，在 2.05 mm 厚度时，*RL* 的值为 −58.12 dB，如图 3-15(e)(f)所示。考虑到 Fe/ZnO/NC 和 Fe/NC

样品之间的唯一区别是 ZnO 半导体的引入，EAB 的大幅拓宽应该归因于 ZnO 独特的介电常数调控特性引起的阻抗匹配的优化。

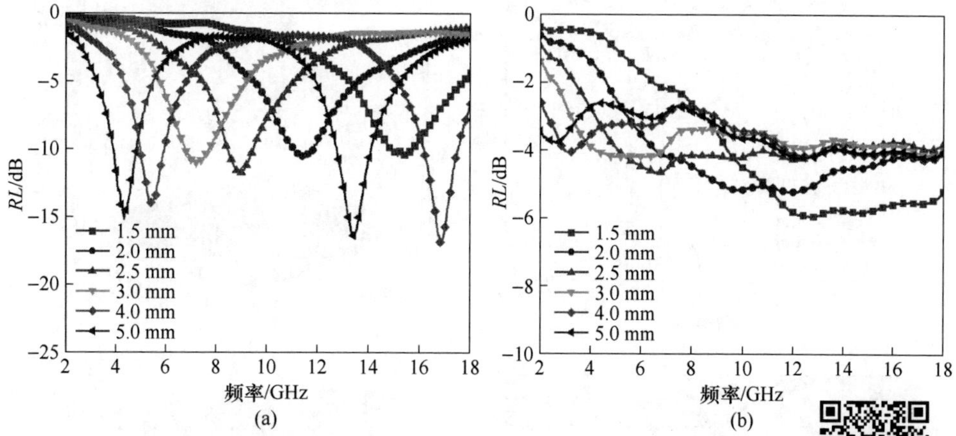

图 3-14 吸波性能图：NC-7(a)和 NC-8(b)

图 3-14 彩图

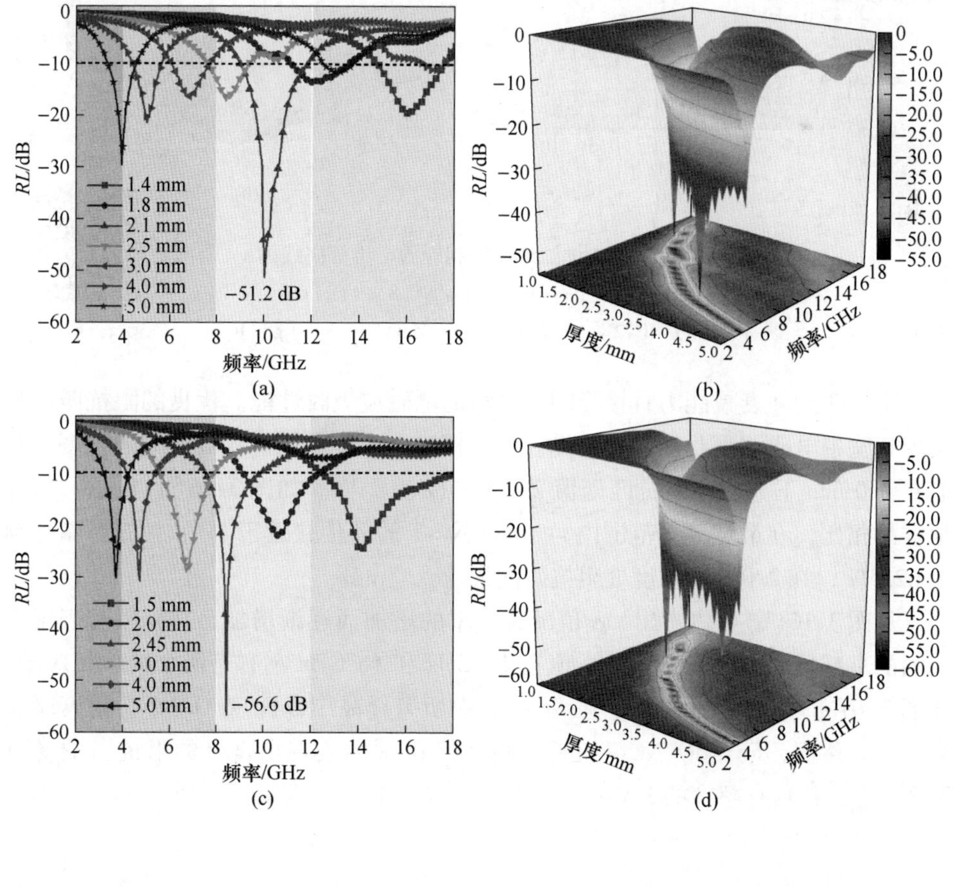

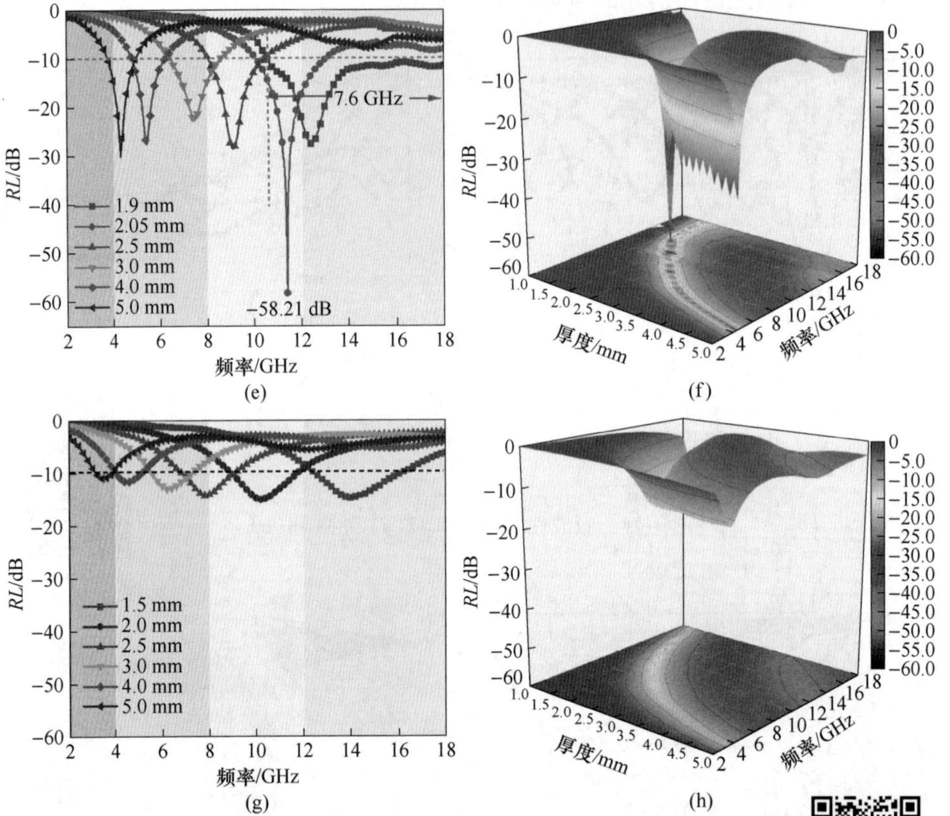

图 3-15　*RL* 的二维图和相应的三维等高线图：
Fe/NC-7 [(a)(b)]、Fe/NC-8 [(c)(d)]、
Fe/ZnO/NC-7 [(e)(f)] 和 Fe/ZnO/NC-8 [(g)(h)]

图 3-15 彩图

阻抗匹配和衰减能力直接影响了材料的电磁波吸收性能。优良的阻抗匹配是实现超宽带电磁波吸收性能的前提。为了探讨电磁波能量进入吸波剂的程度，我们在 2.0 mm 下分析了阻抗匹配值 Z（$Z = |Z_{in}/Z_0|$）。如图 3-16(a)所示，与其他样品相比，在最宽频率范围内 Fe/ZnO/NC-7 的 Z 值接近于 1，占测量频率范围的 62.5%，在 2.0 mm 厚度处阻抗匹配最佳。

从图 3-16(b)可以看出，α 值随着频率的增加而逐渐增加，在高频时表现出较强的衰减能力。Fe/NC-7 的 α 值在 10 GHz 和 16 GHz 左右有两个峰。相应地，在图 3-16(a)中可以发现两个强 *RL* 峰。在所有样品中，Fe/ZnO/NC-7 的衰减能力最弱。然而，Fe/ZnO/NC-7 在超宽的频率范围内表现出良好的阻抗匹配（见图 3-17），并具有超宽的 EAB。

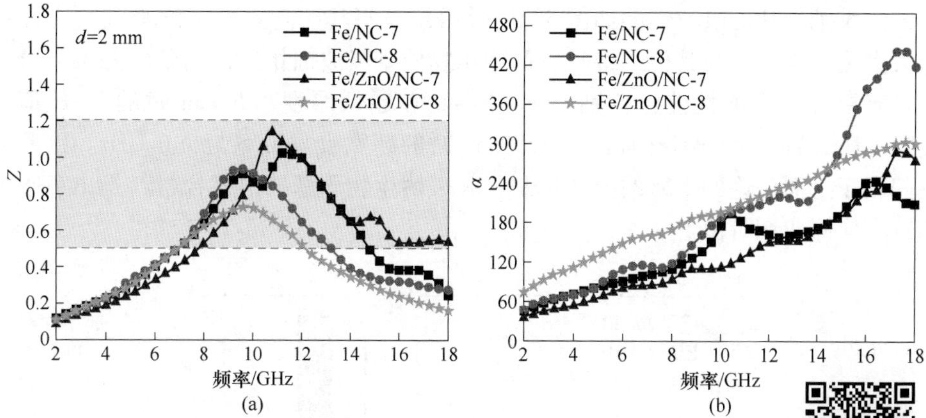

图 3-16 所制备样品的 Z 值(a)和 α 值(b)

图 3-16 彩图

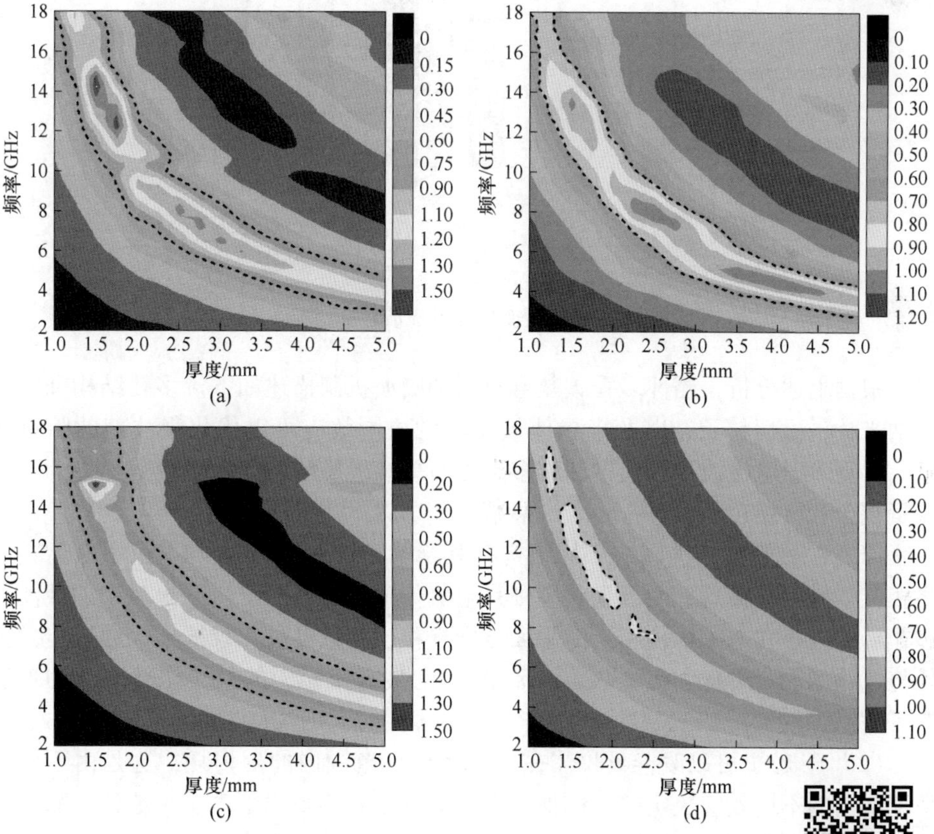

图 3-17 在 1 ~5 mm 的 Z 值：Fe/NC-7(a)、Fe/NC-8(b)、Fe/ZnO/NC-7(c)、Fe/ZnO/NC-8(d)

图 3-17 彩图

二维纳米片的吸波性能如图 3-18 所示，表明其在高效电磁波吸收剂方面的巨大潜力。本研究与其他二维吸波剂和生物质基吸波剂相比，制备的二维复合材料具有更好的吸波性能；特别是 Fe/NC-8 在超低厚度 1.5 mm 时的 EAB 值为 5.48 GHz，Fe/ZnO/NC-7 样品在 1.9 mm 时的超宽吸收带宽为 7.6 GHz。这些结果归因于下面讨论的丰富的损耗机制，并表明生物质基二维复合材料是出色吸波剂，有实际应用价值。

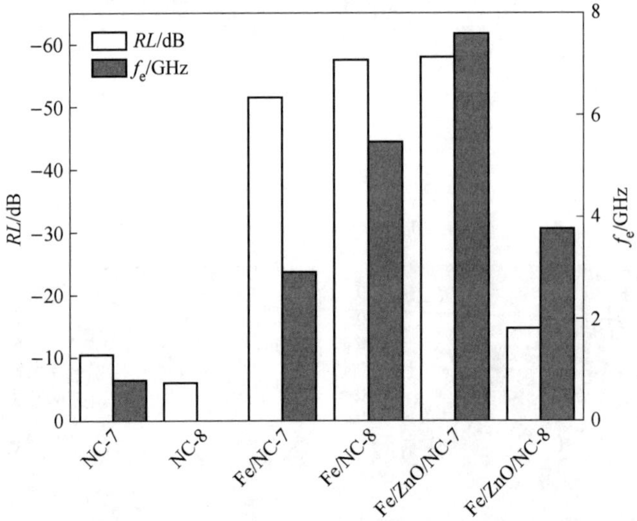

图 3-18　所有样品的吸波性能对比

根据上述分析，磁性多孔碳复合材料的吸波机制描述如下。多孔结构和超薄碳纳米片，磁性粒子，以及半导体氧化锌的协同效应可以优化吸波剂的阻抗匹配，并且入射电磁波可以通过二维多孔类石墨烯异质结构和合理成分诱导的多重能量耦合和转换过程，进一步实现衰减。

(1) 二维超薄磁性碳纳米片结构有利于电子的快速传输。Fe 粒子是传导网络相互连接的连接点，而石墨化碳则是电流传输的二维网络。纳米片中的载流子和非局域电子在电磁场作用下沿平面方向迁移或跳跃穿过二维框架，通过传导损耗将电磁场能量转化为焦耳热，ε'-ε''图（见图 3-12）中的长“尾部”有力地证明了这一点。

(2) Fe 粒子可以改善吸收体在 2～18 GHz 范围内的磁损耗，这是由不同频率范围内的不同效应决定的。例如，自然共振在 8 GHz 以下占主导地位，而交换共振主要存在于 10～18 GHz。C_0 曲线（见图 3-13）也证实了这一事实。此外，Fe 粒子在高温下的催化石墨化行为有利于获得超薄碳纳米片。

(3) 通常，偏振损耗包括偶极和界面偏振损耗等。纳米片中的大量杂原子和官能团可作为活性偶极子中心，增强偶极子极化，从而提高损耗能力。通常情况下，Fe 粒子、碳和 ZnO 的电负性相差很大。电荷在这些异质界面中聚集并重新排列，形成微电容器，从而导致界面极化增强。此外，极化和相应的弛豫损耗会将电磁波转化为热能，从而有效增加电磁波损耗。

（4）多孔结构和二维材料都具有较大的比表面积，有利于多重反射和散射。通过对 PP/PB 和 PP/PBA 进行碳化，制备出超薄的类石墨烯多孔异质结构，可实现电磁波的多重反射和散射，有利于材料对电磁波的吸收。

3.3.5 小结

我们结合了 MOFs 和生物质碳的优势，通过一种低成本、高效率的绿色方法设计出了蜂窝状结构的多孔磁性碳纳米片作为吸波剂，其中 Fe 和 ZnO 纳米颗粒被均匀地嵌入到类石墨烯异质结构中。在多孔碳纳米片中引入 Fe 和 ZnO 微粒可优化阻抗匹配。此外，吸波剂具有多元异质界面，丰富的缺陷与官能团，片状石墨化碳导电网络，均有助于提升其吸波性能。优化后的 Fe/ZnO/NC-7 样品在 2.05 mm 时 RL_{min} 为 −58.12 dB，在 1.9 mm 时有效吸波带宽（$RL \leq -10$ dB）为 7.6 GHz，几乎覆盖了测量频率范围的一半。Fe/ZnO/NC-7 复合吸波材料具有优异的吸波特性，这得益于其特殊的磁性碳纳米片异质结构，优化了阻抗匹配，且提高了对电磁波的损耗能力。总体而言，这项工作提供了一种从生物废弃物中制备低成本和高性能二维多孔碳吸波剂的环保方法，与包括石墨烯和 MXene 在内的其他二维吸波剂相比，其表现出卓越的应用潜力。这项工作为优化阻抗匹配从而拓宽吸波频段提供了一条可靠而有效的途径。最重要的是它为开发具有低成本、轻质结构和宽带吸波范围的二维吸波剂铺平了道路，从而有可能促进此类吸波剂的实际应用。

3.4 V_2O_3@C/BWC 复合材料的制备及吸波性能研究

近年来，从生物质中提取的碳材料由于其结构多样性和高孔隙度而引起了人们的广泛关注。此外，大量的研究表明，以生物质为前驱体，可以制备多孔碳材料，保持其独特的结构特性，如管状、层状和网状结构，有利于增强电磁波的衰减和损耗。Wu 等人合成了氮掺杂的生物质衍生的碳微管/还原氧化石墨烯复合气凝胶，在厚度为 3.2 mm 时，表现出 8.36 GHz 的超宽有效吸收带宽，在匹配厚度为 3 mm 时，RL_{min} 达到了 −55.45 dB[13]。Zhou 等人选择具有特殊三维网络结构的灯芯草作为基体制备 CoNi/NC/C 复合材料，在厚度为 2.5 mm 时，其 RL_{min} 达到 −64.3 dB，EAB 达到 7.36 GHz[14]。

钒金属-有机框架（V-MOF）因钒离子的配位灵活性和多种可调氧化态而具

有独特的电子结构特性。使用 V-MOF 作为前驱体是制备钒氧化物/碳纳米复合材料的一种有效而便捷的方法。此外，多孔碳和钒氧化物继承了其前驱体的多孔性和高比表面积。Zhou 等人利用一种简便的方法设计并合成了由包覆 ZIF-67 的 VO_2 空心球衍生的 $Co/C@V_2O_3$ 复合材料，在填充比为 50%（质量分数）时，其 RL_{min}和 EAB 分别为 −40.1 dB 和 4.64 GHz[15]。

本节以具有凹腔阵列结构的蝴蝶翅膀（BWs）作为生长平台，采用溶剂热法制备 V-MOF/BWs 为前驱体，再经一步碳化，构建了铁轨状异质结构的 $V_2O_3@C$/蝴蝶翅膀衍生碳（BWC）。研究了两者的比例和煅烧温度对复合材料吸波性能的影响，并通过对电导率的调控，探讨了导电损耗和极化损耗对 $V_2O_3@C$/BWC 电磁波吸收性能的影响。

蝴蝶翅膀独特的凹腔阵列结构有利于电磁波的多重反射和散射。此外，V-MOF 衍生的 $V_2O_3@C$ 微球均匀地分散在 BWC 的表面和凹腔上，产生了丰富的非均匀界面，促进了界面极化。结果表明，$V_2O_3@C$/BWC 复合材料的 RL_{min}可达 −59.3 dB，EAB 可达 6.56 GHz，覆盖了整个 Ku 波段。另外，在 15°的入射角下，$V_2O_3@C$/BWC 材料的最大雷达散射截面减少值为 43 dB · m^2。总之，这项工作为开发具有强和超宽频段吸收能力的多孔碳基电磁波吸收剂提供了一种新的方法。此外，基于计算机仿真技术验证了复合材料在实际应用中的电磁波吸收性能。

3.4.1 实验部分

（1）V-MOF 和 V-MOF/BW 前驱体的制备。首先，将 3 mmol 乙酰丙酮氧钒和 3 mmol 对苯二甲酸溶解在 50 mL 无水乙醇中并超声 30 min。然后，将溶液倒入不锈钢高压釜中，在 180 ℃下加热 12 h。最后，用甲醇洗涤，过滤收集，在烘箱中干燥得到灰绿色的 V-MOF。

将蝴蝶翅膀切成小块，用无水乙醇洗涤，然后烘干备用。不同比例的 V-MOF/BW 复合材料的制备与 V-MOF 的制备方法相似，不同的是在装有乙酰丙酮氧钒和对苯二甲酸的反应釜中分别加入 0.134 g、0.2 g 和 0.4 g 的预处理过的蝴蝶翅膀，制备了 V-MOF 与蝴蝶翅膀的质量比为 3∶1、2∶1 和 1∶1 的样品，分别命名为 V-MOF/BW(3∶1)、V-MOF/BW(2∶1)和 V-MOF/BW(1∶1)。

（2）多孔碳复合材料的制备。将制备好的 V-MOF/BW(3∶1)、V-MOF/BW(2∶1)和 V-MOF/BW(1∶1)复合材料在 N_2 气氛中以 2 ℃/min 的升温速率加热至 700 ℃，并保温 2 h，随后用同样的速率降至室温。得到的黑色粉末样品分别标记为 V-MOF/BW(3∶1)-7、V-MOF/BW(2∶1)-7 和 V-MOF/BW(1∶1)-7。作为对比，将单独的 V-MOF 和蝴蝶翅膀在 700 ℃下碳化后，样品分别命名为 $V_2O_3@C$-7 和 BWC-7。将制备的 V-MOF/BW(2∶1)的前驱体在 600 ℃、700 ℃和 800 ℃下的煅烧产物分别标记为 $V_2O_3@C$/BWC-6、$V_2O_3@C$/BWC-7 和 $V_2O_3@C$/BWC-8。图 3-19

描述了 V_2O_3@C/BWC 复合材料的制备过程。

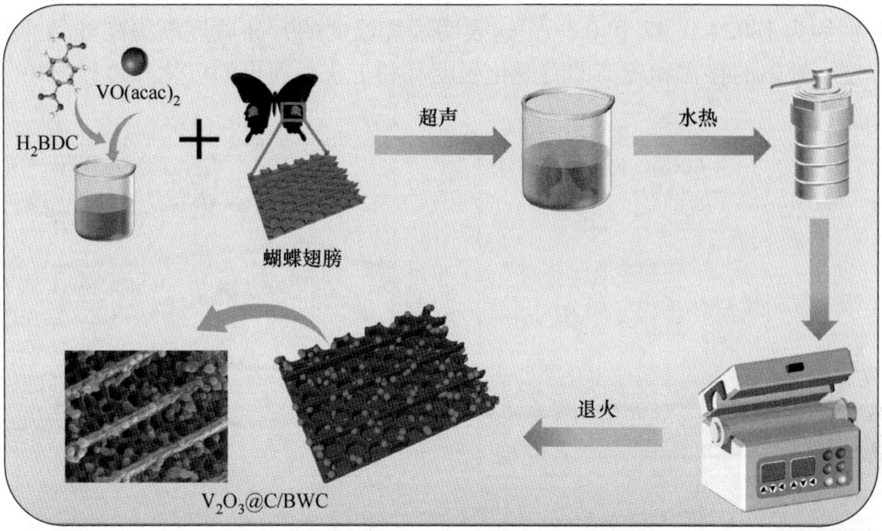

图 3-19 V_2O_3@C/BWC 制备工艺示意图

图 3-19 彩图

3.4.2 组成分析

3.4.2.1 X 射线衍射分析

图 3-20(a)显示了 V-MOF 的 XRD 图像。为了确定 V-MOF 的晶体结构，我们以剑桥晶体数据中心（CCDC）中 MIL-47（V^{IV}）的标准光谱为参考，合成的 V-MOF 的 XRD 光谱与 CCDC 的标准编号 166785 匹配较好。如图 3-20(b)所示，V-MOF 经高温热处理后，在 24.3°、33.0°、36.2°、41.2°、49.8°、53.9°、63.1°、65.2°处出现强衍射峰，与标准 V_2O_3（PDF#34-0187）的特征衍射峰吻合很好，表明 V_2O_3 的成功合成。这可能是因为热解过程中产生的碳还原了 V-MOF 中的 V^{4+} 离子，从而形成了 V_2O_3。在 V-MOF/BW(1∶1)-7、V-MOF/BW(2∶1)-7、V-MOF/BW(3∶1)-7 三个样品中，都可以观察到 V_2O_3 的衍射峰；同时，随着 V-MOF 的比例增加，V_2O_3 的衍射峰强度增强。图 3-20(b)(c)显示了 2θ 在 26.2°和 44.4°附近的两个宽衍射峰，分别对应于 BWC-7 中无定形碳的(002)和(101)晶面。所有 V_2O_3@C/BWC 样品都显示出 V_2O_3 的特征峰，表明 V_2O_3@C/BWC 复合材料的成功制备，如图 3-20(c)所示。

3.4.2.2 拉曼光谱分析

利用拉曼光谱评价了样品的石墨化程度，结果如图 3-20(d)所示。位于 1350 cm^{-1}（D 带）和 1590 cm^{-1}（G 带）处的峰分别表明了无序碳和石墨碳的存在。因此，通常采用 D 带和 G 带的强度比（I_D/I_G）来表示石墨化程度和碳缺陷。计算得出的 V_2O_3@C/BWC-6、V_2O_3@C/BWC-7 和 V_2O_3@C/BWC-8 的 I_D/I_G 值分别约为 1.02、0.97 和 0.96，这表明煅烧温度的升高可逐渐提高样品的石墨化程度。缺陷的存在和较高的石墨化程度有利于获得理想的极化和传导损耗。

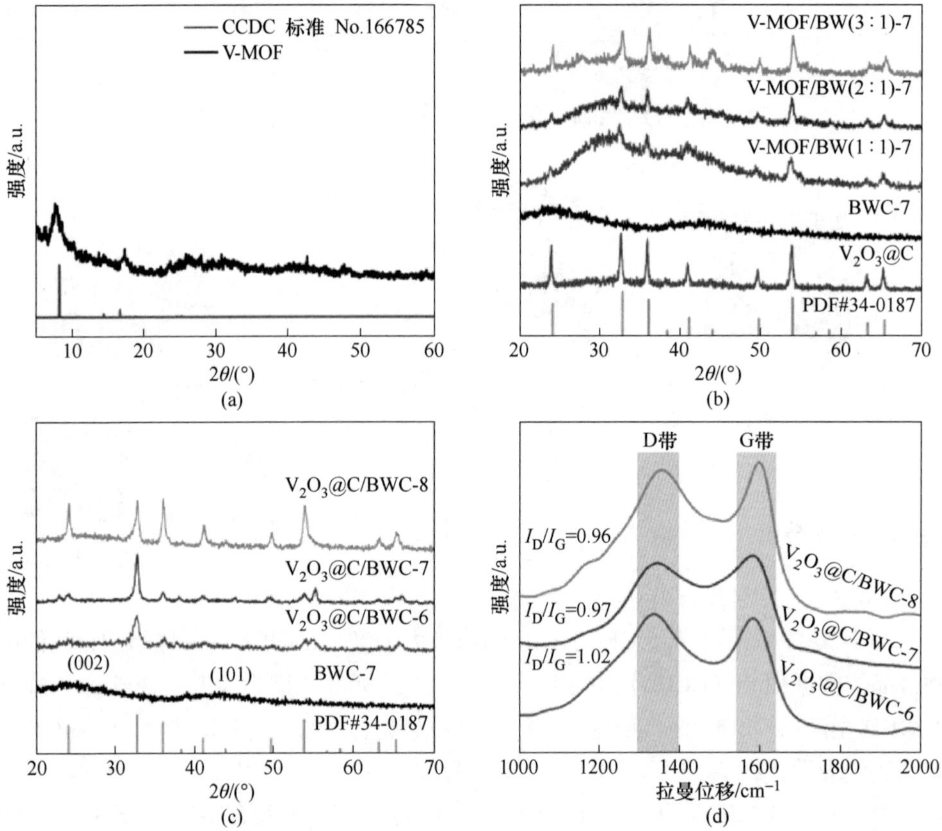

图 3-20　XRD 图谱：V-MOF(a)，V_2O_3@C-7、BWC-7、V-MOF/BW(1∶1)-7、V-MOF/BW(2∶1)-7、V-MOF/BW(3∶1)-7(b)，V_2O_3@C/BWC-6、V_2O_3@C/BWC-7 和 V_2O_3@C/BWC-8(c)；拉曼图谱：V_2O_3@C/BWC-6、V_2O_3@C/BWC-7 和 V_2O_3@C/BWC-8(d)

图 3-20 彩图

3.4.2.3　XPS 分析

通过 XPS 检测了 V_2O_3@C/BWC-7 表面的元素价态。图 3-21(a)表明 V_2O_3@C/BWC-7 由 C、V 和 O 元素组成。图 3-21(b)中 C 1s 的三个特征峰出现在 288.3 eV、286.4 eV 和 284.8 eV 附近，分别对应于 O═C—O、C—O 和 C—C/C═C 键。

如图 3-21(c)所示，O 1s 高分辨谱显示了与 V—O 键（530.4 eV）、氧空位（531.7 eV）和从空气中吸附的水分子（533.3 eV）相对应的峰值。如图 3-21(d)所示，V 2p 精细谱中位于约 530.7 eV、524.3 eV、517.3 eV 和 515.6 eV 出现四个强衍射峰，分别对应于 V^{4+} $2p_{1/2}$、V^{3+} $2p_{1/2}$、V^{4+} $2p_{3/2}$和 V^{3+} $2p_{3/2}$的特征衍射峰。其中，V^{3+}特征衍射峰的存在证实了最终样品中存在 V_2O_3。

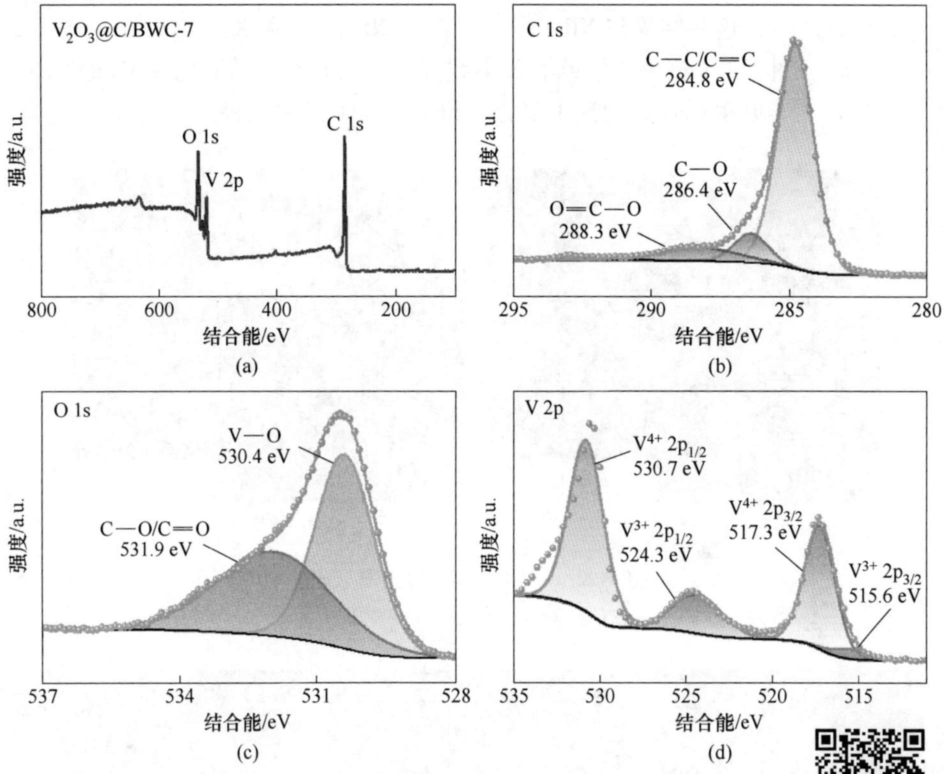

图 3-21 V_2O_3@C/BWC-7 的 XPS 全谱(a)，V_2O_3@C/BWC-7 的高分辨光谱：C 1s(b)、O 1s(c)、V 2p(d)

图 3-21 彩图

3.4.3 结构分析

我们首先观察 V-MOF/BW 前驱体的微观结构，如图 3-22(a)所示，V-MOF 前驱体为单分散规则微球，大小约为 400 nm。我们通过 FE-SEM 和 TEM 对 V_2O_3@C/BWC-7 的微观形貌进行了表征。在图 3-23(a)~(c)中，V_2O_3@C/BWC 复合材料具有铁轨状的异质结构，其中蝴蝶翅膀的脊衍生碳就像平行的钢轨，蝴蝶翅膀独特的凹腔阵列结构衍生碳就像枕木之间的间距，而 V_2O_3@C 微球就像铺在轨道下方的道砟。值得注意的是，V_2O_3@C 微球不仅生长在蝴蝶翅膀表面，还生长在蝴蝶翅膀衍生碳的凹腔内，这就避免了 V_2O_3@C 微球的聚集。为了进一步研究样品的形貌和成分，我们获得了 V_2O_3@C/BWC-7 样品的 TEM 图像。如图 3-23(d)所示，V-MOF 退火后得到的 V_2O_3@C 仍保持良好的球形。图 3-23(e)显示了 V_2O_3@C/BWC-7 的高分辨率透射电子显微镜（HRTEM）图像，样品中存在 0.27 nm 的晶格间距明显对应于 V_2O_3 的(104)晶面。选择区域电子衍射（SAED）图中从内到外的衍射环分别对应于 V_2O_3 的(012)、(104)、(006)和(024)晶面（见图 3-23(f)），这些结果与 XRD 图（见图 3-20(c)）和 XPS 图谱（见图 3-21(d)）一致。图 3-23(g)为能量色散 X 射线光谱仪（EDS）得到的 V_2O_3@C/BWC 复合材料的元素映射图像，验证了复合材料由 C、O 和 V 三种元素组成。

图 3-22　V-MOF/BW 的 SEM 图像
（a）50000 倍；（b）10000 倍

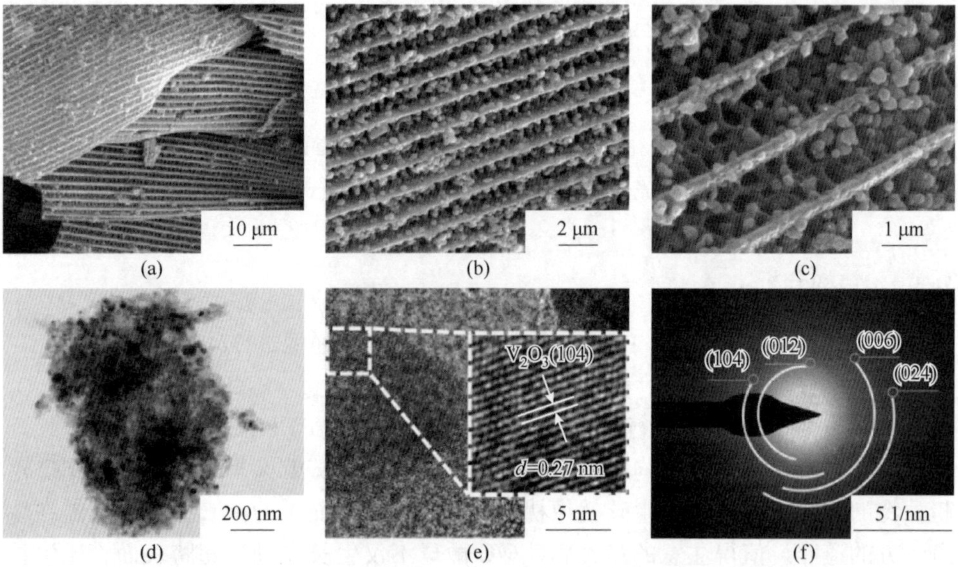

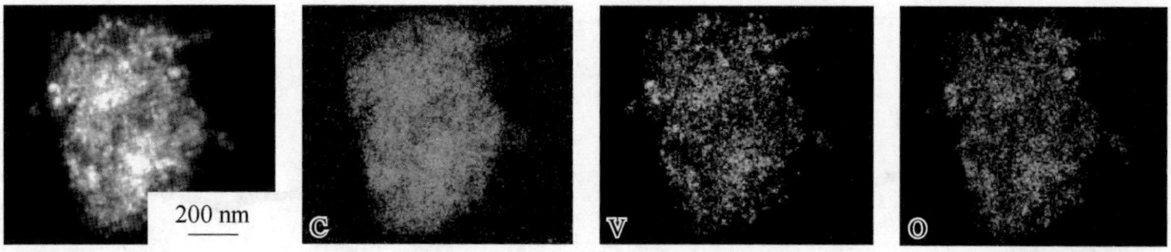

(g) (h) (i) (j)

图 3-23 V_2O_3@C/BWC-7 的 SEM 图 [(a) ~ (c)]、TEM 图(d)、HRTEM 图(e)、SAED 图(f)、HADDF 图(g)和 EDS 元素映射图 [(h) ~ (j)]

图 3-23 彩图

3.4.4 性能分析

3.4.4.1 不同比例系列

众所周知，电磁波的吸收能力主要受复介电常数（$\varepsilon_r = \varepsilon' - j\varepsilon''$）和复磁导率（$\mu_r = \mu' - j\mu''$）的影响。其中实部（$\varepsilon'$、$\mu'$）和虚部（$\varepsilon''$、$\mu''$）分别表示对电磁能量的储存和衰减能力。从图 3-24(a)中可以看出，所有样品的 ε' 值都随频率的增加呈下降趋势，这是碳材料中常见的频散现象。也就是说，电子在低频处有足够的时间对交变电磁场作出响应，而高频电子不能对交变电磁场作出足够快的响应，从而导致 ε' 值的降低。从图 3-24(b)可以看出，随着 V-MOF 的比例增加，样品的 ε'' 值逐渐下降，这与 ε' 值的变化趋势一致。其中 V-MOF/BW(3∶1)-7 样品的固有的电导率较低，导致其 ε'' 值最低。此外，在 ε''-f 曲线中可以观察到 8 ~ 18 GHz 出现了一些共振峰，表明极化弛豫的存在。V-MOF/BW(2∶1)-7 样品出现了更明显的波动，表明极化行为增强，而 V-MOF/BW(3∶1)-7 在 10 ~ 16 GHz 处的 ε''-f 曲线的波动小于 V-MOF/BW(2∶1)-7 和 V-MOF/BW(1∶1)-7 样品，说明存在弱极化-弛豫现象。如图 3-24(b)(d)(f)所示，μ'、μ'' 和 $\tan\delta_\mu$ 值分别接近 1、0 和 0，这可以归因于样品的非磁性特性。因此，可以忽略磁损耗的影响，单独考虑介电损耗的性能。三个样品的 $\tan\delta_\varepsilon$ 值如图 3-24(e)所示。从图中可以看出，V-MOF/BW(1∶1)-7 和 V-MOF/BW(2∶1)-7 样品的 $\tan\delta_\varepsilon$ 值是相似的，表明这两个样品对电磁波具有相似的介电衰减能力，而 V-MOF/BW(3∶1)-7 表现出最差的 $\tan\delta_\varepsilon$ 值，反映了其较弱的介电损耗能力。

图 3-25 显示了复合材料在 1 ~ 4 mm 厚度下的电磁波吸收能力，可以发现 V-MOF 的含量对电磁波吸收性能有显著影响。V-MOF/BW(1∶1)-7 表现出较差的吸波性能，在 2.0 mm 的厚度下，最佳 *RL* 值和 EAB 分别为 −26 dB 和 3.92 GHz。V-MOF/BW(2∶1)-7 表现出最佳的吸波性能，在 2.34 mm 厚度处，RL_{min} 为 −59.3 dB，EAB 达到 6.0 GHz，最宽的 EAB 在 2.21 mm 处达到 6.56 GHz。当

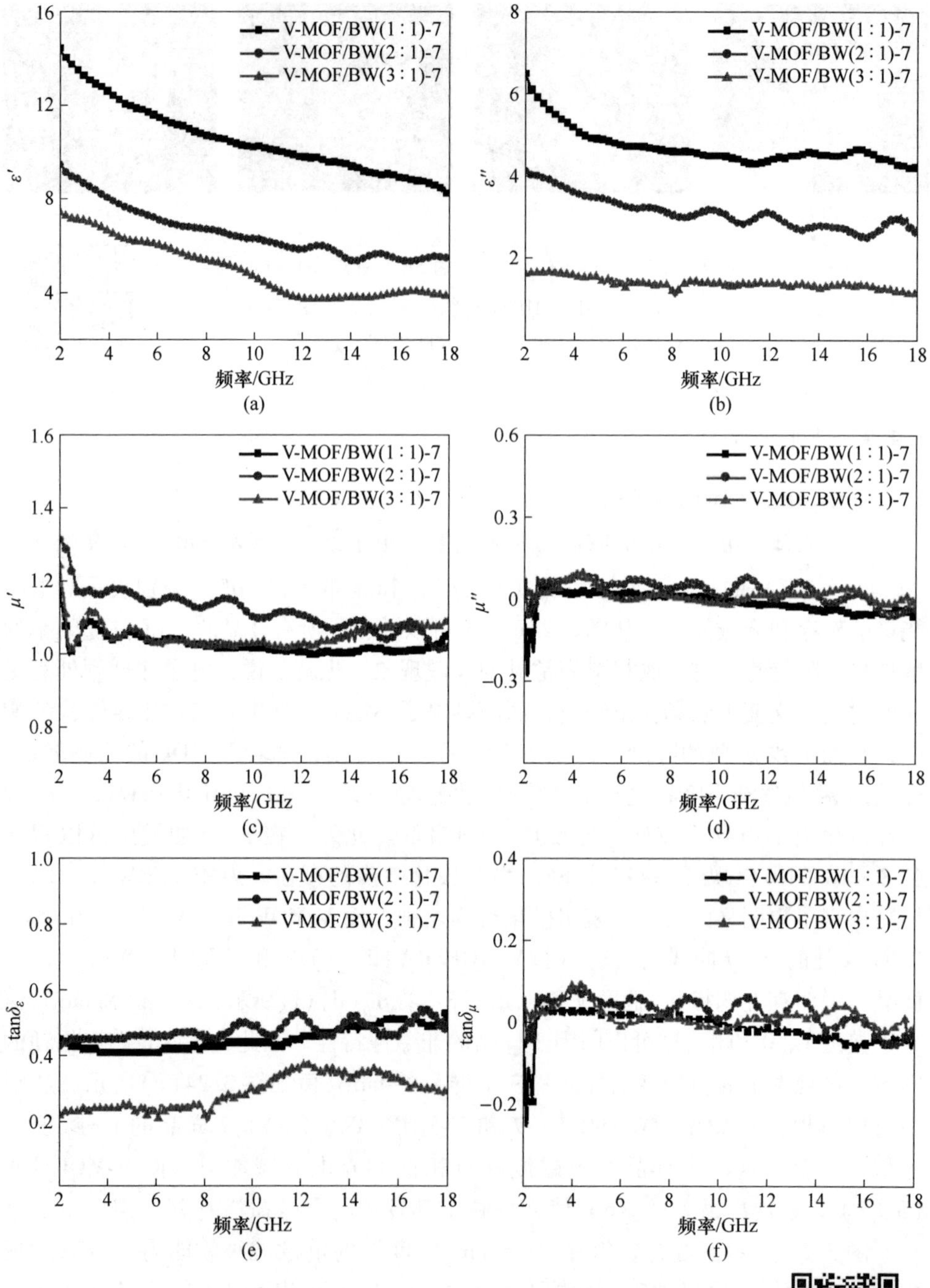

图 3-24　V-MOF/BW(1∶1)-7、V-MOF/BW(2∶1)-7 和
V-MOF/BW(3∶1)-7 的介电常数实部(a)、
介电常数虚部(b)、磁导率实部(c)、磁导率虚部(d)、
介电损耗角正切(e)和磁损耗角正切(f)

图 3-24 彩图

V-MOF 的含量进一步增加时，V-MOF/BW(3∶1)-7 的吸波性能有所下降，在厚度为 3.5 mm 时，最小反射损耗值为 -13.5 dB，最宽的 EAB 在 3.0 mm 时达到了 3.04 GHz。

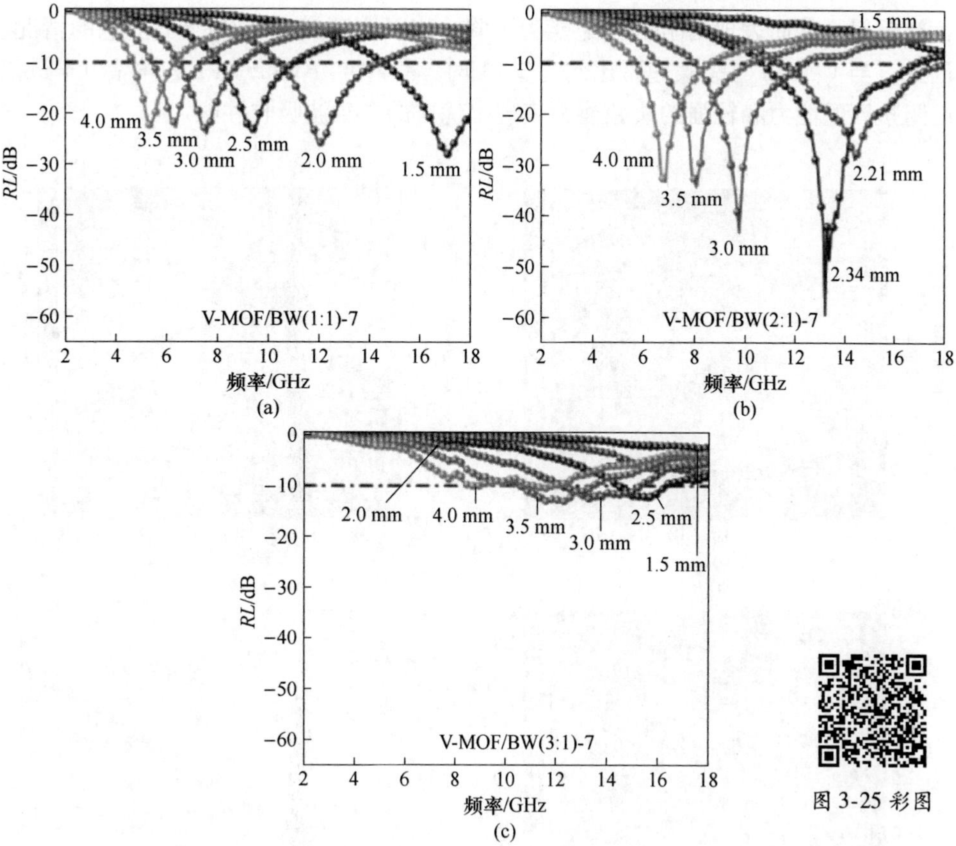

图 3-25 彩图

图 3-25 反射损耗图：V-MOF/BW(1∶1)-7(a)、V-MOF/BW(2∶1)-7(b)、V-MOF/BW(3∶1)-7(c)

图 3-26(a)~(c)为所有样品的阻抗的二维等高线图，并考虑了厚度和频率对吸波性能的影响。二维等高线图中的虚线内区域表示 Z 值在 0.8~1.2 之间的区域，说明实现了相对理想的阻抗匹配，0.8~1.2 之间的面积越大，说明样品具有更好的阻抗匹配。显然，V-MOF/BW(3∶1)-7 复合材料的阻抗匹配不理想，因为在图 3-26(c)中 0.8~1.2 以外的区域较大，而 0.8~1.2 区域相对较小。对于 V-MOF/BW(2∶1)-7 复合材料，存在一个较大的 0.8~1.2 区域，其阻抗匹配明显改善（见图 3-26(b)）。然而对于 V-MOF/BW(1∶1)-7 样品，其阻抗匹配能力反而下降了，这也是它的电磁波吸收性能不如 V-MOF/BW(2∶1)-7 样品的重

要原因。α 主要决定了电磁波被损耗衰减的能力，α 值越高，损耗能力就越大。从图 3-26(d)中可以看出，所有样品的 α 值均随频率的增加而上升，而 V-MOF/BW-7 复合材料的 α 值则随蝴蝶翅膀比例的升高而缓慢增强。虽然 V-MOF/BW(1∶1)-7 样品表现出较大的 α 值，但由于其电导率较高，部分电磁波在材料表面被反射，从而表现出阻抗匹配能力下降，以及电磁波吸收性能不出色的情况。因此，当 V-MOF 与蝴蝶翅膀比例为 2∶1 时，V-MOF/BW(2∶1)-7 样品由于最佳的阻抗匹配能力和较强的衰减能力表现出优秀的电磁波吸收性能。

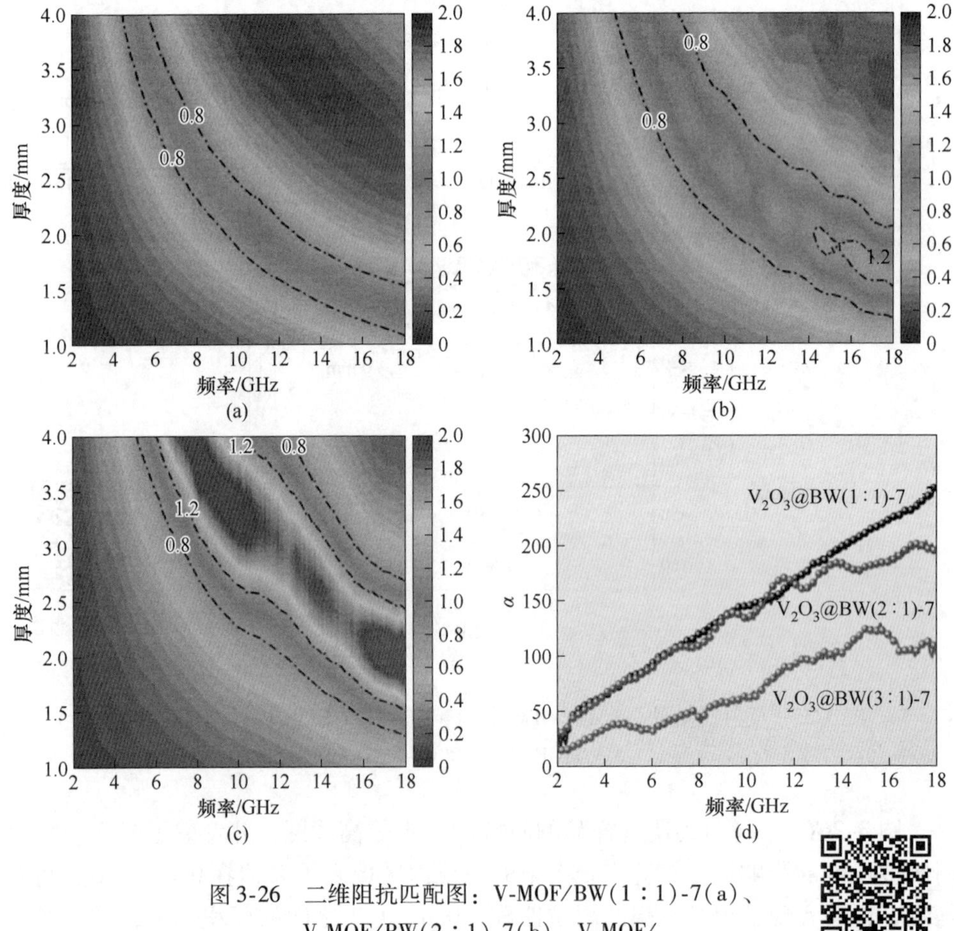

图 3-26　二维阻抗匹配图：V-MOF/BW(1∶1)-7(a)、V-MOF/BW(2∶1)-7(b)、V-MOF/BW(3∶1)-7(c)和衰减常数(d)

图 3-26 彩图

3.4.4.2　不同温度系列

通过对蝴蝶翅膀与 V-MOF 复合比例的调控，研究了两者的比例对电磁波吸收性能的影响，我们选择了 V-MOF 与蝴蝶翅膀质量比为 2∶1 时制备的 V-MOF/

BW 前驱体来研究煅烧温度对吸波性能的影响。此外，为了对比蝴蝶翅膀的引入对 V-MOF 吸波性能的影响，我们测试了在同样条件下制备的纯 V-MOF 的衍生物 V_2O_3@C-7 的电磁参数和吸波性能。从图 3-27(a) 中可以看出，所有样品的 ε' 值都随着频率的增加而下降，这可以归因于碳材料的频散现象。其中，不含蝴蝶翅膀的 V_2O_3@C-7 样品的 ε' 值最低，这是因为它本身的电导率较低。V_2O_3@C/BWC 复合材料的 ε' 值高于 V_2O_3@C-7，并且随着温度的升高而逐渐增大。根据图 3-27(b)，这些样品的 ε'' 值遵循以下顺序：V_2O_3@C/BWC-8 > V_2O_3@C/BWC-7 > V_2O_3@C/BWC-6 > V_2O_3@C-7，这与 ε' 值随温度变化的趋势一致。在 ε''-f 曲线中，观察到一些共振峰，表明存在极化弛豫。具体来说，V_2O_3@C/BWC-8 样品在 2 ~ 18 GHz 处的 ε'' 值大于其他样品。根据自由电子理论（$\varepsilon''=\sigma/2\pi f\varepsilon_0$），$\varepsilon''$ 值的上升趋势表明样品的电导率有所提高。然而，高电导率会产生“趋肤效应”，这不利于阻抗匹配。此外，利用介电损耗角正切（$\tan\delta_\varepsilon=\varepsilon''/\varepsilon'$）和磁损耗角正切（$\tan\delta_\mu=\mu''/\mu'$）分别表示介电和磁损耗能力。对于所有没有磁性材料的样品，μ' 和 μ'' 的值都在 1 和 0 左右，如图 3-27(c)(d) 所示。从图 3-27(e)(f) 中可以看出，所有样品的 $\tan\delta_\varepsilon$ 都远远大于 $\tan\delta_\mu$，说明磁损耗能力可以忽略不计，介电损耗能力占主导。如图 3-27(e) 所示，V_2O_3@C/BWC 复合材料的 $\tan\delta_\varepsilon$ 随着热解温度的升高而增加。显然，在四个样品中，V_2O_3@C/BWC-8 的 $\tan\delta_\varepsilon$ 值最高，其介电损耗能力最强，而 V_2O_3@C-7 表现出最差的介电损耗能力。

每个半圆表示一个极化弛豫过程，而“尾部”表示导电损耗。显然，V_2O_3@C/BWC 复合材料比 V_2O_3@C-7 具有更多的半圆，说明蝴蝶翅膀的引入增加了极化损耗（见图 3-28）。此外，在所有样品中，V_2O_3@C/BWC-8 样品的“尾部”最长，这意味着它的导电损耗最大。值得注意的是，V_2O_3@C/BWC 样品显示了几个半圆，如图 3-28(b) ~ (d) 所示，表明这些样品具有多重极化弛豫过程和较强的介电损耗能力。极化弛豫一般包括电子极化、离子极化、偶极子极化和界面极化，在测试频率范围内主要考虑后两种极化弛豫。V_2O_3@C/BWC 复合材料在煅烧过程中形成的碳缺陷，以及氧空位的存在会导致缺陷部位周围电子和空穴的不平衡，从而产生偶极子极化。此外，V_2O_3@C/BWC 的异质界面包括 V_2O_3/C、V_2O_3/BWC、C/BWC 和固体/空气等界面，这导致了较强的界面极化。

为了进一步研究复合材料的导电损耗和极化损耗，首先测试了四个样品的电导率，V_2O_3@C-7、V_2O_3@C/BWC-6、V_2O_3@C/BWC-7 和 V_2O_3@C/BWC-8 的电导率分别为 0.03 S/m、0.07 S/m、0.15 S/m 和 0.27 S/m。样品的电导率与碳化温度成正比，这与导电损耗的变化趋势一致，如图 3-29(a) 所示。值得注意的是，与 V_2O_3@C 相比，与蝴蝶翅膀复合后，极化损耗得到了大大改善，如图 3-29(b) 所示。从图 3-29 中可以明显看出，极化损耗远远大于导电损耗。因此，V_2O_3@C/BWC 复合材料的介电损耗机理主要以极化损耗为主。

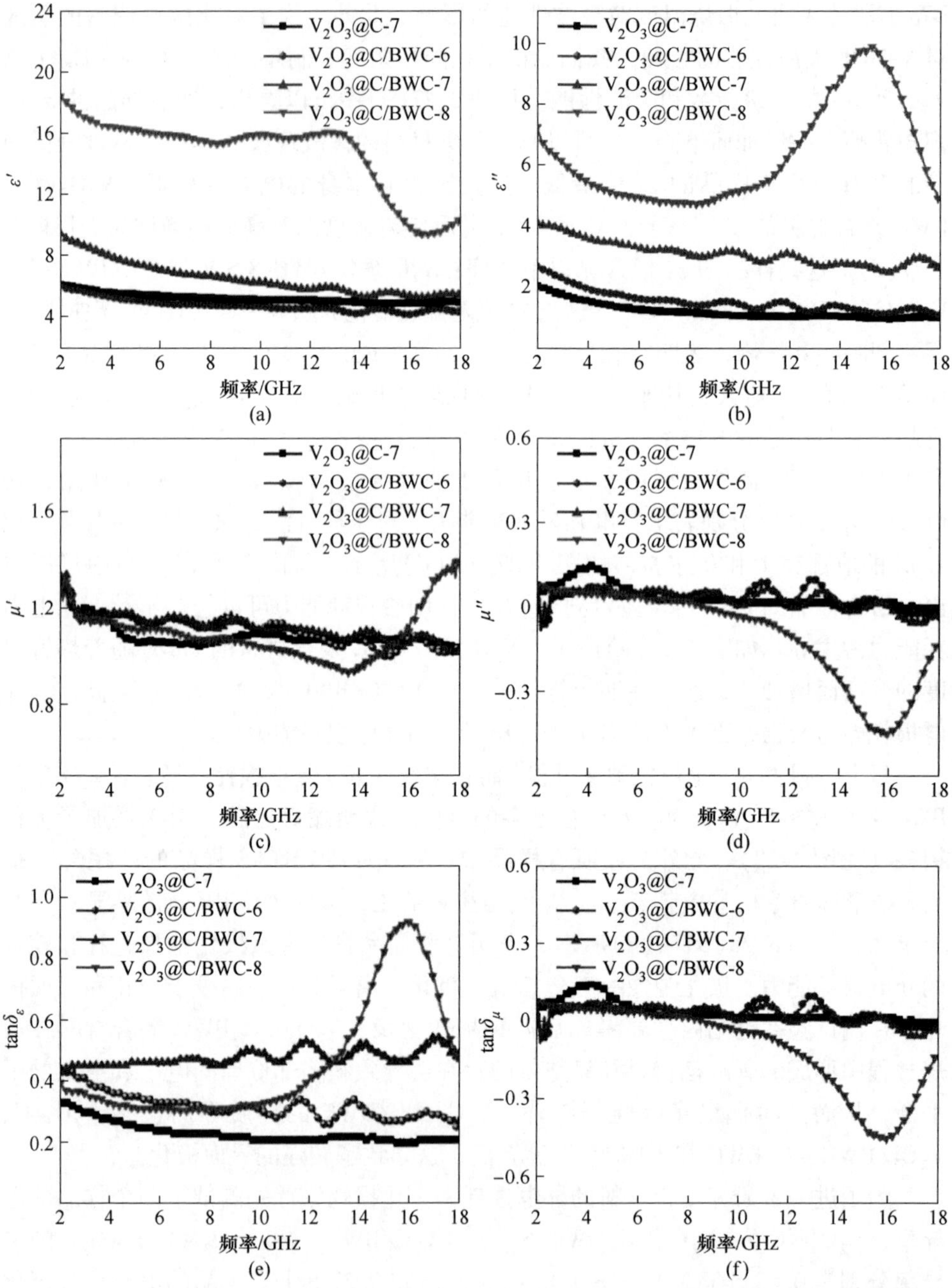

图 3-27　V_2O_3@C-7、V_2O_3@C/BWC-6、V_2O_3@C/BWC-7 和 V_2O_3@C/BWC-8 的介电常数实部(a)、介电常数虚部(b)、磁导率实部(c)、磁导率虚部(d)、介电损耗角正切(e)和磁损耗角正切(f)

图 3-27 彩图

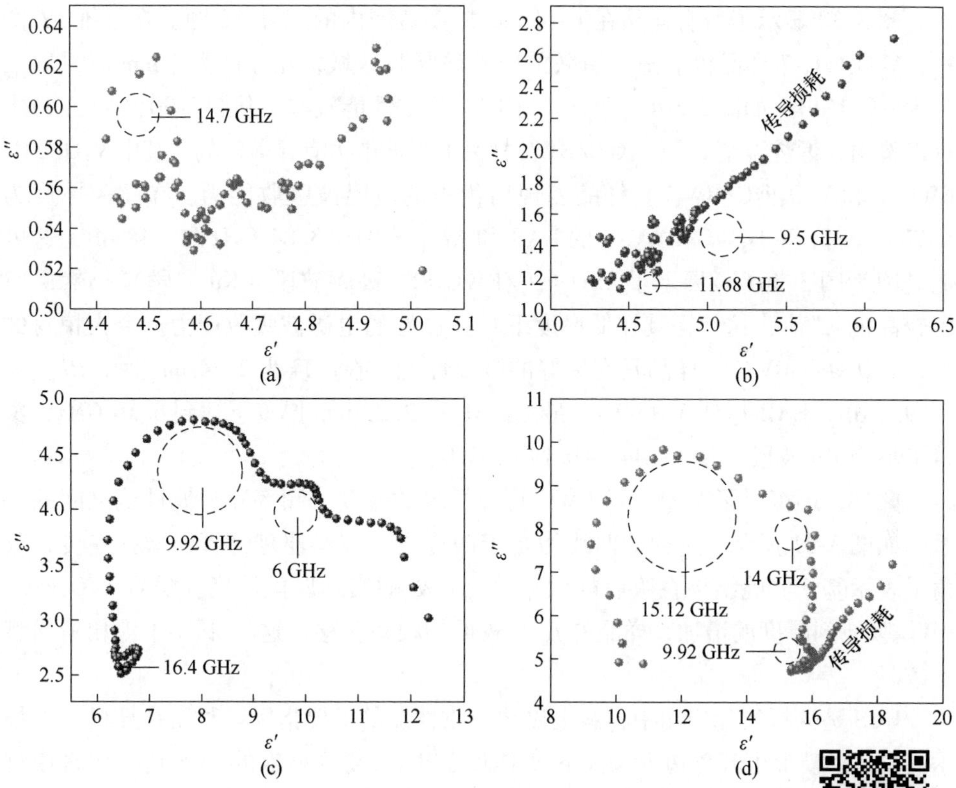

图 3-28 Cole-Cole 曲线：V_2O_3@C-7(a)、
V_2O_3@C/BWC-6(b)、V_2O_3@C/BWC-7(c)、
V_2O_3@C/BWC-8(d)

图 3-28 彩图

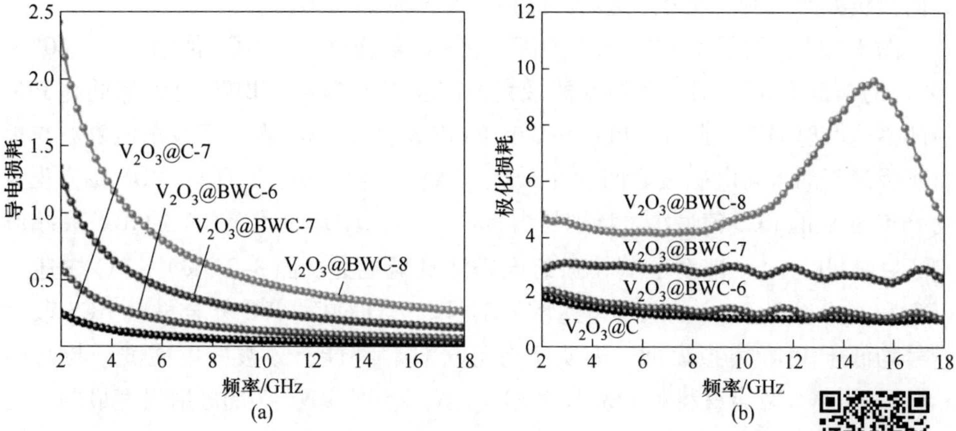

图 3-29 V_2O_3@C-7、V_2O_3@C/BWC-6、V_2O_3@C/BWC-7 和
V_2O_3@C/BWC-8 的导电损耗(a)和极化损耗(b)

图 3-29 彩图

图 3-30 显示了所有样品在 1 ~ 4 mm 厚度范围内的三维 *RL* 图。在三维 *RL* 图中，V_2O_3@C-7 样品没有显示有效的电磁波吸收区域，在厚度为 4 mm 时，RL_{min} 仅为 -9.1 dB，如图 3-30(a)所示，表明其吸波性能较差。从图 3-30(b) ~ (d)中可以看出，煅烧温度对 V_2O_3@C/BWC 样品的吸波能力有显著影响。其中 V_2O_3@C/BWC-7 和 V_2O_3@C/BWC-8 样品表现出优秀的电磁波吸收能力。在超薄厚度为 1.27 mm 时，V_2O_3@C/BWC-8 的 EAB 和 RL_{min}分别为 3.84 GHz 和 -48 dB，这可能是因为图 3-30(b)展示了 V_2O_3@C/BWC-8 在高频波段（Ku 波段）仍然保留了较高的 ε'' 值，这使得其在低厚度下具有良好的电磁波吸收能力。令人惊讶的是，V_2O_3@C/BWC-7 样品具有更好的吸波性能，在厚度为 2.34 mm 时，RL_{min} 为 -59.3 dB，EAB 达到 6.0 GHz，最宽 EAB 在 2.21 mm 厚度下达到 6.56 GHz，覆盖了整个 Ku 波段（从 11.44 GHz 到 18 GHz）。

此外，还探讨了 V_2O_3@C/BWC 复合材料的厚度、频率和吸波性能之间的关系。如图 3-31 所示，下面的曲线为基于四分之一波长原理计算的模拟厚度，五角星表示基于实验结果在吸收峰频率（f_m）处的实际匹配厚度。随着 V_2O_3@C/BWC 吸波剂厚度的增加，样品的 f_m 向较低的频率转移，这与 $\lambda/4$ 干涉相消模型一致。

RCS 是分析实际应用中材料电磁波吸收性能的重要指标。利用计算机仿真技术（CST）模拟了开放边界条件下 V_2O_3@C/BWC 复合材料的 RCS 值。仿真模型包括底部的一个完美的电导体（PEC）和顶部的吸波剂层，每一层的长度和宽度设置为 200 mm，吸波剂层和 PEC 的厚度设置为 2.34 mm，其中 PEC 层也被认为是 RCS 衰减的参考。然后，将吸收模型放置在 *x-o-y* 平面上，而电磁波从 *z* 轴正方向至负方向入射。此外，远场监测频率设置为 13.2 GHz。

图 3-32(b)展示了 PEC 和 V_2O_3@C/BWC 复合材料的 RCS 值随 θ（-60° ~ 60°）的详细变化，PEC 的 RCS 值最大，这表明 V_2O_3@C/BWC 可以降低纯 PEC 板的雷达散射强度。此外，PEC 在 0°时的 RCS 值大于 0，是由于反射电磁波与垂直于吸波剂的入射电磁波之间存在干扰。值得注意的是，V_2O_3@C/BWC-7 覆盖的 PEC 底板的 RCS 值最小。特别是当 $\theta = 15°$时，V_2O_3@C/BWC-7 的 RCS 衰减值到了 $-43\ dB \cdot m^2$，证明了其较强的电磁波衰减能力。图 3-32(c) ~ (f)描述了 PEC 和 V_2O_3@C/BWC 的三维雷达散射信号。V_2O_3@C/BWC 复合材料 RCS 散射信号均低于 PEC 模拟模型，表明所有复合材料都能有效衰减电磁波。与其他 V_2O_3@C/BWC 复合材料和 PEC 模型相比，V_2O_3@C/BWC-7 的散射强度最弱，说明 V_2O_3@C/BWC-7 的 RCS 最低。

基于以上分析，V_2O_3@C/BWC 可能的电磁波吸收机制为：首先，基于麦克斯韦-加内特理论，复合材料丰富的凹腔和多孔结构降低了介电常数，提高了吸

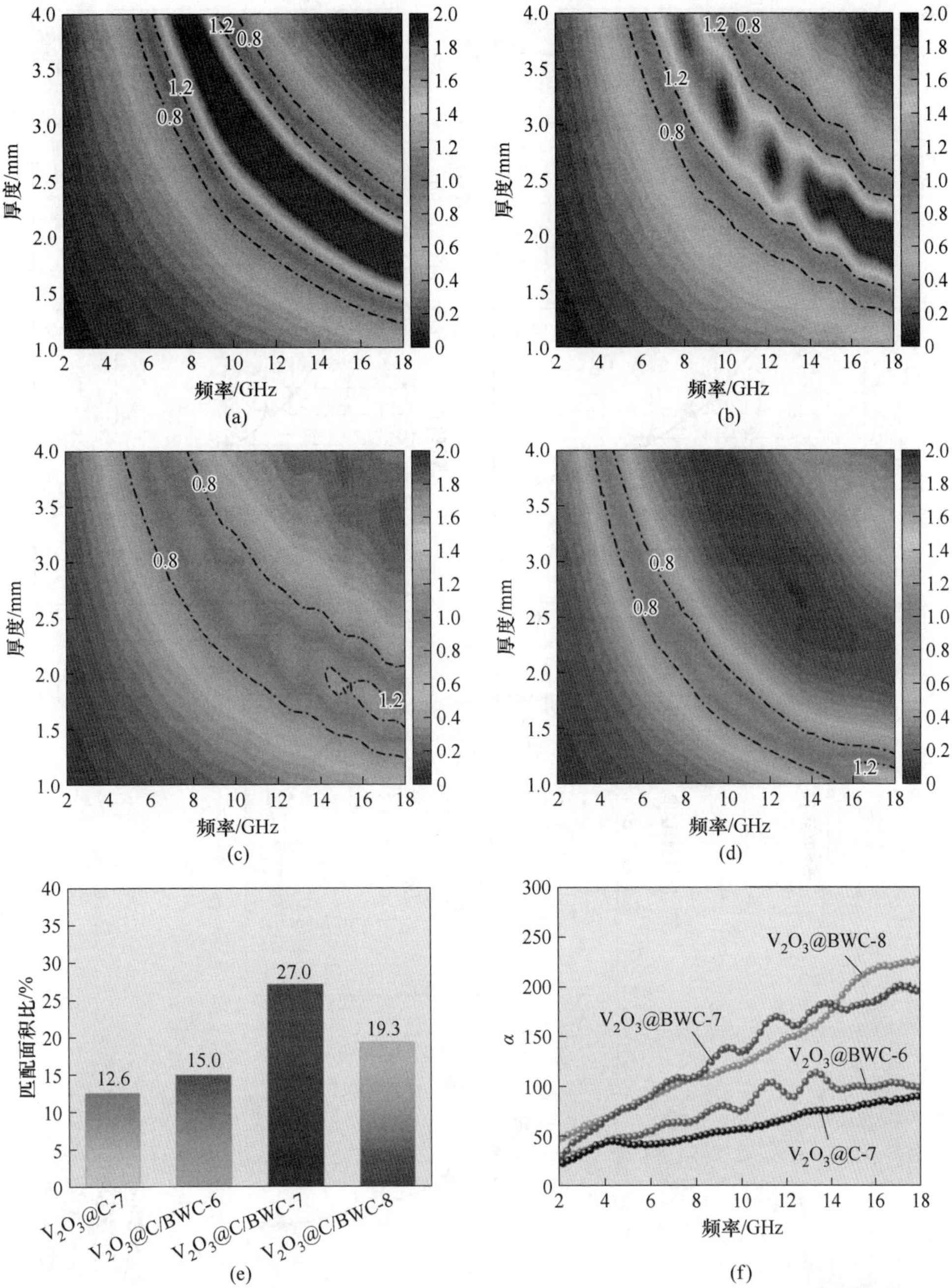

图 3-30 二维阻抗匹配图：V_2O_3@C-7(a)、V_2O_3@C/BWC-6(b)、V_2O_3@C/BWC-7(c)和 V_2O_3@C/BWC-8(d)，4 个样品的阻抗匹配面积比值(e)和 4 个样品的衰减常数(f)

图 3-30 彩图

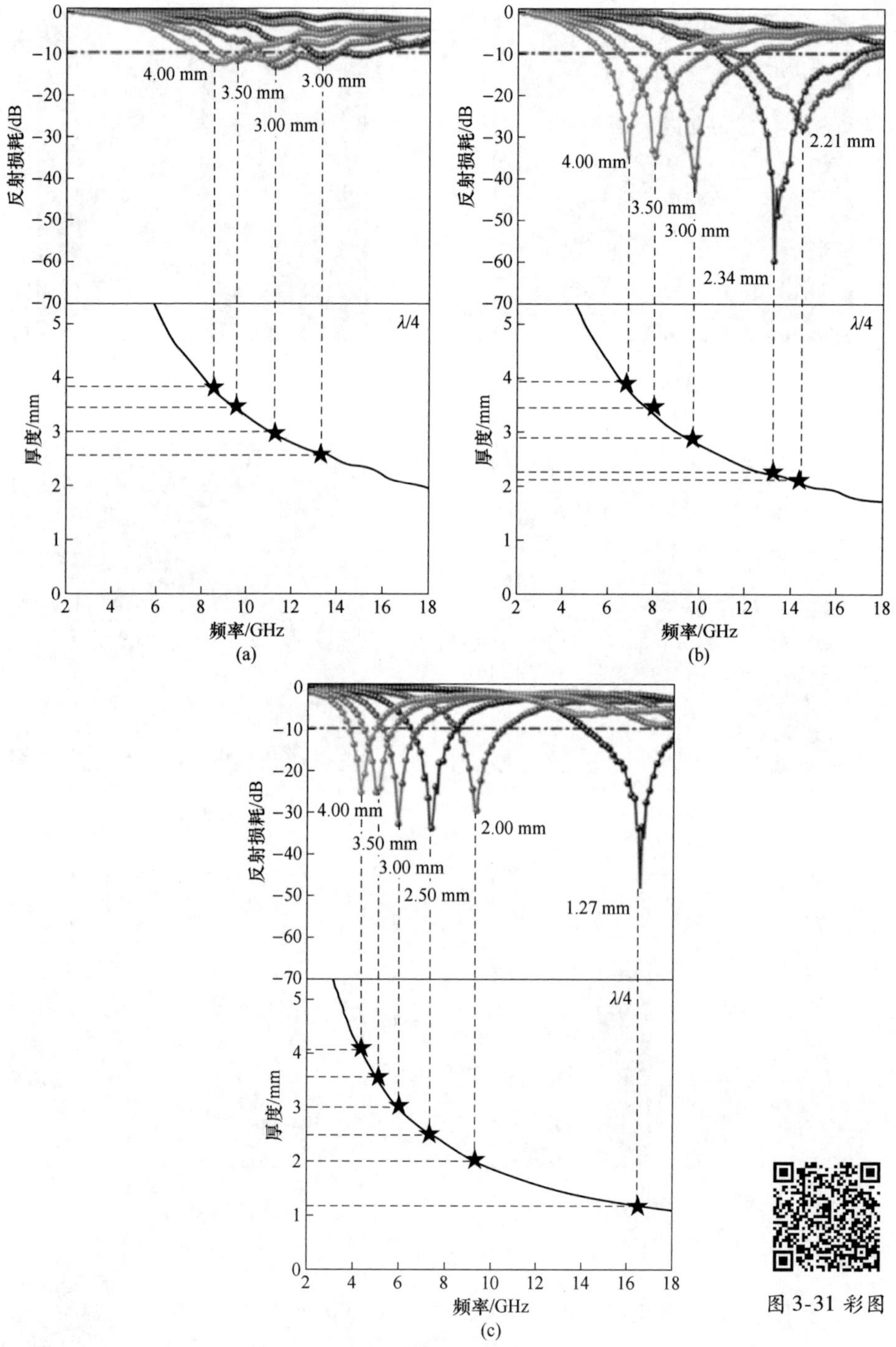

图 3-31 彩图

图 3-31　$\lambda/4$ 曲线：V_2O_3@C/BWC-6(a)、V_2O_3@C/BWC-7(b)和 V_2O_3@C/BWC-8(c)

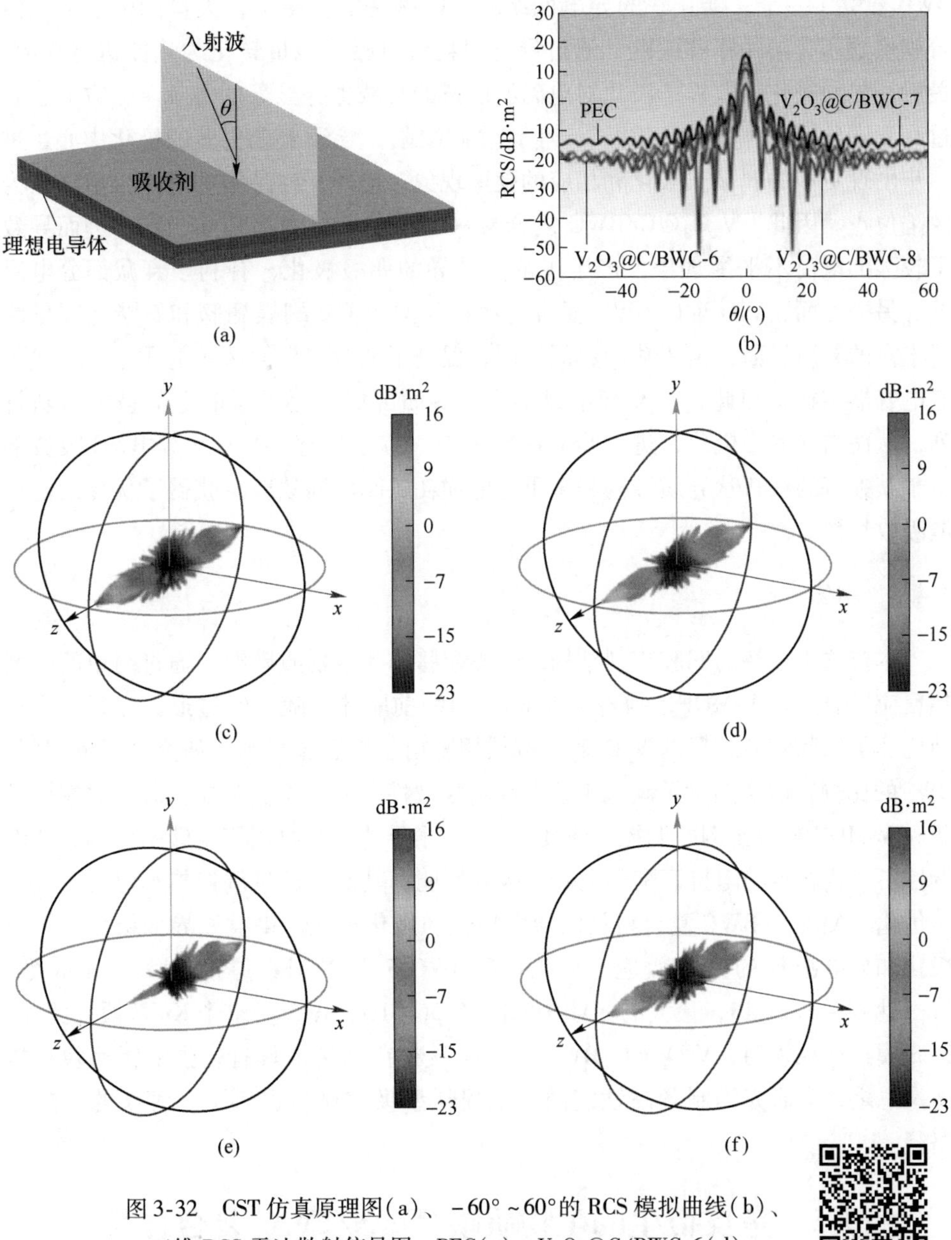

图 3-32　CST 仿真原理图(a)、-60°~60°的 RCS 模拟曲线(b)、三维 RCS 雷达散射信号图：PEC(c)、V_2O_3@C/BWC-6(d)、V_2O_3@C/BWC-7(e)和 V_2O_3@C/BWC-8(f)

图 3-32 彩图

波剂的阻抗匹配，允许更多的入射电磁波进入材料。此外，蝴蝶翅膀独特的凹腔阵列结构增加了电磁波的传输路径，同时促进了电磁波的多重反射和散射，有利于增强电磁波的耗散。其次，经过高温碳化后，铁轨状的异质结构 V_2O_3@C/BWC 建立了一个三维互联的导电网络。在电磁场的作用下，大量的电子可以沿着蝴蝶翅膀骨架迁移和跳跃，通过导电损耗将电磁波能量转化为热能进行耗散。最后，界面极化和偶极子极化对电磁波能量的衰减也有显著的贡献。一方面，经过高温碳化后的 V_2O_3@C/BWC 产生许多碳缺陷，导致出现更多的极化中心，进一步出现更多的偶极子极化和相应的弛豫现象。此外，样品中的氧空位可以作为缺陷位点。因此，V_2O_3@C/BWC 复合材料中存在丰富的缺陷和凹腔，进而导致了较强的电荷不平衡现象，产生了缺陷诱导的偶极极化，有利于衰减部分电磁波。另一方面，V_2O_3@C/BWC 复合材料在 V_2O_3、C、蝴蝶翅膀和石蜡之间形成了丰富的异质界面，由于功函数的不同，促进了电荷在界面区域的积累，形成了微电容器结构。因此，在交变电磁场中，界面区域附近积累的电荷被迫重新排列，从而引起界面极化，进一步衰减电磁波。综上所述，V_2O_3@C/BWC 吸波剂由于其独特的铁轨状异质结构和多重介电损耗机制协同效应，获得了优异的电磁波吸收特性。

3.4.5 小结

本节选用独特的凹腔阵列结构的蝴蝶翅膀作为生物质碳源，通过简单的溶剂热反应原位生长 V-MOF，制备了 V-MOF/BW 前驱体，随后经过退火工艺，成功地构建了凹腔阵列结构的 V_2O_3@C/蝴蝶翅膀衍生碳复合材料。研究了 V-MOF 与 BW_s 的比例、煅烧温度及碳化工艺对材料吸波性能的影响。首先，通过对蝴蝶翅膀和 V-MOF 复合比例的调控，改变了 V_2O_3 半导体与生物质衍生碳的比例，从而调控了复合材料的阻抗匹配和电磁波吸收性能；其次，通过调控热解温度，进一步优化 V_2O_3@C/BWC 复合材料的导电损耗和极化损耗。得益于界面极化、偶极极化和导电损耗的协同效应，V_2O_3@C/BWC-7 吸波剂在厚度为 2.34 mm 处，RL_{min} 达到 −59.3 dB，最大的 EAB 达到了 6.56 GHz，覆盖了整个 Ku 波段。此外，RCS 模拟结果表明，V_2O_3@C/BWC-7 复合材料在远场中具有较强的雷达隐身能力。总之，本研究为制备高性能的介电损耗型吸波材料提供了一种新的方法和路径。

3.5 鱼皮衍生的生物质碳/Fe_3N/Fe_3C 复合材料用于高效电磁波吸收

铁基化合物是一类具有高理论饱和磁化强度的新型磁性材料。例如，Liang 等人在 520 ℃氨气氛下制备了多孔 Fe_4N/碳空心微球，获得了 −42.2 dB 的 RL_{min}，并显示出优异的磁性和吸波性能[16]。Li 等人利用一种新型的高温（2000 ℃）等离子体方法合成了多相铁纳米晶体，将 FeC、Fe 和 FeN 纳米颗粒封装在分层石墨碳（Fe/Fe_3C/FeN@GC）中。优化后的 Fe/Fe_3C/FeN@GC 表现出优异的吸波性能，厚度仅为 1.8 mm 时，RL_{min}为 -54.4 dB[17]。

热化学转化是将有机固体废弃物升级为高价值材料的一种高效方法，有助于实现碳中和峰值和碳排放目标。它也是开发节能电磁波吸收材料的一个途径。在本研究中，我们在外部热驱动条件下利用鱼皮将普鲁士蓝成功地氮化成具有高饱和磁化强度和高抗氧化性的 Fe_3N。所得到的 Fe_3N@C 表现出优异的吸波性能，实现了 RL_{min}为 -71.3 dB。此外，通过引入纤维素纳米纤维，改变碳源含量机制将氮化铁向碳化铁转化，得到 Fe_3C/Fe_3N@C 复合材料。这带来了更广泛的局部电荷再分配和更强的电子相互作用，表现出更强的吸波性能，实现了 6.64 GHz 的有效吸收带宽（EAB）。电磁模拟和 DFT 计算进一步阐明了吸波的机理，雷达截面减小值达到 37.34 dB·m^2。多层梯度超材料的设计显示了超宽带 EAB 为 11.78 GHz。本书提出了一种在原子级别上利用生物质废弃物制备 Fe_3N 的有效策略，为金属氮化物和金属碳化物之间的转化提供了新的见解，并为先进的吸波材料的发展提供了一个很有前途的方向。

3.5.1 实验部分

（1）材料。鱼皮（FS）来源于市场普通鱼类，铁氰化钾（$K_3Fe(CN)_6$）、盐酸（HCl）、纤维素纳米纤维（CNF）来源于中国桂林奇宏科技有限公司。所有化学试剂均为分析级（AR）。水是去离子水（DI，18.25 MΩ）。

（2）从 FS 中提取明胶溶液。首先，鱼皮用去离子水清洗几次后，在 80 ℃下干燥几天。然后将 20 g 干鱼皮和 1 g 氢氧化钾加入到 20 mL 去离子水中，接着将混合溶液转移到聚四氟乙烯内衬的不锈钢高压釜中，在 120 ℃保存 18 h。冷却后，得到黄色提取液。

（3）FS/PB 和 FS/PB/CNF 混合物的制备。采用改进的方法制备了 PB 微立方体。首先，将 1.65 g 铁氰化钾和 0.728 g 六水合硝酸铁加入 20 mL 去离子水中，搅拌直到得到透明溶液。然后，在上述溶液中加入 1.47 g 二水合柠檬酸钠，搅拌均匀后加入 2 mL 盐酸，并陈化 24 h。收集 PB，用去离子水反复离心 6 次，在 80 ℃下干燥 12 h。将黄色明胶提取液与 PB 混合搅拌，冻干制得 FS/PB 混合物。同样，在此基础上加入 0.3 g 纤维素纳米纤维制得 FS/PB/CNF 混合物。

（4）Fe_3N@C 和 Fe_3C/Fe_3N@C 复合材料的制备。为了防止样品在退火过程中被氧化，前驱体 FS/PB 和 FS/PB/CNF 混合物被放置在一个充满惰性气体

（N_2）的管式炉中。将前驱体以 5 ℃/min 的加热速率加热至 700 ℃ 和 800 ℃，然后在保持 2 h 后缓慢冷却至室温。最终产物分别记为 FP-7、FP-8、FPC-7 和 FPC-8。

为了开发高性能的吸波材料，需要深入研究过渡金属氮化物和碳化物的电磁性能。然而，关于合成具有高饱和磁化强度的 Fe_3N 和 Fe_3C 的报道有限。Fe_3N@C 和 Fe_3C/Fe_3N@C 复合材料的制备过程涉及几个关键步骤。首先，从 FS 中提取多肽，并与 CNF 一起作为制备材料的氮源和碳源。在碳化过程中，FS 中丰富的多肽分解形成 NH_x，而 FS 的热分解产生 CO_2，随后在 Fe 位点被激活形成—COOH。NH_x 和—COOH 经过脱水形成 Fe-NCO 中间体，并进一步催化生成 OC-Fe-NH_3。一旦 CO_2 停止生产，表明反应完成，OC-Fe-NH_3 在热条件下分解生成 Fe_3N。然而，当 CNFs 被进一步引入时，由于 CNFs 的分解，会产生额外的 CO_2。这导致了 CO_2 和 NH_x 之间的竞争相互作用。因此，当 CO_2 取代结构中的 NH_x 时，Fe_3N 粒子部分转化为临界铁碳（Fe-CO）中间体。在持续的热处理下，该中间体 Fe-CO 进一步原位转化为 Fe_3C。

3.5.2 结构分析

采用扫描电子显微镜（SEM）和透射电镜（TEM）对 FP-7 和 FPC-7 样品的显微结构进行了分析。FP-7 和 FPC-7 均表现出多孔结构，如图 3-33(a)(b)所示。在热处理过程中，立方 PB 逐渐分解为 Fe_3N 纳米颗粒，趋向于形成球形，使表面能最小化。CNFs 的加入增加了碳源，导致多孔碳结构内的孔径减小，氮化铁颗粒转化为更小的碳化铁颗粒。

利用透射电镜和高分辨率透射电镜（HRTEM）进一步研究了 FP-7 和 FPC-7 的晶格结构。图 3-33(c)显示了 FP-7 样品中存在 Fe_3N 固体颗粒。HRTEM 分析证实了存在不同的晶格面，计算出的平面间距为 0.203 nm，对应于 Fe_3N 的(200)晶面。HRTEM 图像还显示了热解后材料内的非均匀界面。这些丰富的非均匀界面可以作为极化位点，通过界面极化增强介电损耗。值得注意的是，Fe_3N 粒子的形成促进了晶体石墨的生长，其中晶体和非晶石墨界面的边界效应导致电荷积累、旋转和碰撞，主要将电磁波能量转化为热能。如图 3-33(d)所示，Fe_3N 和 Fe_3C 纳米颗粒均匀分散在氮掺杂碳基质中，0.234 nm 和 0.211 nm 的晶格条纹分别对应于 Fe_3N 的(110)晶面和 Fe_3C 的(211)晶面，表明部分 Fe_3N 转化为 Fe_3C。此外，能量色散光谱（EDS）映射结果（见图 3-34）表明，C 和 N 元素均匀分布在材料表面，而 Fe 主要集中在球形的 Fe_3N 和 Fe_3C 颗粒中。

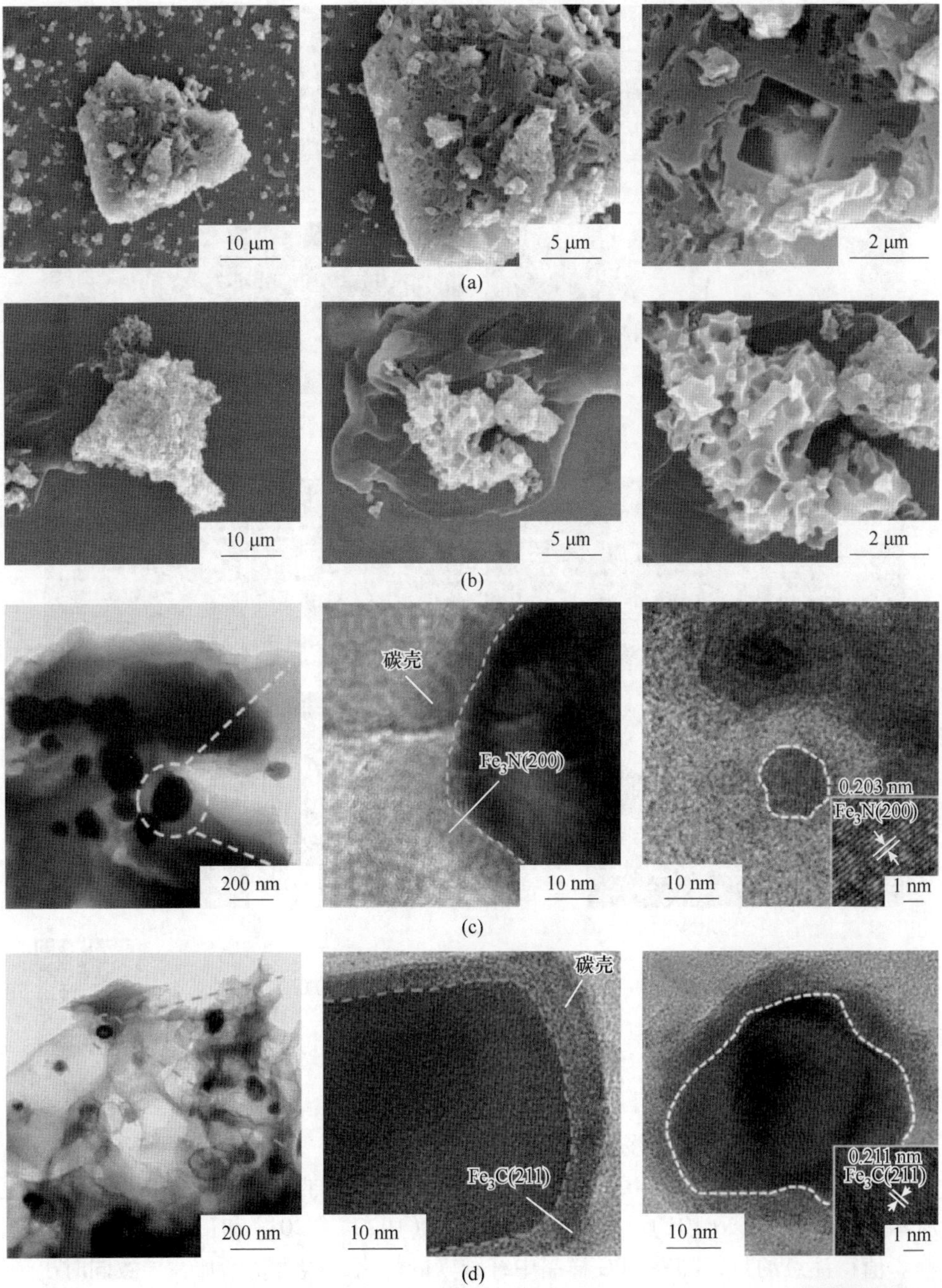

图 3-33 FP-7 的 SEM 图(a)、FPC-7 的 SEM 图(b)、FP-7 的 TEM 图(c)、FPC-7 的 TEM 图(d)

图 3-33 彩图

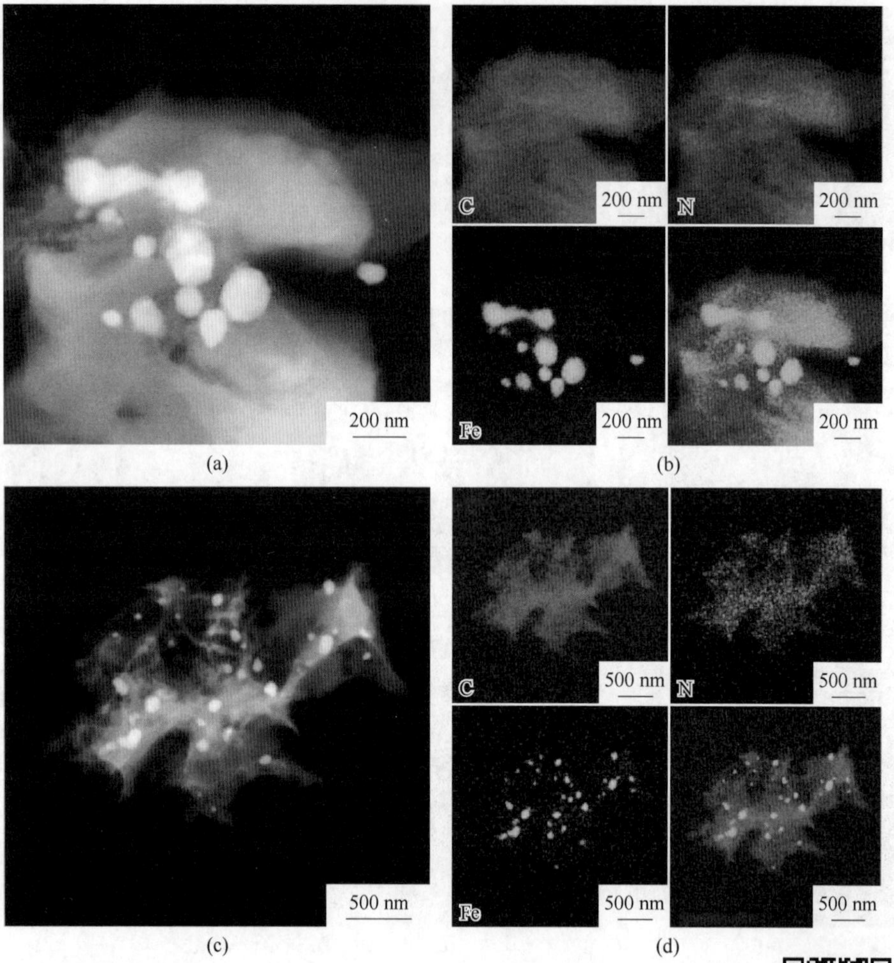

图 3-34　EDS 元素映射图：FP-7［(a)(b)］、FPC-7［(c)(d)］

图 3-34 彩图

3.5.3　组成分析

3.5.3.1　X 射线衍射分析

采用 X 射线衍射（XRD）图谱分析了 FP 和 FPC 样品的晶体结构。如图 3-35 所示，出现了 Fe_3N(101)、(002)、(111)、(102)、(201) 和 (112) 晶面的特征峰。值得注意的是，随着 FPC 样品中纤维素的加入，碳含量增加，导致同时出现 Fe_3C 和 Fe_3N 的特征峰。这些新的峰分别出现在 37.7°、45.1°、45.9°、54.6° 和 56.2° 处，分别对应于 Fe_3C（JCPDS #76-1877）的 (112)、(103)、(211)、(023) 和 (221) 晶面的特征峰。鉴于 Fe_3N 是主要的活性物质，上述结果表明，Fe_3N 在合成过程中被原位转化为 Fe_3C。

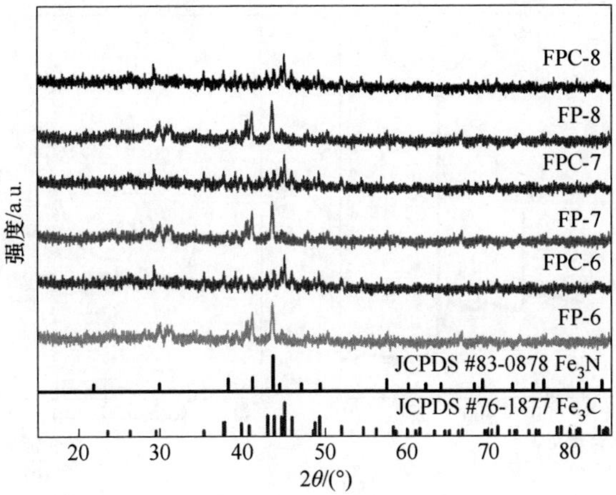

图 3-35 彩图

图 3-35 FP-6、FPC-6、FP-7、FPC-7、FP-8 和 FPC-8 的 XRD 图谱

3.5.3.2 XPS 分析

采用 X 射线光电子能谱（XPS）分析了制备样品中元素的键合态。分析结果表明，FPC-7 样品中含有 C、N、O、Fe 元素，如图 3-36(a)所示。如图 3-36(b)所示，N 1s XPS 高分辨光谱可以分为吡啶 N（398.7 eV）、石墨 N（401.7 eV）和氧化 N（402.5 eV）对应的特征峰。吡啶 N 对 π 共轭体系贡献 p 电子，诱导偶极极化，而石墨 N 提高了电子转移速率。这些不同的 N 原子态在材料的吸波特性中发挥着不同的作用。值得注意的是，N 中的未配对电子具有较高的电子亲和性，与石墨碳中的 sp^2 C 骨架形成了独特的离域电子共轭结构，从而改变了介电性质。如图 3-36(c)所示，在 C 1s 高分辨率光谱中，在 284.8 eV、286.0 eV 和 288.7 eV 处有三个明显的衍射峰，分别对应于 C—C/C ═ C、C—N 和 C ═ O 键的特征峰。在图 3-36(d)中，位于 530.0 eV 和 532.5 eV 处的两个单独的衍射峰分别指认为 C—O—C 和 C ═ O 键的特征峰。C—O—C 键和 C—N 键的存在表明了 O—、N—的官能团的保留。图 3-36(e)的 Fe 2p 谱显示，Fe 以 Fe^{2+} 和 Fe^{3+} 的形式存在，以 Fe_3N 和 Fe_3C 的形式固定在样品中。综上所述，TEM、XRD 和 XPS 的研究结果证实了 Fe_3N@C 和 Fe_3N/Fe_3C@C 复合材料的成功合成。

3.5.4 性能分析

基于传输线理论，RL_{min} 和 EAB 是评价吸波性能的两个关键指标。图 3-37(a)显示了所有样品的吸波性能。所有样品的 RL 值根据标准公式确定，结果如图 3-37(a)的三维图和图 3-37(b)的二维图。其中，FP-6、FP-8、FPC-6 和 FPC-8 在匹配厚度分别为 4.7 mm、4.8 mm、4.9 mm 和 3.5 mm 时，RL_{min} 值分别为 −15.3 dB、−21.6 dB、−29.6 dB 和 −10.08 dB。而这四个样品在厚度分别

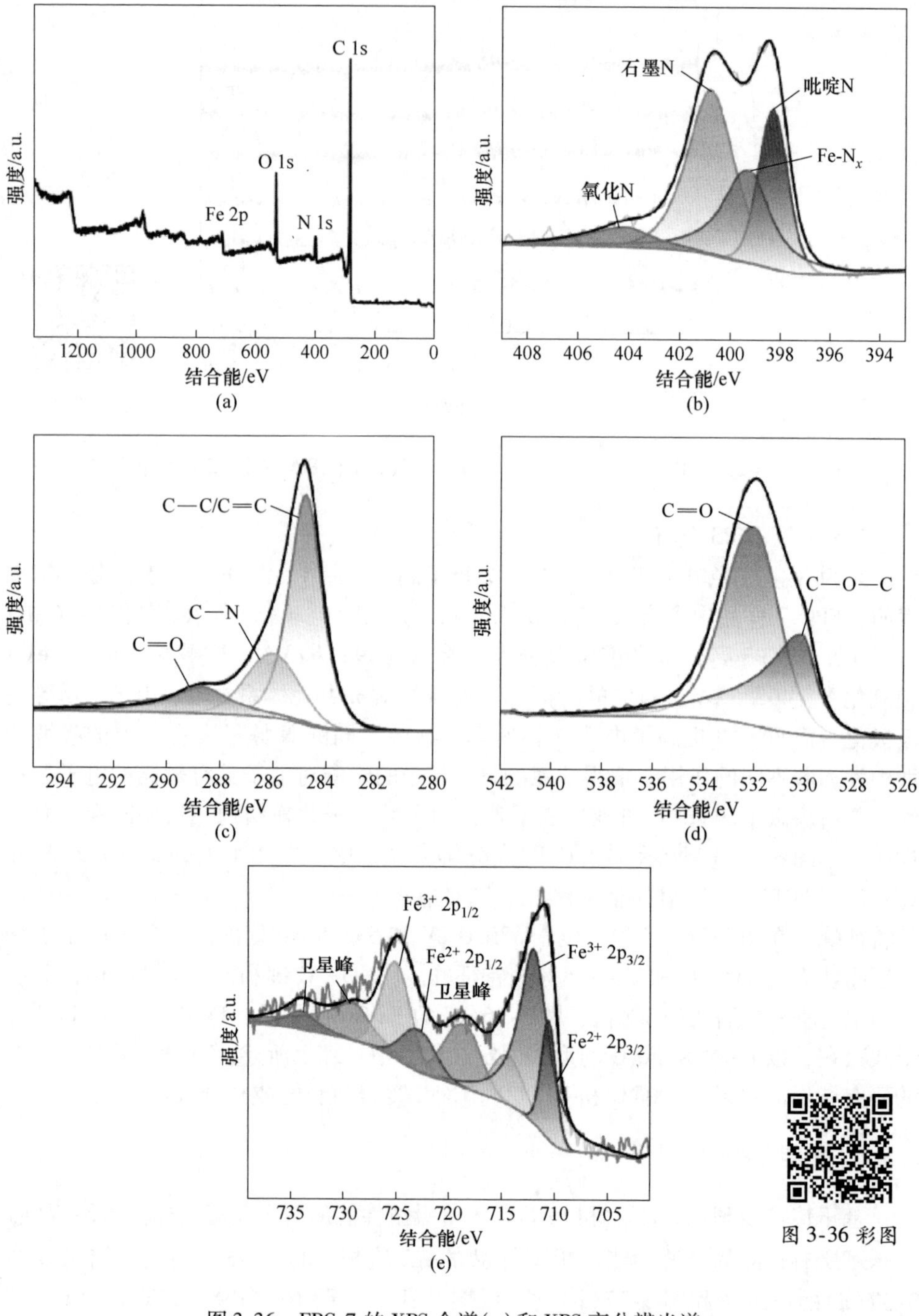

图 3-36 彩图

图 3-36　FPC-7 的 XPS 全谱(a)和 XPS 高分辨光谱：
N 1s(b)、C 1s(c)、O 1s(d)、Fe 2p(e)

为2.8 mm、4.3 mm、4.9 mm和3.5 mm时，最大EAB（EAB_{max}）值分别为0.72 GHz、2.63 GHz、1.51 GHz和0.08 GHz。FP-7和FPC-7的RL_{min}和EAB_{max}值如图3-37(b)所示。FP-7在1.87 mm厚度时达到−71.3 dB的RL_{min}，在1.91 mm厚度时的EAB_{max}为4.64 GHz。同时，FPC-7在17.84 GHz时的RL_{min}为−58.64 dB，厚度为2.16 mm。合适的阻抗匹配允许更多的电磁波进入FPC-7材料，从而导致有效的电磁波衰减。如图3-37(c)(d)所示，当输入阻抗（Z_{in}）位于Smith图上的深色圆圈内时，它表示有效的吸波（$RL \leq -10$ dB）。最初，Z_{in}在低频区域表现出一种感应特性，随着频率的增加，该感应特性转变为电容特性。Z_{in}值穿过横轴一次，表示单个共振。值得注意的是，2.62 mm厚的FPC-7样品的Z_{in}值在深色圆圈内的点数最高，表明在该厚度下的阻抗匹配最好。此外，EAB_{max}值显著提高，最优EAB值从FP-7的4.78 GHz增加到FPC-7的6.64 GHz。$|Z_{in}/Z_0|$的值在0.8~1.2的范围内，表示具有理想的阻抗匹配。图3-38描述了厚度、频率和$|Z_{in}/Z_0|$值之间的关系，用黑色虚线勾画出的深色区域表示良好匹配的阻抗区域。FPC-7样品的深色面积最大，表明其在所有样品中阻抗匹配特征最好，与FPC-7的最宽的EAB一致。

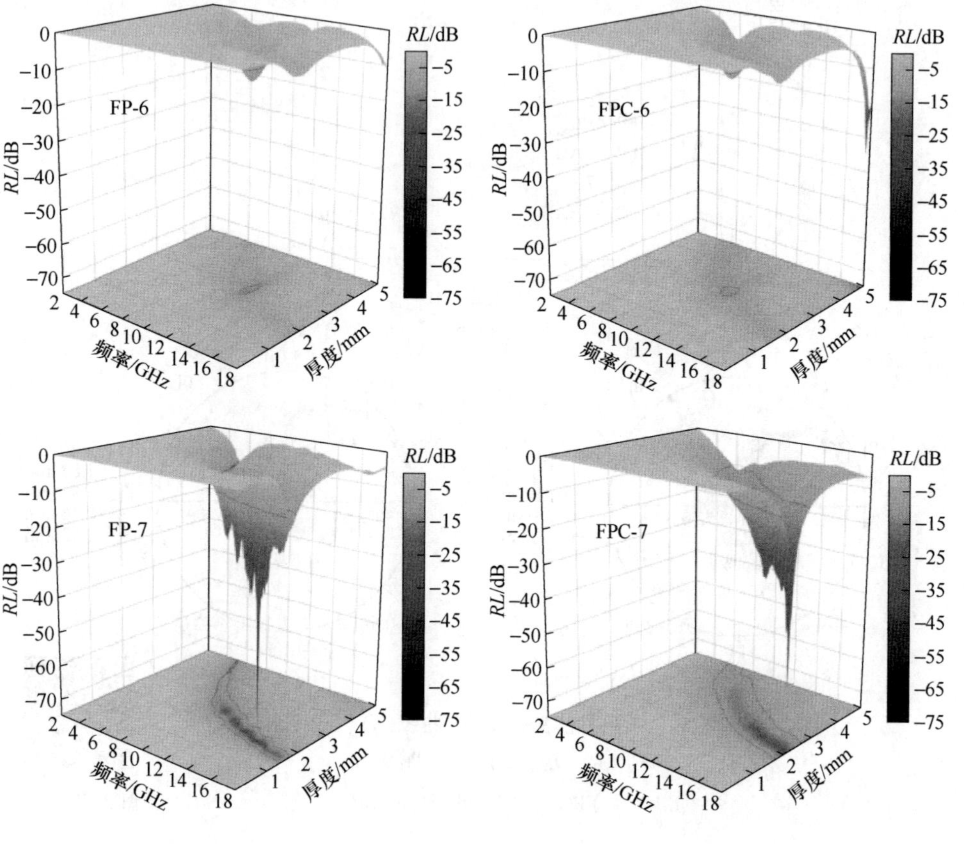

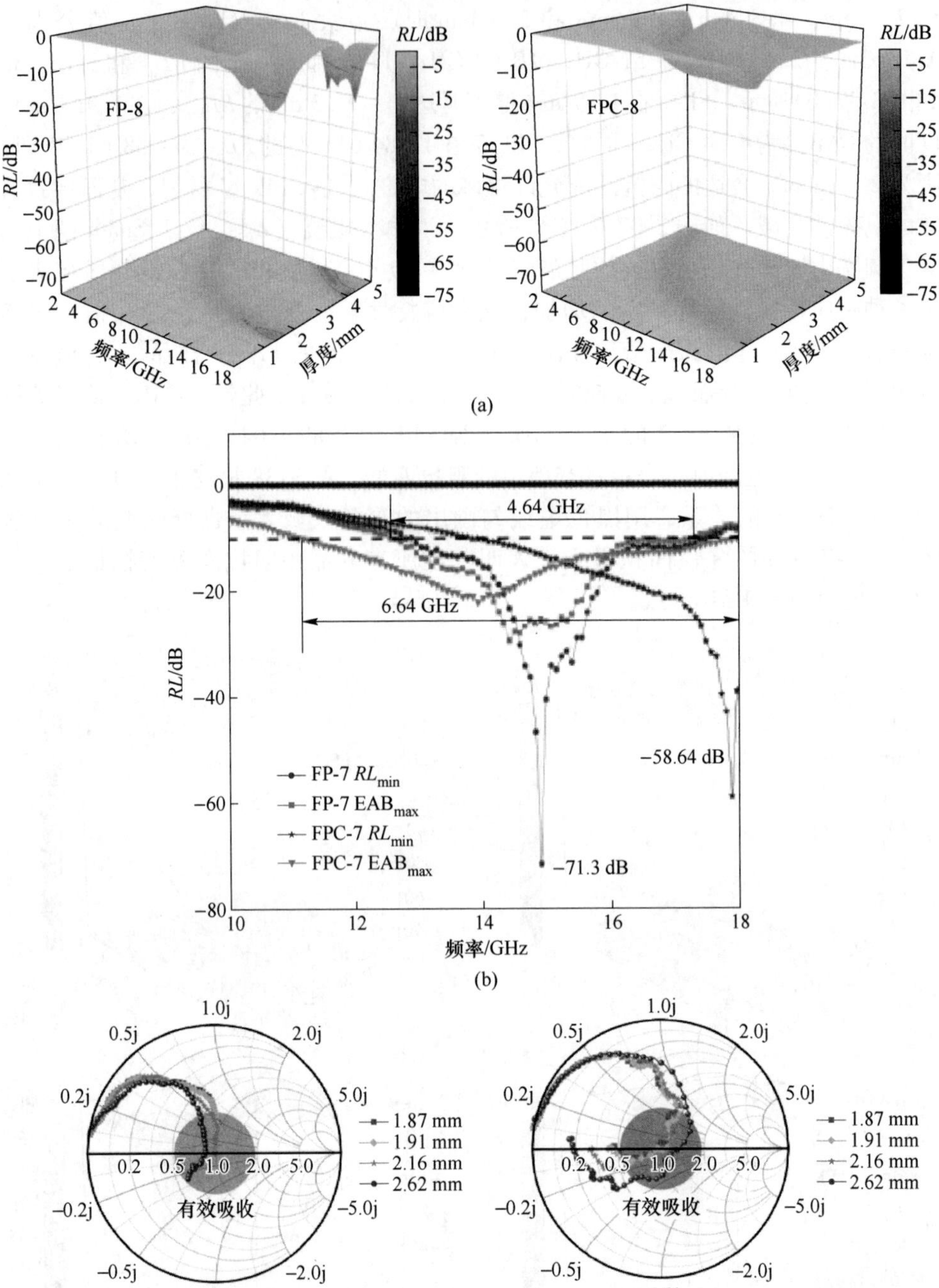

图 3-37　吸波性能的三维 RL 曲线(a)、FP-7 和
FPC-7 的 RL_{min} 和 EAB_{max} 曲线(b)、
FP-7 和 FPC-7 的 Smith 图(c)和(d)

图 3-37 彩图

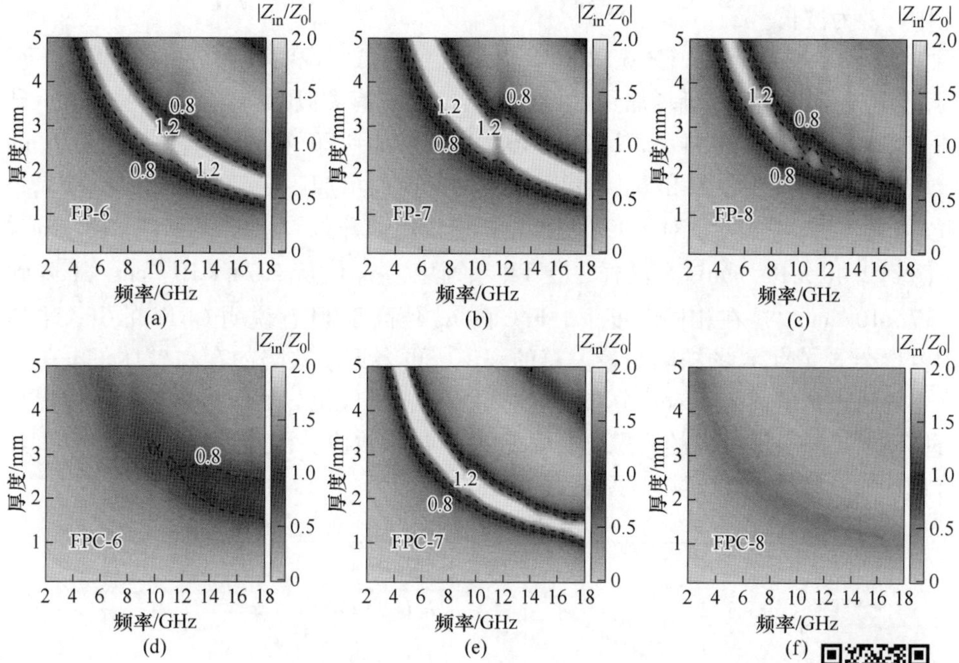

图 3-38 $|Z_{in}/Z_0|$值：FP-6(a)、FP-7(b)、FP-8(c)、FPC-6(d)、FPC-7(e)、FPC-8(f)

图 3-38 彩图

α 衰减系数是影响吸波性能的另一个关键因素。如图 3-39(a)所示，α 值几乎随频率呈线性增加。虽然 FPC-8 的 α 值最高，但其阻抗匹配较差，导致吸波性能不佳。相比之下，除 FPC-8 外，FPC-7 的衰减能力明显高于其他大多数样品，说明 FPC-7 具有较强的电磁波衰减能力。通常，α 值受石墨化程度的影响，而石墨化程度利用拉曼光谱来分析。同时，石墨化程度随碳化温度的增加而增大。1350 cm^{-1}处的缺陷碳峰（I_D）和 1580 cm^{-1}处的石墨化碳峰（I_G）分别对应于缺陷诱导的石墨结构和晶体石墨结构。利用从拉曼光谱中得到的 I_D/I_G 值，评估了碳复合材料的无序度和结晶度，如图 3-39(b)所示。FP-6、FP-7、FP-8、FPC-6、FPC-7 和 FPC-8 的 I_D/I_G 值分别为 1.19、1.01、0.94、1.48、1.16 和 1.04。这些结果表明，在 700 ℃和 800 ℃下碳化的样品的 I_D/I_G 值较低，表明石墨化程度较高。

基于 I_D/I_G 值，使用式（3-1）~式（3-3）对石墨畴尺寸（L_α）和平均缺陷距离（L_D）、缺陷密度（n_D）进行量化。

$$L_\alpha(\mathrm{nm}) = (2.4\times10^{-10})\times\lambda^4\times(I_D/I_G)^{-1} \tag{3-1}$$

$$L_D(\mathrm{nm}) = \sqrt{(1.85\times10^{-9})\times\lambda^4\times(I_D/I_G)^{-1}} \tag{3-2}$$

$$n_D(\mathrm{nm}) = (1.85\times10^{22})\times\lambda^{-4}\times(I_D/I_G) \tag{3-3}$$

式中，λ 为波长。

如图 3-39(c)所示，FP-6 和 FPC-6 的 L_α 值较低，说明存在更多的缺陷。FPC 的 L_α 值从 12.94 nm 逐渐增加到 18.45 nm，L_D 值也有类似的趋势，从 9.99 nm 上升到 11.92 nm。对于 FP 样品，L_α 值从 16.18 nm 增加到 20.49 nm，L_D 值从 11.16 nm 增加到 12.56 nm。L_α 值和 L_D 值均随温度的升高而增加。这与石墨化分析结果一致。如图 3-39(d)所示，对于 FPC 系列，随着温度的升高，n_D 值从 $3.43\times10^{11}\ cm^{-2}$ 下降到 $2.40\times10^{11}\ cm^{-2}$。同样，在 FP 系列中，$n_D$ 值从 $2.74\times10^{11}\ cm^{-2}$ 下降到 $2.17\times10^{11}\ cm^{-2}$。在相同温度下，FPC 的 n_D 值高于 FP，说明 CNFs 的引入增加了氮掺杂碳（NC）的缺陷数量。总的来说，更多无序缺陷的存在破坏了电荷平衡，导致正负电荷的不对称分布，进而形成偶极子极化。虽然提高温度可以提高石墨畴的尺寸，但过度的石墨化会引起“趋肤”效应。因此，FP-7 和 FPC-7 具有最佳的石墨畴尺寸，实现了很强的电磁损耗。

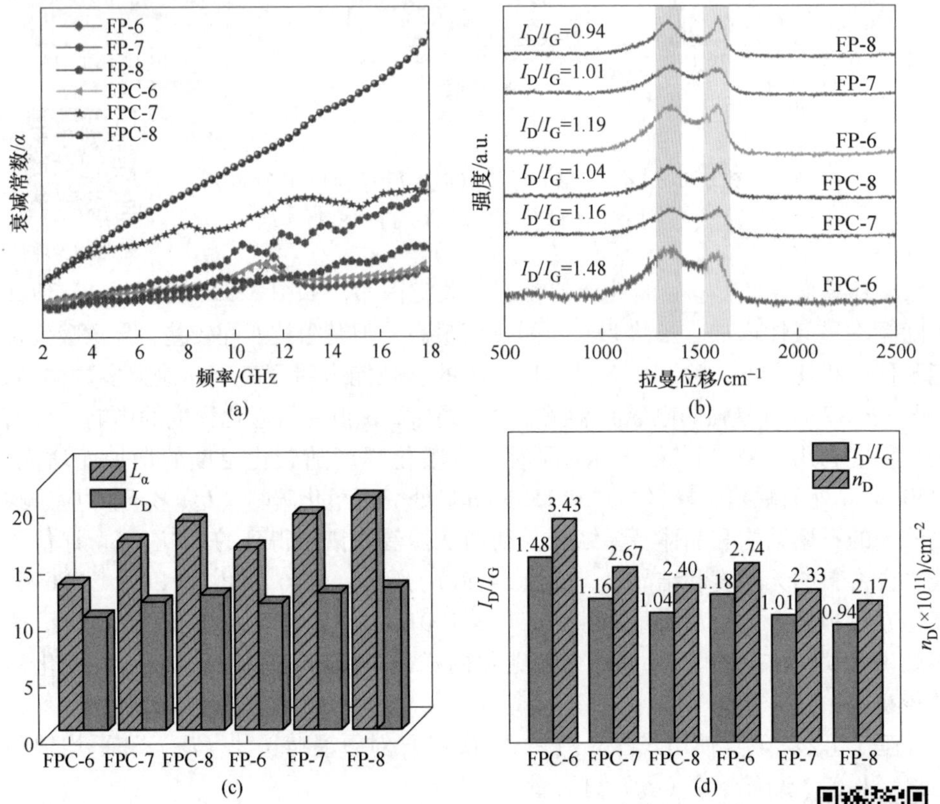

图 3-39　FP 和 FPC 的 α 值(a)、拉曼光谱(b)、L_α 和 L_D 值(c)、n_D 值(d)

图 3-39 彩图

吸波参数 ε'、ε''、μ'和μ''，直接反映了材料的固有电磁特性，用于深入的吸波性能的分析。有趣的是，在相同的填充比下，FPC 比 FP 表现出更高的介电常数和更明显的介电色散。

此外，所有样品的介电常数（ε' 和 ε''）随温度的升高而增大，而所有 FP 和 FPC 样品的磁导率（μ' 和 μ''）在狭窄范围内都波动平稳，如图 3-40 所示。

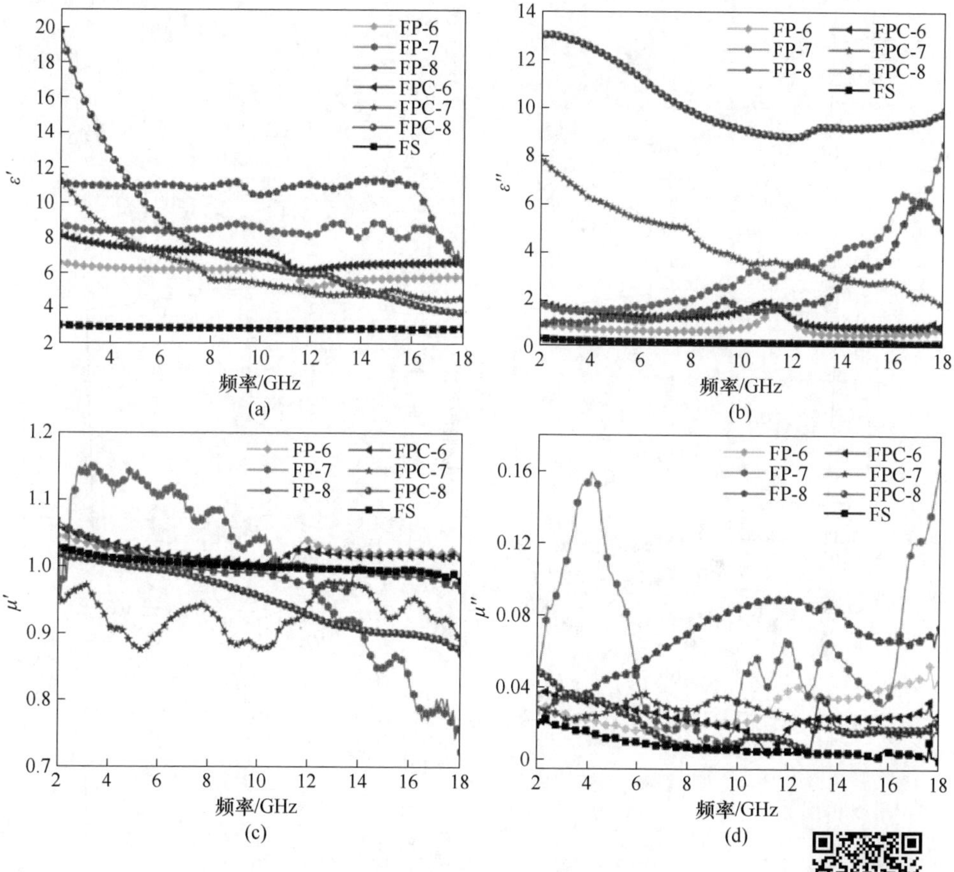

图 3-40　所有样品的介电常数实部(a)、介电常数虚部(b)、磁导率实部(c)、磁导率虚部(d)

图 3-40 彩图

并联/串联电路模型，基于电阻和电容，辅以最小二乘非线性拟合，分析导电和极化损耗的贡献，分别记录为 ε''_c 和 ε''_p。图 3-41 说明了 ε''_c 和 ε''_p 之间的协同关系。很明显，球体的大小从小到大，颜色越暗，极化损耗的相对贡献就越大。由于在 Fe_3N、Fe_3C 和碳之间建立了有效的电子转移通道，FPC 的 ε''_c 值比 FP 有明显的提高。Fe_3N 纳米颗粒产生了一个很大的空间屏障，阻碍了载流子的传输。

Fe_3C 纳米团簇的引入显著降低了 Fe_3N 和 Fe_3C 之间的空间势垒，从而增强了载流子的传输路径。

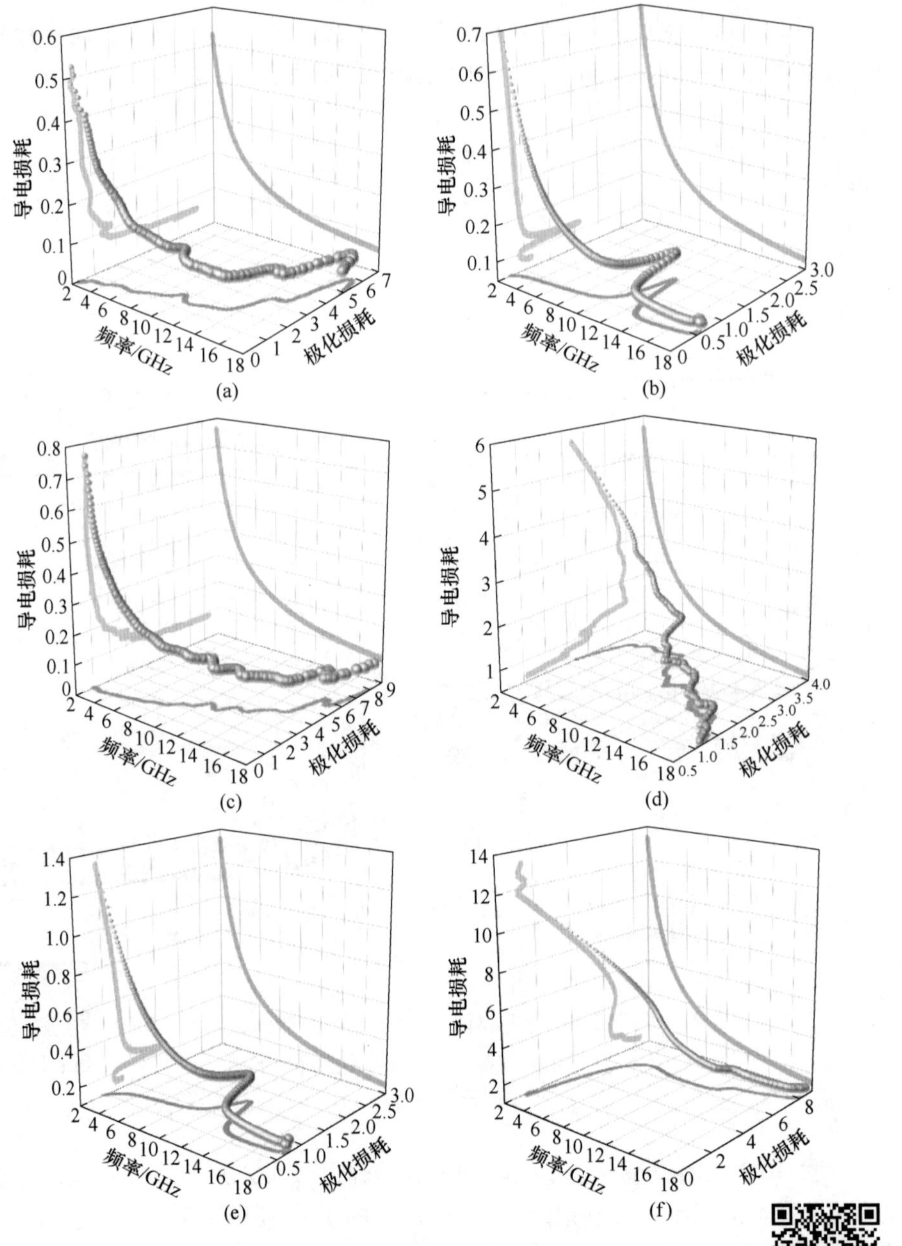

图 3-41　3D 极化占比图：FP-6(a)、FPC-6(b)、FP-7(c)、FPC-7(d)、FP-8(e)、FPC-8(f)

图 3-41 彩图

如图 3-42 所示，在 FP 和 FPC 的 ε_p''-f 曲线中，在 10.1 GHz、12.5 GHz 和 16 GHz 附近明显观察到至少 3 个弛豫峰，主要是由 Fe_3N 纳米晶体固有的偶极极化引起的。随着 Fe_3C 的引入，在 8 GHz 处出现了一个额外的弛豫峰。电荷在界面上的再分配和积累产生 Maxwell-Wagner-Sillars 效应，即在交变场下的界面极化导致电磁波能量衰减。因此，同时调整 ε_c'' 和 ε_p'' 是实现强介电损耗的有效策略。利用 Cole-Cole 方程进一步研究了样品的弛豫峰。如图 3-43 所示，FP 和 FPC 的三维 Cole-Cole 曲线显示出多个半圆环和延伸的尾部，分别表明存在由大量缺陷和高度石墨化引起的多重弛豫极化过程和强导电损耗。石墨畴的增强导致了三维网络中电子跃迁的增加。

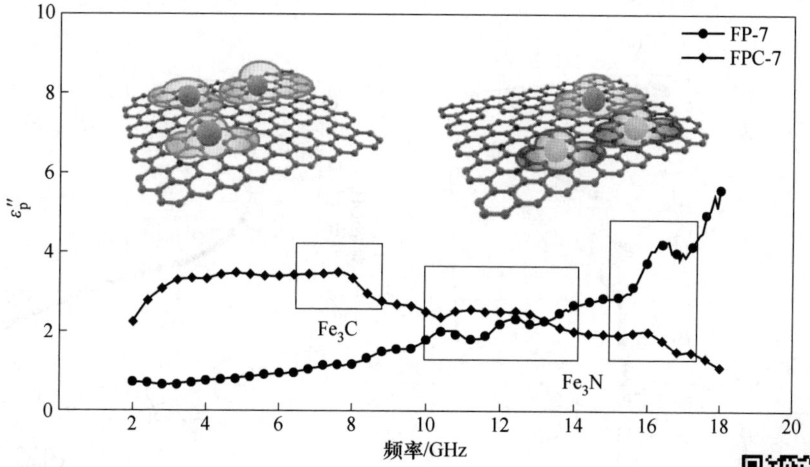

图 3-42　FP-7 和 FPC-7 的极化损耗

图 3-42 彩图

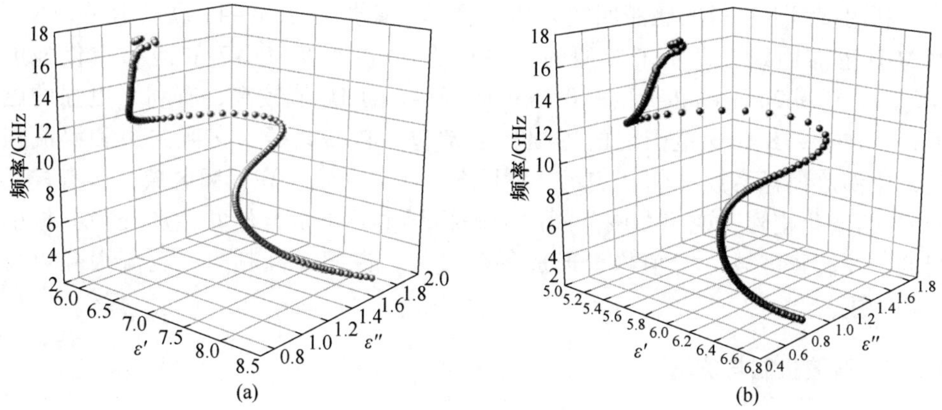

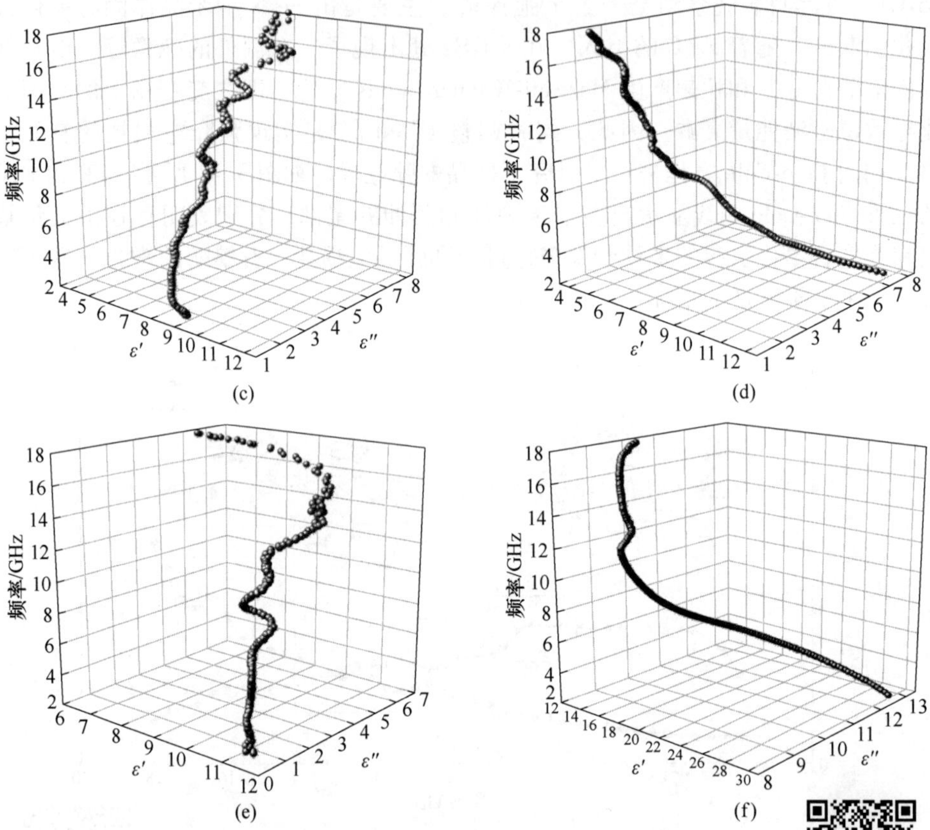

图 3-43　3D Cole-Cole 曲线：FP-6(a)、FPC-6(b)、FP-7(c)、FPC-7(d)、FP-8(e)和 FPC-8(f)

图 3-43 彩图

利用室温下获得的磁滞回线来研究样品的磁性。图 3-44(a)显示了一个 S 型 M-H 磁滞回线，显示了典型的铁磁行为。FP-7 和 FPC-7 的饱和磁化强度（M_s）分别为 20.4 emu/g 和 9.0 emu/g。FP-7 的 M_s 值较高，有利于更强的磁损耗。在 2～18 GHz 范围内的磁损耗通常包括自然共振、交换共振和涡流损耗，用涡流损耗系数（C_0）表示，如图 3-44(b)所示。在低频区域，所有样品的 C_0 值变化剧烈，说明在该范围内的磁损耗主要是由自然共振和交换共振引起的。在高频区域，C_0 值趋于形成一条直线，说明在高频时，涡流损耗以磁损耗为主。

3.5.5　吸波机制与仿真

采用微磁模拟方法研究了磁涡旋的动态演化，探讨了交流磁场作用下吸波剂

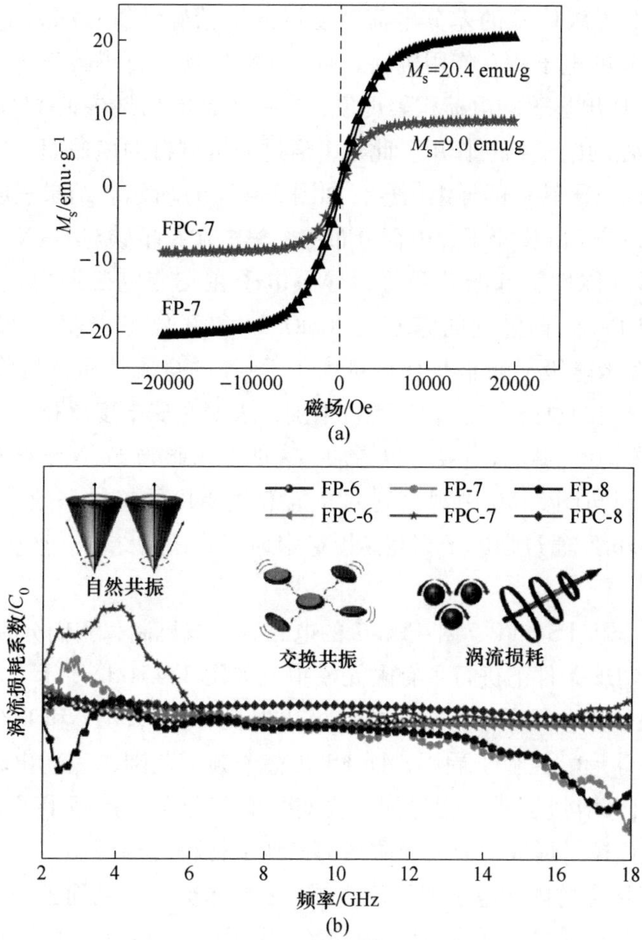

图 3-44 彩图

图 3-44　FP-7 和 FPC-7 的磁滞回线(a)和涡流损耗系数 C_0(b)

的磁损耗机理，如图 3-45(a)所示。当铁基化合物的磁性纳米颗粒附着在碳基质上时，每个磁性粒子通过磁通量线与其他功能单元相互作用。在这个动态耦合网络被破坏后，就会消耗外部能量来重建它。这一过程也导致内部磁矩和外部磁网络之间的相位滞后，导致磁滞损耗。图 3-45(a)显示，无论相邻纳米粒子的固有磁矩方向相同还是相反，都表明存在着显著的磁耦合现象。与碳基质一起，均匀分散的磁性纳米颗粒形成了一个密集的耦合网络，扩展了磁域，增强了磁损耗。除了磁耦合外，相邻纳米颗粒之间的磁桥连接的形成也有助于多尺度磁耦合网络的构建，并提高了磁损耗。

为了进一步了解 Fe_3N 和石墨碳的电子结构和电磁损耗机理，我们在精细结构分析的基础上建立了一个结构模型。运用密度泛函理论（DFT）对 Fe_3N、石墨碳以及 Fe_3N/石墨碳体系的差分电荷密度展开了精确计算，深入剖析了 Fe_3N 与石墨碳二者之间的电子相互作用机制。通过研究发现，石墨碳于自身表面以及 Fe_3N 表面周边呈现出显著的电荷积累现象，这一表征有力地佐证了 Fe_3N 与石墨碳之间存在着极强的电子相互作用。此外，通过分析材料的横截面，还得到了关于 Fe_3N/石墨碳内电子转移的详细信息，如图 3-45(b)所示。结果表明，电子从 Fe 原子转移到 C 原子和 N 原子，电荷分布主要集中在石墨碳与 Fe_3N 之间的界面上。这种电子不对称性引起极化弛豫，导致电子在交变电磁场内振荡。此外，Fe_3N、石墨碳和 Fe_3N/石墨碳的态密度（DOS）和部分态密度（PDOS）如图 3-45(c)所示。费米能级上的非零 DOS 证实了 Fe_3N 的金属性质，与单独的 Fe_3N 相比，Fe_3N/石墨碳的总态密度（TDOS）增加，表明金属丰度增强。与石墨碳相比，Fe_3N/石墨碳构型的固有电导率也增加，表明石墨碳与 Fe_3N 结合有效提高了电导率。这一发现与图 3-40 中观察到的介电常数变化的趋势一致。简而言之，理论计算表明，Fe_3N 通过强电子相互作用稳定地与石墨碳结合，产生协同效应，提高了电磁性能。

为了进一步分析 FS、FP-7 和 FPC-7 的电磁波衰减机制，我们分别在 2 GHz、13.2 GHz 和 18 GHz 条件下进行了有限元模拟，如图 3-45(d)所示。电场（EF）的分布主要反映了介电的衰减，这主要与极化损耗有关。FP-7 和 FPC-7 的界面极化主要发生在球形磁性粒子周围，而 FS 在整个频率范围内表现出较低的界面极化。Fe_3C 的引入增强了非均匀界面，改变了电荷分布，提高了界面极化。此外，Fe_3N 和 Fe_3C 粒子形成的混沌异质结构提高了材料的构型熵，产生了内置电场，促进了铁基化合物内的电子转移，并调节了费米能级，从而进一步提高了材料的吸波性能。与衰减能力密切相关的功率损耗密度（PLD）也表明，FP-7 和 FPC-7 具有广泛的功率衰减区域，进一步证明了其优越的损耗能力。

根据 DFT 计算、微磁和电磁模拟结果，FP 和 FPC 材料中的电磁波损耗主要取决于传导、极化和磁损耗机制的联合调制（见图3-46）。在微观尺度上，FP 和 FPC 中的多孔碳为电磁场的多重散射和反射提供了有效的途径，而电子在碳骨架内迁移并穿过界面能垒，显著增加了传导损耗。此外，FP 和 FPC 中的多个非均匀界面导致界面上的局部电荷再分配，产生较强的界面极化。在原子水平上，石墨畸缺陷的形成引起局部电子结构的变化，产生新的极化中心，增强偶极极化。最后，Fe_3N 和 Fe_3C 双磁系统不仅通过宏观磁耦合辐射磁通线，与相邻的磁单元相互作用，而且建立了更多相互连接的磁网络，吸收入射电磁波，有效耗散电磁波能量。因此，FP 和 FPC 复合材料由于其独特的多种损耗机制的协同效应，是很有前途的吸波剂的候选材料。

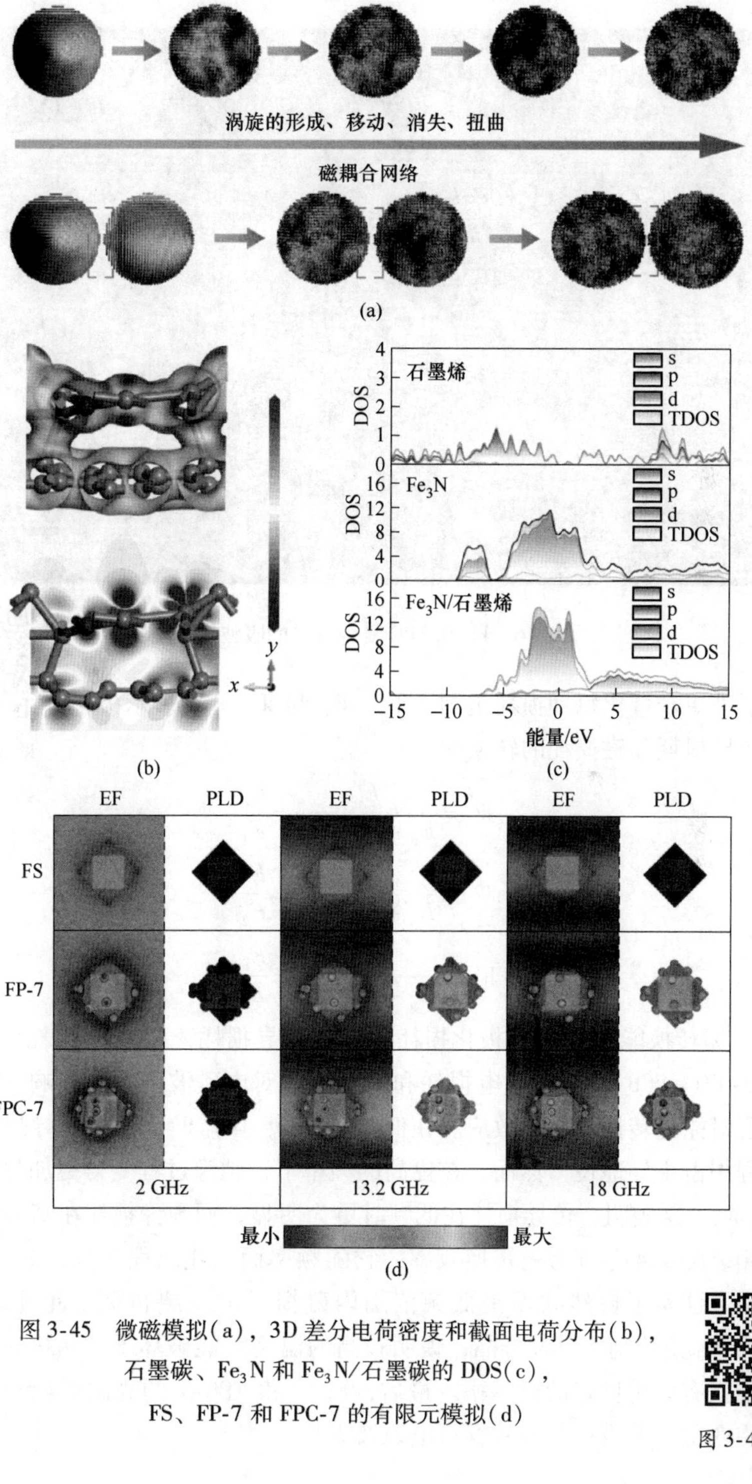

图 3-45 微磁模拟(a)，3D 差分电荷密度和截面电荷分布(b)，
石墨碳、Fe_3N 和 Fe_3N/石墨碳的 DOS(c)，
FS、FP-7 和 FPC-7 的有限元模拟(d)

图 3-45 彩图

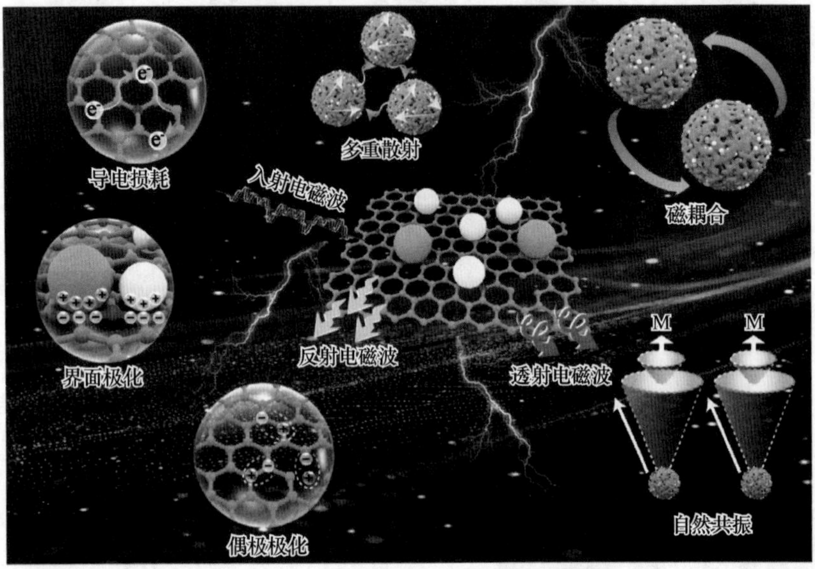

图 3-46　FP 和 FPC 复合材料的吸波机理图

图 3-46 彩图

为了进一步量化每种损耗机制，W_p、W_c 和 W_m 分别表示极化损耗、传导损耗和磁损耗的转换率。

$$W_p = \frac{E_p}{E_p + E_c + E_m} = \frac{E_p}{E_2} \tag{3-4}$$

$$W_c = \frac{E_c}{E_p + E_c + E_m} = \frac{E_c}{E_2} \tag{3-5}$$

$$W_m = \frac{E_m}{E_p + E_c + E_m} = \frac{E_m}{E_2} \tag{3-6}$$

式中，E_2 为转换能量；E_p 为极化损耗；E_c 为传导损耗；E_m 为磁损耗。

图 3-47(a)(b)显示了导电损耗和极化弛豫对电磁波衰减的影响，突出了这两个过程对能量转换的协同效应。在低频时，W_p 小于 W_c，说明传导损耗在能量转换过程中占主导地位。然而，在更高的频率下，弛豫过程变得更加显著，导致 W_p 超过 W_c。这表明，传导损耗在低频时更为明显，而弛豫损耗在高频时起着更大的作用。图 3-47(c)为磁转换效率，它随频率而变化。很明显，W_m 值在较低频率较高，证实了自然共振是低频范围内磁损耗的主要机制。此外，FP-7 和 FPC-7 的 W_m 值均高于其他样品，说明较高的温度可能破坏了磁晶格，而较低的温度可能没有产生良好的磁晶格。最后，FP-7 和 FPC-7 的高磁损耗与它们的介电损耗更匹配，并进一步导致宽带电磁波吸收。

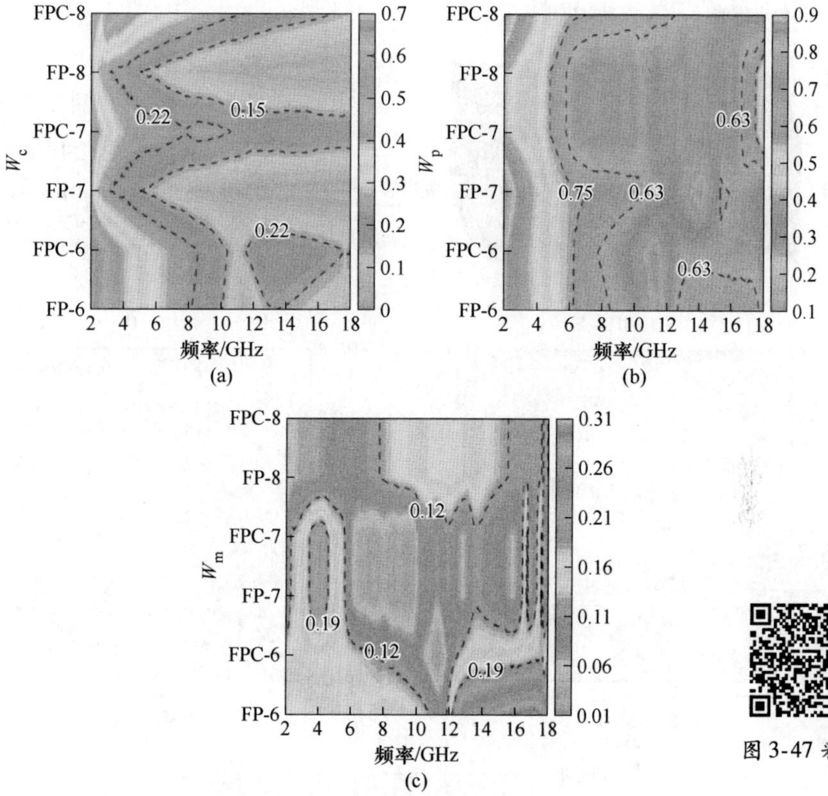

图 3-47 彩图

图 3-47 W_c(a)、W_p(b)和 W_m(c)图

另外，为了更好地理解吸波剂中对电磁波的能量转换，提出了一种复合材料的等效电路模型，如图 3-48(a)(b)所示。

在交变电磁场中，电磁波能量的衰减主要通过两种机制发生：材料内的能量储存和能量转化为热能。在这种情况下，电容（C）和电感（L）作为能量存储元件，而电阻（R_e）和磁阻（R_m）作为耗散元件，将电磁能量转化为热量。吸波能量（E）可分为两部分：存储能量（E_1）和转换能量（E_2）。

如图 3-48(c)(d)所示，采用电磁波储能效率（$E_s = E_1/E$）来评价样品的电磁波储能容量。所有样品的 E_s 值均超过 60%，表明其具有良好的电磁波储能能力。计算了样品的能量转换效率（$E_d = E_2/E$），FP-7 和 FPC-7 分别达到 30% 和 40%，说明 FPC-7 更有效地将电磁波能量转化为热能。所有样品的储能效率均随频率的增加而增加，而耗散比在高频范围内有下降的趋势。这些结果表明了这两种机制在吸波过程中的竞争协同作用。图 3-48(e)比较了能量耗散与能量存储，发现区域内 FP-7 和 FPC-7 的耗散比（$E_r = E_2/E_1$）高于其他样品，说明这两种材

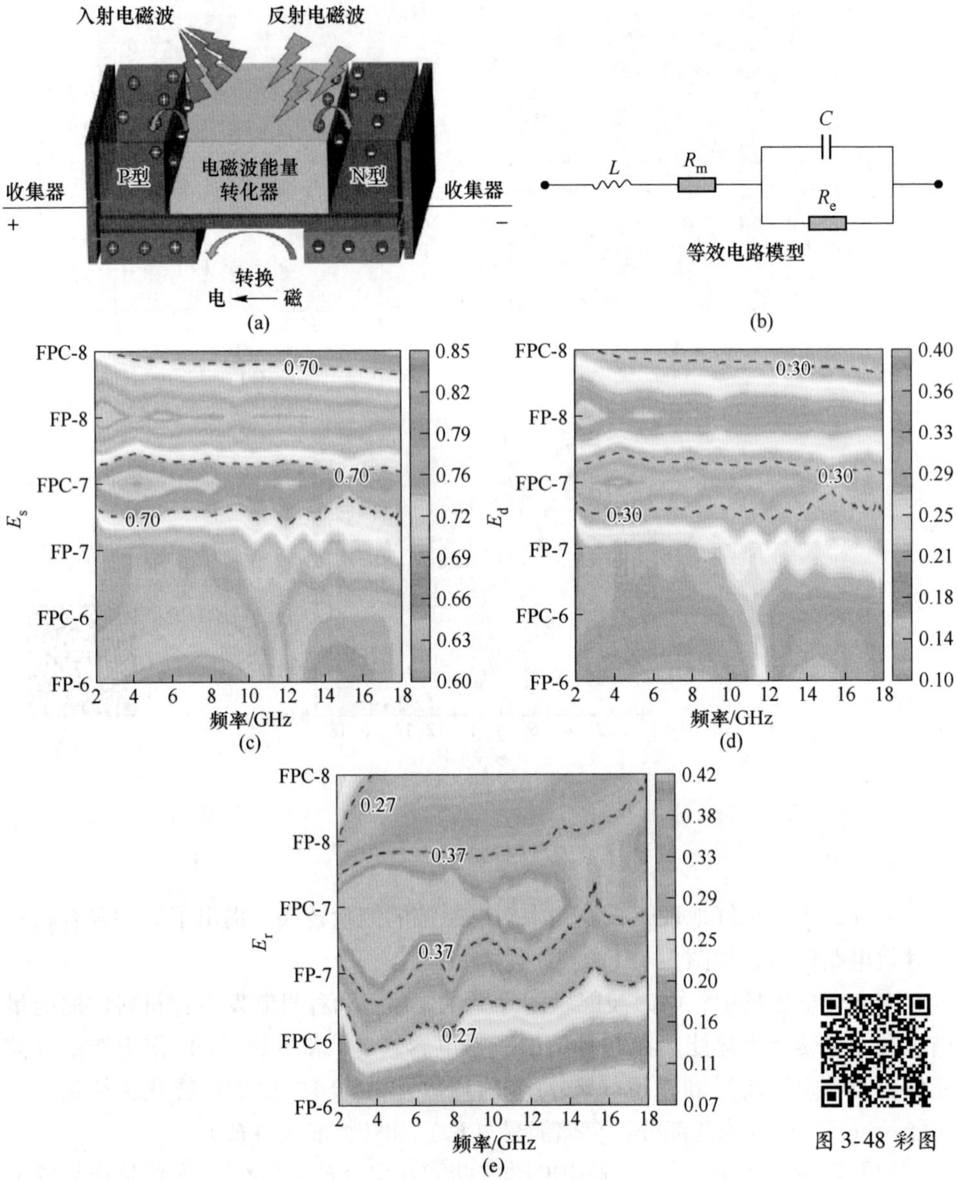

图 3-48 彩图

图 3-48　等效电路模型图［(a)(b)］、E_s 图(c)、E_d 图(d)和 E_r 图(e)

料具有更大的能量耗散能力。总之，分析表明，大部分的电磁波能量既可以转化为其他形式的能量，也可以储存在材料中。

$$E_1 = \pi f \varepsilon' E_0^2 + \pi f \mu' H_0^2 \tag{3-7}$$

$$E_2 = \pi f \varepsilon'' E_0^2 + \pi f \mu'' H_0^2 \tag{3-8}$$

$$E_p = \pi f \varepsilon_p'' E_0^2 \tag{3-9}$$

$$E_c = \pi f \varepsilon_c'' E_0^2 \tag{3-10}$$

$$E_m = \pi f \mu'' H_0^2 \tag{3-11}$$

式中，E_1 为存储能量；E_2 为转换能量；H_0 为电磁波的磁场强度振幅；E_0 为电磁波的电场强度振幅；E_p 为极化损耗；E_c 为传导损耗；E_m 为磁损耗。

3.5.6 多功能性研究及应用前景

根据 λ/4 波长理论，单层涂层材料仅在特定厚度处产生吸收峰。通过改变涂层厚度，这些材料可以在不同的频率范围内发挥作用。为了满足实际应用的要求，可以使用拓扑梯度结构来进一步扩展吸波剂使用的频率范围，如图 3-49(a)所示。在调整梯度多层结构中的每层厚度后，每层的 λ/4 波相互干扰多次，导致多个吸波峰的产生和重叠，从而拓宽了频段带宽。如图 3-49(b)所示，优化后的梯度结构显著地将 EAB 扩展到 11.8 GHz（6.2 ~ 18 GHz），覆盖了 X 和 Ku 波段。图 3-49(c)显示，在 2 ~ 18 GHz 范围内，梯度结构的电压驻波比（VSWR）值比单层结构的值更接近 1，表明在更宽的频率范围内有更好的阻抗匹配，因此 EAB 更宽。

通过对 RL_{min}（8.4 GHz）处的 EF、MF 和 PLD 的分析，我们可以深入了解梯度结构的吸波机制。如图 3-49(d)所示，在 8.4 GHz 时的功率损耗主要发生在模块的顶面和凹槽区域之间，由内部 λ/4 干扰和拓扑共振驱动。EF 在周期结构的边缘表现出强烈的响应，而 MF 集中在凹槽的底部。由于介电损耗明显强于磁损耗，因此功率损耗的分布非常接近于 EF 集中的区域。总的来说，梯度结构充分利用了不同厚度的 λ/4 干涉和相邻层之间的电磁共振。电磁共振和 λ/4 干涉的结合有效地拓宽了 EAB。

为了进一步评估吸波剂在现实场景中的性能和潜在的军事应用前景，我们进一步进行了雷达横截面（RCS）模拟。这些模拟使用 CST 软件评估了实际远场条件下完美电导体（PEC）、FP 和 FPC 的 RCS 值，其中 θ 和 φ 分别表示检测角和观测角。以 PEC 作为基底，防止电磁波泄漏。PEC 基底和吸波剂涂层的 x 轴和 y 轴测量范围均为 −100 ~ 100 mm，厚度和频率选择为 RL_{min} 值所在的厚度和频率。所有样品在 0° ~ 180° 的 RCS 值如图 3-50 所示。与 PEC 的强电磁波散射相比，FP 和 FPC 涂层在 PEC 上的电磁波散射信号明显降低。FP-6、FP-8、FPC-6 和 FPC-8 的 RCS 最高减小值分别为 29.54 dB·m²、30.46 dB·m²、30.24 dB·m² 和 5.37 dB·m²。特别是，FP-7 和 FPC-7 表现出出色的雷达隐身性能，最大 RCS 减小值分别为 32.41 dB·m² 和 37.34 dB·m²，表明其在应用于特定军事装备时可能产生意想不到的隐身效果。

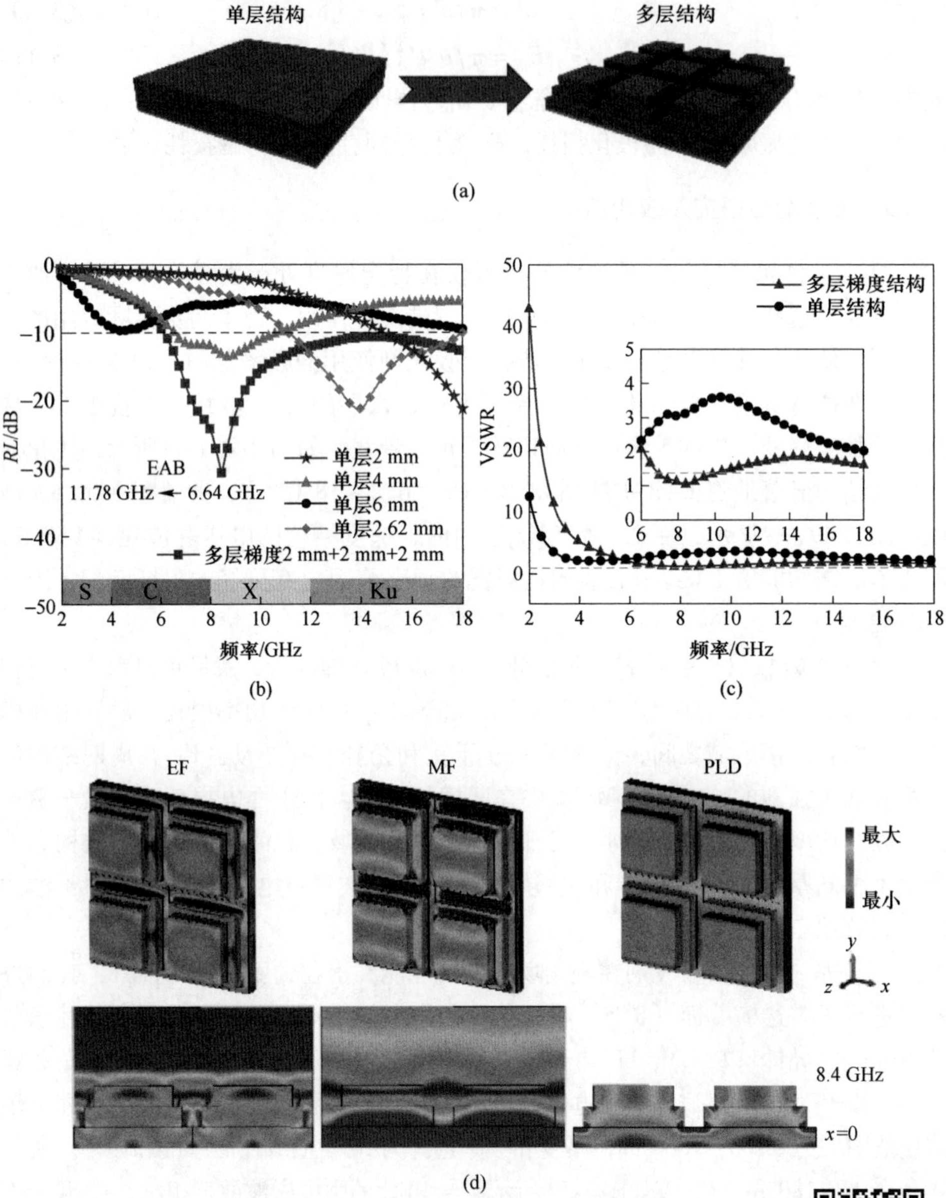

图 3-49　FPC-7 的梯度结构设计(a)，梯度结构的吸波性能(b)，梯度和单一结构的电压驻波比(c)，电场、磁场和功率损耗分布(d)

图 3-49 彩图

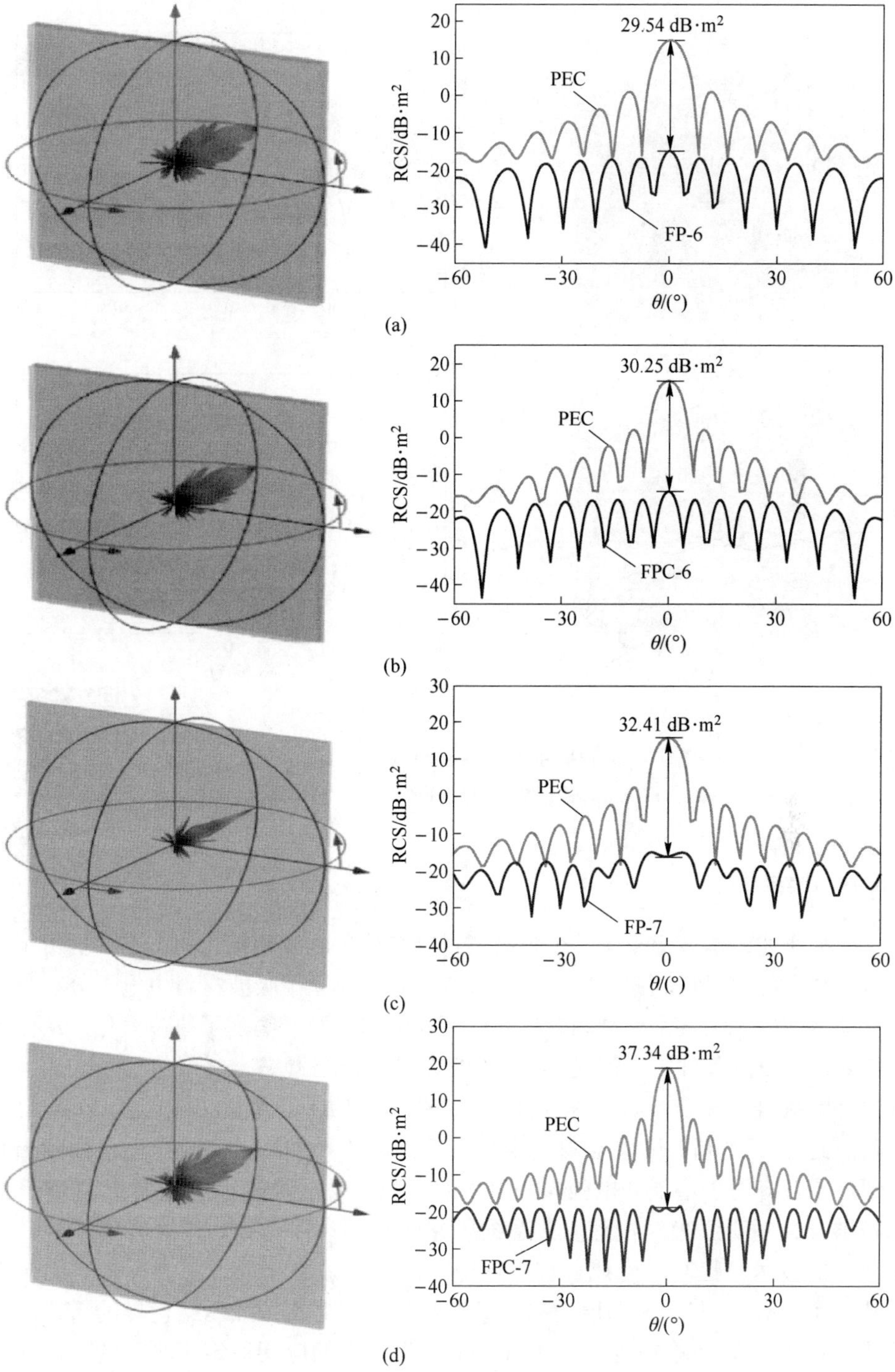
29.54 dB·m²
PEC
FP-6
RCS/dB·m²
θ/(°)
(a)
30.25 dB·m²
PEC
FPC-6
RCS/dB·m²
θ/(°)
(b)
32.41 dB·m²
PEC
FP-7
RCS/dB·m²
θ/(°)
(c)
37.34 dB·m²
PEC
FPC-7
RCS/dB·m²
θ/(°)
(d)

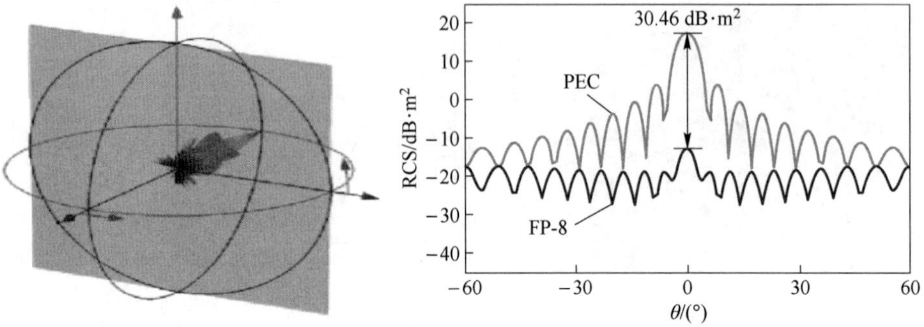

(e)

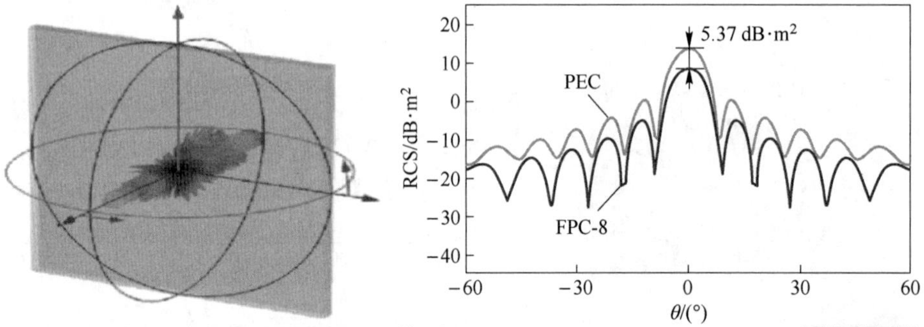

(f)

图 3-50　3D 和 2D RCS：FP-6(a)、FPC-6(b)、FP-7(c)、FPC-7(d)、FP-8(e)、FPC-8(f)

图 3-50 彩图

3.5.7　小结

综上所述，本节提出了一个将吸波材料与绿色化学相结合的思路，揭示了生物质材料中的原子级利用和原子竞争效应。它还建立了吸波材料中电子分布与磁涡运动之间的深刻联系。利用有机固体废物中的氮原子实现了原位氮化，从而在不需要外源氨的条件下，促进了 Fe_3N 的形成。纤维素纳米纤维的引入改变了热解过程中材料的合成环境，利用熵驱动，获得双磁耦合系统——Fe_3N/Fe_3C 复合材料。此外，FP 和 FPC 复合材料中具有广泛的传导网络、多重异质界面和丰富的偶极子，有助于增加介电弛豫和电磁波衰减。通过微磁、电磁模拟和 DFT 计算相结合，阐明了吸波机理。该系统研究证明了一种充分利用除碳原子外其他杂原子的技术，提高了合成过程的环境友好性。最终，通过梯度超材料结构设计获得了 EAB 为 11.78 GHz 的超宽吸波材料，CST 模拟显示了优异的雷达隐身性能，最大 RCS 减小值为 37.34 $dB \cdot m^2$，为未来的应用奠定了坚实的理论和实践基础。

3.6 本 章 小 结

本章我们结合了 MOFs 和生物质材料的优势，以金属有机骨架材料和生物质材料（柚子皮、蝴蝶翅膀、鱼皮）为前驱体，通过一种低成本、高效率的绿色方法设计出了磁性多孔碳基复合材料作为电磁波吸收剂。

本章首先研究了基于生物质材料柚子皮的蜂窝状结构与 Fe/NC、Fe/ZnO/NC 的复合材料，探究 Fe 和 ZnO 粒子的引入以及热解温度对吸波性能的影响。Fe/ZnO/NC 复合材料优异的吸波性能，主要归因于 ZnO 半导体引入到柚子皮衍生的类石墨烯碳中，调控了介电常数，优化了阻抗匹配。在此基础上我们进一步探究材料的结构对吸波性能的影响，通过在具有凹腔阵列结构的蝴蝶翅膀上原位生长 V-MOF，进一步热解得到铁轨状异质结构的 V_2O_3@C/BWC 复合材料。由于其独特的结构有利于电磁波的多重反射与散射，且 BWC 与 V_2O_3 和 C 形成的丰富界面有利于提高界面极化，因此增强吸波性能。最后利用生物质化合物本身富含氮元素，将富含氨基酸的鱼皮作为原料，通过退火构建多孔结构，并且将普鲁士蓝原位氮化形成 Fe_3N。进一步，通过改变碳源含量进行原位转化，将氮化铁向碳化铁转化，从而触发阴离子之间的竞争效应。这带来了更广泛的局部电荷再分配和更强的电子相互作用，表现出更宽的有效吸收带宽。

总而言之，为了在更薄的厚度下有更强的电磁波吸收、覆盖更宽的频段，优秀的阻抗匹配和较强的电磁衰减能力是前提，要在阻抗匹配和衰减性能之间取得较好的平衡，多孔特性和磁性物质的引入是一种有效的手段，可以优化阻抗匹配、增强衰减性能。总之，上述这些工作提供了一种从生物废弃物中制备低成本和高性能吸波剂的环保方法，为开发具有强吸收能力和超宽带吸收能力的多孔碳基吸波剂提供了一种新的绿色方法，对促进碳中和和碳达峰具有重要的现实意义。

参 考 文 献

[1] Qiang R, Feng S B, Chen Y, et al. Recent progress in biomass-derived carbonaceous composites for enhanced microwave absorption [J]. Journal of Colloid and Interface Science, 2022, 606: 406-423.

[2] Tao J Q, Xu L L, Pei C B, et al. Catfish effect induced by anion sequential doping for microwave absorption [J]. Advanced Functional Materials, 2023, 33 (8): 2211996.

[3] Mou P P, Zhao J C, Wang G Z, et al. BCN nanosheets derived from coconut shells with outstanding microwave absorption and thermal conductive properties [J]. Chemical Engineering Journal, 2022, 437: 135285.

[4] Guan H T, Wang Q Y, Wu X F, et al. Biomass derived porous carbon (BPC) and their composites as lightweight and efficient microwave absorption materials [J]. Composites Part B:

Engineering, 2021, 207: 108562.

[5] Liu S K, Zhang F X, Chao B, et al. Based on the preparation of dual-absorber agents using Ni and Ni/rGO for the fabrication of a dual honeycomb nested structure for wideband microwave absorption [J]. Composites Part B: Engineering, 2024, 284: 111735.

[6] Guo Y, Duan Y P, Liu X J, et al. Boosting conductive loss and magnetic coupling based on "size modulation engineering" toward lower-frequency microwave absorption [J]. Small, 2024, 20 (17): 2308809.

[7] He X, Peng H L, Xiong Z Q, et al. A sustainable and low-cost route to prepare magnetic particle-embedded ultra-thin carbon nanosheets with broadband microwave absorption from biowastes [J]. Carbon, 2022, 198: 195-206.

[8] Wang J H, Zhang S M, Liu Z L, et al. Graphene-like structure of bio-carbon with CoFe prussian blue derivative composites for enhanced microwave absorption [J]. Journal of Colloid and Interface Science, 2023, 652: 2029-2041.

[9] Liu T S, Liu N, Gai L X, et al. Hierarchical carbonaceous composites with dispersed Co species prepared using the inherent nanostructural platform of biomass for enhanced microwave absorption [J]. Microporous and Mesoporous Materials, 2020, 302: 110210.

[10] Gao S S, An Q D, Xiao Z Y, et al. Significant promotion of porous architecture and magnetic Fe_3O_4 NPs inside honeycomb-like carbonaceous composites for enhanced microwave absorption [J]. RSC Advances, 2018, 8 (34): 19011-19023.

[11] Wang H G, Meng F B, Li J Y, et al. Carbonized design of hierarchical porous carbon/Fe_3O_4@Fe derived from loofah sponge to achieve tunable high-performance microwave absorption [J]. ACS Sustainable Chemistry & Engineering, 2018, 6 (9): 11801-11810.

[12] Simonov A, De Baerdemaeker T, Boström H L B, et al. Hidden diversity of vacancy networks in Prussian blue analogues [J]. Nature, 2020, 578 (7794): 256-260.

[13] Wu P K, Feng Y R, Xu J, et al. Ultralight N-doped platanus acerifolia biomass carbon microtubes/RGO composite aerogel with enhanced mechanical properties and high-performance microwave absorption [J]. Carbon, 2023, 202: 194-203.

[14] Zhou Y, Song X Y, Yan S G, et al. A hierarchical CoNi@nitrogen doped C/macroporous C composite derived from a new bimetallic MOF and juncus effusus as a broadband electromagnetic wave absorber [J]. Journal of Alloys and Compounds, 2023, 944: 169146.

[15] Zhou C H, Wu C, Liu D, et al. Metal-organic framework derived hierarchical Co/C@V_2O_3 hollow spheres as a thin, lightweight, and high-efficiency electromagnetic wave absorber [J]. Chemistry—A European Journal, 2019, 25 (9): 2234-2241.

[16] Liang X C, Liu S Y, Zhong S J, et al. A novel synthesis of porous Fe_4N/carbon hollow microspheres for thin and efficient electromagnetic wave absorbers [J]. Journal of Colloid and Interface Science, 2023, 637: 123-133.

[17] Li X Q, Wang Q, Yu Y F. Surface modification by CO_2 plasma boosting core shells structural Fe/Fe_3C/FeN@ graphite carbon nanoparticles toward high performance microwave absorber [J]. Materials Today Nano, 2024, 25: 100465.

4 基于聚合物的多孔碳复合材料的制备及其电磁波吸收性能研究

4.1 概 述

三维多孔碳材料由于其许多独特的优点而越来越引起人们的关注，特别是其具有不同的微观形貌、丰富的孔隙及相互连接的碳骨架，可以诱导入射电磁波的多次反射和散射，提高碳基材料的电磁波吸收性能[1]。

通过上一章我们知道生物质材料是一种广泛存在于大自然中，可绿色循环生产的碳材料，利用其独特拓扑结构和天然纹理，通过合适的热解温度来增强其传导损耗。本章将在其基础上进一步发展更加优异的吸波剂。有机聚合物，具有高度有序的结构、大的比表面积、稳定的化学性质和可调的孔隙结构。聚合物由于其大比表面积，即使在碳化后仍能保持原有的多孔结构，可以直接作为制备多孔碳的特殊前驱体。此外，由于构筑基团及链接键的种类不同，原位合成氮掺杂、硼掺杂、磷掺杂及硫掺杂等各种杂原子掺杂的多孔碳成为可能。正是得益于这些优点，聚合物具备了发展成为优良多孔碳电磁波吸收材料的潜力。

例如，Xie 等人[2]报道了一种缺陷工程策略，用于将商品热固性聚合物升级为多功能碳海绵。三维互连网络、缺陷结构和轻质特性赋予这些废弃三聚氰胺甲醛衍生碳海绵（CMS）集成的多种功能，可用于电磁波吸收、转换和雷达红外兼容隐身。这项工作为废弃热固性聚合物的升级改造提供了一种新颖且可扩展的途径。这项工作将废弃物变废为宝，利用聚合物中丰富的氮源和碳源，制备了含氮的杂原子多孔碳，实现优异的电磁波吸收能力。同样 Dou 团队[3]设计了一种简单的绿色制备方法并合成了聚合物衍生的 N,O 掺杂碗状空心碳微球（BHCM），以提高其电磁波吸收性能。通过无皂乳液聚合合成的甲基丙烯酸烯丙酯和丙烯腈（P(AMA-AN)）共聚微球为模板，以聚葡萄糖为主要碳源，采用水热法和高温碳化热解法制备了 BHCM。此外，P(AMA-AN) 微球可以直接提供氮和氧杂原子，实现杂原子掺杂多孔碳。BHCMs 的形态和吸波性能可以通过控制 P(AMA-AN) 微球的量来调节。独特的结构赋予 BHCMs-2 优异的电磁波衰减和阻抗匹配特性。在低填充率（11.1%）时，最小反射损耗（RL_{min}）在 13.82 GHz 时为 −40.3 dB，厚度为 2.5 mm。令人惊讶的是，在广泛的厚度范围内保持了广泛的有效吸收带宽（EAB），2.5～3.5 mm 厚度范围内的平均 EAB 达到 5.52 GHz。

近些年来，通过扩展损耗机制，将介电损耗材料与磁性材料结合，是实现电磁波性能突破的关键。将聚合物基碳材料与磁性材料结合，不仅可以提高介电损耗，还可以在一定程度上降低磁性材料的氧化行为。Hou 等人[4]通过调整碳骨架的介电常数和磁损耗来提高碳骨架对电磁波的吸收性能。经过 700 ℃的热解后，铬化合物表现为纳米针状结构，固定在源自聚合物的碳骨架上。使用阴离子交换策略引入氮元素后获得尺寸优化的 CrN@PC 复合材料。CrN 颗粒尺寸为 5 nm 时，复合材料的最小反射损耗值为 -105.9 dB，3.0 mm 处的有效吸收带宽为 7.68 GHz（完全覆盖 Ku 波段）。该工作通过尺寸调控克服了碳基材料阻抗匹配不平衡和磁损耗不足的限制，为获得具有超高衰减能力的碳基复合材料开辟了新途径。Xing 等人[5]首先合成了多孔三维互连碳纳米纤维/Fe_xO_y（CNF/Fe_xO_y）晶片，通过简单的溶胶-凝胶和退火工艺显著增强了吸波性能。通过改变 Fe^{3+} 浓度和退火温度，可以方便地控制结构、组成、缺陷和所得特性。CNF/Fe_xO_y 由于较短的连续热传递路径、增加的声子平均自由程以及每体积声子的热容量，晶片在低负载（30%，质量分数）下表现出高导热率（3.22 W/m·K）。此外，CNF/Fe_xO_y 晶片具有较宽的电磁波吸收带宽，达到了 9.36 GHz、突出的电磁干扰（EMI）屏蔽效能（C、X 和 K 波段上的电磁屏蔽≥20 dB）、出色的电绝缘性（σ = 0.00991 S/m）和较强的力学/疏水性能，超过大多数报道的吸波材料。

原子掺杂策略和磁性材料的引入为提高极化损耗和电磁波吸收性能提供了一条极具潜力的途径[6-7]。这种方法会引起晶格畸变、应变和有源点缺陷，从而导致大量偶极子中心和面内拓扑缺陷的产生。这些机制加速电子积累，触发麦克斯韦极化，并最终调节材料的电磁特性[8]。此外，电子的固有性质—电子自旋，为调制电磁波吸收性能提供了一条极具前景的途径。自旋极化在不同自旋方向表现出明显的不对称行为，促进了高自旋态的形成，增强了电磁波衰减[9-11]。战略性原子配置设计促进了电磁协同，增强了电磁波吸收性能。因此除了固有的原子结构外，吸波剂的几何结构在电磁波吸收性能中也起着关键作用。螺旋材料以其独特的对称性和电磁耦合特性而备受关注。螺旋结构通过同时诱导电和磁极化造成额外的电磁损耗[12-13]。值得注意的是，Zuo 等人[14]用螺旋纳米管构建了这种材料，并研究了空间构型对介电常数的影响，发现了额外的交叉极化，材料最终获得 6.7 GHz 的 EAB。结果表明，螺旋结构有效地降低了电磁波吸收材料的频率敏感性，有利于拓宽电磁波吸收频段。此外，Huang 等人[15]通过电磁模拟证明，在管状结构内，电磁场沿长度方向呈均匀分布。然而，螺旋结构的引入破坏了这种原始的电磁场分布，导致其沿螺旋线方向重新分布。这种现象引起了强大的电磁共振，进一步增强了电磁波的衰减。从本质上讲，螺旋结构不仅有利于电磁场的重新分布，而且有利于引发更强烈的电磁波衰减。

本章选用酚醛树脂、聚多巴胺、共价有机框架和手性酚醛树脂等聚合物制备了一系列聚合物基多孔碳，除了将聚合物基多孔碳包覆磁性合金，提高合金的化学稳定性，还制备出了具有独特螺旋结构的锰氮共掺杂聚合物基多孔碳吸波剂，均达到了吸波材料对“薄”“轻”“宽”“强”的要求。

4.2 仪器表征

样品的化学结构、晶体结构、孔隙率、表面化学成分、磁性能、形貌和微观结构分别通过核磁共振（NMR，Bruker Avance Ⅲ HD 500 MHz 核磁共振光谱仪）、傅里叶变换红外光谱（FT-IR，FTS-40 美国 BIO-RAD 公司）、粉末 X 射线衍射（PXRD，Bruker D8 Advance A25）、比表面积分析仪（BET，BELSORP-MAX）、X 射线光电子能谱（XPS，Thermo Fischer ESCALAB Xi +）、振动样品磁力计（VSM，Quantum Design Dyna COOL）、透射电子显微镜（TEM，Talos F200X）和场发射扫描电子显微镜（FE-SEM，FEI Nova Nano SEM450）进行表征。

用矢量网络分析仪（Agilent PNA N5224A，同轴法）测量了样品在 2 ~ 18 GHz 之间的电磁参数。采用计算机仿真技术（CST，Studio Suite 2022）进行电磁模拟、RCS 的计算，对实际环境进行电磁波吸收仿真测试。采用仿真软件包（VASP，Vienna Ab-initio Simulation Package 6.4.2）对电子结构进行了仿真计算。

4.3 空心核壳结构的 CoNi@C 和 CoNi@NC 复合材料

大量研究表明，具有中空结构的复合材料具有优异的微波吸收性能，中空结构有利于材料轻量化结构的设计。然而，单组分 CoNi 合金易氧化、密度大、电磁波衰减机制单一等缺点限制了其实际应用。多孔碳是一种具有高介电损耗的轻质材料。因此，将 CoNi 合金组装在碳材料中，不仅可以实现高介电损耗和轻量化结构，还可以在一定程度上降低氧化行为。例如，Rao 等人[16]提出了一种限制扩散策略来制造功能性磁性碳空心微球。在柯肯达尔扩散效应的驱动下，FeCo 纳米粒子的合金被紧紧地限制在碳壳中，有效地抑制了磁性粒子团聚。此外，核壳结构的 FeCo-碳纳米单元进一步在空心微球的内外表面组装成分散的微型磁性碳凸起；其 RL_{min} 为 -35.9 dB，其吸波带宽几乎覆盖了整个 C 波段（4 ~ 8 GHz）。本节则以空心 CoNi 合金为芯，用酚醛树脂（PR）和聚多巴胺（PDA）分别在 CoNi 合金表面原位聚合，然后进行高温热解，合成了空心核壳形 CoNi@C、CoNi@NC 吸波剂。

4.3.1 实验部分

（1）CoNi 合金的制备。将 0.48 g 六水合氯化钴、0.48 g 六水合氯化镍和 1.0 g 聚乙烯吡咯烷酮（PVP）加入 36 mL 乙二醇中，室温搅拌。然后，将 6 mL、

50%水合肼倒入液体混合物中。最后，将混合物放入不锈钢高压釜中，在 453 K 下保持 6 h。反应结束后，收集到黑灰色物料，用蒸馏水和乙醇（EtOH）洗涤数次。同时，对物料进行真空干燥。

（2）CoNi@PR 和 CoNi@PDA 的制备。简单地说，用超声波将 0.2 g CoNi 合金分散在 50 mL 蒸馏水、20 mL 乙醚和 1 mL 氨水的混合溶液中。随后，将 0.2 g 间苯二酚和 0.28 mL、37%甲醛倒入上述溶液中。机械搅拌，在 293 K 下反应 24 h。CoNi@PR 前驱体用磁分离法进行分离，用蒸馏水和乙醇洗涤 3 次。随后，在真空下干燥。此外，我们还用了盐酸多巴胺来包覆空心钴镍合金，具体制备方法如下：将 0.2 g CoNi 合金和 0.24 g 三羟甲基甲烷分别加入 200 mL 去离子水（pH = 8.5）中。然后将 0.24 g 盐酸多巴胺倒入上述溶液中，在 293 K 下机械搅拌 24 h。同样采用磁分离法对 CoNi@PDA 前驱体进行分离，然后用蒸馏水和乙醇冲洗数次。同时，在真空下干燥。

（3）CoNi@C 和 CoNi@NC 的制备。将 CoNi@PR 和 CoNi@PDA 前驱体在 N_2 气氛下，分别用 600 ℃和 700 ℃热解 120 min，升温速率设为 5 ℃/min，分别得到 CoNi@C-600、CoNi@C-700、CoNi@NC-600 和 CoNi@NC-700。CoNi@C 和 CoNi@NC 材料的合成路线如图 4-1 所示。

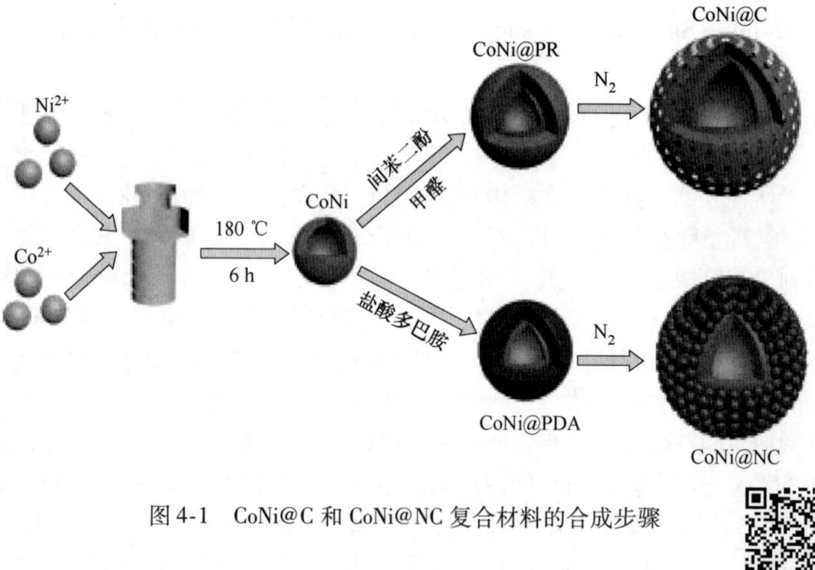

图 4-1　CoNi@C 和 CoNi@NC 复合材料的合成步骤

图 4-1 彩图

4.3.2　组成分析

4.3.2.1　X 射线衍射分析

图 4-2(a)中的 XRD 图显示了所有样品的晶体结构和物相。CoNi、CoNi@C 和 CoNi@NC 复合材料在 44.4°(111)、51.7°(200)和 76.3°(220)处呈现出三个尖峰，与 Co（PDF#15-0806）和 Ni（PDF#04-0850）的面心立方结构一致。这表明

材料不是钴和镍的混合物，而是 Co 和 Ni 原子存在于单晶胞中的合金。随着样品煅烧温度的升高，衍射峰的强度也随之增大。这是因为随着煅烧温度的升高，CoNi 合金的结晶度增大。相比之下，碳衍射峰的振幅较低，故碳峰不明显。

通常，碳复合材料的整体石墨化程度对其电磁参数和吸波性能有显著影响。图 4-2(b) 中所有复合材料的拉曼光谱在 1356 cm^{-1} 和 1602 cm^{-1} 处显示两个主峰，分别对应于 D 带和 G 带，证实了碳的存在。D 带和 G 带分别表示无序碳和石墨碳的存在。D 带和 G 带的强度比（I_D/I_G）是复合材料整体石墨化程度的直接衡量指标。CoNi@C-600、CoNi@C-700、CoNi@NC-600 和 CoNi@NC-700 样本的 I_D/I_G 值分别为 1.003、0.924、1.028 和 0.956。随着温度的升高，I_D/I_G 值减小，说明碳材料的石墨化程度随着煅烧温度的升高而增加。

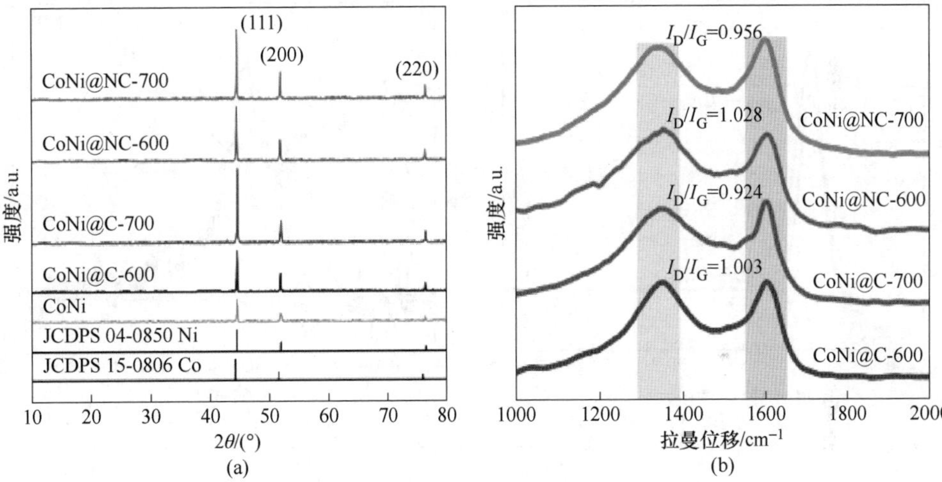

图 4-2 所有样品的 XRD(a) 和拉曼光谱(b)

4.3.2.2 XPS 分析

此外，XPS 用于复合材料表面化学成分和化学键的分析。图 4-3(a) 显示了 CoNi@C-700 复合材料的光谱，其中 284.8 eV、532.9 eV、780.4 eV 和 854.4 eV 处的主峰分别表示存在碳、氧、钴和镍元素。与 CoNi@C-700 相比，CoNi@NC-700 的测量光谱在 400.4 eV 处表现出额外的氮峰，如图 4-3(b) 所示。CoNi@NC-700 的 C 1s 高分辨率光谱见图 4-3(c)，图中可看到三个衍射峰，分别对应于三种类型的碳：C—C/C ═C（284.1 eV）、C—N（285.1 eV）和 O—C ═O（288.5 eV）的特征峰。此外，397.1 eV、397.8 eV 和 400.0 eV 处的峰分别归因于吡啶氮、吡咯氮和石墨氮的特征峰，如图 4-3(d) 所示。在图 4-3(e)(f) 中，779.7 eV 和 796.1 eV 处的峰对应于 Co $2p_{3/2}$ 和 Co $2p_{1/2}$ 的特征峰，而 854.7 eV 和 872.5 eV 处的峰值对应于 Ni $2p_{3/2}$ 和 Ni $2p_{1/2}$ 的特征峰。

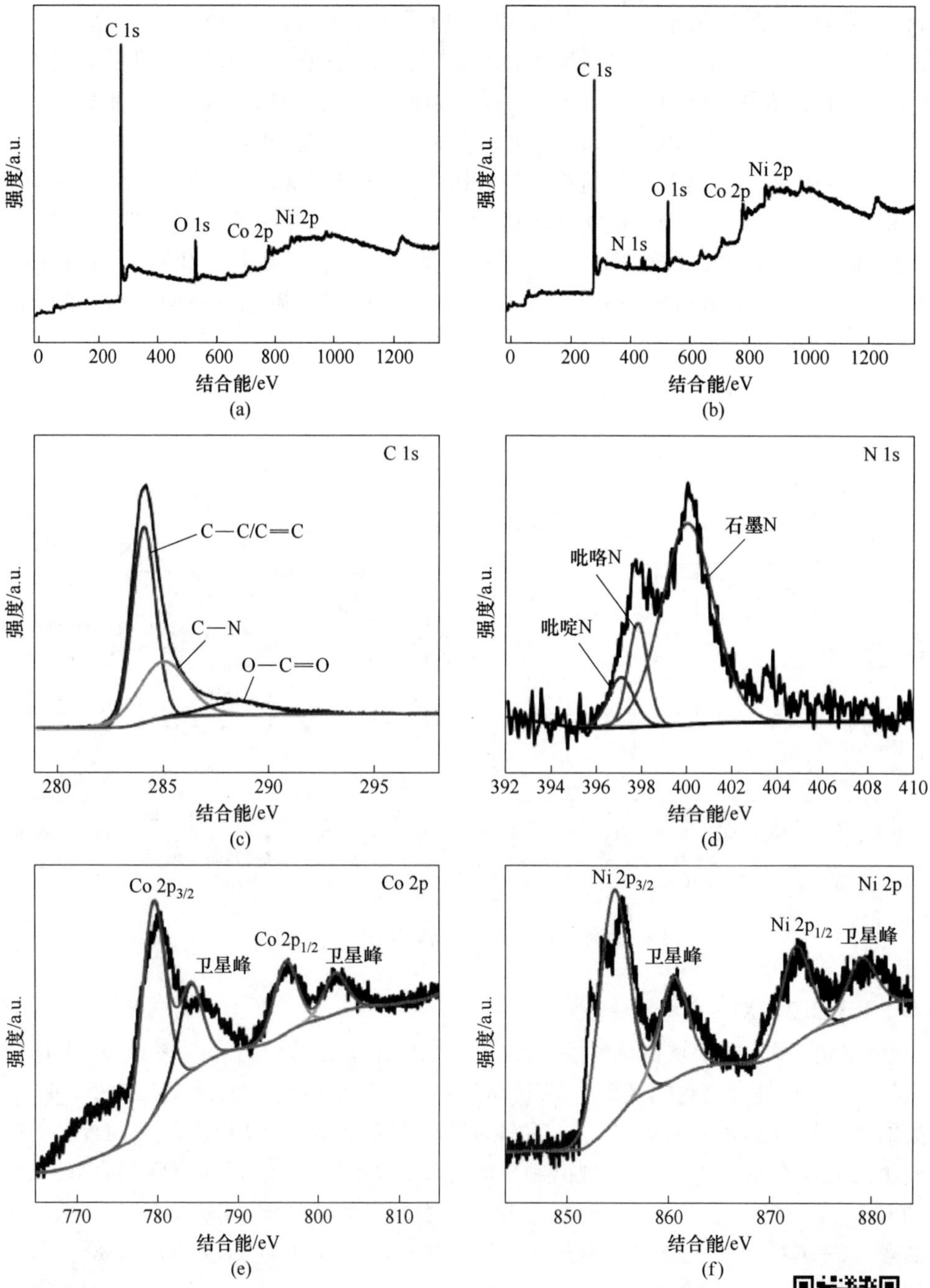

图 4-3　XPS 全谱：CoNi@C-700(a)和 CoNi@NC-700(b)，
CoNi@NC-700：C 1s(c)、N 1s(d)、
Co 2p(e)和 Ni 2p(f)高分辨光谱

图 4-3 彩图

4.3.3 结构分析

通过 SEM 和 TEM 研究了复合材料的形貌特征和微观结构。图 4-4(a)(b)显示 CoNi@C-700 的代表性的 SEM 图像，这些图像清楚地显示了直径为 2 ~ 5 μm 的均匀球体。通过 TEM（见图 4-4(c)(d)）可以观察到 CoNi@C-700 的核壳结构，CoNi 核上外壳层的无定形碳层的平均厚度接近 50 ~ 80 nm。图 4-4(e)是 CoNi@C-700 的高角度环形暗场（HAADF）。CoNi@C-700 的元素映射图谱（见图 4-4(f) ~ (j)）显示了 C、O、Co 和 Ni 原子的分布，碳元素在壳层上的分布很明显，如图 4-4(f)所示。图 4-5(a)(b)显示了 CoNi@NC-700 的 SEM 图像，其大小与 CoNi@C-700 相似。CoNi@NC-700 的表面比 CoNi@C-700 的表面粗糙，在 CoNi@NC-700 的表面可以观察到几个微球。图 4-5(c)显示了 CoNi@NC-700 的 TEM 图像。CoNi@NC-700 的核壳结构很明显，CoNi 核上无定形碳涂层的平均厚度接近 70 ~ 100 nm。图 4-5(d)和图 4-5(e) ~ (j)分别显示 CoNi@NC-700 的 HAADF 图像和相应的元素映射图。很明显，N、C、O、Co 和 Ni 原子均匀分布在 CoNi@NC-700 微球中。同样，可以清楚地观察到碳元素在 CoNi@NC-700 壳层上的分布，如图 4-5(f)所示。基于 CoNi@C-700（见图 4-4(i)(j)）和 CoNi@NC-700（见图 4-5(i)(j)）中 Co 和 Ni 的元素映射图，推断微球中心的 Co 和 Ni 的含量极低。同样，CoNi@C-700（见图 4-4(e)）和 CoNi@NC-700（见图 4-5(d)）的 HAADF 图像还证明 CoNi 合金具有中空结构。

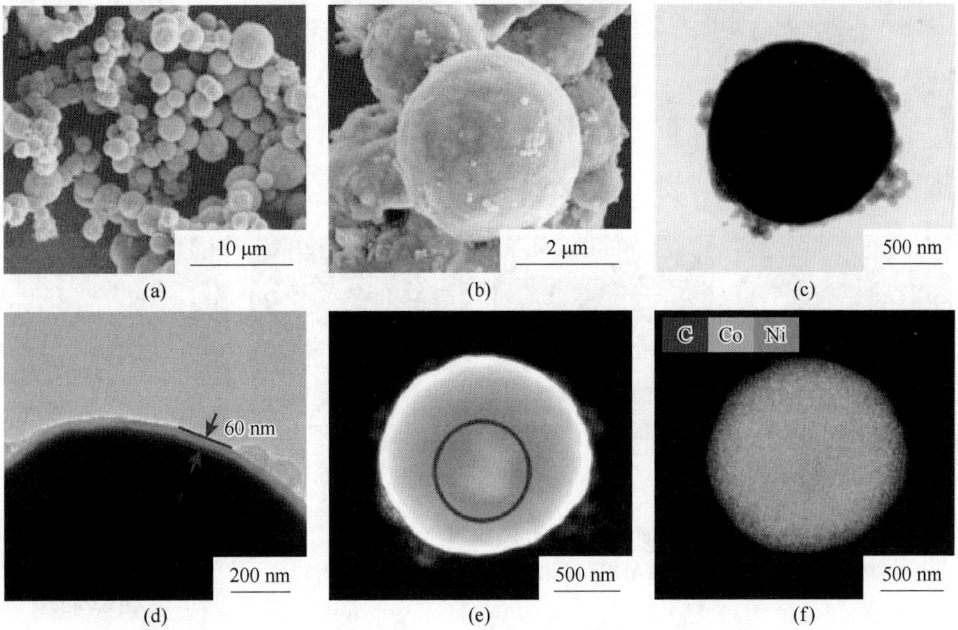

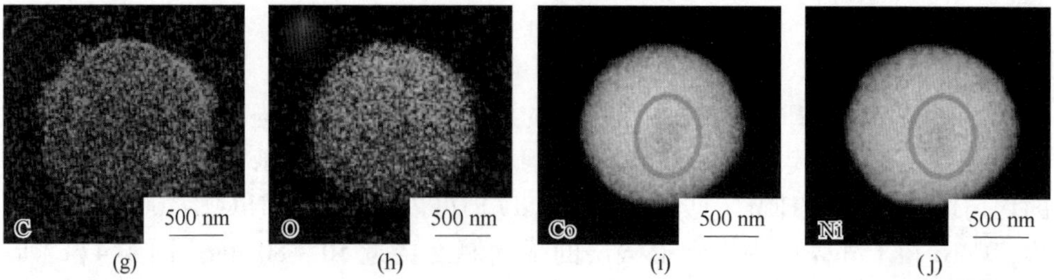

图 4-4　CoNi@C-700 的 SEM［(a)(b)］、TEM［(c)(d)］、HAADF(e)和元素映射图［(f)～(j)］

图 4-4 彩图

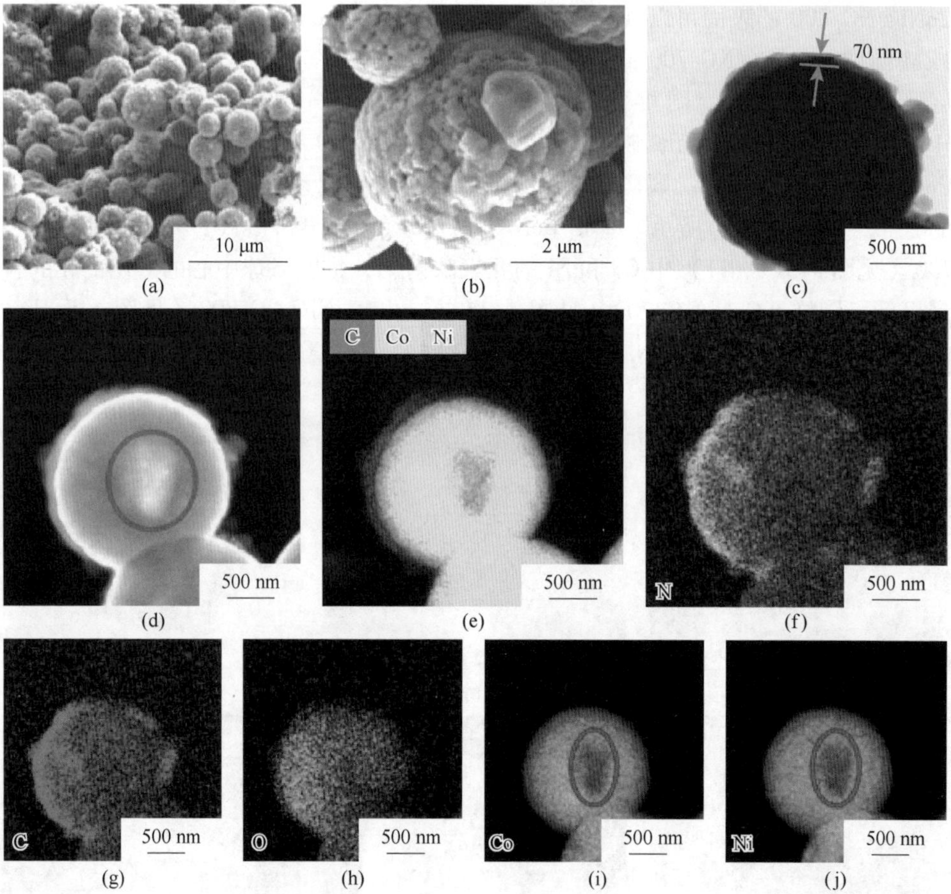

图 4-5　CoNi@NC-700 的 SEM［(a)(b)］、TEM(c)、HAADF(d)和元素映射图［(e)～(j)］

图 4-5 彩图

4.3.4　性能分析

4.3.4.1　磁性性能分析

通过 VSM 分析 CoNi/C-600、CoNi/C-700、CoNi/NC-600 和 CoNi/NC-700 复合材料的磁性能，它们的饱和磁化强度（M_s）分别为 82.63 emu/g、85.63 emu/g、81.89 emu/g 和 86.58 emu/g（见图 4-6）。高的饱和磁化强度有利于频率谐振，增强磁损耗和吸波性能。

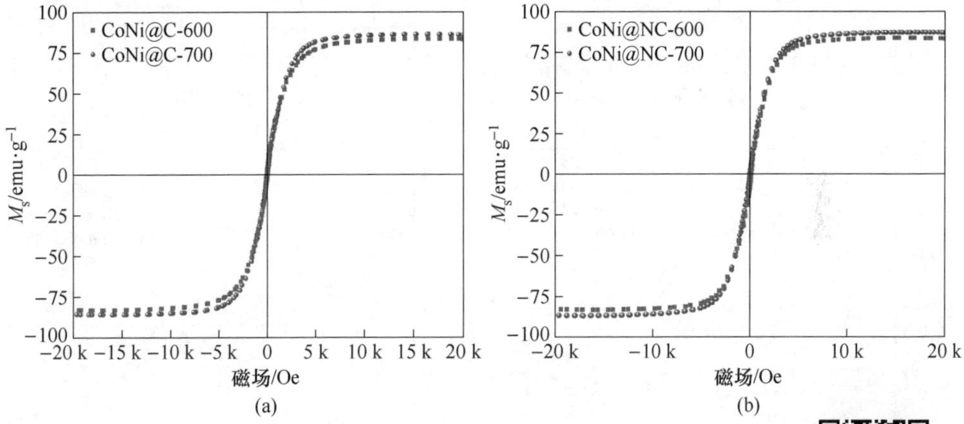

图 4-6　CoNi@C 和 CoNi@NC 的磁化曲线图
（a）CoNi@C 样品；（b）CoNi@NC 样品

图 4-6 彩图

4.3.4.2　吸波性能分析

实部（ε' 和 μ'）分别代表电能和磁能的存储能力，虚部（ε'' 和 μ''）分别代表电能和磁能的损失能力。在所有样品中，CoNi 合金具有最低的介电常数和磁导率。图 4-7(a)显示四种复合材料的 ε' 值随着频率的增加而略有波动。CoNi@C 和 CoNi@NC 复合材料的 ε' 值都随着温度的升高而增加，这可能是较高的煅烧温度导致碳壳的石墨化程度增高，并且 ε'' 值表现出类似的变化趋势，如图 4-7(b)所示。图 4-7(c)显示 CoNi@C-700 具有最大的介电损耗角正切值（$\tan\delta_\varepsilon$），这表明 CoNi@C-700 表现出最高的电能存储和耗散能力。复磁导率的频率依赖性如图 4-7(d)(e)所示，四个样品的 μ' 和 μ'' 值随着频率的增加而明显降低。CoNi@C 和 CoNi@NC 复合材料的磁导率都随着温度的升高而增加，这可能是较高的煅烧温度导致 CoNi 合金的结晶度更高。此外，μ'' 曲线中的峰值表示存在自然共振和交换共振。总体而言，磁损耗主要源于 2～18 GHz 的自然共振和交换共振及涡流损耗。图 4-7(f)显示 CoNi@NC-700 具有最大的磁损耗角正切值（$\tan\delta_\mu$），这表明它拥有最高的磁能存储和耗散能力。所有样品的 $\tan\delta_\varepsilon$ 值都接近其 $\tan\delta_\mu$ 值，如图 4-7(c)和(f)所示。因此，很明显，介电损耗和磁损耗对于电磁波衰减都很重要。

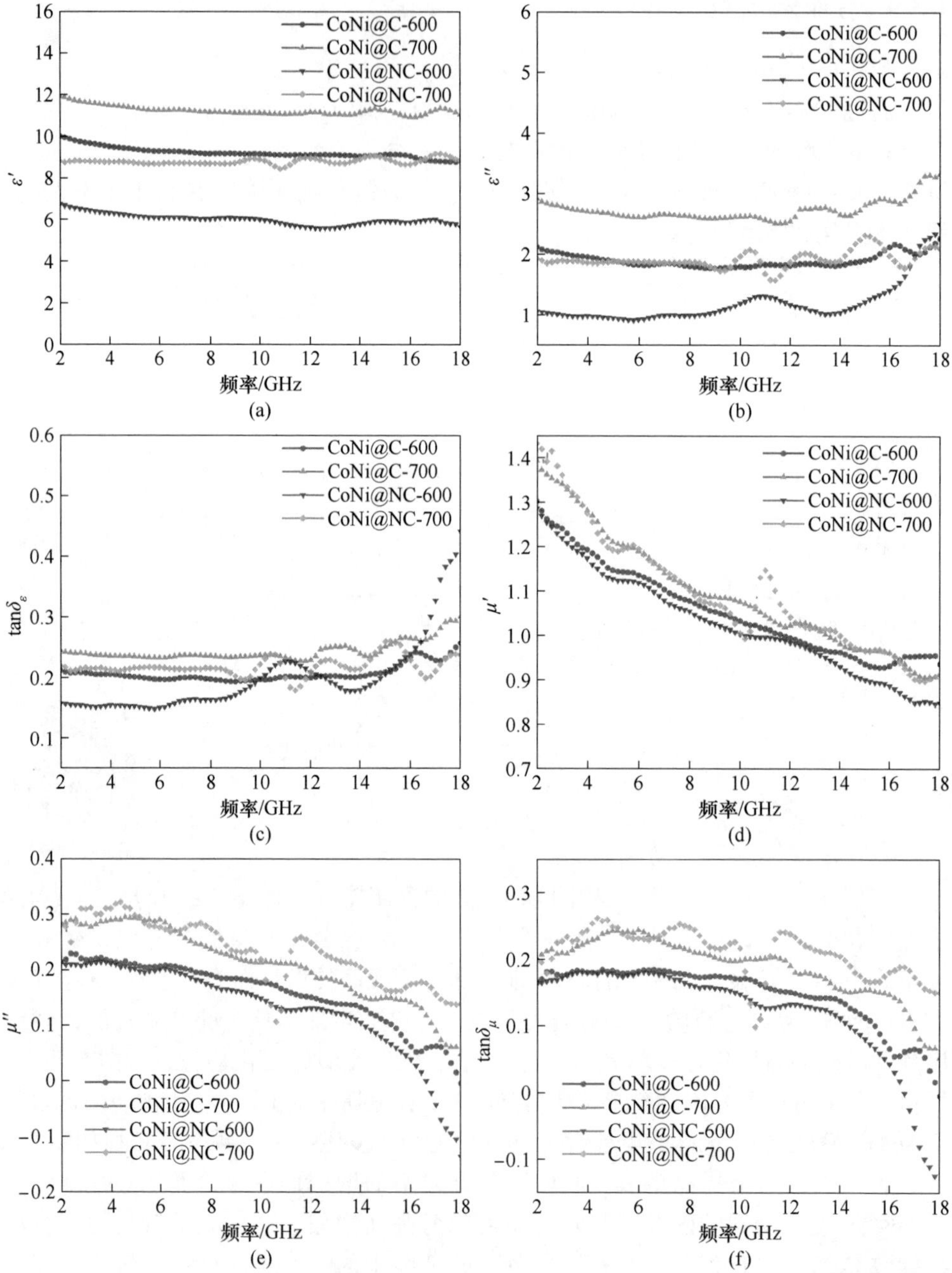

图 4-7　所有样品的 ε'(a)、ε''(b)、$\tan\delta_\varepsilon$(c)、μ'(d)、μ''(e)和 $\tan\delta_\mu$(f)

图 4-7 彩图

CoNi@C-600 的 RL_{min} 在 3.4 mm 厚度时为 −20.9 dB，其带宽为 2.16 GHz，如图 4-8(a) 所示。图 4-8(b) 显示 CoNi@C-700 在 9.44 GHz 和 2.3 mm 厚度时，RL_{min} 值达到 −35.8 dB，在 1.5 mm 厚度时最大吸波带宽为 4.96 GHz。CoNi@NC-600 在 2.8 mm 厚度处获得 −15 dB 的 RL_{min} 值，如图 4-8(c) 所示。图 4-8(d) 显示了 CoNi@NC-700 在四个样品中具有最好的吸波性能，其 RL_{min} 值在 2.0 mm 为 −47.1 dB，其吸波带宽为 4.52 GHz。此外，CoNi@NC-700 的最大带宽可以达到 5.1 GHz，厚度仅为 1.7 mm。

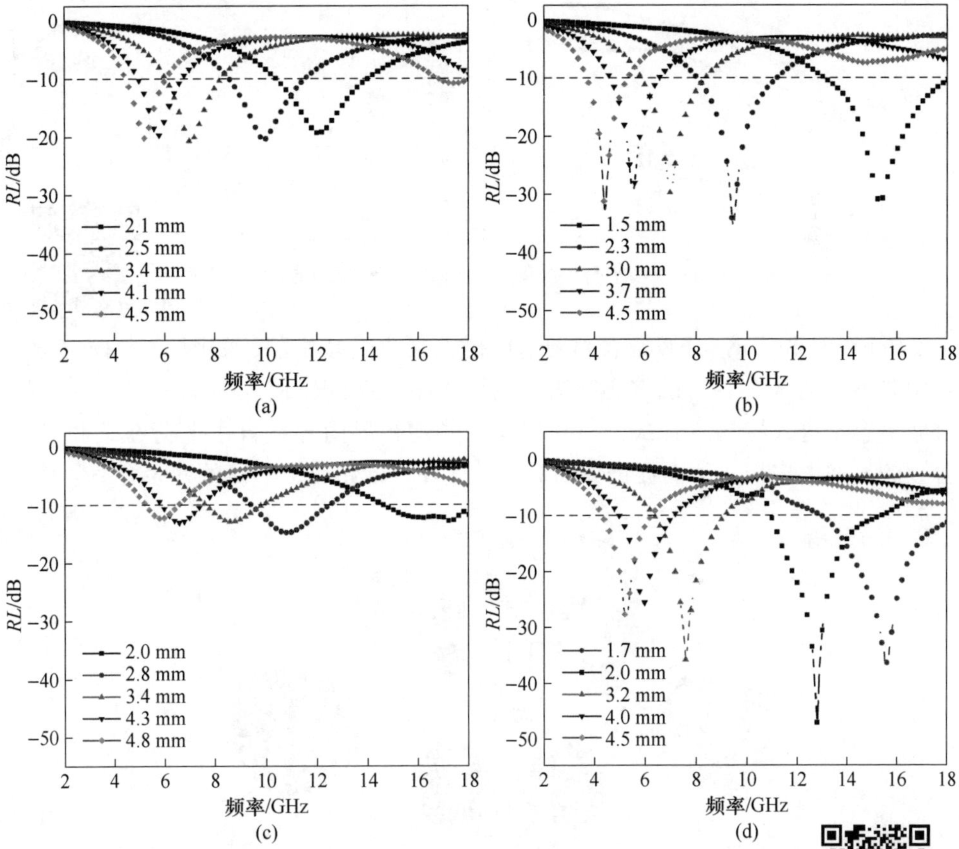

图 4-8　反射损耗与频率和厚度的关系曲线图

(a) CoNi@C-600；(b) CoNi@C-700；

(c) CoNi@NC-600；(d) CoNi@NC-700

图 4-8 彩图

图 4-9(a) 显示在 2～18 GHz 范围内所有样本的 α 值都随着频率的增加而增加，CoNi@C-700 和 CoNi@NC-700 表现出较高的 α 值。检查了所有样品在 2.00 mm 处样品的阻抗匹配。$|Z_{in}/Z_0|=1.0$ 意味着入射电磁波可以完全进入吸波剂内部。在所有样品中，CoNi@NC-700 的 $|Z_{in}/Z_0|$ 值最接近 1.0，如图 4-9(b)

所示。CoNi@NC-700 表现出良好的阻抗匹配和较强的衰减能力，这意味着它在所有样品中具有最好的吸波性能。

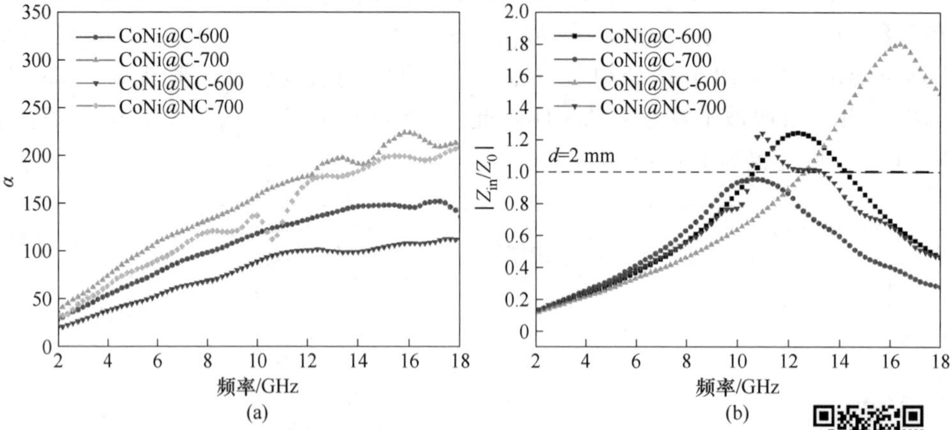

图 4-9　所有样品的 α 值(a)和 $|Z_{in}/Z_0|$ 值(b)

图 4-9 彩图

CoNi@C 和 CoNi@NC 复合材料对电磁波吸收衰减机制，如图 4-10 所示。首先，独特的空心结构可以提高阻抗匹配，使入射电磁波更容易进入材料。其次，核壳结构的非均相界面导致自由电荷在碳和 CoNi 合金的界面上累积，从而促进界面极化。此外，碳壳层中丰富的残余含氧官能团

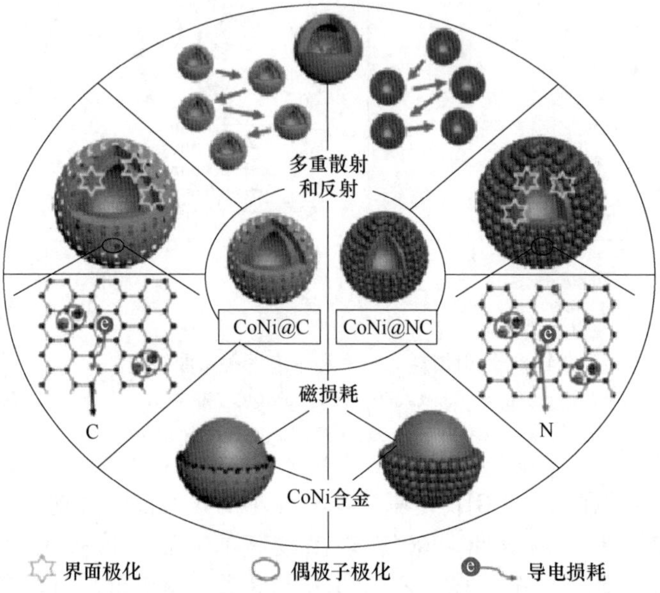

图 4-10　CoNi@C 和 CoNi@NC 复合材料对电磁波吸收衰减机制

图 4-10 彩图

可以作为极化中心，带来偶极极化。特别是，对于 CoNi@NC 复合材料，N 掺杂引起的缺陷可以提供额外的极化中心，从而增强偶极极化。在相同的煅烧温度下，CoNi@NC 表现出比 CoNi@C 更高的极化能力。再次，自由电子可以在交变电磁场下穿过导电碳壳，电磁波能量可以被导电损耗消耗。最后，磁损耗主要包括 CoNi 合金的固有共振和交换共振，也有助于电磁波衰减。

4.3.5 小结

通过原位聚合和高温热解有效合成了空心核壳 CoNi@C 和 CoNi@NC 复合材料。通过改变碳化温度，可以调节碳壳和空心 CoNi 合金芯的结晶度，以及 CoNi@C 和 CoNi@NC 复合材料的电磁参数。空心 CoNi 合金和碳壳分别促进了强磁损耗和介电损耗，它们的协同效应导致吸波剂的吸波性能显著。CoNi@NC-700 样品表现出优异的吸波性能，RL_{min} = −47.1 dB 和 4.52 GHz 的带宽，匹配厚度仅为 2 mm。此外，在 1.7 mm 厚度下可以达到 5.1 GHz 的有效带宽。CoNi@NC-700 复合材料优异的电磁波吸收性能主要归因于氮掺杂碳诱导的丰富极化效应。总体而言，已经确定具有核壳结构的空心磁性掺杂多孔碳复合材料可以作为出色的吸波材料。

4.4 COF 衍生多孔碳复合材料

磁性材料主要有铁氧体、磁性金属及其合金，其中，FeNi 合金由于其大的饱和磁化强度、高的磁导率及低的矫顽力，在 2～18 GHz 范围内表现出较好的吸波性能，在电磁波吸收领域受到广泛关注。值得注意的是，FeNi 合金因其具有不同的晶相，在较宽的频段里对电磁波都有较强的损耗作用，从而较单质有更好的电磁波吸收效果。此外，可以通过改变粒径大小、形貌结构及金属盐的比例调控合金的吸波性能。Cao 等人[17]开发了一种新的复合材料，将表面具有 FeNi 纳米颗粒的 MoS_2 花生长在 CoS_2 微球上以吸收电磁波。特殊的三维结构具有比表面积大、缺陷丰富、电导率高、界面多等特点，使其具有优异的电磁波吸收性能。在厚度仅为 2.25 mm 的情况下，最小反射损耗（RL_{min}）可以达到 −46.8 dB，有效吸收带宽可以达到 6.32 GHz。值得注意的是，在厚度为 2.20 mm 时，有效吸收带宽可以达到 6.96 GHz。稀土元素 4f 轨道的电子特殊排列，使其具有较强的晶场作用和特殊的自旋-轨道相互作用，这些作用使其具有良好的顺磁性、饱和磁化强度、磁晶各向异性和磁致伸缩性等特点。因为稀土元素 4f 轨道中电子的不配对，可以增强电子轨道和自旋产生的磁矩；稀土与过渡金属之间的铁磁耦合作用还可以产生高自旋基态。因此，我们向花状 FeNi 合金中引入稀土元素，以期进一步优化磁导率，增强微波吸收。

4.4.1　实验部分

（1）Gd 掺杂 FeNi 磁性材料的制备。将 0.5704 g $NiCl_2 \cdot 6H_2O$、0.0294 g $GdCl_3 \cdot 6H_2O$、0.0649 g $FeCl_3 \cdot 6H_2O$ 溶解于 48 mL 蒸馏水中，磁力搅拌 10 min，然后加入 0.384 g NaOH 搅拌 20 min，再加入 5 mL、80% $N_2H_4 \cdot H_2O$ 作为还原剂。然后，将浅绿色溶液倒入聚四氟乙烯内衬的高压反应釜中，在干燥箱中 120 ℃下反应 10 h。磁分离收集黑色沉淀物，用蒸馏水和乙醇洗涤三次。最后，将黑色磁性颗粒在 60 ℃真空干燥 12 h，记为 3% GFN，改变 $GdCl_3 \cdot 6H_2O$ 的量分别为 0.0098 g 和 0.0491 g，记为 1% GFN 和 5% GFN。

（2）氨基功能化 GFN 的制备。选取 Gd 掺杂量为 3% 的 GFN 加入盛有 40 mL 甲苯的三颈烧瓶中，再将 1 mL 的 3-氨丙基三乙氧基硅烷在氮气气氛下加入上述溶液中，油浴加热到 110 ℃，反应 2 h。黑色油状固体随后冷却至室温后，用蒸馏水洗涤三次，真空干燥 12 h 得到黑色磁性颗粒，命名为 GFN-NH_2。

（3）DMTP 单体接枝 GFN（GFN-DMTP）的制备。将 0.15 g GFN-NH_2 颗粒分散在 4.5 mL 共溶剂体系中（1,4-二氧六环、正丁醇、甲醇体积比为 4：4：1），加入 0.01 g 2,5-二甲氧基苯-1,4-二甲醛（DMTP）单体和乙酸（2 mL，3 mol/L），超声 5 min 后，转移至聚四氟乙烯内衬的高压反应釜，在干燥箱中 120 ℃加热反应 1 h，冷却后用离心管收集样品，用四氢呋喃和丙酮离心洗涤三次，真空干燥箱中干燥 6 h，得到磁性颗粒命名为 GFN-DMTP。

（4）GFN@COF 核壳复合材料的制备。首先，将 0.0526 g GFN-DMTP 分散在 27 mL 共溶剂体系中（1,4-二氧六环、正丁醇、甲醇体积比为 4：4：1），然后，继续将 0.18 mmol 的 1,3,5-三（4-氨基苯基）苯和 0.27 mmol 的 2,5-二甲氧基苯-1,4-二甲醛加入上述溶剂中，加入乙酸（3 mL，9 mol/L），超声均匀。将溶液倒入高压反应釜中，在干燥箱中 70 ℃加热反应 24 h。冷却后用离心管收集样品，用四氢呋喃和丙酮离心洗涤三次，然后在真空干燥箱中干燥 6 h，得到蓬松黄黑色产物命名为 GFN@COF。

（5）GFN@NPC 核壳复合材料的制备。在 N_2 气氛下以 2 ℃/min 的升温速率加热到 700 ℃反应 2 h，所得产物记为 GFN@NPC-1。通过改变 GFN 和 NPC 的质量比为 2：1 和 1：2，得到的相应样品，分别标记为 GFN@NPC-0.5 和 GFN@NPC-2。GFN@NPC 的制备过程如图 4-11 所示。

4.4.2　组成分析

4.4.2.1　X 射线衍射分析

以 Cu 靶 Ka 为辐射源（λ =0.15418 nm），对样品进行了 2θ 范围为 20°～80°的 PXRD 扫描衍射。图 4-12 是 $FeNi_3$ 和不同含量 Gd 掺杂的 PXRD 图谱，由

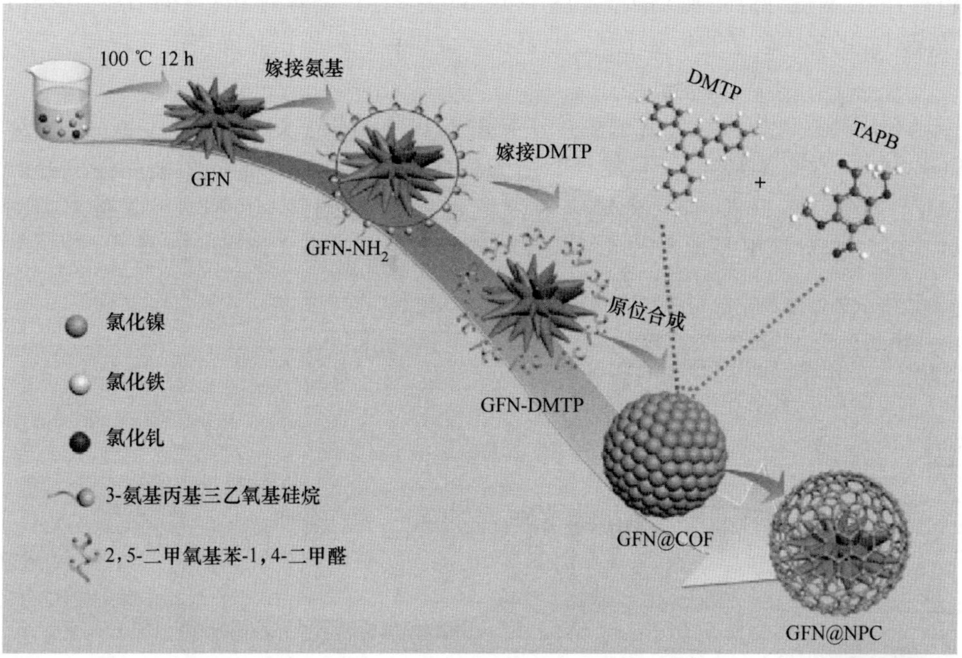

图 4-11 GFN@NPC 的制备流程图

图 4-11 彩图

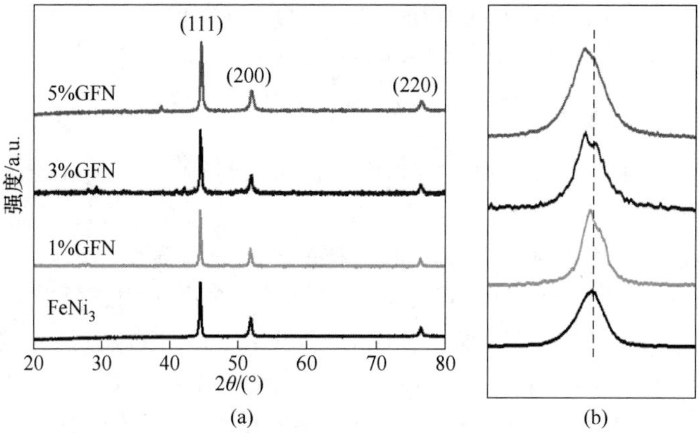

图 4-12 FeNi$_3$、不同含量稀土掺杂 FeNi$_3$ 的 PXRD 图谱(a)及(111)晶面对应峰值的放大图(b)

该图可知，FeNi$_3$ 和 GFN 的衍射峰和相对强度与面心立方晶体结构 FeNi 的 JCPDS 卡片（JCPDS No. 47-1417）中报告的标准数据是良好吻合的。可以从图中观察到位于 44.28°、51.53°和 75.87°衍射峰分别指向(111)、(200)和(220)晶面的特征峰，并且在所有谱图中没有检测到其他杂质相，这表明这些产物具有良好的结晶性。

(111)晶面对应峰值的放大图（见图4-12(b)）显示，随着稀土浓度的增加，(111)晶面对应的峰向较低的角度位移，表明在合金中存在稀土诱导晶格应变现象。

4.4.2.2　红外光谱分析

利用傅里叶变换红外光谱表征了样品的化学结构，如图4-13所示，GFN@COF每一个强峰对应于COF的官能团的特征峰，说明成功合成了结晶性良好的COF。吸收峰在1590 cm^{-1}及1614 cm^{-1}附近分别对应于C—C和C═N伸缩振动峰，进一步为COF是通过胺醛缩合反应所制备提供了令人信服的证据。

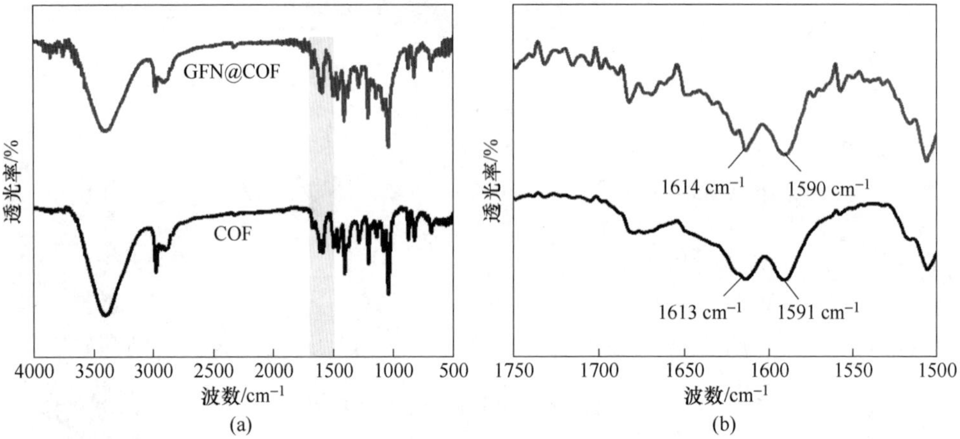

图4-13　GFN@COF的傅里叶变换红外光谱
（a）GFN@COF的傅里叶变换红外光谱；（b）局部放大图

4.4.2.3　XPS分析

为了分析复合材料近表面的元素和价态，对其进行了XPS测试。如图4-14(a)显示，GFN@NPC中存在C、N、O、Ni、Fe和Gd元素。可以发现Ni、Fe和Gd元素的峰值很低，原因是当X射线照射样品时，只有表层（$d=1\sim3$ nm）的光电子被激发，而几乎所有的GFN颗粒都被包裹在多孔碳内，因此很难记录到它们的XPS信号。如图4-14(b)所示，GFN@NPC-2的C 1s高分辨光谱被分解为三个特征峰：C—C（284.8 eV）、C—N（285.2 eV）和O═C—O（287.2 eV）。如图4-14(c)所示，N 1s在398.5 eV、400.0 eV和401.5 eV处有三个分峰，可分别归因于吡啶氮、吡咯氮和石墨氮的特征峰，进一步证明，含有氨基官能团的COF通过热解转化为氮掺杂的多孔碳，由此产生的缺陷或特殊基团有利于极化弛豫。在图4-14(d)的O 1s高分辨图谱中531.3 eV和532.6 eV处的峰分别对应于C—O和O═C—O键的特征峰。在Ni 2p的高分辨光谱（见图4-14(e)）中，位于859.5 eV和877.7 eV的两个衍射峰可确定为Ni的卫星峰，位于855.6 eV和872.6 eV的峰值分别为Ni—O键的Ni $2p_{3/2}$和Ni $2p_{1/2}$的特征峰。在Fe 2p的高分辨光谱（见图4-14(f)）中，位于711.6 eV和725.0 eV的两个衍射峰分别归因于 Fe $2p_{3/2}$和 Fe $2p_{1/2}$的特征峰，以及在图 4-14(g)中，在 141. 5 eV 和 146. 3 eV 处的峰值分别可以确定为 Gd $4d_{5/2}$和 Gd $4d_{3/2}$的特征峰。此外，从 GFN@NPC-0. 5 到 GFN@NPC-2，C 和 N 的含量显著增加，GFN@NPC 复合材料中缺陷的存在和氮的掺杂促进了电子转移，从而提高了导电性，改善了介电损耗。

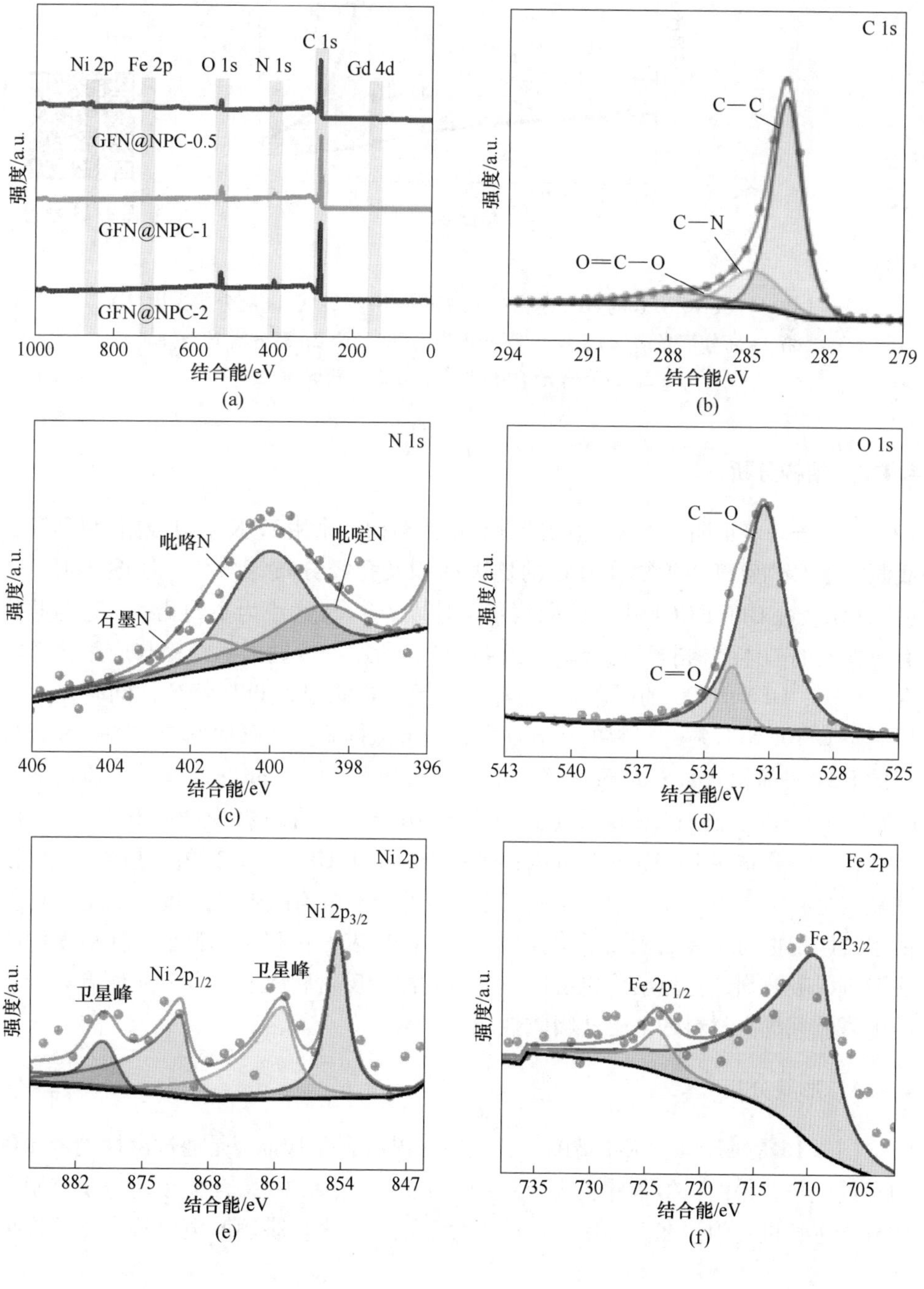

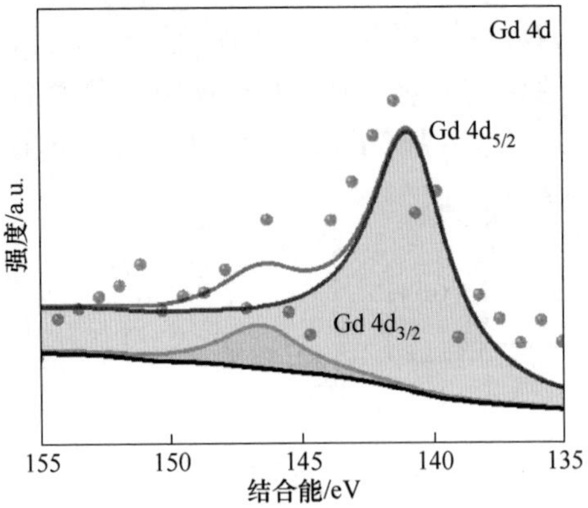

(g)

图 4-14 彩图

图 4-14　GFN@NPC 的 XPS 总谱(a)、GFN@NPC-2：C 1s 高分辨光谱(b)、N 1s 高分辨光谱(c)、O 1s 高分辨光谱(d)、Ni 2p 高分辨光谱(e)、Fe 2p 高分辨光谱(f)和 Gd 4d 高分辨光谱(g)

4.4.3　结构分析

为了进一步证明 COF 衍生的碳具有多孔结构，采用 77 K 下氮吸附-解吸等温线测定了 GFN@NPC-2 复合材料的比表面积及孔径分布等参数。如图 4-15(a)(b)所示，在 GFN@COF 中，只获得了一种以 2.3 nm 大小为主的孔径，这与共价有机框架的晶体结构非常吻合。如图 4-15(c)所示，根据国际纯粹与应用化学联合会分类，GFN@NPC 的吸附-解吸滞后环显示出典型的Ⅳ型特征，同时显示了所制备 GFN@NPC 复合材料的比表面积，随着氮掺杂多孔碳比例的增加，复合材料的 BET 表面积从 5.8 m^2/g、171.6 m^2/g 增加到 276.5 m^2/g，并进一步增加到 637.0 m^2/g。孔径分布图显示（见图 4-15(d)），复合材料中微孔和介孔共存，其孔径主要分布在 1 ~3 nm 范围内，进一步显示了 GFN@NPC 的高孔隙率。值得注意的是，丰富的多孔微纳米结构可以使复合材料拥有较低的密度，而复合材料的阻抗匹配也与比表面积和平均孔径有关。高比表面积和高孔隙率可使更多的电磁波进入吸波剂，孔隙结构也可以作为电磁波的反射和散射位点，从而有利于衰减电磁波并提高材料的电磁波吸收性能。

4.4.4　形貌分析

图 4-16 是 GFN 的 SEM 谱图，从图中可以看到花状合金是通过磁性纳米棒各向异性生长获得的，纳米棒长为 500 nm ~1 μm。花状 GFN 合金在动力学控制下的分步生长机制为：在 NaOH 提供的碱性环境下，水合肼还原金属盐成核并聚集

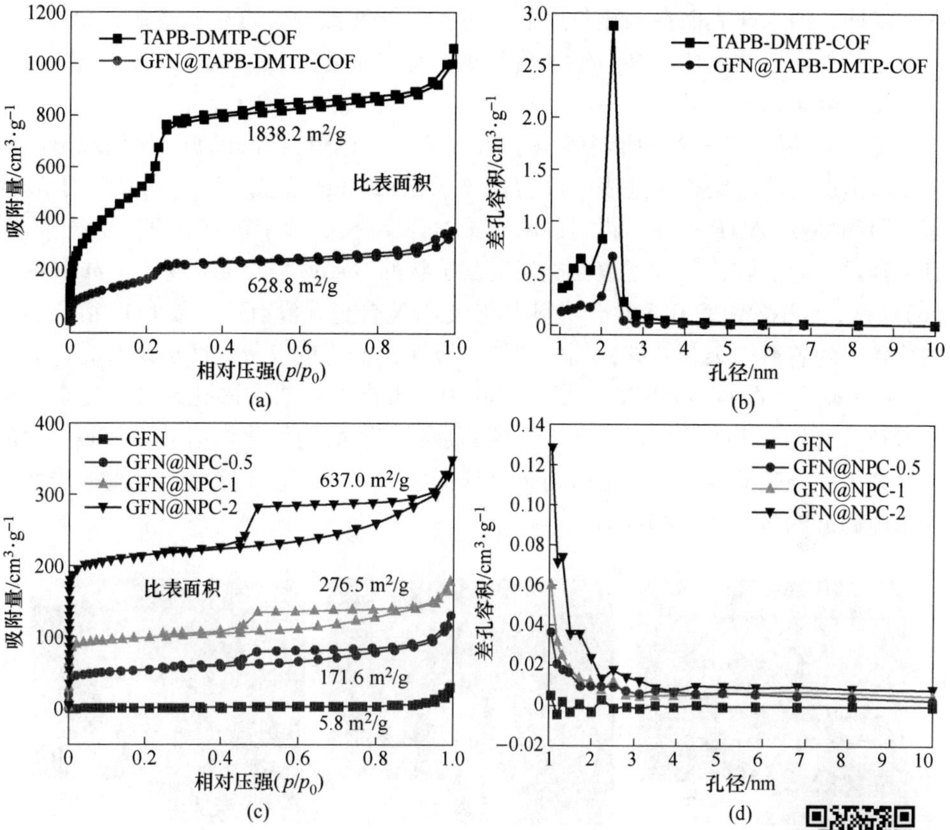

图 4-15 COF 和 GFN@COF［(a)(b)］及 GFN@NPC 复合材料［(c)(d)］氮气下的吸附-解吸等温曲线和孔径分布

图 4-15 彩图

图 4-16 GFN 不同微观尺度下的 SEM 图

(a) 10000 倍；(b) 20000 倍；(c) 50000 倍

图 4-16 彩图

成纳米球，纳米球表面在水热条件下受磁各向异性控制慢慢生长突起，沿(111)方向生长并形成纳米棒，多个纳米棒从纳米球表面生长向外延伸，呈离散分布，形成花状合金。

图 4-17 展示了材料的形貌变化，在图 4-17(a)中，合成的 GFN 呈现出由多个棒状组成的花状结构，这表明成功合成了花状 GFN 合金。通过在 GFN 上修饰氨基团和接枝 DMTP 单体，再通过席夫碱缩合反应在 GFN 颗粒上原位生长 COF，最后经过高温热解，得到了表面类似覆盆子状的 GFN@NPC 复合材料。如图 4-17(b)所示，GFN@NPC-0.5 复合材料中花状 GFN 合金并没有完全被 COF 衍生多孔碳覆盖。随着氮掺杂多孔碳比例的增加，磁性合金的被包覆程度逐渐升高，如图 4-17(c)所示。在 GFN@NPC-2 复合材料中，丰富的氮掺杂多孔碳微球完全包裹了 GFN，如图 4-17(d)所示。令人惊讶的是，在乙酸的催化作用下，COF 衍生的氮掺杂多孔碳表面会长出球形触角，呈现覆盆子状的凸起，这些不规则的表面有利于电磁波的多次反射和散射。

(c)

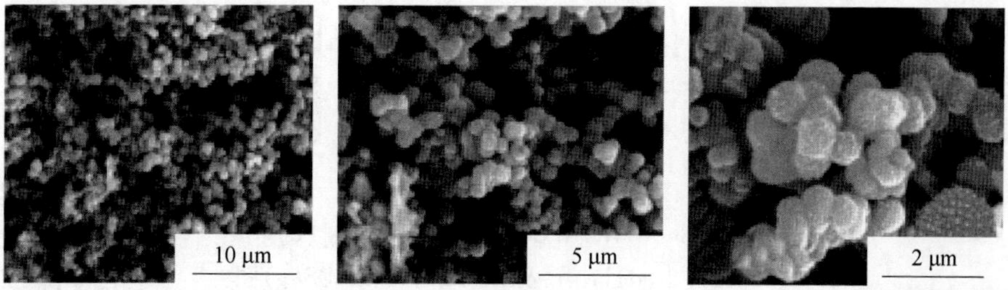

(d)

图 4-17 SEM 图像：GFN(a)、GFN@NPC-0.5(b)、GFN@NPC-1(c)和GFN@NPC-2(d)

图 4-17 彩图

GFN@NPC-2 的 TEM 图像和元素映射图谱（EDS）如图 4-18 所示。图 4-18(a)~(c)清晰地显示了核壳结构的形成，黑色的花状 GFN 被灰色的 COF 衍生氮掺杂多孔碳层包覆。图 4-18(d)(e)显示了典型的高分辨率 TEM（HRTEM），可以清楚地观察到晶格条纹，其中平面间距约为 0.178 nm，对应于铁镍的(200)晶面。为了进一步表征 GFN@NPC 元素的分布范围，图 4-18(f)显示了 Ni、Fe、Gd、O、C 和 N 元素的映射关系。GFN 中的 Ni、Gd 和 Fe 元素只分布在图像的中心，而 C、N 和 O 元素则均匀地分布在图像中，这也进一步证实了花状合金被 COF 衍生的氮掺杂多孔碳完全包裹。

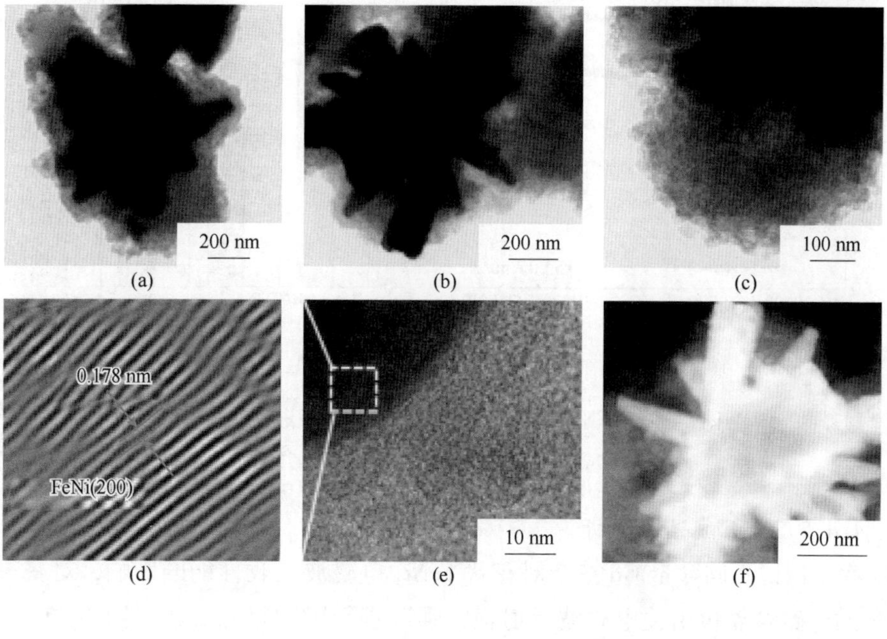

(a) (b) (c) (d) (e) (f)

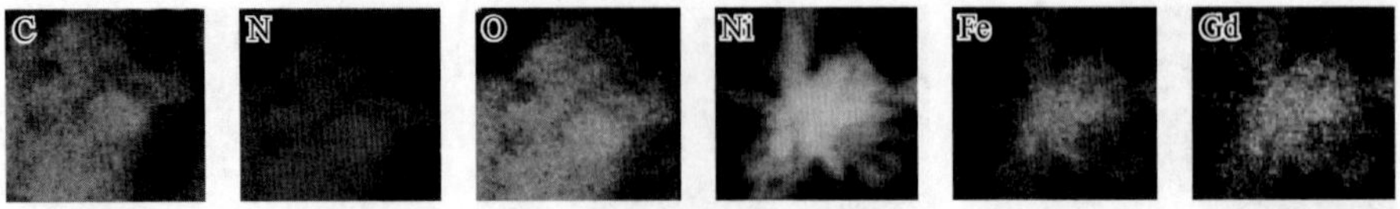

(g)

图 4-18　GFN@NPC-2 的 TEM［(a)～(c)］、HRTEM［(d)(e)］及 HADDF(f) 和 EDS(g) 图

图 4-18 彩图

4.4.5　性能分析

4.4.5.1　磁性性能分析

为了研究样品的磁性能，在室温下测得 GFN@NPC 复合材料的磁滞回线。如图 4-19 所示，每个样品都表现出铁磁性特征。GFN、GFN@NPC-0.5、GFN@NPC-1 和 GFN@NPC-2 的饱和磁化强度（M_s）和相应的矫顽力（H_c）的值分别为 53.0 emu/g、35.2 emu/g、24.8 emu/g 和 16.1 emu/g，以及 60 Oe、42 Oe、34 Oe 和 20 Oe。显然，M_s 的递减可归因于 GFN 比例的降低。由此可以得出结论：GFN 的含量会影响饱和磁化强度，进一步影响磁损耗，而磁损耗是影响阻抗匹配的重要因素。

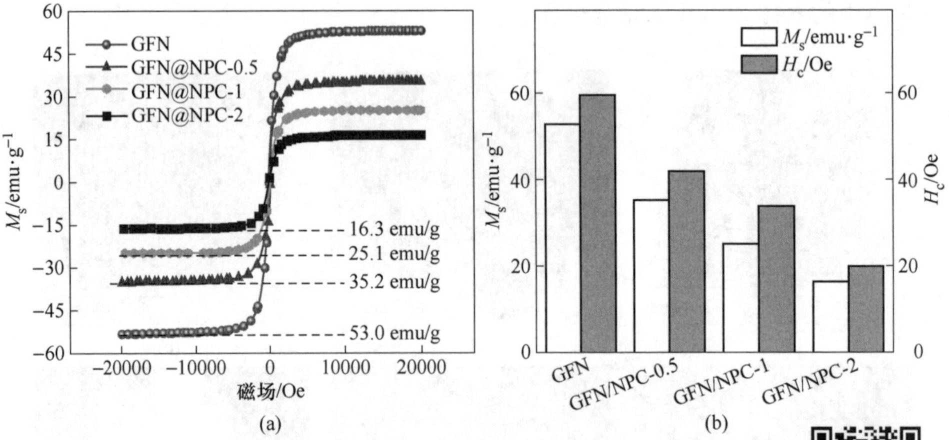

图 4-19　GFN 和 GFN@NPC 复合材料的磁滞回线(a)和相应的饱和磁化强度、矫顽力(b)图

图 4-19 彩图

4.4.5.2　吸波性能分析

为了探讨不同含量 Gd 掺杂对花状 $FeNi_3$ 电磁波吸收性能的影响，对获得的 GFN 的电磁参数和相关电磁波反射损耗强度进行了测量和分析。图 4-20(a)～

(d)是在 2～18 GHz 频率范围内，$FeNi_3$ 及不同含量 Gd 掺杂 $FeNi_3$ 的介电常数（ε'、ε''）和磁导率（μ'、μ''）的变化曲线。如图 4-20(a)(b)，样品的 ε' 与 ε'' 在 2～18 GHz 范围内出现了共振峰，进一步推测其存在极化损耗。从图 4-20(c)(d)可以观察到，由于 Snoek 极限，磁导率的曲线随频率的增加呈现下降的趋势。然而，电磁参数的测量结果常受到法布里-珀罗共振效应的影响，导致电磁参数的反常，磁导率有时会出现负值。此外，随着 Gd 掺杂量的增加，合金磁导率的虚部也随之升高，并且在测试频率范围内出现多个共振峰，引起共振峰的原因是合金在电磁波辐射下出现铁磁自然共振，这些共振峰是磁损耗增强的标志。因此，由图中磁导率的曲线变化可以证明 Gd 的微量掺杂能够进一步优化 $FeNi_3$ 合金磁导率，增强其磁损耗进而促进电磁波衰减。一般通过比较介电损耗角正切值 $\tan\delta_\varepsilon$（$\tan\delta_\varepsilon=\varepsilon''/\varepsilon'$）和磁损耗角正切值 $\tan\delta_\mu$（$\tan\delta_\mu=\mu''/\mu'$）来表征介电损耗和磁损耗的能力。如图 4-20(e)(f)，合金的 $\tan\delta_\mu$ 值高于 $\tan\delta_\varepsilon$ 的值，表明磁损耗在电磁波衰减中起主导作用。

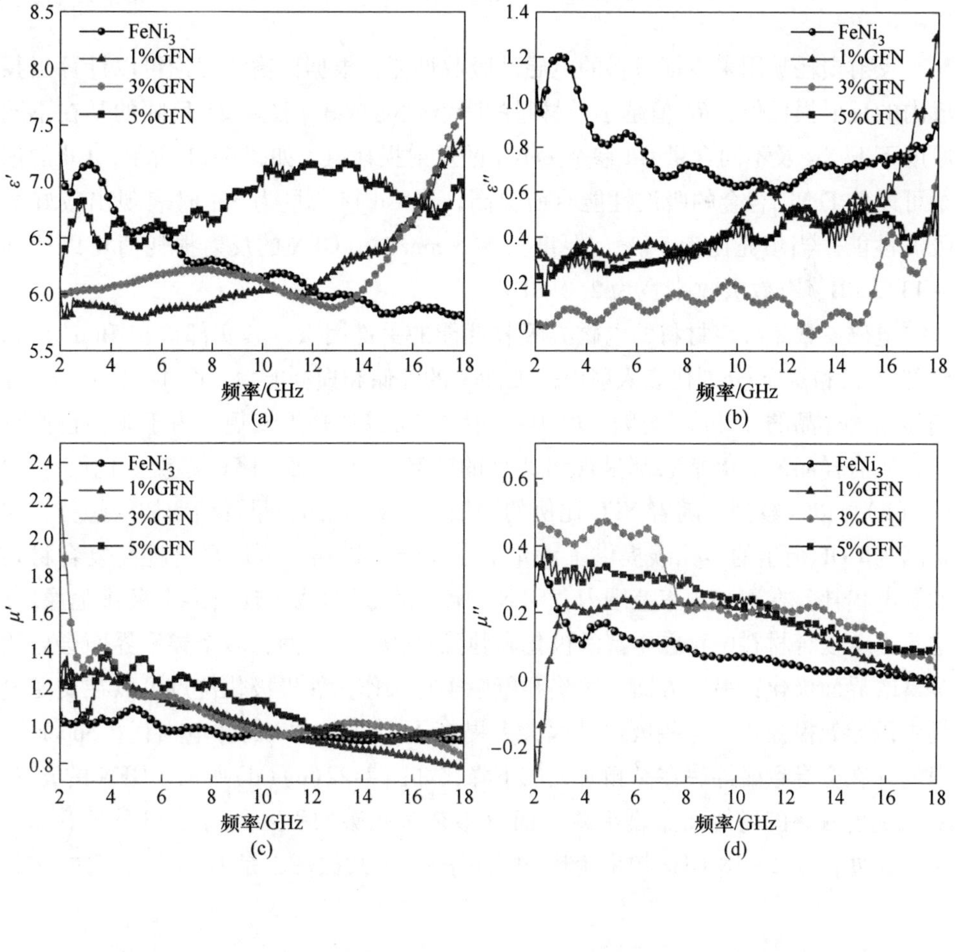

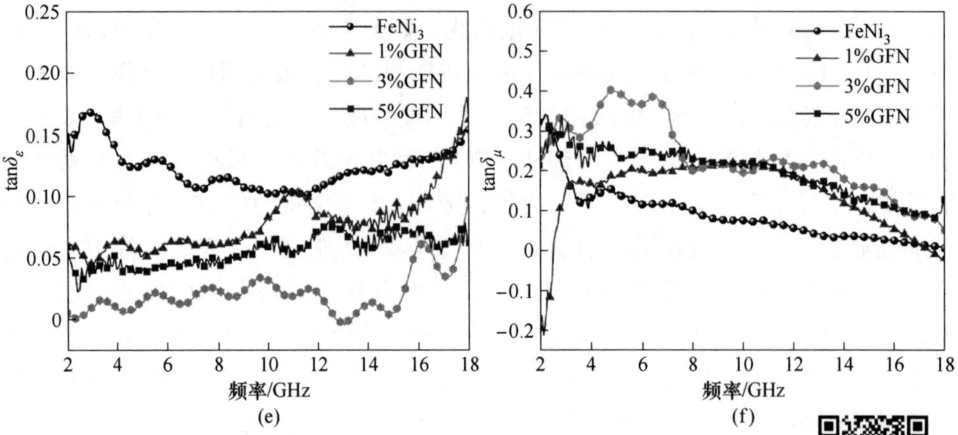

图 4-20　$FeNi_3$ 及不同含量 Gd 掺杂 $FeNi_3$ 的电磁参数［(a)～(d)］与介电损耗和磁损耗角正切值［(e)(f)］图

图 4-20 彩图

反射损耗被用来表征材料的电磁波吸收性能，根据传输线理论可以计算出频段内的反射损耗值，*RL* 值越小，材料的吸波性能越好。图 4-21 反映的是在不同厚度下 $FeNi_3$ 及不同含量 Gd 掺杂 $FeNi_3$ 的反射损耗值。如图 4-21 所示，Gd 的掺杂可以使 $FeNi_3$ 合金的吸波性能有所提高，当 Gd 掺杂量为 3% 时表现出较好的吸波性能。当填充比为 50%、厚度为 5.5 mm 时，GFN 的反射损耗值可以达到 −43.2 dB，有效吸收带宽为 2.0 GHz。

电磁参数是决定材料的电磁波吸收性能的关键因素，其实部（ε' 和 μ'）和虚部（ε'' 和 μ''）分别代表入射电磁波能量的存储和损耗能力。图 4-22(a)(b)分别显示了样品的 ε' 和 ε'' 与频率的关系曲线，可以清楚地发现，由于频率色散行为，所有样品的介电常数都呈现出典型的随频率增加而下降的趋势。由图 4-22(a)(b)可以观察到，随着 NPC 比例的增加，ε' 和 ε'' 的值呈逐渐增加的趋势，这是因为 COF 衍生的多孔碳提供了大量的三维导电网络，可以显著提高复合材料的导电损耗。在测试频率范围内，GFN@NPC 的 ε'' 曲线表现出多个极化弛豫峰，这是由于复合材料中存在丰富的极化和弛豫过程。一方面，多个异质界面会导致丰富的界面极化；另一方面，缺陷和氮原子掺杂作为偶极极化位点可以在交变电场中诱导偶极极化。这些极化过程大大提高了 GFN@NPC 的介电损耗。Snoek 极限的存在会导致磁导率在高频时突然下降，如图 4-22(c)(d)所示，GFN 的 μ' 和 μ'' 值随着频率的增加而急剧下降，而氮掺杂多孔碳的引入则有效减缓了下降速度。此外，在 2～18 GHz 频率范围内出现的多个共振峰，是 GFN 粒子间的磁共

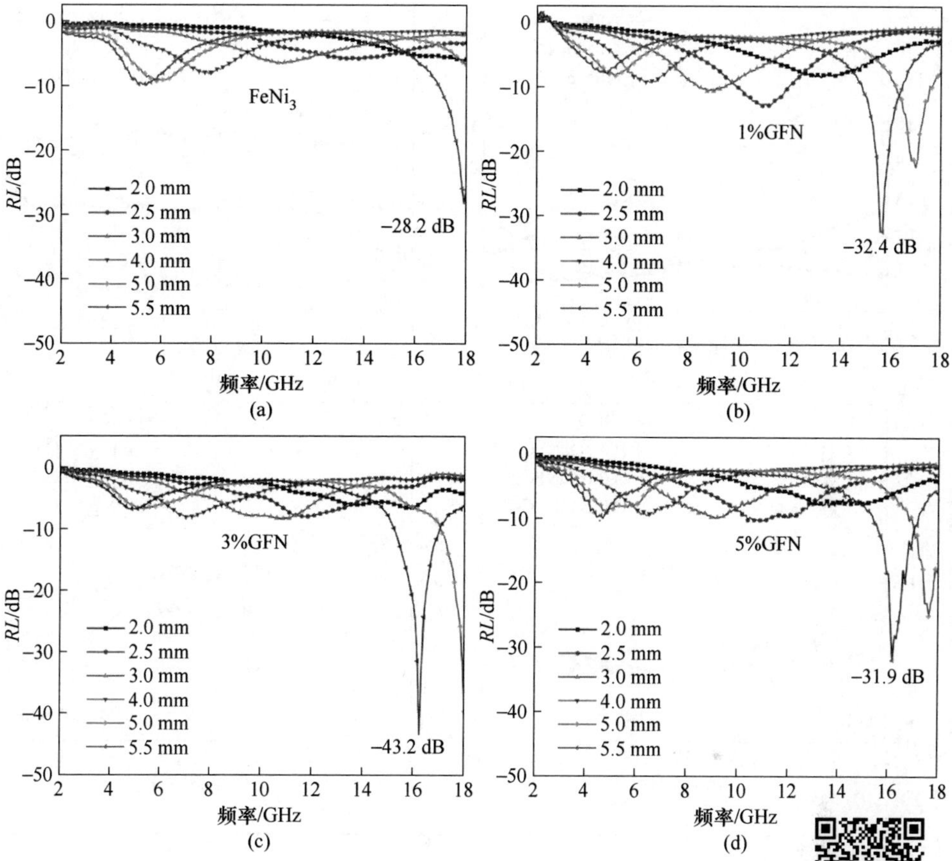

图 4-21　FeNi$_3$ 以及不同含量 Gd 掺杂 FeNi$_3$ 的反射损耗图［(a)~(d)］

图 4-21 彩图

振行为引起的。有趣的是，对于 GFN@NPC 复合材料，$\tan\delta_{\varepsilon}$ 的值高于 $\tan\delta_{\mu}$，如图 4-22(e)(f)所示，进一步证明介电损耗在 GFN@NPC 中起主导作用。

根据德拜理论，ε'' 与 ε' 的关系如图 4-23 所示。从图中可以看出，ε''-ε' 曲线中出现了向上延伸的尾巴和半圆，这分别代表了导电损耗和德拜弛豫过程的存在。如图 4-23 所示，GFN@NPC 样品中出现了许多个 Cole-Cole 半圆，这归因于大量的弛豫过程，这些极化弛豫主要包括了界面极化、偶极子极化等。与 GFN 相比，GFN@NPC 产生了更多新的界面，有利于增强界面极化，此外，具有 N 和 O 缺陷及残余官能团的三维多孔碳骨架作为极化中心可以诱导偶极极化。

根据自由电子理论，载流子迁移引起的传导损耗直接反映在电导率（σ）上。GFN、GFN@NPC-0.5、GFN@NPC-1 和 GFN@NPC-2 的电导率值分别为

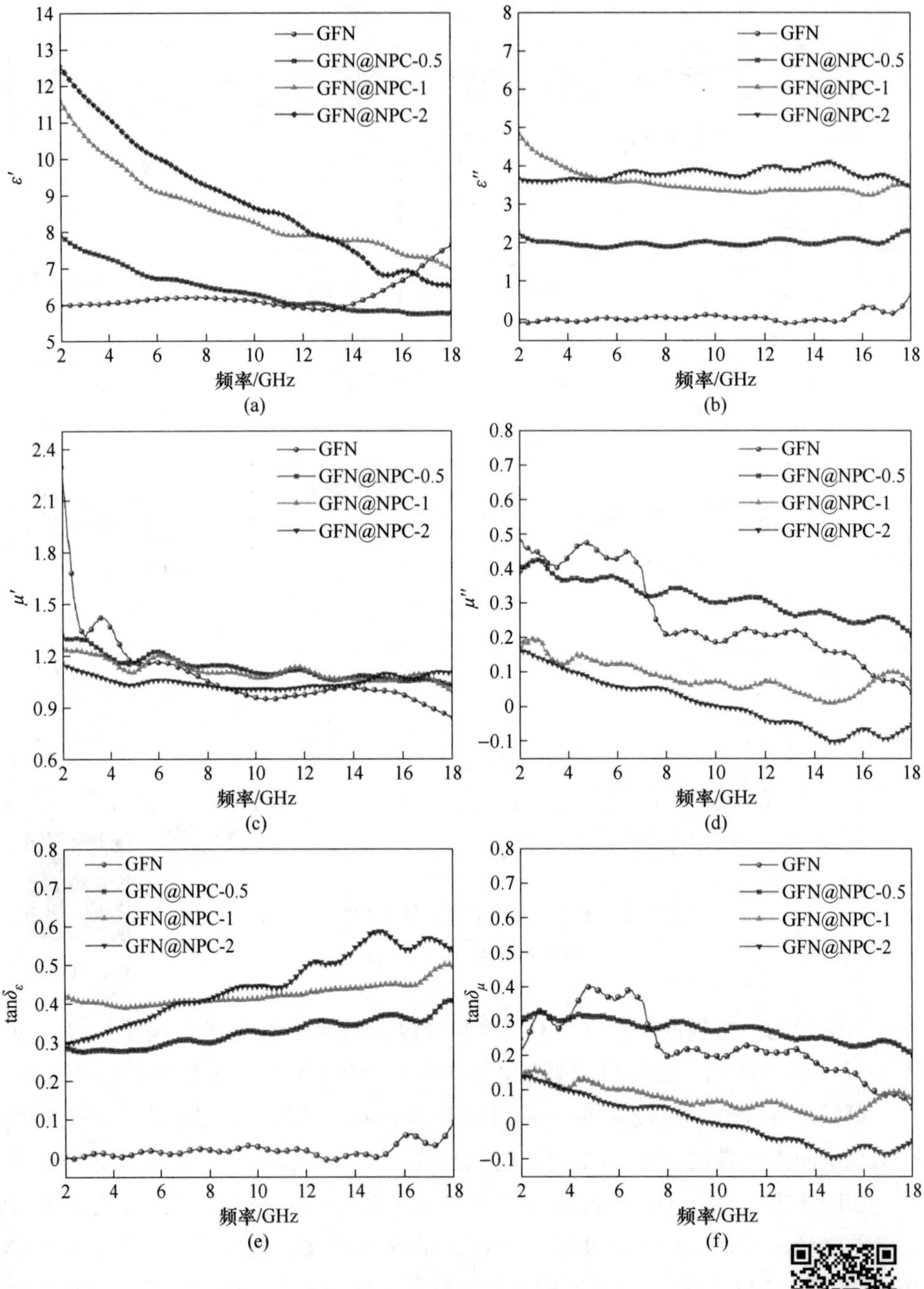

图 4-22　GFN、GFN@NPC-0.5、GFN@NPC-1 和 GFN@NPC-2 的介电常数［(a)(b)］、磁导率［(c)(d)］、$\tan\delta_\varepsilon$(e)和 $\tan\delta_\mu$(f)

图 4-22 彩图

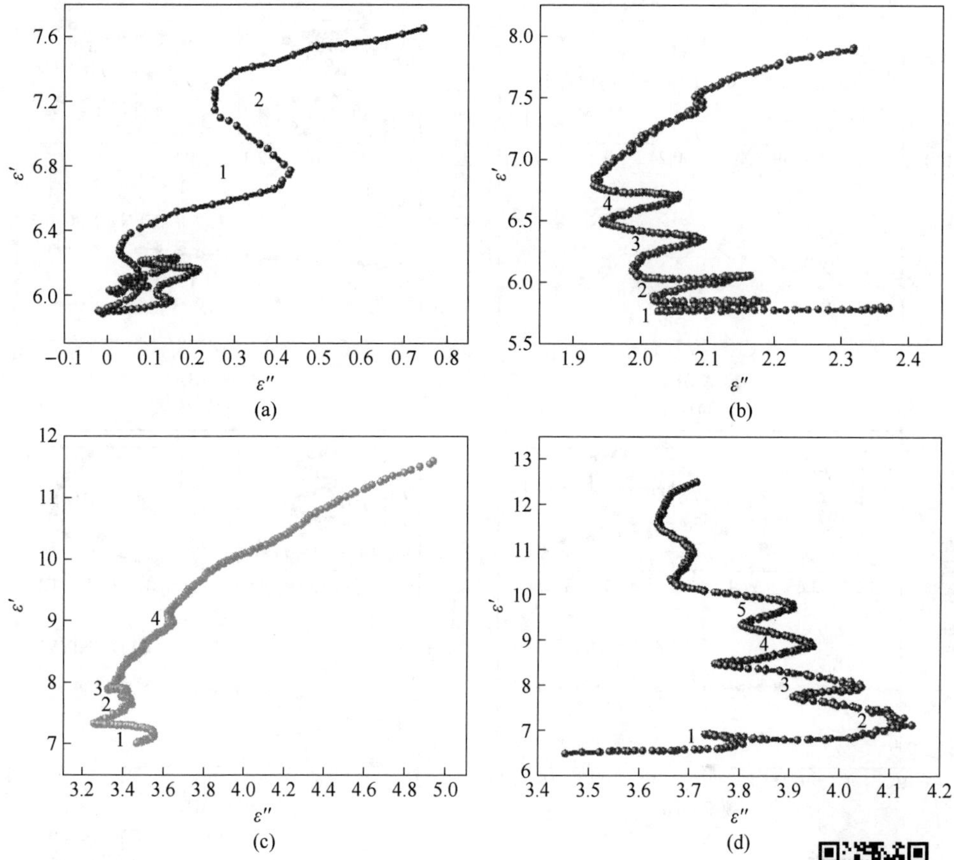

图 4-23 GFN(a)、GFN@NPC-0.5(b)、GFN@NPC-1(c)、GFN@NPC-2(d)的 Cole-Cole 曲线

图 4-23 彩图

0.0048 S/m、0.1374 S/m、0.2183 S/m 和 0.3915 S/m。结果表明，NPC 的增加显著提高了 COF 衍生多孔碳的电导率，并使其 ε'' 值逐渐增大。极化弛豫（ε''_p）和导电损耗（ε''_c）是决定介电损耗的两个重要因素，两者结合可以产生协同效应，增加介电损耗。在图 4-24 中，材料中的 ε''_p 值均高于 ε''_c，表明在样品中极化损耗是主要的介电损耗机制。

对于优秀的吸波材料来说，磁损耗可能是另一种关键的损耗机制。磁损耗的类型主要包括畴壁共振、磁滞、涡流损耗和磁共振。从图 4-25(a) 中可以看出，这些吸波材料的 C_0-f 曲线在低频时急剧下降，因此可以认为磁损耗主要来自铁磁共振或自然共振。在 16～18 GHz 的高频率下，GFN@NPC-1 和 GFN@NPC-2 样品的 C_0 值基本保持不变，这表明存在涡流损耗。

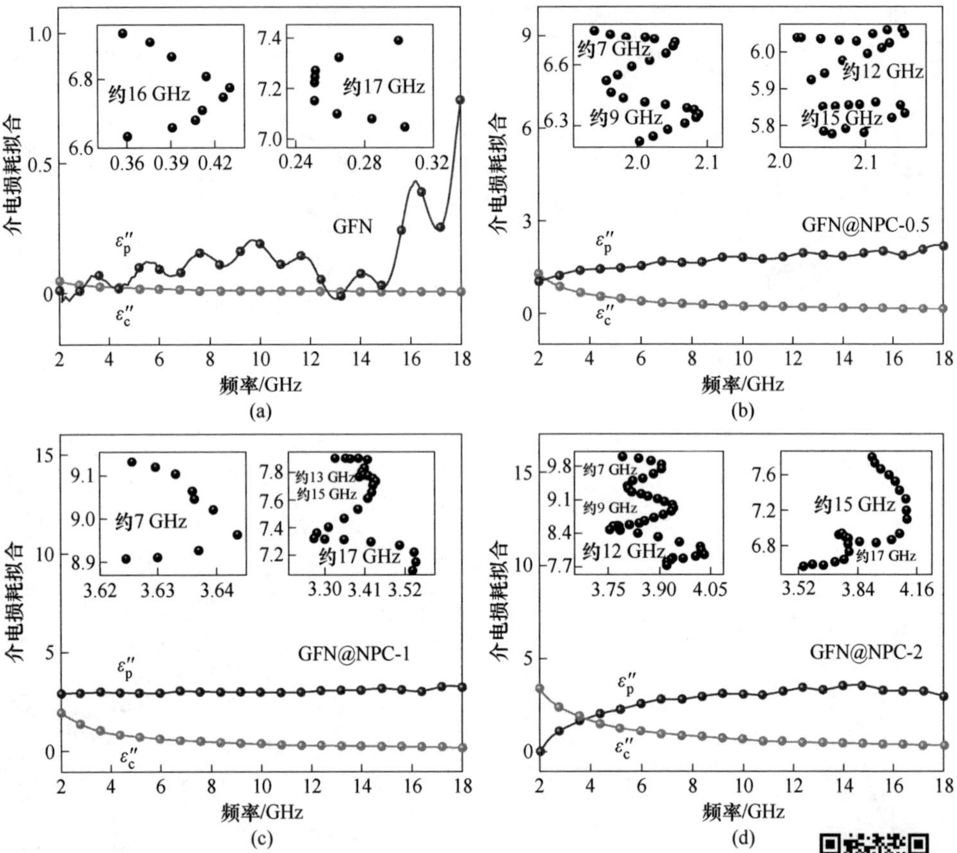

图 4-24　GFN(a)、GFN@NPC-0. 5(b)、GFN@NPC-1(c)和 GFN@NPC-2(d)的 ε''_p 和 ε''_c 曲线

图 4-24 彩图

吸波材料的综合衰减能力由衰减常数 α 决定，α 值与吸波剂耗散电磁波的能力呈正相关。在图 4-25(b)中，GFN@NPC 的 α 值远高于 GFN，显示出更强的电磁波衰减能力。在 2～16 GHz 范围内，GFN@NPC 的 α 值随着 NPC 的增加而略有下降。

为了探究材料的吸波性能，我们对所获得的样品的 RL 和 EAB（$RL \leqslant -10$ dB，表明超过 90% 的入射电磁波能量被衰减）进行了评估。一般来说，良好的吸波剂需要满足实际应用中的强吸收和宽频带吸收的特性。图 4-26 为所有样品在 2～18 GHz 的三维和二维反射损耗图。相比于引入 COF 衍生碳后的复合材料，GFN 具有较差的微波吸收性能（$RL_{min} = -43.2$ dB，$d = 5.5$ mm）。在 GFN@NPC 所有样品中，RL_{min} 值随着 NPC 含量的增加而增加，其 RL_{min} 值从 -41.0 dB 逐渐提高

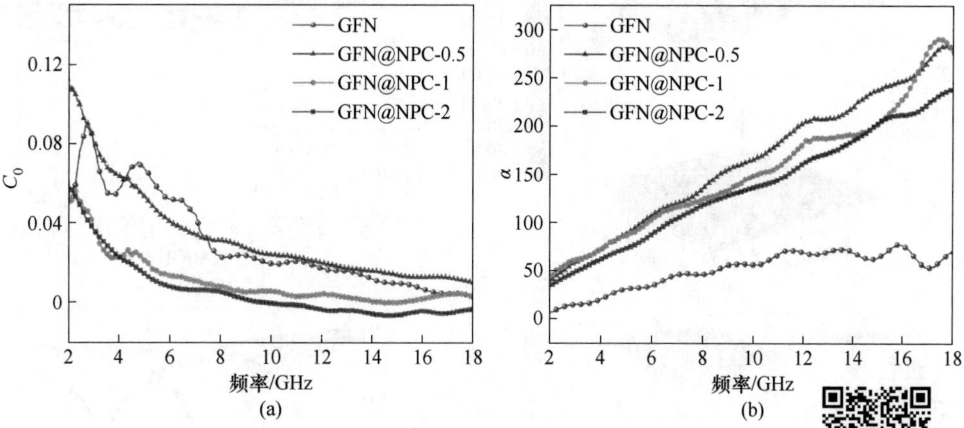

图 4-25 GFN、GFN@NPC-0.5、GFN@NPC-1 与 GFN@NPC-2 的 C_0(a)和 α 值(b)

图 4-25 彩图

到 -51.6 dB，并进一步上升到 -69.6 dB，说明 COF 衍生的氮掺杂多孔碳有效地增加了导电损耗和极化损耗，从而提高了吸波性能。此外，EAB 值在评估材料吸波性能时也起着至关重要的作用。如图 4-26 所示，GFN、GFN@NPC-0.5、GFN@NPC-1 和 GFN@NPC-2 的 EAB 最大值分别为 2.0 GHz、7.16 GHz、6.52 GHz 和 6.0 GHz。与 GFN 相比，GFN@NPC 样品在更宽的频率下显示出更强的响应能力，这要归功于其磁损耗和介电损耗的匹配。

基于上述分析，GFN@NPC 复合材料的吸波机制可归纳如下，如图 4-27 所示。首先，多重反射和散射在电磁波耗散中起着不可或缺的作用。由于 COF 衍生的 NPC 具有高孔隙率和独特的三维骨架，增强了电磁波的传播路径。其次，介电损耗主要包括界面极化、偶极子极化和导电损耗。由于碳和合金的极性和电导率不同，正负电荷分布在异质界面周围，加速了电荷累积，形成了更多的类似电容器的模型，进一步产生了更丰富的界面极化。三维 COF 衍生多孔碳建立了大量的导电网络，电子在碳骨架中迁移跳跃，有利于改善导电损耗，碳骨架中的 N 和 O 缺陷及残余官能团作为极化中心可诱导偶极极化。最后，具有高饱和磁化强度和各向异性的 GFN 为磁损耗提供了强的铁磁共振。

为了评估所有样品在真实远场条件下的吸波性能，采用计算机仿真技术软件模拟得到了 GFN@NPC-0.5、GFN@NPC-1 和 GFN@NPC-2 的雷达散射截面减小值。RCS 值是一个重要的物理参数，用于表征目标材料在雷达波照射下的回波强度。具体来说，是以完美导电板（PEC）为基板，面积为 $20 \times 20\ cm^2$，在 PEC 表面覆盖复合材料。根据材料的吸波性能，设定各个样品在 CST 中的模拟条件，具体如下：GFN@NPC-0.5 样品的厚度和频率为 4.54 mm 和 5.84 GHz，GFN@NPC-1 样品的

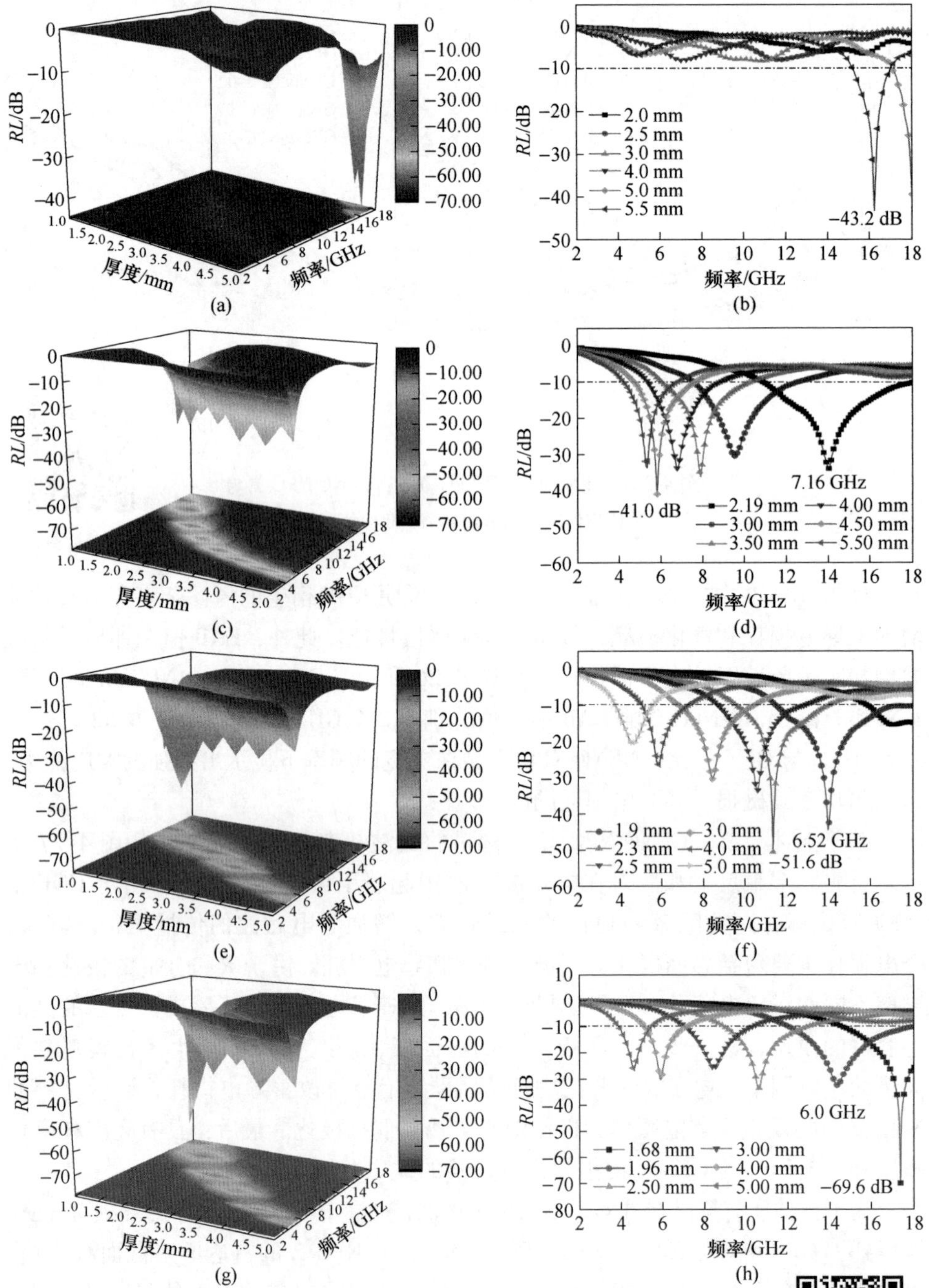

图 4-26　GFN［(a)(b)］、GFN@NPC-0.5［(c)(d)］、GFN@NPC-1［(e)(f)］及 GFN@NPC-2［(g)(h)］的三维和相应的二维反射损耗图

图 4-26 彩图

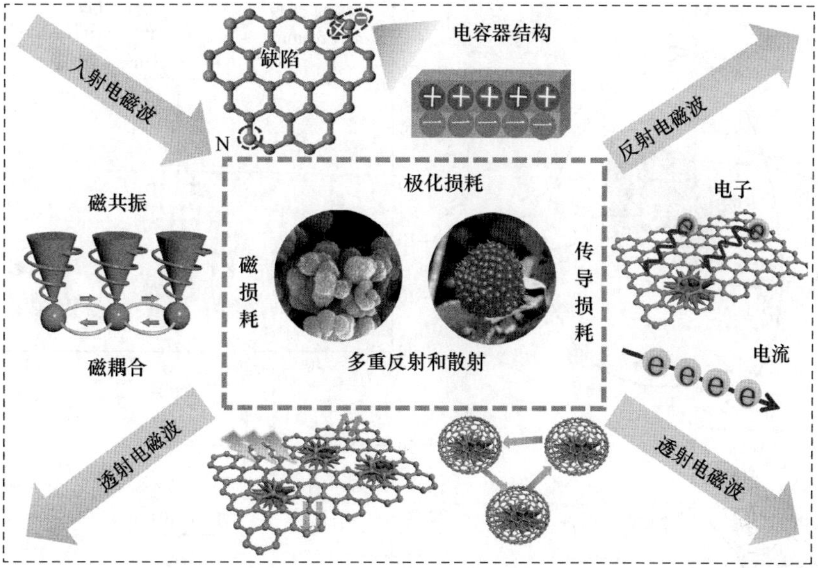

图 4-27 GFN@NPC 的吸波机制

图 4-27 彩图

厚度和频率为 2.31 mm 和 11.36 GHz，GFN@NPC-2 样品的厚度和频率为 1.68 mm 和 17.36 GHz。在图 4-28 中，电磁波与 z 轴的夹角（θ）在 $-60°\sim60°$之间。当 θ 为 0°时，得到的 GFN@NPC-0.5、GFN@NPC-1 和 GFN@NPC-2 的 RCS 衰减值分别为 18.79 dB · m^2、22.11 dB · m^2 和 29.75 dB · m^2。这证明所有 GFN@NPC 复合材料都具有很强的抑制雷达散射的能力，为其在复杂的实际环境中的应用提供了理论依据。

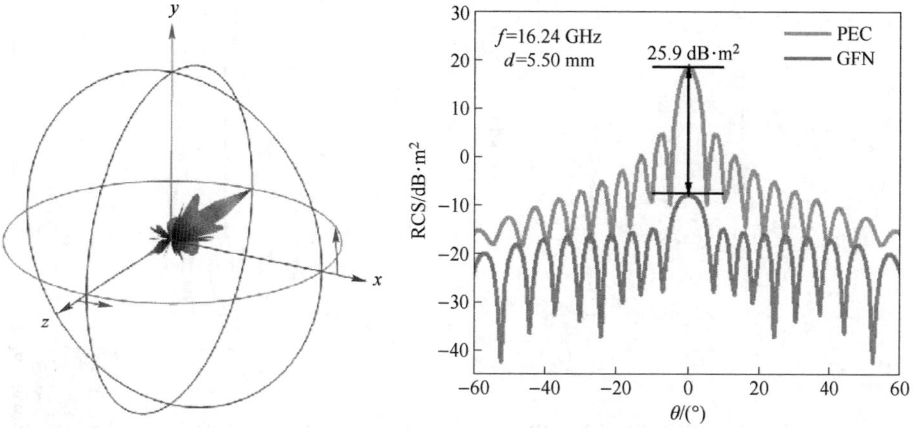

(a)

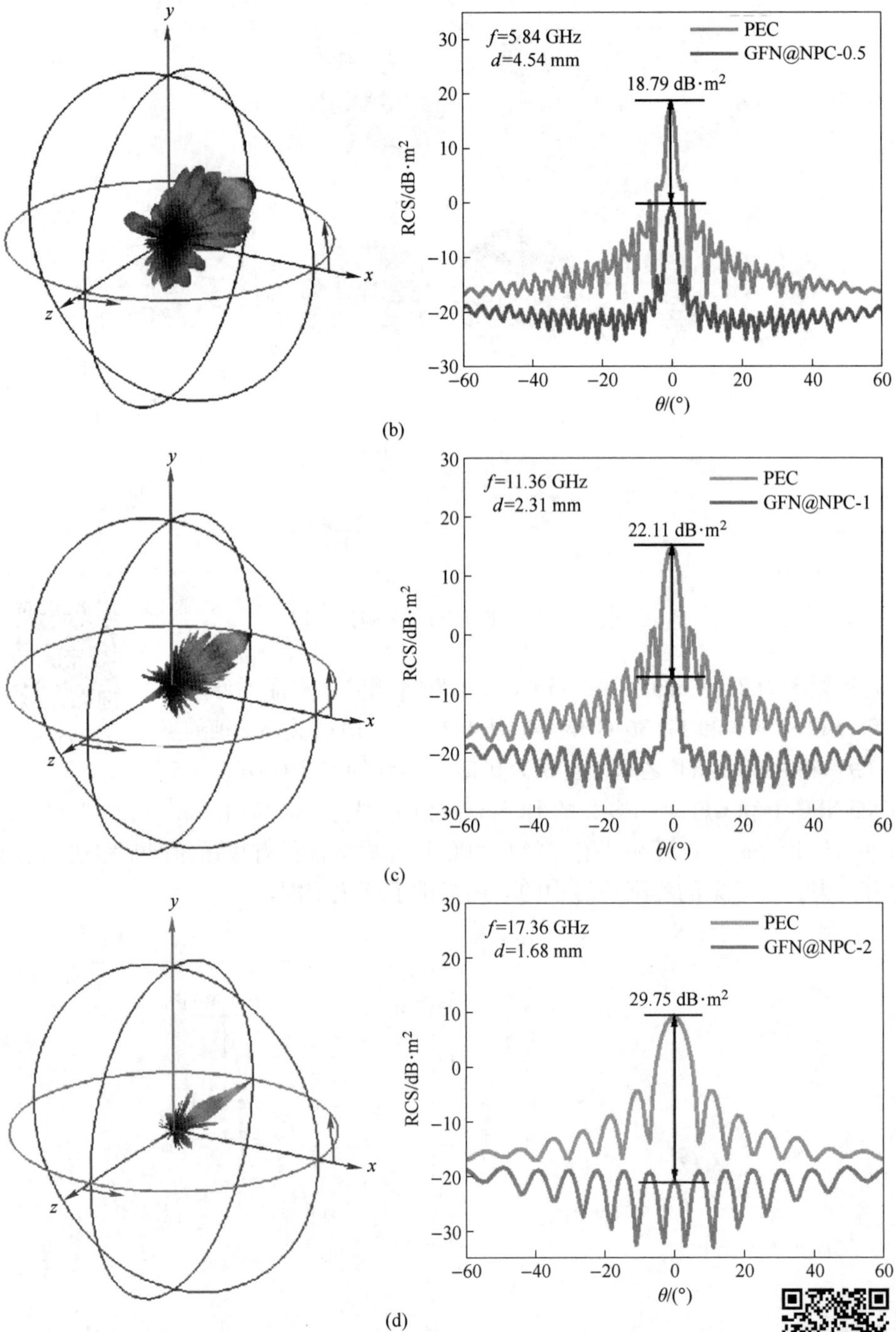

图 4-28　GFN 和 GFN@NPC 的三维 RCS 模拟和 RCS 二维曲线
(a) GFN；(b) GFN@NPC-0.5；(c) GFN@NPC-1；(d) GFN@NPC-2

图 4-28 彩图

4.4.6 小结

本节受自然生物结构的启发，通过单体介导的生长策略和煅烧，构建了具有多个异质界面的覆盆子形貌的 GFN@NPC 复合材料。得益于 3d 和 4f 离子之间的铁磁耦合网络，GFN 合金表现出较强的磁损耗；且由于独特的“花中花”结构产生了丰富的异质界面；此外，具有氮掺杂和缺陷空位的三维多孔网络使得偶极极化最大化。这种分层结构，其外壳和核心组件，诱导了多次电磁波散射和反射，显著提高了电磁波吸收性能。因此，具有良好阻抗匹配和强衰减能力的 GFN@NPC 复合材料显示出超宽 EAB。总之，该工作为 COF 衍生的电磁波吸波剂的设计提供了新的途径。

4.5 基于手性聚合物模板的多孔碳复合材料

电磁波吸收材料的吸波性能，除了与材料组分有很大关系，材料的结构也起着至关重要的作用，螺旋材料以其独特的对称性和电磁耦合特性可以同时诱导电极化和磁极化，而增加额外的电磁损耗。Tian 等人[18]采用湿法纺丝-化学还原-冻干法合成了具有规则层间距的年轮结构还原石墨烯气凝胶微球（CSA-RGO AMs）。由于特殊的手性螺旋结构和电磁交叉极化，增强了微球对电磁波的阻抗匹配和衰减能力。CSA-RGO AMs 在 4%（质量分数）的低负载下可以实现最小反射损耗（RL_{min}）为 −63 dB，厚度为 3.6 mm，有效吸收带宽达到 7.04 GHz。在此基础上，进一步通过聚苯胺的原位掺杂聚合获得了具有相同手性螺旋结构的聚苯胺@还原氧化石墨烯微球（PANi@RGO AMs）。该材料丰富的异质界面增强了界面极化、电磁波的反射和散射。因此当厚度仅为 2.8 mm 时，相应的 RL_{min} 可以达到 −48 dB，EAB 保持 6.88 GHz。本节实验从 DNA 转录过程中汲取灵感，以手性氨基酸为模板，成功合成了具有超宽电磁波吸收能力的新型原位 Mn/N 共掺杂的多孔螺旋碳纳米管复合材料。理论计算和电磁模拟证实，$Mn\text{-}N_4\text{-}C$ 构型的轨道耦合和自旋极化及螺旋结构产生的交叉极化赋予螺旋转换器增强了的电磁损耗。

4.5.1 实验部分

（1）手性模板的合成。将含有 13.7 mmol 的 L-苯基甘氨酸和 13.8 mmol 的 NaOH、90 mL 的去离子水和 30 mL 的丙酮溶液置于冰水浴中冷却。将 pH 值调至 1，用石油醚过滤提纯，得到手性模板 AS。

（2）合成螺旋转换器。将含有 0.09 mmol 的 AS、1.83 mmol 的 3-氨基苯酚（3-AP）、0.09 mmol 的四水合醋酸锰和 8 mL 的无水甲醇溶液加热至 60 ℃。随后，加入 62 mL 去离子水，持续搅拌 20 min，再加入 200 μL 的甲醛水溶液

(37%，质量分数）诱导缩聚反应 2 h。真空过滤并干燥 12 h 后，在氮气环境下以 2 ℃/min 的速率在 800 ℃ 下退火 2 h，得到的样品命名为 HMC-8。此外，在 700 ℃和 900 ℃的温度下进行退火，得到的材料分别称为 HMC-7 和 HMC-9。按照与 HMC-8 相似的合成过程，将 3-AP 的用量调整为 0.45 mmol 以获得 SMC-8，调整为 0.91 mmol 以获得 SHMC-8，而将四水合醋酸锰的用量调整为 0.45 mmol 以获得 LHMC-8，调整为 0.9 mmol 以获得 LMC-8。

4.5.2 结果和讨论部分

4.5.2.1 具有不同几何结构的螺旋转化器的合成

受 DNA 转录过程的启发，采用原位 Mn/N 共掺方法合成了螺旋转换器，如图 4-29 所示。(1) AS 的合成：AS 通过 L-苯基甘氨酸和棕榈酰氯的酰化反应制备得到，在水/甲醇混合溶液中自组装后形成纤维状结构。(2) 转录过程：通过静电相互作用及酰胺基和羧基之间的分子间氢键作用，3-AP 吸附在 AS 表面，成功构建了左纳米螺旋。(3) 翻转过程：Mn^{2+} 的引入打破了原有的分子堆叠模式，使 Mn^{2+}、羧基和酰胺基之间形成了全新的配位模式，从而实现了螺旋反转。(4) 聚合和热固过程：甲醛诱导了与 3-AP 的缩聚和热固反应，形成了螺旋转换器前体。(5) 外部热驱动：在氮气的气氛下对前驱体进行退火处理，即可获得螺旋转换器。

图 4-29 彩图

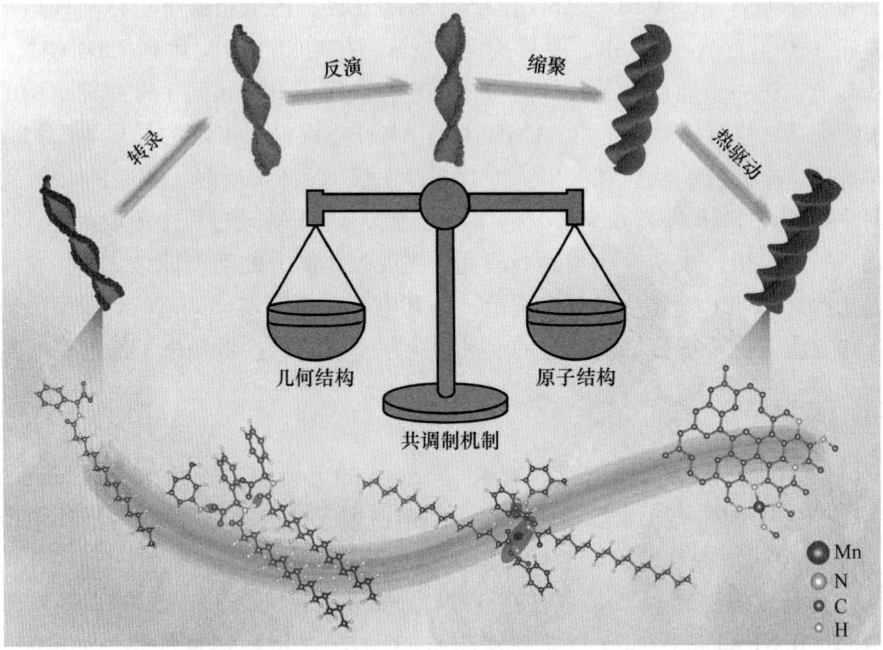

图 4-29 螺旋转化器的制备图

4.5.2.2　形貌、结构分析

锰与3-AP的比例对螺旋转换器的几何构型有很大影响。最初，将Mn：3-AP的比例保持在1：5时，会出现直径约为171 nm的小球，标记为SMC-8，如图4-30(a)所示。随后，将Mn：3-AP的比例保持在1：10时，小球和各向异性的螺旋结构共存，标记为SHMC-8，如图4-30(b)所示。随后，在保持锰含量不变的同时增加3-AP的含量，使锰与3-AP的比例达到1：20，结果只出现了螺旋结构，命名为HMC-8，如图4-30(c)所示。之后，将Mn：3-AP的比例改为5：20，发现在螺旋结构旁边出现了直径约为299 nm的大球体，命名为LHMC-8，如图4-30(d)所示。最后，将Mn：3-AP的比例变为10：20，只出现大球体，命名为LMC-8，如图4-30(e)所示。形成小球的原因是AS没有被3-AP包覆，因此在外部热处理过程中倾向于采用表面吉布斯自由能降低的小球结构。相反，过量的金属离子破坏了3-AP与AS之间的静电作用，导致形成大尺寸球体。研究结果表明，Mn与

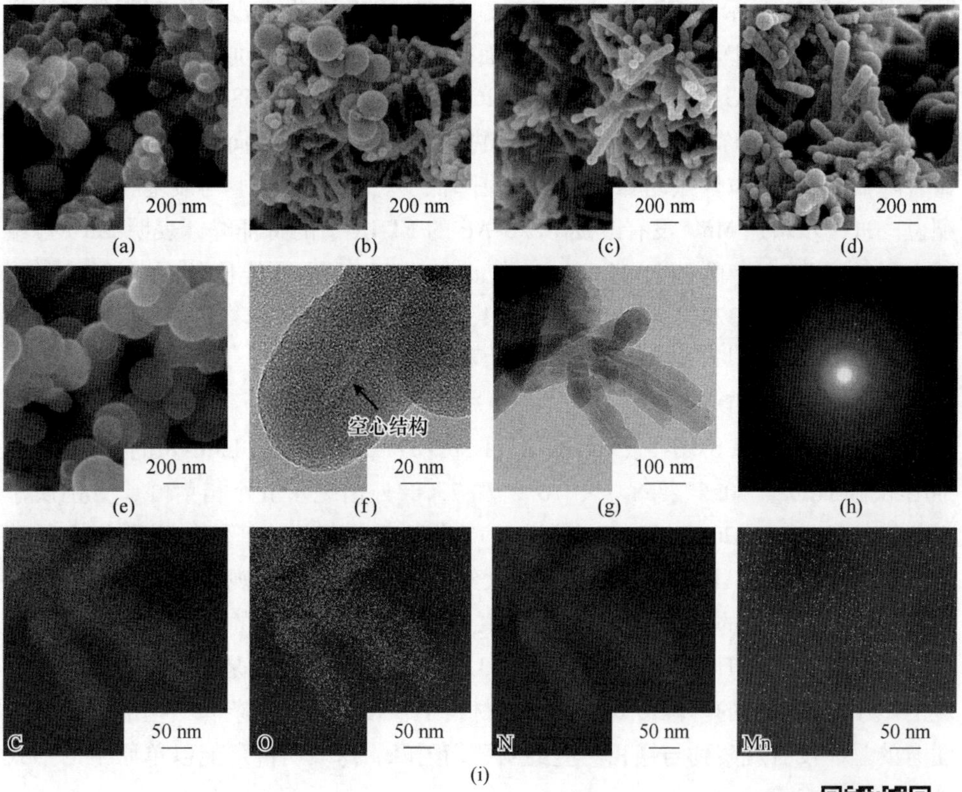

图4-30　SMC-8、SHMC-8、HMC-8、LHMC-8和LMC-8的FESEM图像［(a)～(e)］，尺度为200 nm；HMC-8的TEM图像和衍射图［(f)～(h)］；HMC-8的EDS图像(i)

图4-30 彩图

3-AP 的最佳比例为 1∶20，可形成完整的螺旋结构。如图 4-30(f)(g)所示，TEM 显示出空心螺旋结构特征有明显的波浪形。此外，衍射斑点图（见图 4-30(h)）展现出明显的无定形环。如图 4-30(i)所示，EDS 分析显示了元素的均匀分布，包括 C、O、N 和 Mn，证实了 Mn/N 在碳中的成功掺杂。

4.5.2.3　NMR 分析

为了探讨 AS、AS/3-AP、HM、SHM 和 LHM 的化学结构和配位信息，我们采用了 1H-NMR 和 FT-IR 技术。图 4-31(a)表明 AS 的 1H-NMR 谱与 ChemDraw 的预测结果吻合良好，表明 AS 的合成成功。AS：1H-NMR（500 MHz，DMSO-d6）：δ=8.55（s，1H；CONHCH）、7.70～7.00（m，5H；Ph）、5.37（d，J=7.3 Hz，1H；NHCHCOOH）、2.18（t，J=7.3 Hz，2H；CH_2CH_2CONH）、1.48（t，J=7.6 Hz，2H；CH_2CH_2CONH）、1.37～1.12（m，24H；烷基）、0.85（t，J=6.7 Hz，3H；CH_3CH_2）。

图 4-31(b)显示的 FT-IR 结果表明，AS/3-AP 化合物中没有出现新的峰，说明 3-AP 通过静电相互作用吸附在 AS 表面。然而，Mn 离子的加入显著改变了配位模式，羧酸盐中的 C═O 伸缩振动在 1726 cm^{-1}时消失，在 1588 cm^{-1}和 1568 cm^{-1}时出现了新的不对称伸缩振动。同时，酰胺Ⅰ和酰胺Ⅱ条带向低波数转移，强度显著降低。N—H 拉伸振动峰的透射率也降低了。这表明 Mn^{2+}与羧基和酰胺单元配位。进一步增加 Mn^{2+}没有改变 AS/3-AP 的 FT-IR 谱的特征峰，表明 Mn^{2+}过量不会影响 AS/3-AP 的配位模式，这也证明了 Mn^{2+}的最佳比例是 1∶1。AS、FT-IR（溴化钾）：3292(s)cm^{-1}（N—H，酰胺 A），1648(vs)cm^{-1}（CO，酰胺Ⅰ），1535(vs)cm^{-1}（N—H，酰胺Ⅱ）。

4.5.2.4　PXRD 分析

图 4-32 展示了 SMC-8、SHMC-8、HMC-8、LHMC-8 和 LMC-8 的 PXRD 图。SMC-8 在 34.9°、40.5°、58.7°、70.2°和 73.8°处出现了五个衍射峰，分别属于氧化锰的(111)、(200)、(220)、(311)和(222)晶面的特征峰，这是 N 含量不足造成的。随着 3-AP 含量的增加，在大约 23.5°和 43.8°处观察到的两个宽峰分别对应于石墨化碳的(002)和(100)晶面的特征峰。23.5°处的强烈衍射峰表明碳原子高度无序，与 HRTEM 图像一致。43.8°处的衍射峰可能是高温煅烧过程中形成的微小晶域造成的。峰值变宽表明碳材料中存在杂原子掺杂和结构缺陷。值得注意的是，没有观察到与锰相对应的明显衍射峰，这表明锰可能以单原子的形式分散在材料表面。

4.5.2.5　XPS 分析

XPS 被用来表征 HMC-8 的表面元素组成和化学环境。如图 4-33(a)所示，XPS 全谱证实了 C、N、O 和 Mn 元素的存在。如图 4-33(b)所示，C 1s 的高分辨

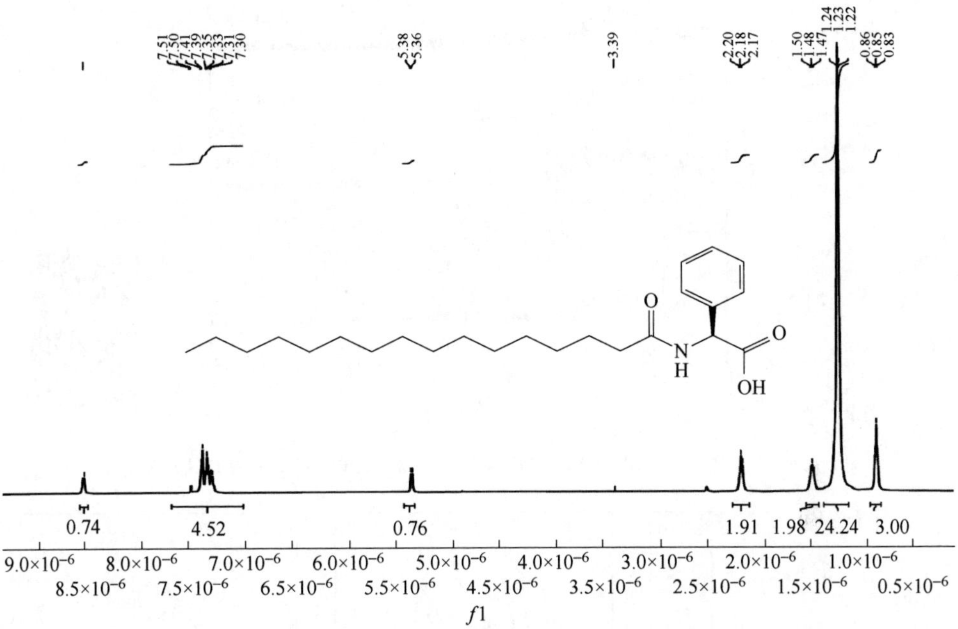

(a)

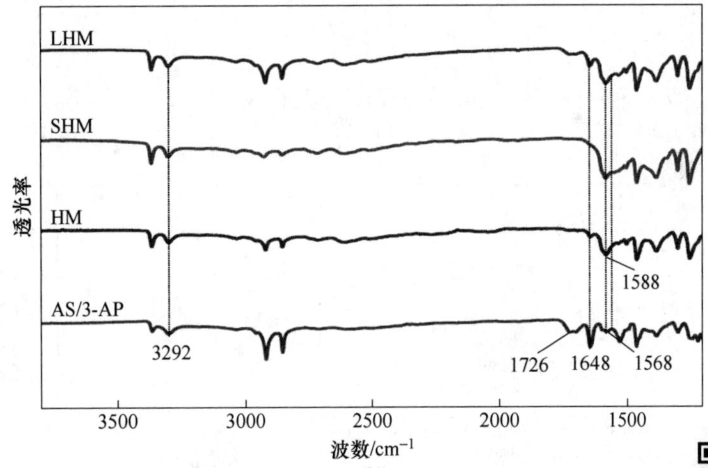

(b)

图 4-31 AS 的 1H-NMR(a)和 AS/3-AP、HM、SHM、LHM 的 FT-IR(b)

图 4-31 彩图

光谱在 284.8 eV、286.5 eV 和 289.5 eV 分别显示了与 C—C/C ═ C、C—N、C ═ O 物种相对应的峰值，表明碳中掺杂了 N，从而增强了传导损耗。O 1s 的高分辨光谱（见图 4-33(c)）在 531.6 eV 和 533.5 eV 处出现峰值，分别归因于 O—C ═ O 和 O ═ C 键的特征峰。如图 4-33(d) 所示，N 1s 的高分辨光谱在

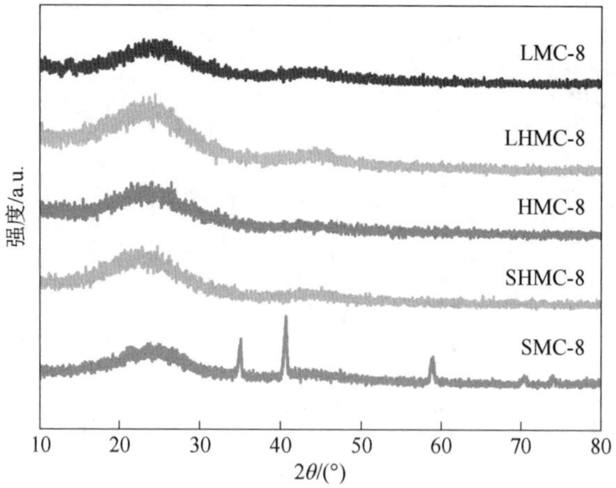

图 4-32 彩图

图 4-32　SMC-8、SHMC-8、HMC-8、LHMC-8 和 LMC-8 的 PXRD 图

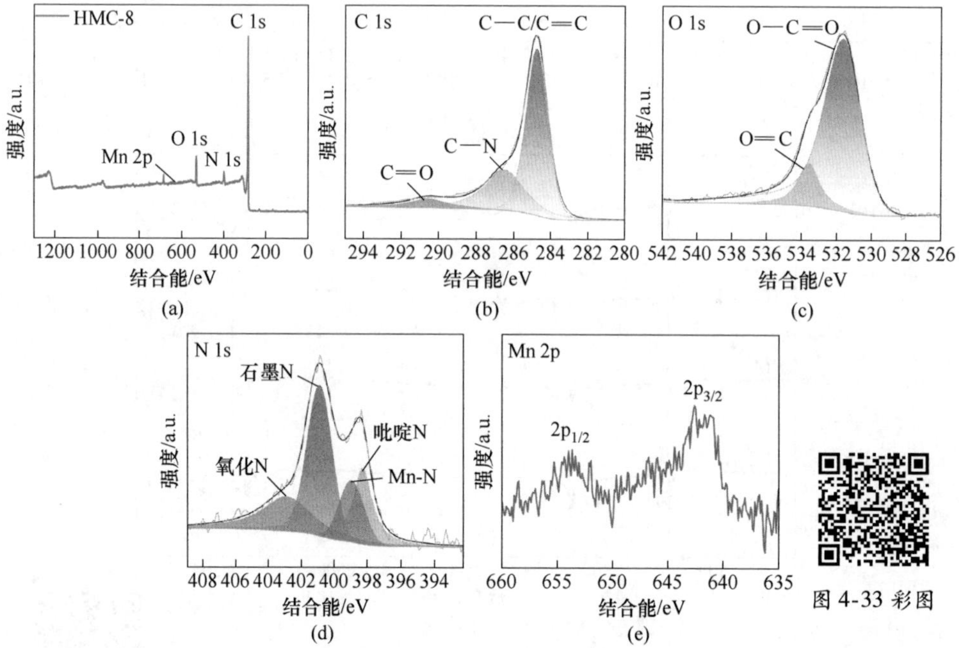

图 4-33 彩图

图 4-33　HMC-8 的 XPS 全谱(a)、C 1s 的高分辨光谱(b)、O 1s 的高分辨光谱(c)、N 1s 的高分辨光谱(d)、Mn 2p 的高分辨光谱(e)

398. 3 eV、398. 9 eV、400. 9 eV 和 402. 8 eV 处显示了峰值，分别对应于吡啶 N、Mn-N、石墨 N 和氧化 N 物种的特征峰。吡啶 N 向 π 共轭体系提供 p 电子，而 N 原子则充当偶极子，引起偶极极化。如图 4-33(e)所示，Mn 2p 的高分辨光谱在 653. 8 eV 和 641. 6 eV 处出现峰值，分别为 Mn $2p_{1/2}$ 和 Mn $2p_{3/2}$ 特征峰。这些结果

与 TEM 的结果一致，即没有发生团聚现象，表明材料中的锰很可能是以单原子的形式掺入。

同时使用 XPS 对 SHMC-8 和 LHMC-8 的样品中的元素含量进行了半定量分析。它们与 HMC-8 的结构相似，都具有螺旋结构。如图 4-34 所示，可以清楚地看到，SHMC-8 和 HMC-8 中 Mn 和 N 的含量明显高于 LHMC-8，表明 SHMC-8 和 HMC-8 中能形成更多的 Mn-N 键，能产生更多的电偶极子，进一步增加极化损耗能力。

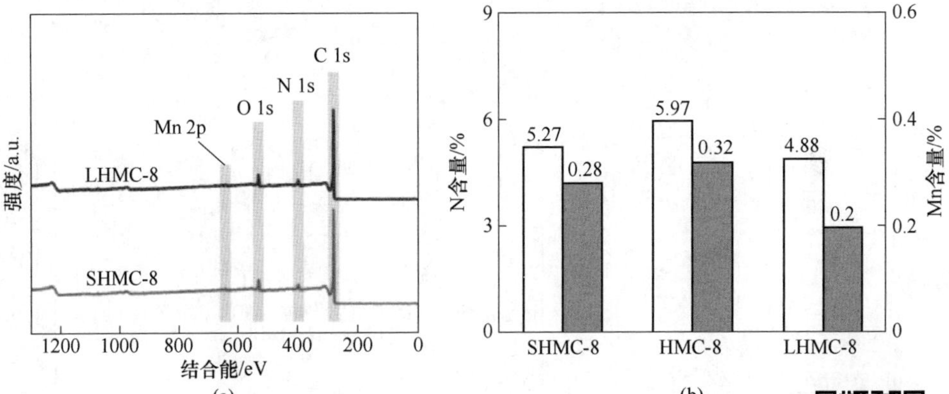

图 4-34　SHMC-8 和 LHMC-8 的 XPS 总谱(a)，SHMC-8、HMC-8 和 LHMC-8 的 N 元素和 Mn 元素含量分析(b)

图 4-34 彩图

4.5.2.6　电磁波吸收性能分析

从 RL_{min} 和 EAB 可以看出，不同的 Mn：3-AP 比例对电磁波吸收有显著影响。具体来说，当 SMC-8、SHMC-8、HMC-8、LHMC-8 和 LMC-8 的厚度分别为 1.62 mm、1.34 mm、1.29 mm、1.67 mm 和 1.68 mm 时，RL_{min} 值分别为 −16.47 dB、−26.40 dB、−63.13 dB、−52.43 dB 和 −10.08 dB，如图 4-35(a)~(e)所示。

为了了解螺旋转化器的耗散机制，对电磁参数和损耗能力进行了研究。在 2~18 GHz 频率范围内，SMC-8、SHMC-8、HMC-8、LHMC-8 和 LMC-8 样品的 ε' 值范围分别为 8.2~6.3、18.9~8.5、19.3~8.0、15.1~7.6 和 7.2~6.3。ε'' 值分别为 2.2~0.4、16.6~5.0、13.4~2.6、10.4~3.2 和 1.4~0.5（见图 4-36）。一般来说，ε' 与多极化效应相关。SHMC-8 和 HMC-8 的 ε' 值最大，表明其具有很强的极化能力，而 SMC-8 则由于其形状各向异性和纳米尺寸效应而表现出最大的 ε'' 值。

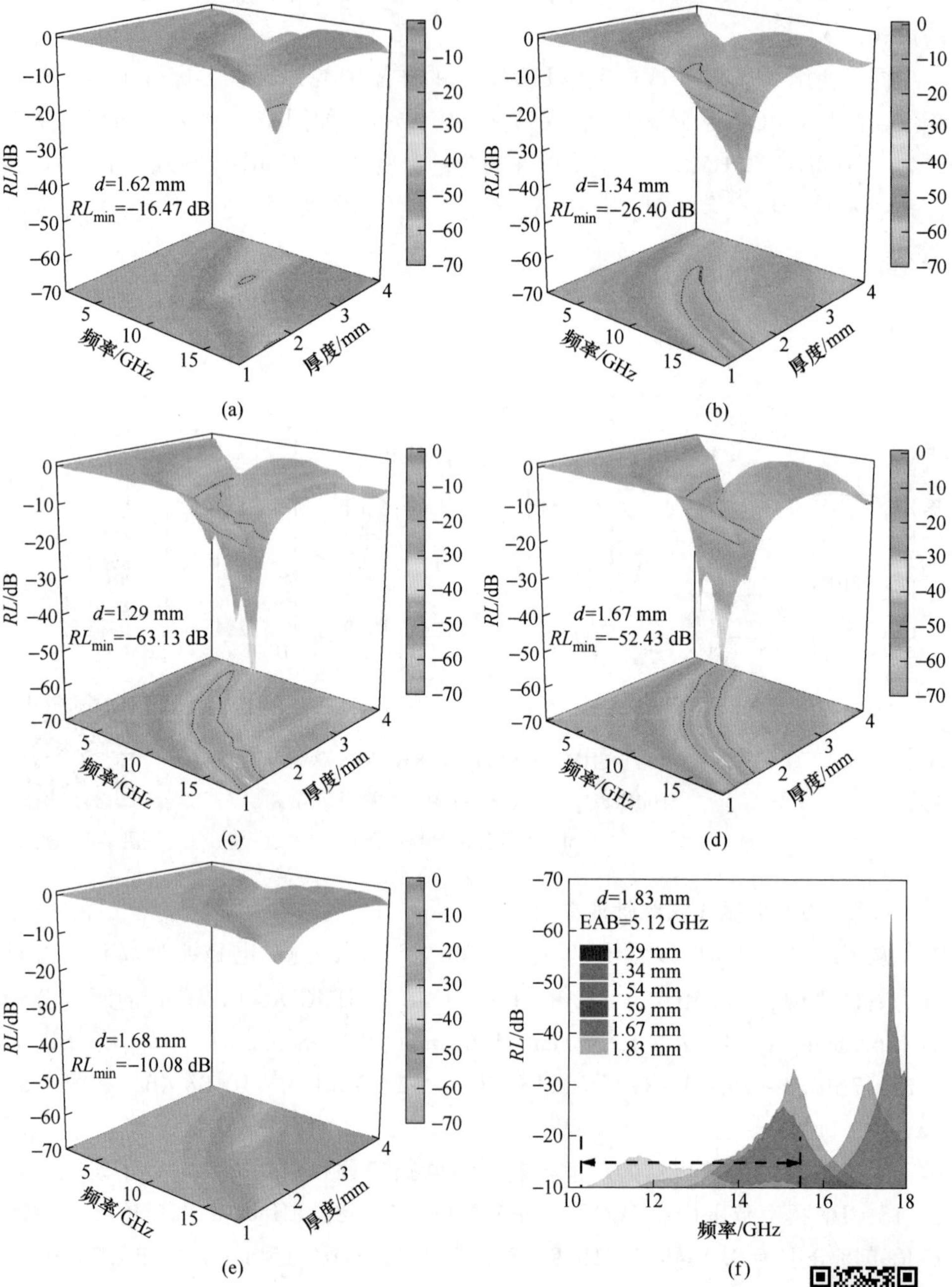

图 4-35　SMC-8、SHMC-8、HMC-8、LHMC-8 和 LMC-8 的 3D *RL* 曲线［(a)～(e)］和 HMC-8 的 EAB 曲线(f)

图 4-35 彩图

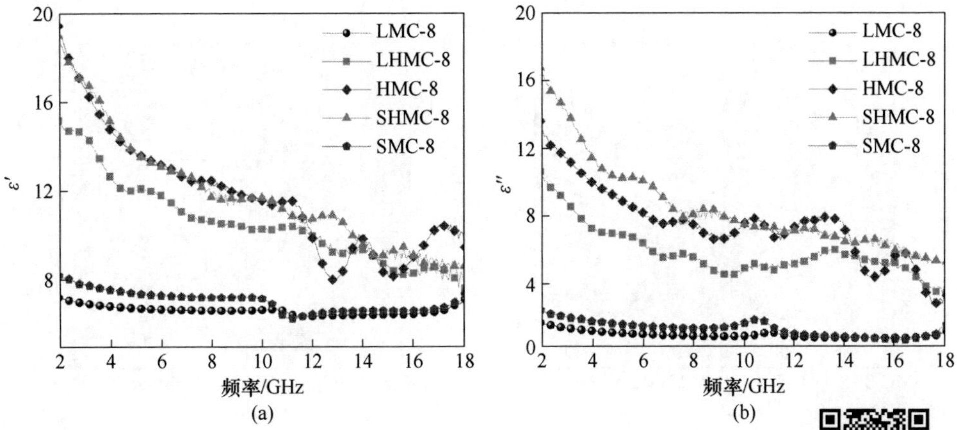

图 4-36 SMC-8、SHMC-8、HMC-8、LHMC-8 和 LMC-8 的电磁参数

(a) ε'；(b) ε''

图 4-36 彩图

一般来说，介电损耗和磁损耗是分开讨论的，这可能会掩盖它们之间的相互联系。螺旋材料具有独特的结构，能够产生交叉极化，从而提高电磁损耗。磁损耗对电磁波吸收性能的影响不容忽视。因此，我们提出了一种考虑磁损耗影响的综合机制，从而进一步阐明耗散机制。众所周知，吸波材料可将电磁能转化为热能或其他形式的能量。当电磁波穿透材料时，总能量（E_0）分为两部分：涉及介电常数和磁导率的存储部分（E_s）与涉及介电常数和磁导率的耗散部分（E_d）。图 4-37(a)显示了 E_d/E_s 的比率，该比率代表能量耗散率。螺旋结构的耗散能力大于其他结构。具体来说，全螺旋结构的 HMC-8 的耗散能力最强。在对各种损耗进行定量分析时，R_p、R_c 和 R_m 分别代表极化损耗、传导损耗和磁损耗的转化率。如图 4-37(b)~(d)所示，所有样品的极化过程主要发生在中频和高频区域。螺旋螺纹结构中的电荷积累、界面增加和交叉极化大大提高了 R_p，因此在 HMC-8 中观察到最高的 R_p。载流子在传导网络中定向迁移和碰撞，将电磁能转化为热能。由于极化损耗的竞争效应，传导损耗主要集中在低频区域。磁损耗主要发生在低频和高频区域，低频发生归因于自然共振，高频发生归因于交换共振。螺旋结构引起的交叉极化可优化磁损耗，进一步提高吸波性能，因此 HMC-8 具有最高的 R_m 值。

4.5.2.7 具有不同石墨畴大小的螺旋转换器

石墨畴尺寸与电磁参数密切相关。为了进一步优化阻抗匹配并建立石墨畴尺寸与吸波性能之间的相关性，我们在不同的煅烧温度下获得了 HMC-7、HMC-8

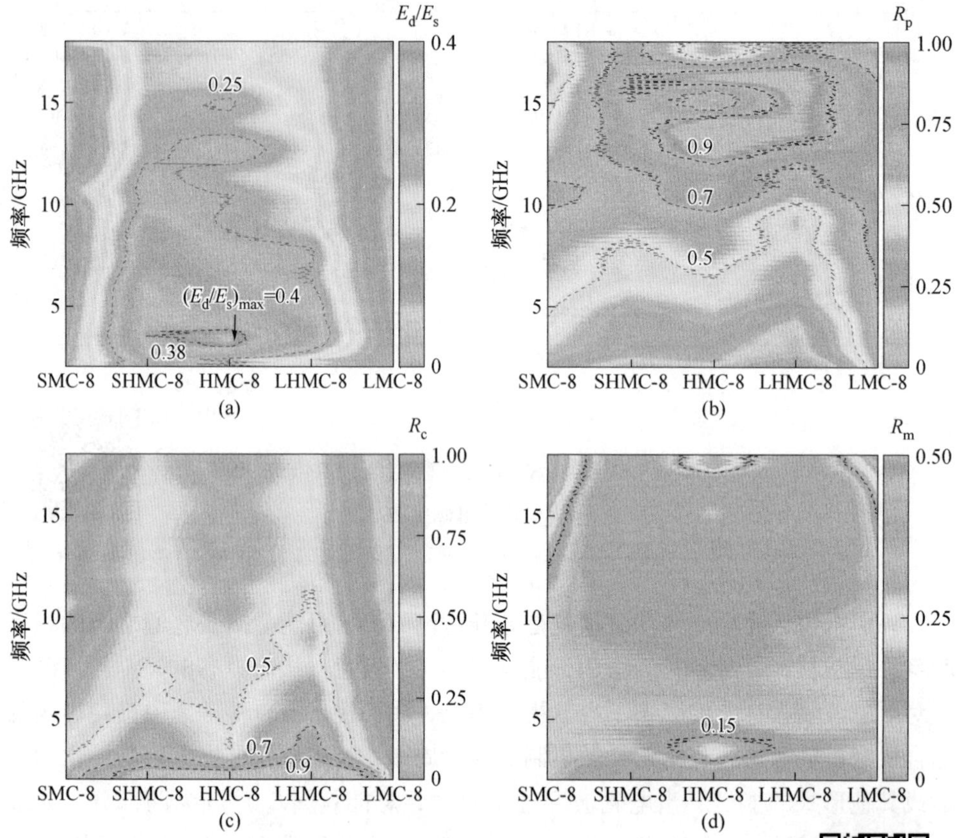

图 4-37　SMC-8、SHMC-8、HMC-8、LHMC-8 和 LMC-8 的 E_d/E_s、R_p、R_c 和 R_m 曲线

(a) E_d/E_s 曲线；(b) R_p 曲线；(c) R_c 曲线；(d) R_m 曲线

图 4-37 彩图

和 HMC-9 样品。值得注意的是，退火温度并不会显著改变几何构型，而且右旋纳米螺旋保持不变，如图 4-38 所示。HMC-7 和 HMC-9 的 PXRD 与 HMC-8 相似，表明石墨畴尺寸的变化不会改变材料的相组成，如图 4-39(a)所示。使用了拉曼光谱进一步研究缺陷的程度，如图 4-39(b)所示。对于碳材料，1340 cm^{-1}处的 D 峰和 1580 cm^{-1} 处的 G 峰分别对应于缺陷诱导结构和结晶石墨结构。HMC-7、HMC-8 和 HMC-9 的 I_D/I_G 值分别为 1.61、1.33 和 1.25。所有 I_D/I_G 值均大于 1.00，表明碳具有无定形性质。利用这些值得出了石墨畴尺寸（L_α）、缺陷距离（L_d）和缺陷密度（n_d）。如图 4-39(c)所示，样品的 L_α 值从 11.94 nm 逐渐增加到 15.37 nm，L_d 值也呈现类似的趋势，从 9.59 nm 增加到 10.88 nm。相反，n_d 值则缓慢下降。这些发现表明，温度升高会扩大石墨畴尺寸，从而增

加缺陷距离，提高整体导电性。然而，过高的电导率会产生“趋肤”效应，导致阻抗失配并降低吸收带宽。因此，充分调节石墨畴尺寸对于实现宽带吸收至关重要。

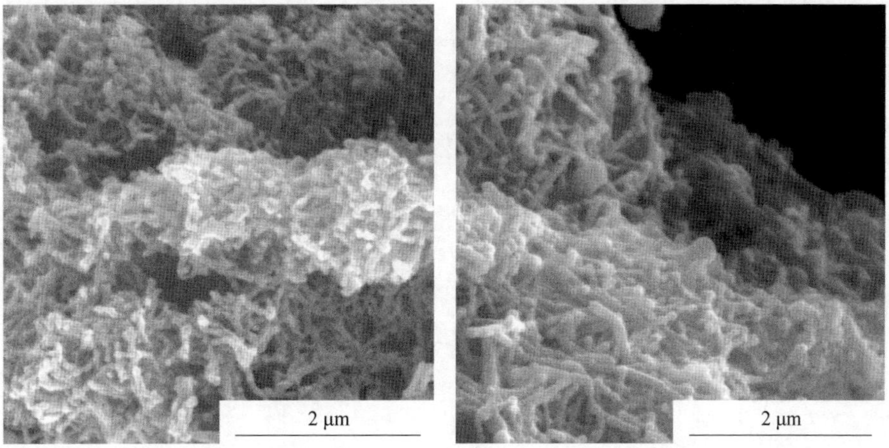

(a) (b)

图 4-38 HMC-7(a)和 HMC-9(b)的 FESEM 图像

为了评估不同石墨畴尺寸对吸波性能的影响，我们评估了这些样品在 2 ~ 18 GHz 的性能，如图 4-39(d)(e)所示。在厚度为 1.14 mm 时，HMC-9 的 RL_{min} 值仅为 −8.55 dB，未能表现出低于 −10 dB 的有效吸波性能。相比之下，HMC-7 在厚度为 1.92 mm 时达到了 −33.38 dB。如图 4-39(f)所示，HMC-7 的 EAB 在厚度为 2.02 mm 时达到 6.08 GHz，覆盖整个 Ku 波段（12 ~ 18 GHz）。与 HMC-8 相比，HMC-7 的 EAB 更宽，而且在精确控制石墨畴尺寸后，吸收位置从 X/Ku 波段转移到 Ku 波段。

为了阐明介电损耗的动态行为，使用最小二乘法拟合了改进的德拜弛豫模型。如图 4-39(g) ~ (i)所示，量化了 ε_p'' 和 ε_c'' 对介电损耗的贡献，并将 $\varepsilon_p''/\varepsilon''$ 定义为极化百分比。球越大越红，偏振损耗的相对贡献就越大。显然，由于 HMC-8 和 HMC-7 中存在大量缺陷，因此 HMC-8 和 HMC-7 中的极化损耗明显大于 HMC-9。相比之下，HMC-9 的传导损耗最大，因为其石墨畴尺寸最大。

要实现适当的阻抗匹配，就必须确保输入阻抗（Z_{in}）的较大部分位于史密斯图表（见图 4-39(j) ~ (l)）上紫色圆圈所代表的有效吸收区域内。Z_{in} 最初在低频区域表现出电感特性，随着频率的升高过渡到电容特性。此外，Z_{in} 与横轴相交一次，表示共振。值得注意的是，只有 HCM-7 的 Z_{in} 在 2.02 mm 处的紫色圆圈内点数最多，这表明 HMC-7 在该厚度处具有出色的阻抗匹配特性。相反，

HMC-8 无法完全进入 Ku 波段的紫色区域，与 HMC-7 相比，紫色圆圈内的点明显较少。

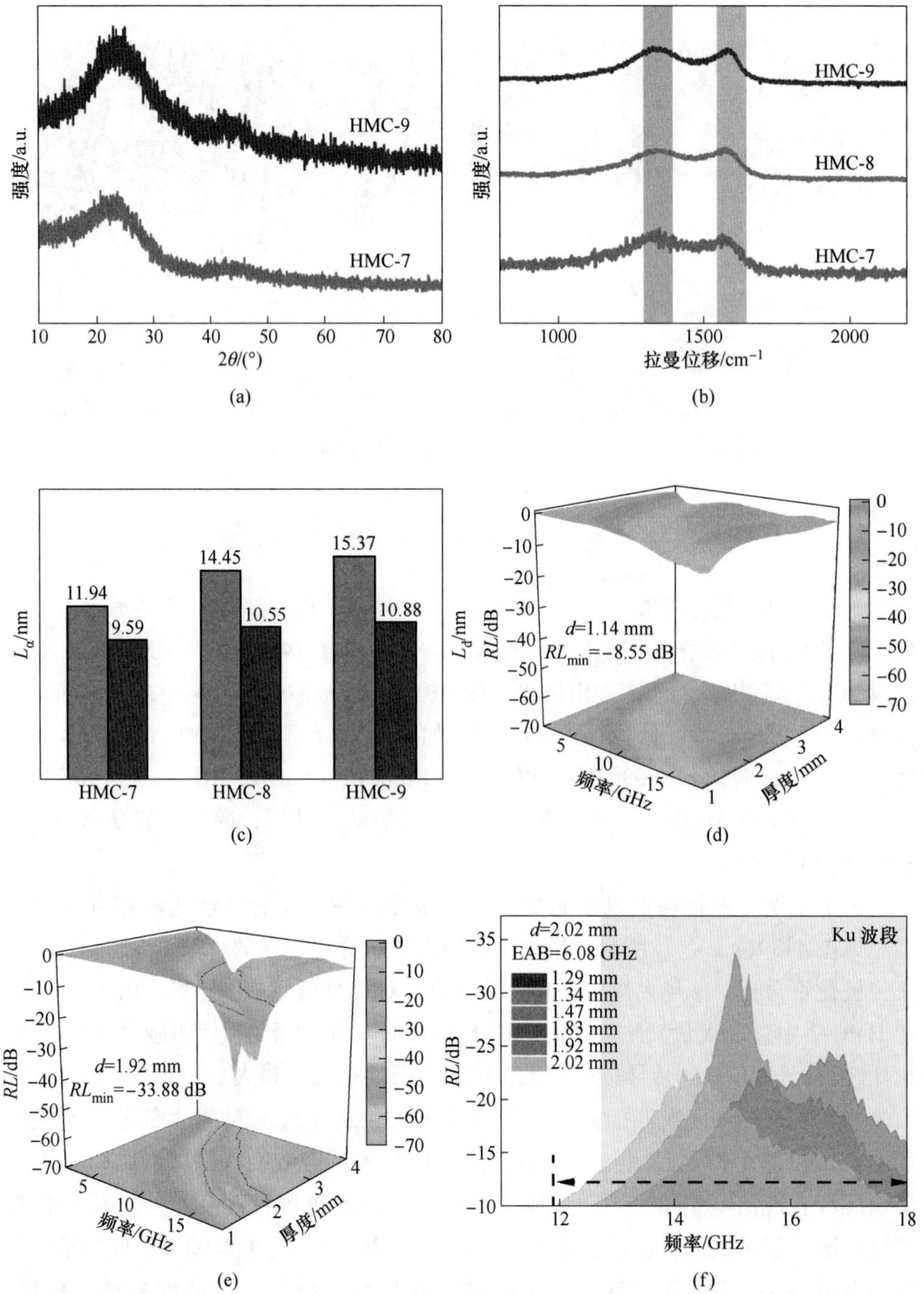

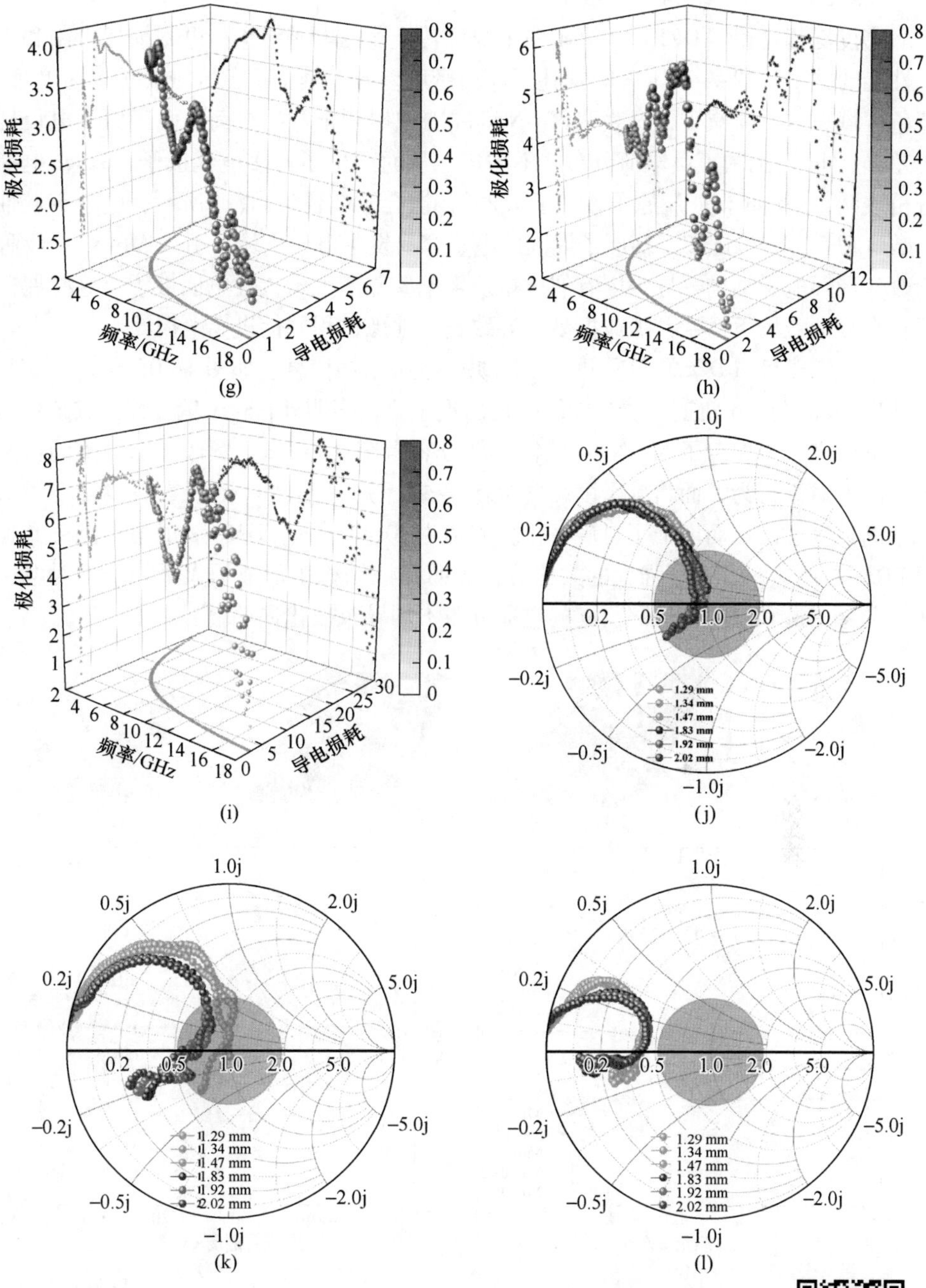

图 4-39 不同石墨畴尺寸的螺旋变流器的结构表征和电磁特性

(a) HMC-7 和 HMC-9 的 PXRD；(b) HMC-7、HMC-8 和 HMC-9 的拉曼光谱；(c) L_α 和 L_d；(d)(e) HMC-9 和 HMC-7 的 3D *RL* 曲线；(f) HMC-7 的 EAB；(g) ~ (i) HMC-7、HMC-8 和 HMC-9 的极化百分比；(j) ~ (l) Smith 图

图 4-39 彩图

4.5.2.8　电子结构与电磁损耗机制探讨

密度泛函理论（DFT）计算阐明了螺旋转换器的电子结构、电磁损耗机制和吸波性能的关系。图4-40(a)(b)描述了电荷密度差异，其中黄色区域表示电荷增加，蓝色区域表示电荷减少，这表明Mn-N键周围积累了丰富的电荷。由于原子电负性的差异，Mn周围的正负电荷分布并不均匀，从而产生了许多电偶极子。Bader电荷分析表明，Mn原子向N原子转移了1.26个电子。如图4-40(c)所示，电子定域性函数（ELF）分析证实了锰原子周围的电子容易发生电子离域。引入Mn-N_4-C物种会改变局部电子结构，导致固有偶极矩发生偏差并产生永久性电偶极子。这些偶极子在高频电磁场下产生共振或振动，导致发生弛豫过程并促进介电损耗。

通过态密度（DOS）计算进一步阐明了电子结构信息。如图4-40(e)所示，Mn的d轨道和N的p轨道在费米能级附近出现重叠，表明d-p轨道耦合并形成杂化轨道，从而进一步稳定了Mn-N_4-C结构。部分态密度（PDOS）图像显示了不同自旋方向的不对称行为，而自旋密度图（见图4-40(d)）则表明Mn的大量自旋电子形成了高自旋态，从而增强了自旋极化。如图4-40(f)所示，HMC-8的电子顺磁共振（EPR）曲线显示了一个强大的共振峰，表明在该结构中形成了大量与未配对电子相关的悬空键和缺陷。缺陷引起的电荷分布不均导致极化损耗增强。

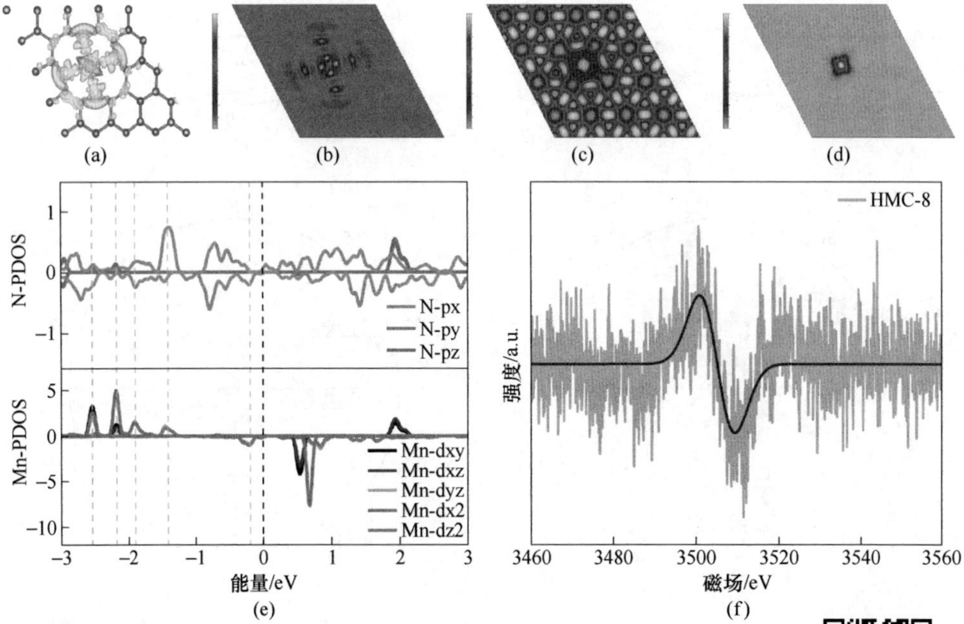

图4-40　原子和几何构型共调制的机理

(a) Mn-N_4-C物种的二维图；(b) 三维电荷密度差；(c) ELF；(d) 自旋密度图；(e) PDOS；(f) HMC-8的EPR

图4-40彩图

为了进一步分析几何构型与电磁波之间的相互作用机制，我们在 17.6 GHz（见图4-41(a)(b)）频率下分别进行了有限元模拟。电场分布与介电衰减密切相关。HMC-8 表现出最强的界面极化，主要发生在螺旋螺纹结构中，而 SHMC-8 和 LHMC-8 的界面极化主要发生在螺旋结构和球形结构之间的界面上。螺旋结构不连续的界面分布改变了电荷积累，增强了界面极化。此外，螺旋结构引起的交叉极化也增强了磁损耗能力。功率损耗密度与衰减能力密切相关。螺旋结构具有较大的功率衰减面积，进一步证明了其卓越的损耗能力。

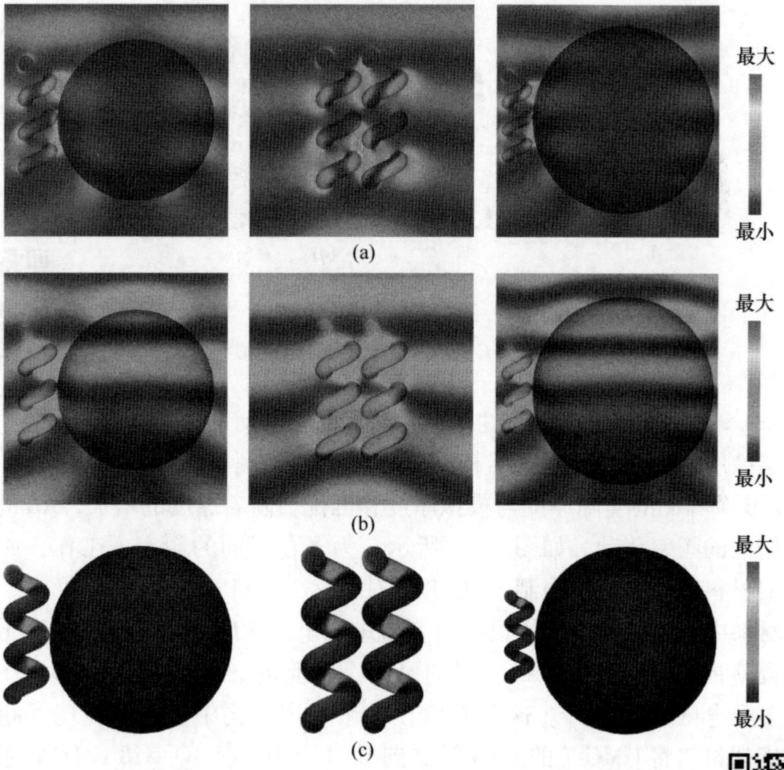

图4-41　在 17.6 GHz 时 SHMC-8、HMC-8、LHMC-8 的电场分布(a)，磁场分布(b)，功率损耗密度(c)

图 4-41 彩图

通过比较不同结构的电场损耗强度和磁场损耗强度，进一步验证了交叉极化。用相同的电磁参数模拟了两种不同的模型，即螺旋形模型和球形模型。如图 4-42 所示，螺旋结构的电场强度和磁场损失强度分别约为球形模型的 4 倍和 1.7 倍。这是因为螺旋结构边界的不连续性阻止了所产生的电磁场分量的相互偏移。较强的衰减表明存在交叉极化，清楚地表明在相同的电磁参数下，几何结构对电磁损耗起着决定性的作用。

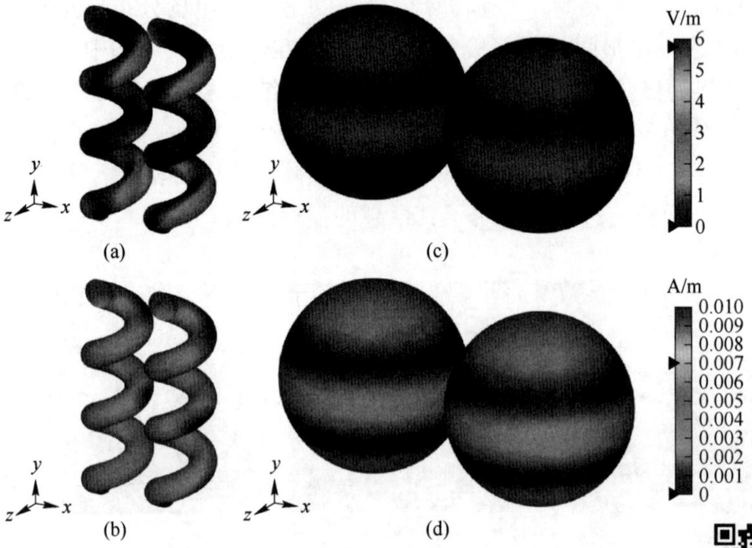

图 4-42　螺旋结构［(a)(b)］和球形结构［(c)(d)］在 17.6 GHz 处的电场和磁场模拟

图 4-42 彩图

4.5.2.9　梯度结构设计与宽带吸收特性机制探讨

单层涂层材料，也称为全结构材料，要求工作频率与四分之一波长（λ/4）相匹配。6 个样品的实际厚度与模拟厚度相匹配。随着厚度的增加，*RL* 的吸收峰逐渐向较低的频率移动，如图 4-43 所示。为了在不同的频率下工作，必须调整单层涂层材料的厚度，这限制了其实际应用。

超材料中梯度结构的巧妙设计可实现多重电磁响应，从而实现超宽带电磁波吸收。调整梯度多层结构中每一层的厚度，可促进 λ/4 波之间的多重干涉，从而产生多个电磁波吸收峰。这些峰值在整个梯度结构中叠加，实现了超宽带吸收。梯度超材料将 HMC-7 的 EAB 扩展到 12.16 GHz（5.84～18 GHz），覆盖了整个频段（2～18 GHz）的 67.5%。如图 4-44(a)所示，6.94 GHz 处的电场主要分布在顶部，而磁场则集中在底部，相位差接近 π/2。材料内部形成了驻波，这表明干扰在该频率占主导地位。10.6 GHz 处的衰减主要集中在材料的边缘，表明共振在周期性结构中占主导地位。18 GHz 处一个很小的吸收峰是由材料内部的 λ/4 干涉造成的。此外，由于材料的强介电损耗特性，电场损耗大大超过磁场损耗，而且损耗区域主要集中在层间。电压驻波比（VSWR）是评估阻抗匹配的重要指标。如图 4-44(b)所示，在 2～18 GHz 范围内，梯度结构的 VSWR 值比完整结构的 VSWR 值更接近 1，表明梯度结构的阻抗匹配性更好。因此，这种梯度结构有利于实现对电磁波的宽带吸收，进一步满足实际应用要求。

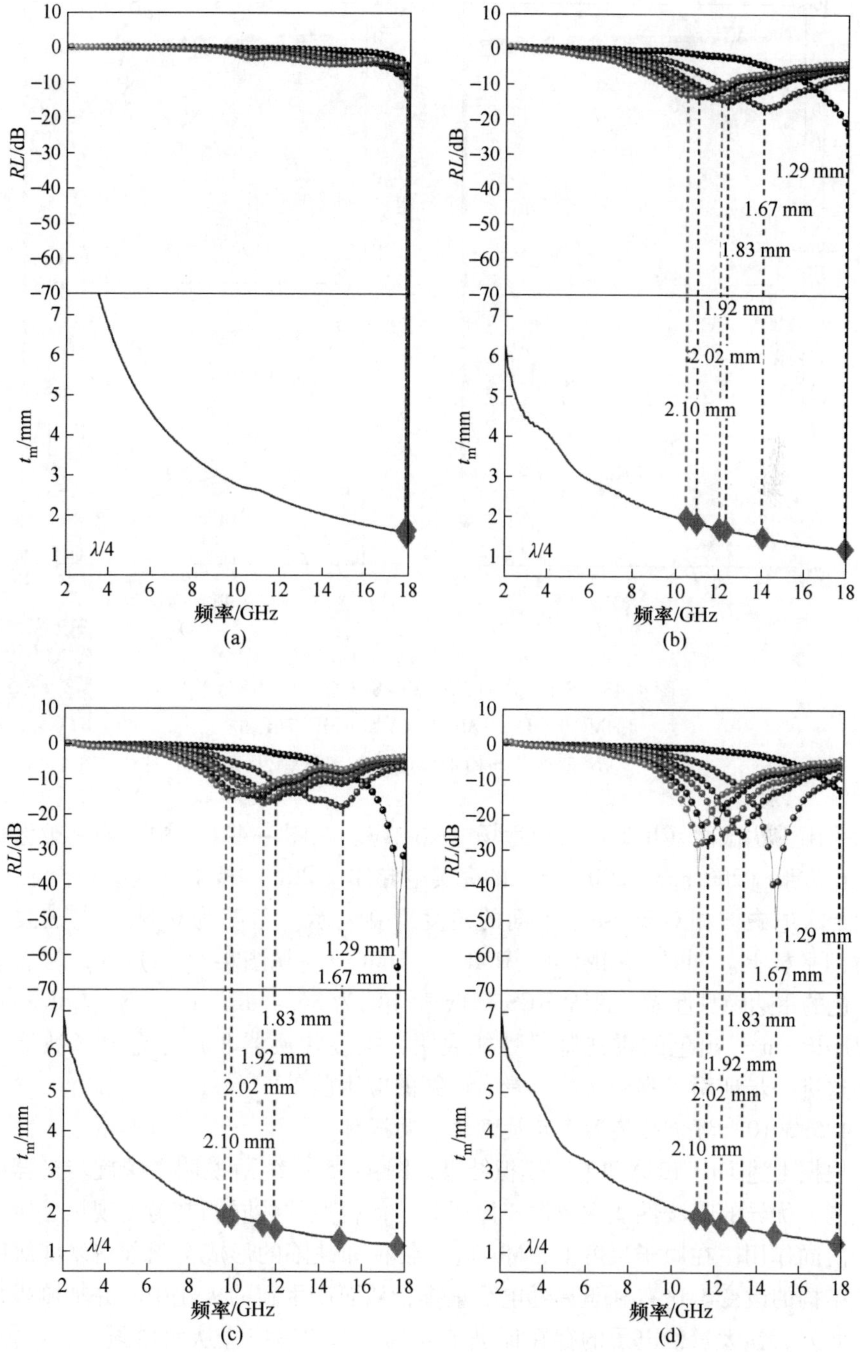

RL/dB
t_m/mm
λ/4
频率/GHz
(a)
1.29 mm
1.67 mm
1.83 mm
1.92 mm
2.02 mm
2.10 mm
(b)
(c)
(d)

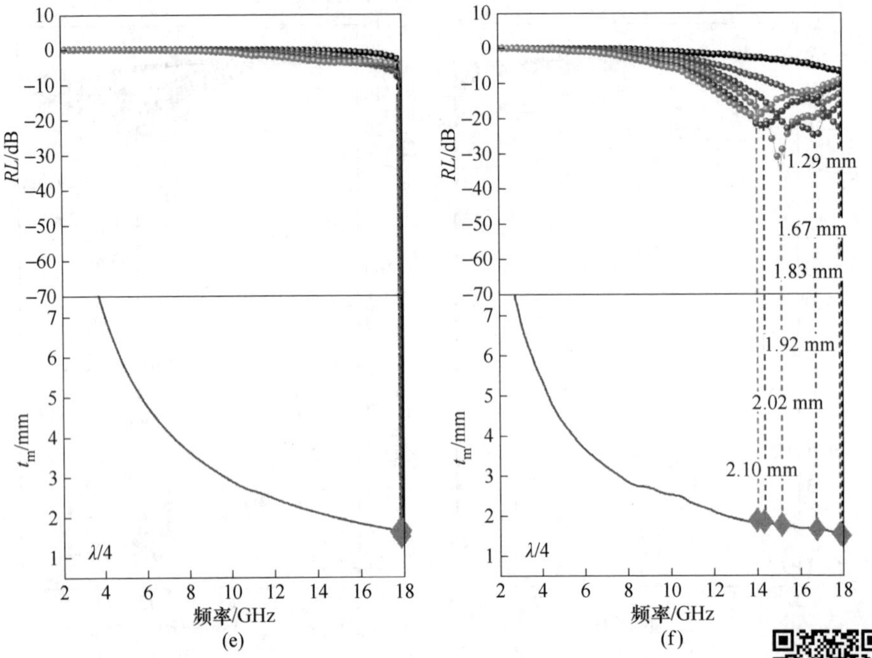

图 4-43　SMC-8(a)，SHMC-8(b)，HMC-8(c)，LHMC-8(d)，LMC-8(e)和 HMC-7(f)的 *RL* 值变化与模拟厚度的频率依赖性

图 4-43 彩图

采用雷达截面（RCS）模拟远场电磁响应。在图 4-44(c)中，样品被涂覆在一个正方形（200 mm×200 mm）的完美电导体（PEC）板上。这些板位于 *x-o-y* 平面上，电磁波相对于 *x-o-y* 平面的角度用 θ 表示。角度为 0°表示电磁波垂直入射到平板上。同时，SHMC-8、HMC-8、HMC-7（见图 4-44(e)～(g)）都表现出出色的雷达隐身性能，最大 RCS 降低值分别为 36.4 dB·m^2、35.19 dB·m^2 和 33.71 dB·m^2。出色的雷达隐身性能表明，螺旋转换器非常适合电磁波能量采集。这进一步证明了螺旋转换器具有广阔的应用前景。

4.5.2.10　螺旋转换器多尺度吸波机制探讨

根据上述 DFT 计算和电磁模拟结果，图 4-45 系统地说明了螺旋转换器的吸波机制。优异的吸波性能主要源于原子和几何构型的共同调制与宏观尺寸设计之间的协同作用。在原子尺度上，$Mn\text{-}N_4\text{-}C$ 物种和缺陷的形成会引起费米能级附近电子结构的改变。这有利于局部电荷重排，从而产生新的极化中心并加剧极化损耗。此外，锰大量价电子的存在促进了高自旋态的形成，从而增强了自旋极化。在微观尺度上，独特的螺旋构造所形成的交织网络有利于电磁波的进入，优化了阻抗匹配并拓宽了电磁波的传输路径，从而增强了衰减能力。这种独特的构造不

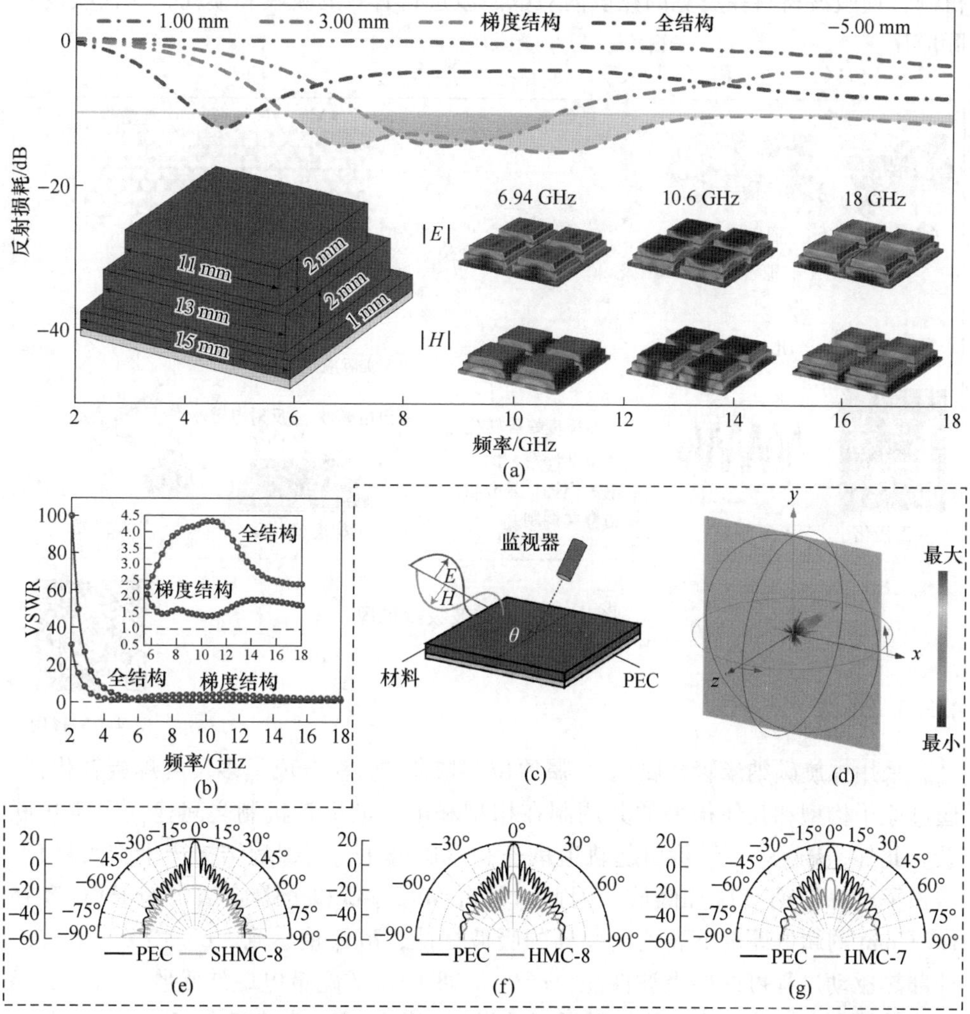

图 4-44 实际应用潜力：一种 HMC-7 的梯度结构设计，以提高 EMWA 的性能(a)，梯度与全结构的 VSWR 比较(b)，RCS 仿真原理图(c)，SHMC-8 的 3D RCS 可视化(d)，SHMC-8、HMC-8 和 HMC-7 在极坐标系中呈现的 RCS［(e)～(g)］

图 4-44 彩图

仅改变了界面上的电磁分布，加强了界面极化，还产生了交叉极化，从而增强了电磁损耗能力。通过高温煅烧形成的石墨畴促进了传导网络的构建，从而提高了传导损耗，将电磁波能量转化为热能耗散掉。在宏观尺度上，通过调整每一层的厚度设计出梯度结构，以最大限度地优化阻抗，实现与自由空间的兼容。同时，梯度结构中多个 $\lambda/4$ 衰减模式的产生促进了相邻单元间的边缘衍射和共振，有效地消散了电磁波。这种多尺度设计方法为电磁波吸收材料提供了一种新的耗散机制，使吸波材料在更宽的频段内对电磁波进行有效的吸收和损耗，从而实现实际应用。

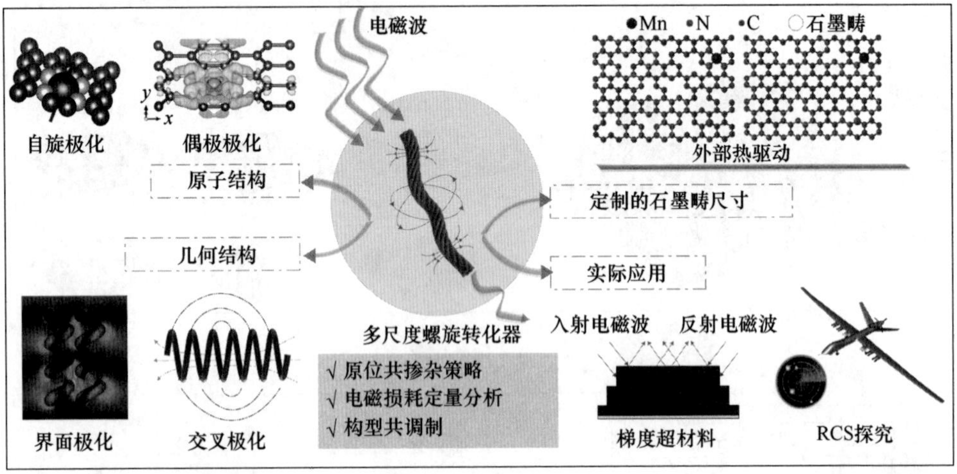

图 4-45　电磁波吸收机理

图 4-45 彩图

4.5.3　小结

采用螺旋碳纳米管金属-非金属原位共掺杂的方法合成了多尺度螺旋转化器。通过原子构型和几何构型的共调制在构型和电磁波损耗机制之间建立了定量联系。此外，Mn-N_4-C 结构引起轨道耦合和自旋极化，而螺旋结构产生交叉极化，增强了电磁波的衰减和吸收。因此，具有 Mn-N_4-C 和全螺旋结构的 HMC-8 在 1.29 mm 的超低厚度下表现出优异的吸波性能，RL_{min} 值达到 －63.13 dB。此外，外部热驱动过程可调控吸波性能，产生 6.08 GHz 的宽带电磁波吸收。密度泛函理论计算和电磁仿真进一步阐明了吸波机理，指导了吸波带宽为 12.16 GHz 的电磁波吸收的超材料设计。此外，远场电磁响应表现出显著的 RCS 降低，最大降低值为 36.4 dB · m^2。系统地研究为制备高性能电磁波吸收材料提供了新的思路，为实际应用铺平了道路。

4.6　本 章 小 结

本章以酚醛树脂、聚多巴胺、共价有机框架和手性酚醛树脂等聚合物，合成了一系列聚合物基多孔碳电磁波吸收复合材料。在此基础上我们探究了磁性材料的引入对吸波性能的影响，空心核壳 CoNi@C 和 CoNi@NC 复合材料探索了两种碳壳层和煅烧温度对吸波性能的影响，CoNi@NC-700 复合材料优异的电磁波吸收性能主要归因于氮掺杂碳诱导的丰富极化效应。进一步地，通过向 COF 衍生多孔碳复合材料中引入含有稀土掺杂铁镍合金，制备了氮掺杂多孔碳包覆的 Gd 掺杂 FeNi 合金的复合材料 GFN@NPC，4f 轨道中电子的不配对，增强了电子轨道和自旋产生的磁矩，增强了复合材料中的磁损耗，因此获得了具有优秀电磁波吸收能力的吸波复合材料。与此同时，我们也注意到，吸波材料的结构在电磁波吸收中也有着至关重要的作用，为此我们制备了 Mn/N 共掺杂的多孔螺旋碳纳米管复合材料，它不仅具备掺杂所带来的丰富的极化效应，更因为其独特的螺旋结构，带来了额外的交叉极化，通过分子和几何构型的叠加效应，使其获得了 6.08 GHz 的带宽和 −63.13 dB 的 RL_{min} 值。

参 考 文 献

[1] Liu Y, Zhang M, Liu D, et al. A self-foaming strategy to construct small Mo_2C nanoparticles decorated 3D carbon foams as superior electromagnetic wave absorbing materials with strong corrosion resistance [J]. Small Methods, 2024: 2400734.

[2] Xie Y Y, Yang W T, Wu G, et al. Defect engineering for upcycling commodity thermosetting polymers to multifunctional carbon sponges toward multi-scenario applications [J]. Carbon, 2024, 229: 119478.

[3] Dou Y, Liu N, Zhang X, et al. Synthesis of polymer-derived N, O-doped bowl-like hollow carbon microspheres for improved electromagnetic wave absorption using controlled template pyrolysis [J]. Chemical Engineering Journal, 2023, 463: 142398.

[4] Hou T, Wang J, Zheng T, et al. Anion exchange of metal particles on carbon-based skeletons for promoting dielectric equilibrium and high-efficiency electromagnetic wave absorption [J]. Small, 2023, 19 (42): 2303463.

[5] Xing L, Chen Y, Yang Y, et al. Incorporation of Fe_xO_y nanoparticles into 3D interlinked porous carbon nanofiber networks to synergistically enhance the electrical insulation, electromagnetic wave absorbing/shielding performance and thermal conductivity [J]. Chemical Engineering Journal, 2023, 469: 143952.

[6] Tao J, Xu L, Pei C, et al. Catfish effect induced by anion sequential doping for microwave absorption [J]. Advanced Functional Materials, 2023, 33 (8): 2211996.

[7] Wu Y, Tan S, Fang G, et al. Manipulating CNT films with atomic precision for absorption effectiveness-enhanced electromagnetic interference shielding and adaptive infrared camouflage [J]. Advanced Functional Materials, 2024: 2402193.

[8] Su X, Wang J, Liu T, et al. Controllable atomic migration in microstructures and defects for electromagnetic wave absorption enhancement [J]. Advanced Functional Materials, 2024: 2403397.

[9] Gao C, Wang J, Hübner R, et al. Spin effect to regulate the electronic structure of Ir-Fe aerogels for efficient acidic water oxidation [J]. Small, 2024: 2400875.

[10] Shu Y, Zhao T, Li X, et al. High-efficient electromagnetic wave absorption of coral-like Co/

CoO/RGO hybrid aerogels with good hydrophobic and thermal insulation properties [J]. Chemical Engineering Journal, 2023, 471: 144535.

[11] Rougab M, Gueddouh A. Stability and physical properties of two novel magnetic MAX phase compounds Fe_2AB (A = Cu and Zn) from density functional theory [J]. Materials Today Communications, 2024, 38: 108437.

[12] Tian X, Meng F, Meng F, et al. Synergistic enhancement of microwave absorption using hybridized polyaniline @ helical CNTs with dual chirality [J]. ACS Applied Materials & Interfaces, 2017, 9 (18): 15711-15718.

[13] Li H, Liu C, Dai B, et al. Synthesis, conductivity, and electromagnetic wave absorption properties of chiral poly S chiff bases and their silver complexes [J]. Journal of Applied Polymer Science, 2015, 132 (36): 42498.

[14] Zuo X, Zhang H, Zhou C, et al. Hierarchical and porous structures of carbon nanotubes-anchored MOF derivatives bridged by carbon nanocoils as lightweight and broadband microwave absorbers [J]. Small, 2023, 19 (36): 2301992.

[15] Huang L, Duan Y, Shi Y, et al. Chiral asymmetric polarizations generated by bioinspired helical carbon fibers to induce broadband microwave absorption and multispectral photonic manipulation [J]. Advanced Optical Materials, 2022, 10 (11): 2200249.

[16] Rao L, Wang L, Yang C, et al. Confined diffusion strategy for customizing magnetic coupling spaces to enhance low-frequency electromagnetic wave absorption [J]. Advanced Functional Materials, 2023, 33 (16): 2213258.

[17] Cao X, Jia Z, Hu D, et al. Synergistic construction of three-dimensional conductive network and double heterointerface polarization via magnetic FeNi for broadband microwave absorption [J]. Advanced Composites and Hybrid Materials, 2022, 5 (2): 1030-1043.

[18] Tian Y, Zhi D, Li T, et al. Graphene-based aerogel microspheres with annual ring-like structures for broadband electromagnetic attenuation [J]. Chemical Engineering Journal, 2023, 464: 142644.

5 展 望

多孔碳基复合材料优良的稳定性、低密度和可调节的介电性能、特殊的多孔结构使其更加轻质，且可以有效地增强对电磁波的反射和散射及优化阻抗，最终提高吸波性能，使其成为高性能微波吸收材料的最优候选者。基于多孔碳复合吸波材料目前的工作基础和发展现状的调研上，对其发展方向进行展望。

（1）寻找可以更灵活的方法，以调节金属、合金及金属氧化物的种类，金属粒子与多孔碳材料的比例。在离子种类方面，进一步开展多元金属材料、稀土离子（如 La、Nd、Sm、Gd、Er、Yb 等）对复合材料的磁性能、电磁参数及吸波性能的研究；对 3d-4f 体系的系统设计和研究，研究 3d 和 4f 的外层电子对吸波性能的影响以及 3d 和 4f 的组合，使性能获得最优化。

（2）寻找更合适的制备方法，使金属粒子分散生长或镶嵌在多孔碳的孔隙中，减少金属粒子的团聚；以及金属、金属氧化物及合金的形态对复合材料的形态及其吸波等性能的影响。以上的研究策略有助于提高磁导率，进一步拓宽吸波频段。

（3）对于聚合物基多孔碳材料，可以改变构筑单体的大小、链接键的种类（如亚胺键、腙键和硼酸酯键等）等条件来调控聚合物基多孔碳复合材料的多孔结构、形貌及杂原子掺杂量，即调控电子和几何构型及其协同作用，进一步提高阻抗匹配和极化损耗。

（4）生物质基多孔碳复合材料的结构和形态很大程度上得益于生物质前驱体材料的结构和形态，利用生物质材料来制备高附加值的吸波材料还可以促进节能减排，是“一石二鸟”策略；但生物质基多孔碳复合材料性能及其性能稳定性方面仍需要进一步提高。探索不同的生物质材料处理和改性手段，复合不同的新材料是提高其性能的可靠手段。此外，生物质材料种类繁多，除目前报道的近百种生物质基多孔碳材料外，还有很多生物质基多孔碳复合材料的吸波性能值得期待。

（5）制备成气凝胶形态，向多功能性方向发展。红外隐身、隔音和隔热性能，抗压、疏水、耐火等性能的兼容，使这类材料可以在恶劣的环境下使用，拓展其应用范围。

（6）吸波机制方面，虽已取得了一定的进展，用等效电路模型定量化了各种损耗机制；但目前无法通过有效的手段定量表征各损耗机制的强弱，无法精确量化各种损耗机制的贡献，以及磁-介电-传导损耗三者之间是如何协同增效的，这一缺陷给吸波剂的设计带来了很大的限制，需要研究者进一步探索吸波机制新的数学、物理模型，开发新的表征手段，便于未来更具目的性地设计和制备高效吸波剂。

(7) 未来高性能实用化吸波剂向密度低、吸波带宽优异、吸收强度高、智能化、成本低廉、制备简易等方向发展。研究者们需要进一步思考、探索新的合成方法、开发新型的材料，智能化吸波剂和构造结构可控的多组件材料是重要的发展方向。

(8) 制备工艺朝着简便、绿色、环保、便于工业化等方向发展。迫切需要开发简便有效的工艺达到批量和工业化生产，在合成路线中应减少能源消耗和有毒物质，向绿色环保工业化方向迈进。

附录　相关成果

（1）国家自然科学基金地区项目，No. 22265021，基于螺旋的多级异质吸波材料的设计合成及其阻抗优化机制研究，2023/01—2026/12，33 万元，在研，主持。

（2）航空科学基金项目，No. 2020Z056056003，轻质宽频核壳结构吸波剂的设计合成及宽频吸波机理研究，2020/10—2023/09，12 万，结题，主持。

（3）1D-3D mixed-dimensional MnO_2@nanoporous carbon composites derived from Mn-metal organic framework with full-band ultra-strong microwave absorption response. Chemical Engineering Journal, 2021, 417: 128087。高被引文章。

（4）Polymetallic MOF-derived corn-like composites for magnetic dielectric balance to facilitate broadband electromagnetic wave absorption. Carbon, 2021, 185: 464-476。

（5）Facile fabrication of indium tin oxide/nanoporous carbon composites with excellent low-frequency microwave absorption. Journal of Alloys and Compounds, 2021, 889: 161636。

（6）Microcapsule MOFs@MOFs derived porous "Nut-Bread" composites with broad band microwave absorption. Composites Part B-Engineering, 2021, 224: 109170。

（7）Fabrication of hollow cube dual-semiconductor Ln_2O_3/MnO/C nanocomposites with excellent microwave absorption performance. ACS Applied Materials & Interfaces, 2021, 13: 28689-28702。

（8）Excellent microwave absorption performance of $LaFeO_3$/Fe_3O_4/C perovskite composites with optimized structure and impedance matching. Carbon, 2023, 213: 118200。热点和高被引文章。

（9）基于 MOFs 的多孔碳材料在吸波方面的研究进展，科学通报，2019，64：3188-3195。

（10）A sustainable and low-cost route to prepare magnetic particle-embedded ultra-thin carbon nanosheets with broadband microwave absorption from biowastes. Carbon, 2022, 198: 195-206。

（11）Rail-like heterostructured porous carbon composites derived from vanadium metal-organic framework/butterfly wings for enhanced microwave absorption. Carbon, 2024, 221: 118930。高被引文章。

(12) Enhanced electromagnetic energy conversion in an entropy-driven dual-magnetic system for superior electromagnetic wave absorption. Advanced Functional Materials, 2024: 202418304。

(13) Hollow core-shell CoNi@C and CoNi@NC composites as high-performance microwave absorbers. Journal of Alloys and Compounds, 2021, 871: 159574。

(14) Biomimetic multi-interface design of raspberry-like absorbent: Gd-doped $FeNi_3$@covalent organic framework derivatives for efficient electromagnetic attenuation. Small Methods, 2024: 2401299。

(15) Designing electronic structures of multiscale helical converters for tailored ultrabroad electromagnetic absorption. Nano-Micro Letters, 2025, 17: 20。

(16) 一种铁基化合物/鱼皮衍生碳复合吸波材料的制备方法. 中国: CN 202410958505. 2, 受理日期: 2024-07-17。

(17) 一种磁性氮掺杂多孔碳气凝胶吸波材料的制备方法. 中国: CN 202411021776. 1, 受理日期: 2024-07-29。

(18) 一种稀土掺杂花状合金@COFs 衍生多孔碳吸波材料的制备方法. 中国: CN 202410958505. 2, 受理日期: 2024-07-17。

(19) 一种金属/氮掺杂螺旋纳米碳吸波材料的制备方法. 中国: CN 202410921597. 7, 受理日期: 2024-07-10。

(20) 一种基于生物质材料的复合吸波剂的制备方法. 申请日期: 2020-12-13, 中国发明专利: ZL 202011456219. 4, 授权公告号: CN 112479179 B, 公告日期: 2023-09-29。

(21) 一种钴镍合金@氮掺杂多孔碳复合微波吸收材料制备方法. 中国发明专利: ZL 202011289216. 6, 授权公告号: CN 112266766 B, 公告日期: 2022-03-24。

(22) 氮掺杂多孔碳包覆空心钴镍合金复合吸波材料的制备方法. 中国发明专利: ZL 202011535872. X, 授权公告号: CN 112743098 B, 公告日期: 2022-07-01。

(23) 一种制备多孔碳包覆空心钴镍合金复合吸波材料的方法. 中国发明专利: ZL202011540464. 3, 授权公告号: CN 112449568 B, 公告日期: 2023-03-14。

（24）一种 Co/C/MOS 复合微波吸收材料的制备方法. 中国发明专利：ZL 202011265542.3，授权公告号：CN 112226204 B，公告日期：2023-03-14。

（25）一种具有空心结构的三元复合吸波材料制备方法. 中国发明专利：ZL202011265530.0，授权公告号：CN 112280533 B，公告日期：2023-02-24。